JN260001

微分積分学講義

野村隆昭 著

共立出版

まえがき

　本書は，意欲的な読者に微分積分学のおもしろさを提供したいとの思いで書いた．教科書としても使えるように基礎的な部分を一通りカバーするとともに，興味深い例や応用を随所に盛り込んだ．記述はできるだけ丁寧にし，高校における学習との連繋も考慮した．読者としては，数学科の学生をはじめ，将来数学の研究，教育，応用に関わることを目指す学生，数学をよく使う分野へ進もうとする学生，クラスでの授業内容を越えて微分積分学を勉強してみたい学生，社会にあって数学が好きな人等を想定している．

　記述の丁寧さを保つ一方で大部の本になることを避けるために，扱う内容については十分に吟味した．本書の特徴をいくつか挙げておこう．いわゆる ε–δ 論法は，必要なところでは正面から扱う．そのためにまず，日本語で論理を展開するときに注意すべきことを第 1 章で述べた．使われる言い回しにさえ慣れれば，ε–δ 論法は決して難しいものではない．戸惑いを感じる初学者が多いのは，高校までの「…を求める」形式とは違って，ε に対して選ぶ δ は条件こそあれ状況に応じて自分が決めるものであり，選び方は一通りではないという点によると思われる．しかしその戸惑いさえ払拭できれば，ε–δ 論法というのは，ある日突然に理解がやってくるという類いのものである．

　さて，本書では実数の連続性の拠り所を Dedekind の切断に置いている．微分積分学の出発点とする実数の連続性を表す性質はいくつかあるが，連続なので切れ目（切断）を入れることができないという素朴さこそが，最も直感に合致すると考えての選択である．ただし，実数も「構成すべきもの」と捉えて切断により実数を定義する，ということは本書では扱っていない．

次に，無限大や無限小の比較には力を入れた．とくに無限小の比較においては，Taylor の定理を通じて，単項式を比較の基準とする．高校で学習している有効数字の桁数のイメージと重ね合わせることで，学生諸君は無限小の比較をよく理解することを筆者は経験してきた．関数の漸近的な振る舞いを把握することで，極限や広義積分における収束・発散の議論の見通し等がよくなり，知ることができる内容も大幅に増える．

さらに多変数関数の微分の章では，線型代数学における用語を積極的に使った．線型代数学の力を少しだけ借りることで，様々な所で 1 変数関数の場合との類似性が高まり，概念的にも整理が容易になり，理解が深まるであろう．そしてまた，多変数関数の微分で概念や用語が使われることが，逆に線型代数学を学ぶ強い動機にもなるはずである．

数学の学習では，演習問題を解くことで理解を深めていくことが大切である．本書では演習価値の高い問題や興味深い問題を選び，本文中の関連する場所に置いた．本文の内容を補足する問題もあるし，あとの定理の証明などで結論が引用される問題もある．そのこともあって，演習問題の解答はなるべく丁寧に書いた．解答のページ数は 40 近くある．したがって，自習用の演習書としても本書は活用できるであろう．中には難しい問題や計算量の多い問題もあるので，そのような問題が自力で解けなくても悲観する必要は全くない．書かれてある解答を検討することで，問題解決に使われたアイデアや工夫を自分のものにすることができるはずである．

また，よく知られた定理でも，数学の雑誌，とくに American Mathematical Monthly 等に掲載された証明で興味深いものは積極的に取り入れた．すでに微分積分学を学習した人にも新たな発見があって，本書を楽しむことができるであろう．そこで使われたアイデア等がまだ十分に共有財産化されていないと思われる場合，著述における良心として，出典を明示することにした．参考文献のリストにある論文や論説はそのことによるものである．

なお，本書は微分積分学を楽しむという立場であり，微分積分学を構築しようとはしていないことをお断りしておこう．本書のタイトルに「講義」という文字が入っているのはそのためでもある．また級数を体系的に扱うことは断念した．複素関数論の入り口のところで，学習されることを望んでいる．

本書がほぼできあがった時点で，同僚の落合啓之氏は通読されて多岐にわたる大変有益なコメントを下さった．同氏のコメントにより，筆者の独りよがりのかなりの部分が改善されたと思う．多忙な中，本書のために時間を割いて下さった落合氏にこの場を借りて心よりお礼を申し上げたい．大学院生の中島秀斗氏からも，若い人の視点で多くのコメントをいただいた．中島氏にもお礼を申し上げる．また熱心に授業を受けて筆者を支えてくれた多くの学生諸君にも感謝したい．最後に，共立出版の寿日出男氏と日比野元氏には終始お世話になり，激励の言葉もいただいた．両氏に感謝の意を表するとともに，筆者の還暦の年に本書が世に出る巡り合わせを喜びたいと思う．

2013 年 9 月
野 村 隆 昭

目　　次

まえがき　　*iii*

記号と番号付けについて　　*x*

第1章　序　　*1*
- 1.1　集　合　　*1*
- 1.2　論理と日本語　　*4*
- 1.3　全称記号と存在記号　　*6*
- 1.4　写像・関数　　*7*
- 1.5　三角不等式　　*9*
- 1.6　二項展開　　*9*

第2章　数列と関数の極限　　*11*
- 2.1　数列の極限　　*11*
- 2.2　関数の極限　　*18*

第3章　実数の連続性　　*22*
- 3.1　切　断　　*22*
- 3.2　上限と下限　　*24*

3.3	有界単調数列の収束	*26*
3.4	連続関数の基本的性質	*30*

第4章　1変数関数の微分　　　　　　　　　　　　　　　　　　*32*

4.1	微分係数と導関数	*32*
4.2	逆関数	*35*
4.3	逆三角関数	*37*
4.4	導関数の性質	*41*
4.5	双曲線関数	*47*
4.6	高階導関数と Taylor の定理	*49*
4.7	無限大・無限小の比較	*54*
4.8	不定形の極限	*64*

第5章　1変数関数の積分　　　　　　　　　　　　　　　　　　*70*

5.1	定積分の定義	*70*
5.2	連続関数の積分可能性	*76*
5.3	定積分の性質	*80*
5.4	積分の計算	*86*
5.5	有理関数の原始関数	*89*
	5.5.1　部分分数分解	*90*
	5.5.2　有理関数の原始関数を求める	*96*
5.6	三角関数の有理式の原始関数	*99*
5.7	その他の関数の原始関数	*101*
	5.7.1　双曲線関数との関連	*101*
	5.7.2　誤差関数と正弦積分	*102*
	5.7.3　楕円積分	*103*
5.8	広義積分	*104*
5.9	ガンマ関数とベータ関数（その1）	*114*
5.10	積分の応用	*116*

第6章　多変数関数の微分　　122

- 6.1　変数のベクトル表示とノルム *122*
- 6.2　偏微分 *126*
- 6.3　全微分と接平面 *127*
- 6.4　高階偏導関数 *131*
- 6.5　合成関数の微分 *133*
- 6.6　写像の微分 *139*
- 6.7　2変数関数の Taylor の定理 *141*
- 6.8　2変数関数の極値問題 *145*
- 6.9　陰関数定理 *150*
- 6.10　逆写像定理 *156*
- 6.11　平面曲線 *157*
- 6.12　条件付き極値問題 *161*
- 6.13　最大・最小問題 *166*

第7章　多変数関数の積分　　174

- 7.1　長方形領域上の積分 *174*
- 7.2　面積確定集合 *178*
- 7.3　一般区域上の重積分 *181*
- 7.4　累次積分 *183*
- 7.5　積分の順序交換 *188*
- 7.6　変数変換公式 *190*
- 7.7　高次元の場合 *195*
- 7.8　広義積分 *198*
- 7.9　ガンマ関数とベータ関数（その2） *207*

問題の解答・解説	*210*
参考文献	*246*
索　引	*248*

記号と番号付けについて

- $f(x) := x^2 + x + 1$ のように左横にコロンをつけた等号は，左辺を右辺により定義するときに使う．この例では，関数 $f(x)$ を $x^2 + x + 1$ で定義していることを示している．現在ではほぼ万国共通の記号である．
- 本書では，用語の定義等において，文章で書くよりは視覚的効果があって良いと思われる場合，講義風に記号 $\stackrel{\text{def}}{\iff}$ を用いているところがある．記号 $\stackrel{\text{def}}{\iff}$ の意味するところは明らかであろう．二重の両側矢印の上にある def は定義を意味する英語 definition を略したものである．
- 同様に「必要かつ十分である」と主張する代わりに，$\iff$ を用いて定理等を記述しているところもある．
- 式の番号は，定理等の証明や例題，問題の解答中でのみ引用されるものは，①，②，... 等の丸囲みの番号を用いた．当該場所以外でも引用されるものは $(m.n)$ と表記している．意味するところは，第 m 章にあって，n 番目の番号付きの式ということである．
- 本書では，定義，定理，命題，補題，系，例，注意，例題，問題について，番号は一つの系統でつけてある．すべてを通し番号にする方が，引用があった場合の検索が容易であると考えたからである．
- 例題と問題は背景を網掛けにして，検索がさらに容易になるよう，読者の便宜をはかった．

第1章
序

1.1 集　合

　数学の中で使われる**集合**という用語は，単に「物の集まり」というだけではなくて，その集まりを規定する明確な基準のあるものをいう．たとえば，「細長い三角形の全体」は集合ではない．「細長い」という形容詞に主観が入るからである．

　高校までで習った数とその集まりについては以下の通りである．

- 自然数の全体 ⎫　　　　　　　　　　　…… $\mathbb{N}$
- 整　数の全体 ⎬　これらはすべて集合であり　…… $\mathbb{Z}$
- 有理数の全体 ⎬　右の書体の記号で表される　…… $\mathbb{Q}$
- 実　数の全体 ⎬　（万国共通の記号）　　　　…… $\mathbb{R}$
- 複素数の全体 ⎭　　　　　　　　　　　…… $\mathbb{C}$

自然数[1]は英語で natural number ということからその全体を $\mathbb{N}$ で表し，整数の $\mathbb{Z}$ は数の意味のドイツ語 Zahl から，有理数の $\mathbb{Q}$ は商を意味する quotient からとっている．そして，実数は real number，複素数は complex number ということから，それぞれの全体を $\mathbb{R}$, $\mathbb{C}$ で表している．本書でも今後はことわりなく，これらの記号を用いる．

　さて A を集合としよう．A を構成している物を A の **元**（げん）または **要素** という．

---

[1] 自然数に 0 を含める立場もあるが，本書では自然数とは正の整数のこととする．

a が A の元であることを $a \in A$ と書く．$a \notin A$ は a が A の元ではないことを表す．特別な集合として，元を一つも持たない集合も許容し，**空集合**と呼ぶ．記号で $\emptyset$ と書く．たとえば，「ある方程式の解の集合」等，その集まりを構成する物が実際に存在するのかどうか，前もってわかっていないときでも，集合という言葉が使えるので都合がよい．

A, B を集合としよう．A の元がつねに B の元になっているとき，A は B の**部分集合**であるという．記号で $A \subset B$，あるいは $B \supset A$ と表す．空集合 $\emptyset$ は，どんな集合 X に対しても，X の部分集合であると約束する．すなわち $\emptyset \subset X$ とする．

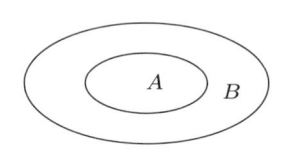

注意 1.1 (1) $B = A$ であっても，定義により，A は B の部分集合である．つまり $A \subset A$ である．したがって，不等号や等号付きの不等号との関連でいえば，$A \subset B$ は $A \subseteq B$ の意味で使っている．
(2) 集合 A, B に対して，
$$A = B \iff A \subset B \text{ かつ } B \subset A$$
であることは明らかであろう．
(3) $A \subset B$ かつ $A \neq B$（これを強調するときは $A \subsetneq B$ と書く）であるとき，A は B の**真部分集合**であるという．

例 1.2 $\mathbb{N} \subset \mathbb{Z} \subset \mathbb{Q} \subset \mathbb{R} \subset \mathbb{C}$．実際は $\mathbb{N} \subsetneq \mathbb{Z} \subsetneq \mathbb{Q} \subsetneq \mathbb{R} \subsetneq \mathbb{C}$ である．

次に集合の表記法について述べる．元 $a, b, c, \ldots$ からなる集合を $\{a, b, c, \ldots\}$ と表す．ただし，この表記法はあいまいなことがある．たとえば $\{1, 2, 3, \ldots\}$ と書いてあったとき，この集合は $\mathbb{N}$ なのかどうかは不明である．ひょっとしたら $\{1, 2, 3, 5, 8, 13, \ldots\}$ かもしれない．また $\{0, \sqrt{2}, 18, \ldots\}$ だと，一体どんな集合なのか全くわからない．そこで
$$\mathbb{N} = \{n \, ; \, n \text{ は自然数}\}$$
と書けば誤解は生じない．セミコロンのかわりに縦線を使う流儀もある．
$$\mathbb{N} = \{n \mid n \text{ は自然数}\}.$$
本書ではセミコロンを使う．筆者の好みという以外に理由はない．また
$$\{x \, ; \, x \text{ は } |x| < 1 \text{ をみたす実数}\}$$
と書くかわりに，本書では少し横着をして
$$\{x \in \mathbb{R} \, ; \, |x| < 1\}$$

のように書くことが多い．またその方が見やすいであろう．

定義 1.3 A, B を集合とする．
(1) A か B の少なくとも一方に属する元の全体を A と B の**和集合**といい，記号で $A \cup B$ と表す．
(2) A と B の両方に属する元の全体を A と B の**共通部分**といい，記号で $A \cap B$ と表す．
(3) A に属するが B には属さない元の全体を A から B を引いた**差集合**といい，記号で $A \setminus B$ と表す．
(4) $A \supset B$ のとき，差集合 $A \setminus B$ を A における B の**補集合**と呼ぶ．

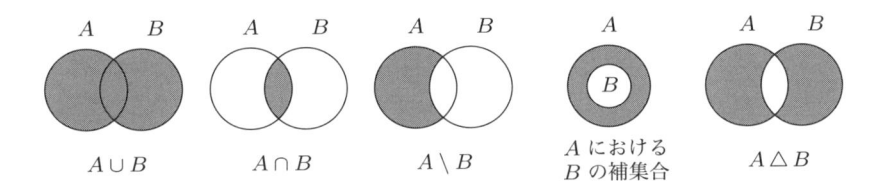

注意 1.4 上の図にあるように，$A \cup B$ の元 x は A, B の両方に属していても構わない．ついでながら，A, B の片方のみに属する元の全体 $(A \setminus B) \cup (B \setminus A)$ を A と B の対称差と呼び $A \triangle B$ で表す．$A \triangle B$ は $A \cup B$ における $A \cap B$ の補集合であるが，本書では 1 回だけ，後述する問題 7.11 で現れるだけである．

和集合と共通部分については，3 個以上の集合に対しても定義できる．すなわち，k 個の集合 $A_1, \ldots, A_k$ があるとき，
(1) $A_1, \ldots, A_k$ の少なくとも一つに属する元の全体を $A_1 \cup \cdots \cup A_k$,
(2) $A_1, \ldots, A_k$ のすべてに属する元の全体を $A_1 \cap \cdots \cap A_k$
で表して，それぞれを $A_1, \ldots, A_k$ の**和集合**，**共通部分**と呼ぶ．

現代数学では，基礎になる一つの集合を全体集合として，そこに様々な数学的な構造を導入し，考察を加えていく．全体集合 X が文脈などで了解されているとき，X の部分集合 A の X における補集合を，単に（すなわち「X における」という言葉を略して）A の**補集合**と呼び，A^c で表す．右肩の c は英語の complement から来る．高校で使ってきた A の補集合を表す $\overline{A}$ は，大学以降は別の意味で使われることが多い．

例 1.5 1 変数の微積分でよく登場する $\mathbb{R}$ の部分集合に区間がある．有限の範囲で収まるか，無限にのびるかでまず 2 種類に分かれ，さらに端の点が含まれるかどうかで場合が分かれる．記号の定義の意味でまとめておこう．

以下，a, b は実数で $a < b$ であるとする．まず有限の範囲で収まる場合は次の 4 種類ある．

$$[a, b] := \{x \in \mathbb{R} \,;\, a \leqq x \leqq b\}, \quad (a, b) := \{x \in \mathbb{R} \,;\, a < x < b\},$$
$$(a, b] := \{x \in \mathbb{R} \,;\, a < x \leqq b\}, \quad [a, b) := \{x \in \mathbb{R} \,;\, a \leqq x < b\}.$$

$[a, b]$ を**有界閉区間**，(a, b) を**有界開区間**という．さらに無限にのびる場合は 5 種類ある．

$$[a, +\infty) := \{x \in \mathbb{R} \,;\, a \leqq x\}, \quad (a, +\infty) := \{x \in \mathbb{R} \,;\, a < x\},$$
$$(-\infty, b] := \{x \in \mathbb{R} \,;\, x \leqq b\}, \quad (-\infty, b) := \{x \in \mathbb{R} \,;\, x < b\}.$$

$(-\infty, +\infty)$ は $\mathbb{R}$ に他ならない．

開区間を表す記号 (a, b) は，数学では対（ペア）や内積など，いろいろな意味で使われるので，注意が必要である．フランス等では外側に閉じているということで，開区間を $]a, b[$ で表すことが多いが，世界的に普及しているとは言えないようである．

1.2 論理と日本語

日本語を母語[2]とする人間にとって，日本語で数学ができる，日本語の数学の講義が聴ける，日本語で書かれた数学の本・専門書がたくさんある，ということはとても幸せなことであると思う．「日本語は論理的ではない」という人がいるが，決してそのようなことはなく，日本語で論理を展開することはもちろん可能である．ただそのときに，日本語の持つ特性を理解した上で，自分が考えていることが相手に正確に伝わるよう十分に注意する必要がある．また世代が違うと，同じ言葉でも違った意味を持ってしまう[3]こともあるだ

---

[2] 日本では母国語ということが多いが，幼児が母親などから自然に覚える言語が母語であり，政治的な国家の区分とは無関係である．世界的に見た場合，言語と国家が 1 対 1 で対応する方がまれである．

[3] 「適当」という言葉については，適切かつ妥当という意味以外に，すでに広辞苑にも「その場に合わせて要領よくやること」，「いい加減」という意味も書かれている．したがって，たとえば「適当に x を選ぶと成り立つ」という言い方は，もはや避けた方がいいのかもしれない．そういえば，ここの「いい加減」というのも，「加減がよい」ということで，元々は良い意味であったと思われる．

ろう．話し言葉では一呼吸置くことで伝わるニュアンスも，書き言葉では伝わらないこともあるし，また読み手が一呼吸置いてしまうことで，書き手の意図したことと違った意味になることもある．

次の例題はある年に実際に学生諸君に問いかけた文章である．

例題 1.6 $k = 1, 2, \ldots, n$ とする．以下の (1)〜(3) の文はそれぞれ
 (あ) $x_1 \neq 0$，かつ $x_2 \neq 0$，かつ $\cdots$，かつ $x_n \neq 0$，
 (い) 「$x_1 = x_2 = \cdots = x_n = 0$」ではない
のどちらを表すだろうか．あるいはどちらとも解釈できる（あるいはできない）文であろうか．
(1) すべての x_k は 0 でない．
(2) すべての x_k が 0 ではない．
(3) すべての x_k が 0 ということはない．

解説 この例題に対する正解はないと言ってよい．読み返せば読み返すほど混乱するというのが実際ではないだろうか．どれも読み方や息の継ぎ方で意味が変わってくる．たとえば，文 (1) を（あ）の意味で読ませようとして書いたとしても，「すべての x_k は 0，でない」と読者が間を置いて読んでしまうと，（い）の意味になると思われる．誤解を避けるための一つの案として，「すべて」を表す単語と否定語を同時に用いることを避けることがある．英語の授業で，全否定や部分否定について習う[4]が，そういうことより，数学的内容を正しく伝えることの方がここでは重要である．

例題 1.6 の（あ）と（い）については
（あ） $x_k = 0$ となる番号 k は存在しない．
（い） ある番号 k に対して $x_k \neq 0$ である．

あるいは，後者については
（い） $x_k \neq 0$ となる番号 k が存在する

と書いてみてはどうであろうか．とくに（い）については，「番号 k を適当に選ぶと $x_k \neq 0$ である．」と書かない方がよいというのは前ページの脚注ですでに述べた．例題 1.6 は数学を語る側や書く側に注意を喚起していると考えるべきであろう．

---

[4] Shakespeare のヴェニスの商人に出てくる「All that glisters is not gold.」という文がある．辞書では動詞の glister が glitter になっている文が諺として載っている．

1.3　全称記号と存在記号

A を逆さまにして得られる記号 $\forall$ のことを**全称記号**という．「すべての」という意味の all や，肯定文で用いられる「どんな」という意味の any，あるいは「任意の」という意味の arbitrary から来る．本書では「すべての実数 x に対して $x^2+x+1>0$ である」と書くかわりに「$\forall x\in\mathbb{R}$ に対して $x^2+x+1>0$ である」と書いたり，

$$x^2+x+1>0 \quad (\forall x\in\mathbb{R}), \quad \text{あるいは} \quad x^2+x+1>0 \text{ for } \forall x\in\mathbb{R}$$

という風に書く．視覚的にもこの方が見やすいだろうし，授業の板書でもこのように書かれる先生方も多いと思う．

E を裏返しにして得られる記号 $\exists$ を**存在記号**という．「存在する」という意味の exist から来る．本書では次のような書き方をする．

$$\exists x\in\mathbb{C} \text{ s.t. } x^2+x+2=0.$$

これは英語の「There exists a complex number x such that $x^2+x+2=0$.」を略して書いたものである．日本語で書く場合，「such that」の部分で英語と語順を反転させないで，「複素数 x が存在して $x^2+x+2=0$ となる．」と書く方がわかりやすいであろう．「such that」の部分を「となるような」と表していると，全称記号と存在記号が混じったときにややこしくなる．

例題 1.7　次の主張 (1), (2) は明らかに数学的内容が異なるものである．内容の違いがわかるように，(数式をまじえた) 日本語の文章にせよ．また主張が正しいかどうかも述べよ．

(1) $\forall x\in\mathbb{R}, \exists y\in\mathbb{R}$ s.t. $y>x^2$.
(2) $\exists y\in\mathbb{R}$ s.t. $y>x^2$ for $\forall x\in\mathbb{R}$.

解説　下手に日本語で表すと，どちらも「すべての実数 x に対して $y>x^2$ となるような実数 y が存在する」となってしまう．(1) の y は x に依存してよく（いわばジャンケンの後出し），(2) の y は x には依存せず，いわば「全能」でないといけない．全称記号と存在記号が現れる順番に注意してほしい．また読点（とうてん）の打ち方にも注意する必要がある．場合によっては，補足説明をした方がよいこともあろう．

解　(1) すべての実数 x に対して，実数 y が存在して $y>x^2$ となる．たとえば $y=x^2+1$ ととればよいので，主張は正しい．

(2) 実数 y が存在して，どんな実数 x に対しても $y > x^2$ となる．この y は x に依存してはいけない．もちろんそのような実数 y は存在しないので，主張は正しくない． □

1.4 写像・関数

以下 X と Y を空でない集合とする．X の各元 x に，Y に属する元 y を一つ対応させる規則 f が与えられているとき，その規則 f のことを X から Y への**写像**という．X のことを f の**定義域**と呼ぶ．f が定義域 X から集合 Y への写像であることを，$f : X \to Y$ と表す．一方で，f によって元 $x \in X$ に元 $y \in Y$ が対応することを

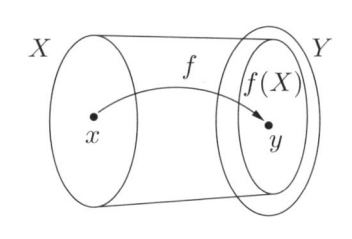

$$y = f(x) \quad \text{または} \quad f : x \mapsto y$$

と表す[5]．また写像 f によって写された先の元の全体を f の**値域**と呼び，$f(X)$ で表す．

$$f(X) := \{ y \in Y \,;\, \exists x \in X \text{ s.t. } y = f(x) \}.$$

これは記号としての定義であり，$f(x)$ の x に X を代入したわけではない．少々横着をして $f(X) = \{ f(x) \,;\, x \in X \}$ というように書くと，$f(X)$ という記号の雰囲気が出ているかもしれない．ただし $f(x)$ $(x \in X)$ の中には同じ物があり得るので，集合としての記法からは逸脱しているが，便利であるので本書でも使うことにする．さらに X の部分集合 A に対しても，f による A の像を $f(A)$ と表す．

$$f(A) := \{ f(x) \,;\, x \in A \}.$$

写像 $f : X \to Y$ の値域 $f(X)$ は Y 全体になるとは限らないが，Y 全体になるとき，すなわち $f(X) = Y$ となるとき，写像 f は**全射**であるという．

写像 $f : X \to X$ で，$f(x) = x$ $(\forall x)$ となるものを X の**恒等写像**という．本書では恒等写像を I で表す．I という記号は，区間や積分に対しても用いるが，混乱は起こらないであろう．

---

[5] 元レベルでの対応を表すとき，矢印の根元に短い縦線があることに注意．これは万国共通記号である．

Z を空でないもう一つの集合とし，写像 $f: X \to Y$, $g: Y \to Z$ を考える．各 $x \in X$ に Z の元 $g(f(x))$ を対応させる写像を f と g の**合成写像**と呼び，$g \circ f$ で表す．すなわち，$(g \circ f)(x) := g(f(x))$ とする．

写像 $f: X \to Y$ が **1 対 1**（あるいは**単射**）であるとは，異なる元が異なる元に写されるときをいう．すなわち

$$x_1 \neq x_2 \quad \text{ならば} \quad f(x_1) \neq f(x_2)$$

が成り立つときをいう．対偶を考えて，f が 1 対 1 であることは次が成り立つことであるとしてもよい．

$$f(x_1) = f(x_2) \quad \text{ならば} \quad x_1 = x_2.$$

さて，$f: X \to Y$ は 1 対 1 の写像とする．このとき，値域 $R := f(X)$ の各元 y に対して，$f(x) = y$ となる $x \in X$ はただ一つである．ゆえに写像 $y \mapsto x$ が決まる．この写像 $R \to X$ を f の**逆写像**といい，f^{-1} で表す．定義より

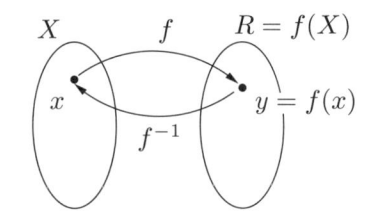

$$f^{-1}(f(x)) = x \ (\forall x \in X), \qquad f(f^{-1}(y)) = y \ (\forall y \in R). \tag{1.1}$$

X が $\mathbb{R}$ の部分集合であるとき，写像 $f: X \to \mathbb{R}$ のことを **1 変数関数**と呼ぶ[6]．$y = f(x)$ とおくとき，x のことを**独立変数**と呼び，y のことを，x の値の変化に伴って変わる数ということで，**従属変数**と呼ぶ．

f が 1 対 1 の関数であるとき，

$$y = f(x) \iff x = f^{-1}(y)$$

であるが，独立変数を x，従属変数を y で表すことが多いので，$f(x)$ の逆関数は $f^{-1}(x)$ である，という言い方をする．変数を書かなければ，f の逆関数は f^{-1} であるという言い方に何も違和感はないであろう．そこに独立変数である x を書き添えただけであると思えばよい．

注意 1.8 $f(x)$ と書いてしまったら，本当は関数ではなくて，関数 f の x での値を表す．しかし，伝統的な「関数 $f(x)$」という言い方も便利なときがあるので，本書でも関数 f と書いたり，関数 $f(x)$ と書いたりする．書き分けの明確な基準があるわけではない．

---

[6] 微積分で通常扱う関数は，このように値域が $\mathbb{R}$ の部分集合である（このことを**実数に値をとる**という）**実数値関数**である．

1.5 三角不等式

問題 1.9 二つの写像 $f: X \to Y$ と $g: Y \to X$ が，$f \circ g = I$ かつ $g \circ f = I$ をみたしているとき，f も g も **全単射**（すなわち全射かつ単射）であることを示せ．したがって，f は逆写像を持ち，$f^{-1} = g$ である．同様に $g^{-1} = f$ でもある．

X が $\mathbb{N}$ 自身や $\mathbb{N}$ の部分集合であるとき[7]，写像 $f: X \to \mathbb{R}$ を **数列** という．数列の場合，数を1列に並べたものという高校での定義もあるので，f という記号よりも $\{a_n\}$ という記法が用いられることが多く[8]，本書でも特別な場合を除いてその習慣に従う．

1.5 三角不等式

三角不等式 と呼ばれてよく使われる不等式を，定理の形で記しておこう．

定理 1.10 $a, b \in \mathbb{R}$ とするとき，次の不等式 (1), (2) が成り立つ．
(1) $|a + b| \leqq |a| + |b|$．
(2) $||a| - |b|| \leqq |a - b|$．

証明 (1) 両辺とも正または0であるから，平方して比較してよい．
$$(左辺)^2 = a^2 + 2ab + b^2, \quad (右辺)^2 = a^2 + 2|ab| + b^2.$$
ここで，$ab \leqq |ab|$ であるから (1) が成り立つ．
(2) これも両辺を平方することで示せる．詳細は読者に委ねよう． □

定理 1.10 (1) を繰り返し使って，次の不等式を得る．
$$|a_1 + \cdots + a_n| \leqq |a_1| + \cdots + |a_n|.$$
この不等式も本書では三角不等式と呼んで使っていく．

1.6 二項展開

n を自然数とするとき，$(a + b)^n$ の展開に関する次の公式（**二項展開**）を高校で学習している．
$$(a + b)^n = \sum_{j=0}^{n} {}_n\mathrm{C}_j\, a^{n-j} b^j, \quad {}_n\mathrm{C}_j := \frac{n!}{j!(n-j)!}. \tag{1.2}$$

---
[7] 行きがかり上，数列の番号，すなわち数列の定義域に0を含めることが本書でも多々ある．
[8] 集合と区別するために，$\langle a_n \rangle$ という記法も見かける．

証明については $(a+b)^n$ を次のように n 個の $a+b$ の積に書いてみるとよい．

$$(a+b)^n = \overbrace{(a+b)\cdot(a+b)\cdots(a+b)}^{n}.$$

一般項 $a^{n-j}b^j$ は，n 個ある右辺の b の内でどこから j 個取るか（残りの $(n-j)$ 個は必ず a を選択）ということで決まる．そしてその選択の仕方はちょうど ${}_nC_j$ 通りである．

高校では ${}_nC_j$ と書いた**二項係数**は，本書では後述する定義 4.66 で一般化することもあって，今の段階から $\binom{n}{j}$ で表すことにしよう．二項展開の公式 (1.2) を帰納法で証明しようとすると，二項係数の等式[9]

$$\binom{n+1}{j} = \binom{n}{j-1} + \binom{n}{j} \tag{1.3}$$

を用いることになる．n 段目の左から j 番目[10]に二項係数 $\binom{n}{j}$ を下図のように配置してできる三角形を **Pascal**（パスカル）**の三角形**と呼ぶ．

```
                          1
    n = 1              1     1
    n = 2           1     2     1
    n = 3        1     3     3     1
    n = 4     1     4     6     4     1
    n = 5  1     5    10    10     5     1
```

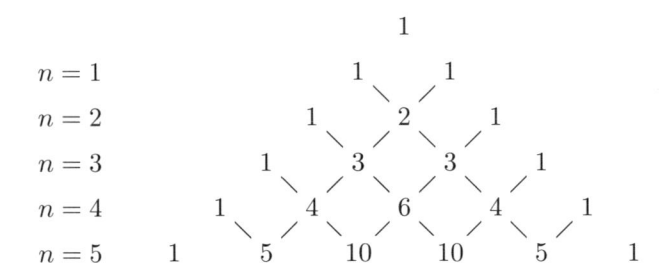

関係式 (1.3) は，$(n+1)$ 段目の左から j 番目の数が，n 段目の $(j-1)$ 番目と j 番目の数の和になっていることを示していて，その様子を上図では線で結んでいる．

---

[9] 計算でも示せるが，$(n+1)$ 個の物から j 個を選ぶとき，あらかじめ目印をつけておいた 1 個を含むか含まないかで場合を分けた，ということを等式は示している．

[10] 一番左は左から 0 番目として，1 番目，2 番目，$\ldots$ と右に進むものとする．

第2章

数列と関数の極限

2.1 数列の極限

数列 $\{a_n\}$ の極限に関しては高校でも学習しているが,その定義は次のようなものであった.

定義 2.1 (高校での定義)　番号 n が限りなく大きくなるとき,a_n が一定の数 α に限りなく近づくならば,数列 $\{a_n\}$ は α に**収束する**といい,α を $\{a_n\}$ の**極限値**という.記号で,$n \to \infty$ のとき,$a_n \to \alpha$,あるいは $\displaystyle\lim_{n\to\infty} a_n = \alpha$ と書く.

もの言い　「限りなく大きく」とか,「限りなく近づく」とはどういうことか? また一定値の数列 $a_n = 1\ (\forall n)$ の場合,極限値 1 に限りなく近づくどころか,初めからずっと 1 ではないか! さらに次の例ではどうか.

例 2.2　$a_n := \dfrac{1}{2^n}$（n は偶数）,$a_n := -\dfrac{1}{n}$（n は奇数）で定義される数列 $\{a_n\}$ を考える.$a_n \to 0\ (n \to \infty)$ であるが,偶数項めと奇数項めでは,0 に近づく速さが違うし符号も異なるので,実際には 0 に近づいたり離れたりしていて,ひたすら 0 に近づくという雰囲気ではない.

高校までの数学は日常の言葉を用いて記述されていることが多い.これは数学に慣れ親しむためには仕方のないことである一方,無理が生じる場面もあり,実際に極限のところでは無理が生じている.要は「限りなく近づく」と

いうのを，数学における用語として定義していなかったことに問題がある．

さて a_n が α に限りなく近づくというのは，どんな状況なのであろうか．それは番号 n を大きくするに従って，a_n と α との差 $|a_n - \alpha|$ がどんどん 0 に近づくということで，n を大きくするにつれて，$|a_n - \alpha|$ は 0.1 よりも小さい，0.01 よりも小さい，0.001 よりも小さい，……．この状況を一言で言ってしまうと，どんなに小さい正の数 ε に対しても，番号 n が大きいところでは，$|a_n - \alpha| < \varepsilon$ となるということである．

具体例で見てみよう．$a_n = 2 - \dfrac{1}{n}$ のとき，$|a_n - 2| = \dfrac{1}{n}$ であるから，

♠ $|a_n - 2| < 0.1$ となるには，$n > 10$ だとよい（$n > 20$ でも構わない）．
♣ $|a_n - 2| < 0.01$ となるには，$n > 100$ だとよい（$n > 1234$ でもよい）．
……
♢ $|a_n - 2| < \varepsilon$ となるには，$n > \dfrac{1}{\varepsilon}$ だとよい $\left(n > \dfrac{100}{\varepsilon}\text{ でもよい}\right)$．

以上を踏まえて，次の定義に到達する．

定義 2.3（大学） $\alpha \in \mathbb{R}$ は一定の数とする．$\forall \varepsilon > 0$ に対して，番号 N を選ぶと，$\forall n > N$ に対して $|a_n - \alpha| < \varepsilon$ となるとき，すなわち

$$\forall \varepsilon > 0,\ \exists N\ \text{s.t.}\ |a_n - \alpha| < \varepsilon\ \text{for}\ \forall n > N$$

となるとき，$\{a_n\}$ は α に **収束する**という．

解説 あえて図を描けば，次のような状況になっているということである．

$$\underset{}{\overset{a_2}{\bullet}}\quad \underset{\alpha - \varepsilon}{(}\quad \overset{a_{N+1}}{\bullet}\ \overset{a_n\,(n>N)}{\bullet}\ \underset{\alpha}{\bullet}\ \overset{a_{N+2}}{\bullet}\quad \underset{\alpha + \varepsilon}{)}\quad \overset{a_n\,(n \leqq N)}{\bullet}\ \overset{a_1}{\bullet}$$

N 以下の番号の a_n についてはどうなっていてもよいけれど，$n > N$ である限り，開区間 $(\alpha - \varepsilon, \alpha + \varepsilon)$ の中で a_n が捕捉できるというのである．

本書では今後，定義 2.3（そして後述する定義 2.8）に従って数列の収束や発散を議論することを，**ε–N 論法**と呼ぶことにしよう．

注意 2.4 (1) $\varepsilon > 0$ に対して選ぶ番号 N は，$\forall n \geqq N$ に対して $|a_n - \alpha| < \varepsilon$ をみたすものとしてもよい（等号に注意）．等号なしのときと比べて，番号が一つずれるだけである．また番号 N は，一つ見つかったら，より大きなものに取り直すことができることは明らかであろう．これらのことは，今後はいちいち断らずに使うこともある．

(2) 結論部分の $|a_n - \alpha| < \varepsilon$ についても，$|a_n - \alpha| \leqq \varepsilon$ としてもよいことは明らかであろう．

注意 2.5 $a_n = 1\ (\forall n)$ であるような数列でも，$\lim_{n\to\infty} a_n = 1$（$a_n$ は限りなく 1 に近づく）であることは定義より明らかである．すなわち，どんな $\varepsilon > 0$ に対してもつねに $N = 1$ ととればよいのだから．

次の例題は，ε–N 論法でないと証明できない．まず N_1 を選び，次いで N_2 を選ぶ手順とその必要性を十分に理解してほしい．

例題 2.6 $\alpha \in \mathbb{R}$ とし，$\lim_{n\to\infty} a_n = \alpha$ とする．
$s_n := \dfrac{a_1 + \cdots + a_n}{n}$ $(n = 1, 2, \ldots)$ とおくとき，$\lim_{n\to\infty} s_n = \alpha$ を示せ．

解 $\forall \varepsilon > 0$ が与えられたとする．仮定より $a_n \to \alpha$ であるから，番号 N_1 が選べて，$|a_n - \alpha| < \dfrac{\varepsilon}{2}\ (\forall n > N_1)$ $\cdots$ ① が成り立つ．$M := \sum_{j=1}^{N_1} |a_j - \alpha|$ とおくと，$\lim_{n\to\infty} \dfrac{M}{n} = 0$ が成り立つから，番号 $N_2 (> N_1)$ を選ぶことにより[1]，$\dfrac{M}{n} < \dfrac{\varepsilon}{2}\ (\forall n > N_2)$ $\cdots$ ② とできる．さて $n > N_2$ のとき，

$$s_n - \alpha = \frac{a_1 + \cdots + a_n}{n} - \alpha$$
$$= \frac{1}{n}\{(a_1 - \alpha) + \cdots + (a_{N_1} - \alpha)\} + \frac{1}{n}\{(a_{N_1+1} - \alpha) + \cdots + (a_n - \alpha)\}$$

としておくと[2]，三角不等式，および①と②より

$$|s_n - \alpha| \leqq \frac{1}{n}\{|a_1 - \alpha| + \cdots + |a_{N_1} - \alpha|\}$$
$$+ \frac{1}{n}\{|a_{N_1+1} - \alpha| + \cdots + |a_n - \alpha|\}$$
$$< \frac{M}{n} + \frac{n - N_1}{n} \cdot \frac{\varepsilon}{2}$$
$$< \frac{\varepsilon}{2} + \frac{\varepsilon}{2} = \varepsilon \qquad \left(\frac{n - N_1}{n} < 1 \text{ による}\right).$$

ゆえに $|s_n - \alpha| < \varepsilon\ (\forall n > N_2)$ となって，証明が終わる． □

---

[1] ここで注意 2.4 にあるように，必要なら，一旦選んだ番号 N_2 を大きく取り直して，最初に選んであった N_1 より大きくなるようにしている．

[2] 和を N_1 のところで分けるのであって，N_2 のところで分けると失敗する．

問題 2.7 例題 2.6 と同じ条件で,
$$S_n := \frac{na_1 + (n-1)a_2 + \cdots + 2a_{n-1} + a_n}{n^2} \quad (n = 1, 2, \ldots)$$
とおくと, $\lim_{n \to \infty} S_n = \frac{1}{2}\alpha$ となることを示せ.

【ヒント】 $p_n(k) = \frac{1}{n^2}(n-k+1)$ $(k = 1, \ldots, n)$ とおくと, $\sum_{k=1}^{n} p_n(k) = \frac{1}{2} + \frac{1}{2n}$ であり
$$S_n = \sum_{k=1}^{n} p_n(k)a_k, \qquad S_n - \frac{1}{2}\alpha = \sum_{k=1}^{n} p_n(k)(a_k - \alpha) + \frac{\alpha}{2n}$$
となる. $p_n(k) \leqq \frac{1}{n}$ に注意して, N_1, N_2 を例題 2.6 と同様に選ぶ.

定義 2.8 $\lim_{n \to \infty} a_n = +\infty$ とは, 次が成り立つこととする.
$$\forall L > 0, \exists N \text{ s.t. } a_n > L \text{ for } \forall n > N.$$
$\lim_{n \to \infty} a_n = -\infty$ も同様に定義する.

問題 2.9 例題 2.6 は α を $+\infty$ に置き換えても成立することを示せ.

定義 2.10 数列 $\{a_n\}$ が**有界**であるとは, 次が成り立つことである.
$$\exists M > 0 \text{ s.t. } |a_n| \leqq M \quad (\forall n = 1, 2, \ldots).$$

命題 2.11
(1) 収束する数列は有界である.
(2) $a_n \to \alpha$ かつ $\alpha > \beta$ ならば, $\exists N$ s.t. $a_n > \beta$ for $\forall n > N$.

証明 (1) $a_n \to \alpha$ とする. 番号 N_0 を選んで[3], $|a_n - \alpha| < 1$ $(\forall n > N_0)$ とできる. したがって $n > N_0$ については,
$$|a_n| \leqq |a_n - \alpha| + |\alpha| < 1 + |\alpha|.$$
$M := \max\{|a_1|, \ldots, |a_{N_0}|, 1 + |\alpha|\}$ とおくと, $|a_n| \leqq M$ $(\forall n)$ となる.
(2) 仮定より, $\varepsilon = \alpha - \beta > 0$ に対して, 番号 N を選んで, $|a_n - \alpha| < \varepsilon$ $(\forall n > N)$ とできる. このとき $a_n > \alpha - \varepsilon = \beta$ である. □

---

[3] あからさまには言わないが, 1 という正の数に対して選んでいるのである.

2.1 数列の極限

注意 2.12 命題 2.11 (2) で番号 N に言及するのが面倒なとき,「**十分大きな番号** n **に対して** $a_n > \beta$ **が成り立つ**」という言い方をする.このような言い方を今後も時々行う.

問題 2.13 $a_n \to \alpha$ ならば,$|a_n| \to |\alpha|$ であることを示せ.逆は不成立であることも示せ.

命題 2.14 $\lim_{n\to\infty} a_n = \alpha,\ \lim_{n\to\infty} b_n = \beta$ とする.
(1) $\lim_{n\to\infty} (a_n \pm b_n) = \alpha \pm \beta$.
(2) $\lim_{n\to\infty} a_n b_n = \alpha\beta$.
(3) $\beta \ne 0$ ならば,十分大きな番号 n に対しては $b_n \ne 0$ であって,
$$\lim_{n\to\infty} \frac{a_n}{b_n} = \frac{\alpha}{\beta}.$$

解説 (1)〜(3) の主張はいずれも,左辺の極限が存在して右辺に等しい,と読むべきである.左辺の極限の存在も証明すべきことなのである.

証明 $\forall \varepsilon > 0$ が与えられたとする.
(1) 仮定より,$\exists N$ s.t. $|a_n - \alpha| < \frac{1}{2}\varepsilon$ かつ $|b_n - \beta| < \frac{1}{2}\varepsilon$ $(\forall n > N)$ となる[4].そうすると三角不等式により
$$|a_n + b_n - (\alpha + \beta)| \leqq |a_n - \alpha| + |b_n - \beta| < \frac{\varepsilon}{2} + \frac{\varepsilon}{2} = \varepsilon \quad (\forall n > N)$$
を得る.$a_n - b_n$ についても同様.
(2) 収束する数列は有界であるので,$\exists M > 0$ s.t. $|a_n| \leqq M$ $(\forall n)$.一方,仮定より $\exists N$ s.t.($\beta = 0$ でも通用する形で書くと)
$$|\beta||a_n - \alpha| < \frac{\varepsilon}{2} \text{ かつ } |b_n - \beta| < \frac{\varepsilon}{2M} \quad (\forall n > N).$$
このとき,$a_n b_n - \alpha\beta = a_n(b_n - \beta) + (a_n - \alpha)\beta$ より,$n > N$ のとき,
$$|a_n b_n - \alpha\beta| \leqq |a_n||b_n - \beta| + |\beta||a_n - \alpha| < M \cdot \frac{\varepsilon}{2M} + \frac{\varepsilon}{2} = \varepsilon$$
となって,$a_n b_n \to \alpha\beta$ $(n \to \infty)$ である.
(3) 問題 2.13 より $|b_n| \to |\beta| \ne 0$ であるから,命題 2.11 (2) より,$\exists N_1$ s.t. $|b_n| > \frac{1}{2}|\beta| > 0$ $(\forall n > N_1)$.これより前半の主張が成り立つ.よって,$n = N_1 + 1, N_1 + 2, \ldots$ に対して数列 $\left\{\dfrac{1}{b_n}\right\}$ が定義できる.番号 N_2 $(> N_1)$

---

[4] 二つの数列に共通の N がとれることは,たとえば $\{a_n\}$ に対して選ぶ N_1 と $\{b_n\}$ に対して選ぶ N_2 の大きい方をとればよい.注意 2.4 参照.

を選んで, $n > N_2$ のとき $|b_n - \beta| < \frac{1}{2}|\beta|^2 \varepsilon$ とすると,

$$\left|\frac{1}{b_n} - \frac{1}{\beta}\right| = \frac{|b_n - \beta|}{|\beta||b_n|} < \frac{2}{|\beta|^2}|b_n - \beta| < \varepsilon \quad (\forall n > N_2).$$

ゆえに $\lim_{n\to\infty} \frac{1}{b_n} = \frac{1}{\beta}$ である. よって (2) より $\lim_{n\to\infty} \frac{a_n}{b_n} = \frac{\alpha}{\beta}$ である. □

問題 2.15 命題 2.14 (3) の証明を次のようにするのはどこがよくないか.
$c_n := \frac{a_n}{b_n}$ とおくと $a_n = b_n c_n$ である. この両辺の極限を考え, $\gamma := \lim_{n\to\infty} c_n$ とおいて右辺に命題 2.14 (2) を適用すると, $\alpha = \beta\gamma$. ここで $\beta \neq 0$ より $\gamma = \frac{\alpha}{\beta}$ である.

命題 2.16 $\lim_{n\to\infty} a_n = \alpha$, $\lim_{n\to\infty} b_n = \beta$ とする.
(1) $a_n \leqq b_n \ (\forall n = 1, 2, \ldots)$ ならば, $\alpha \leqq \beta$.
(2) $a_n \leqq c_n \leqq b_n \ (\forall n = 1, 2, \ldots)$, かつ $\alpha = \beta$ とする. このとき, $\{c_n\}$ も収束して極限値は $\alpha \, (= \beta)$ である (**はさみうちの原理**).

証明 (1) $\alpha > \beta$ であったと仮定する. $\varepsilon := \frac{1}{2}(\alpha - \beta) > 0$ に対して,
$\exists N$ s.t. $a_n > \alpha - \varepsilon = \frac{1}{2}(\alpha + \beta)$ かつ $b_n < \beta + \varepsilon = \frac{1}{2}(\alpha + \beta)$ for $\forall n > N$
となる. これは $a_n > b_n$ を示していて仮定に反する (下図参照).

(2) $\forall \varepsilon > 0$ が与えられたとする. 仮定より, 番号 N を選んで,

$$\alpha - \varepsilon < a_n \leqq c_n \leqq b_n < \alpha + \varepsilon \quad (\forall n > N)$$

とできる. ゆえに $|c_n - \alpha| < \varepsilon \ (\forall n > N)$ となるので, $n \to \infty$ のとき $\{c_n\}$ も収束して, 極限値は α である. □

系 2.17 a, b は定数で, $a \leqq a_n \leqq b \ (\forall n)$ とする. $\alpha := \lim_{n\to\infty} a_n$ が存在するとき, $a \leqq \alpha \leqq b$ である.

注意 2.18 命題 2.14 や命題 2.16 があるので，高校で習得した方法で極限値がわかる場合は，それにこしたことはない．たとえば

$$\frac{(n-1)(2n-1)}{(3n+1)(n+4)} = \frac{\left(1-\frac{1}{n}\right)\left(2-\frac{1}{n}\right)}{\left(3+\frac{1}{n}\right)\left(1+\frac{4}{n}\right)} \to \frac{2}{3} \quad (n \to \infty)$$

という式変形においては，$\frac{1}{n} \to 0$ $(n \to \infty)$ であるので，命題 2.14 を繰り返し使って，極限が $\frac{2}{3}$ であると結論しているのである．何もかもに ε–N 論法が要求されているわけではない．

問題 2.19 $0 < a \leqq b \leqq c$ のとき，$\lim_{n\to\infty} \sqrt[n]{a^n + b^n + c^n}$ を求めよ．

次の命題の証明を書き上げるのは読者に委ねよう[5]．

命題 2.20 $a_n \leqq b_n$ $(n = 1, 2, \dots)$ であるとする．
(1) $\lim_{n\to\infty} a_n = +\infty$ ならば，$\lim_{n\to\infty} b_n = +\infty$ である．
(2) $\lim_{n\to\infty} b_n = -\infty$ ならば，$\lim_{n\to\infty} a_n = -\infty$ である．

等比数列 $\{r^n\}$ の極限については高校で学んでいる．$r > 1$ ならば $r^n \to +\infty$ であり，$r = 1$ のときは $r^n = 1$ $(\forall n)$，そして $|r| < 1$ ならば $r^n \to 0$ である．$r = -1$ ならば，$\{(-1)^n\}$ は有界ではあるが収束しない例を与えている（問題 2.13 参照）．$r < -1$ のときも収束しない（$|r|^n \to +\infty$ であるが，符号が正負交互に現れる）．

例 2.21 ここでは $\sqrt[3]{2}$ が無理数であることを，極限を利用して示してみよう．$a_n := \left(\sqrt[3]{2} - 1\right)^n$ とおくと，$0 < \sqrt[3]{2} - 1 < 1$ より，$n \to \infty$ のとき $a_n \to 0$ である．一方，二項展開の公式 (1.2) を適用することにより，各 $n = 1, 2, \dots$ において，$a_n = b_n + c_n \sqrt[3]{2} + d_n \sqrt[3]{4}$ $(b_n, c_n, d_n \in \mathbb{Z})$ と書けることがわかる．さて $\sqrt[3]{2} \in \mathbb{Q}$ と仮定して $\sqrt[3]{2} = \frac{p}{q}$ $(p, q \in \mathbb{N})$ とおくと，$a_n = \frac{1}{q^2}(q^2 b_n + pq c_n + p^2 d_n)$ となる．ここで $a_n > 0$ より，分子の整数 $q^2 b_n + pq c_n + p^2 d_n$ は正である．ゆえに $a_n \geqq \frac{1}{q^2}$ となるが，これは $a_n \to 0$ に反する．よって $\sqrt[3]{2} \notin \mathbb{Q}$ である．

---

[5] 演習の時間でこの命題を**追い出しの原理**と呼んでいた学生に何人か出会ったが，悪くない命名である．

例題 2.22 $\lim_{n\to\infty} \sqrt[n]{n!} = +\infty$ であることを示せ.

解説 $n \to \infty$ とするときの $n!$ の振る舞いは, 後述する Stirling(スターリング) の公式 (定理 5.120) よりわかる. ただしこの問題は以下の方法で解決する.

定義 2.23 (記号の定義) $\displaystyle\prod_{k=1}^{n} a_k := a_1 a_2 \cdots a_n$.

解 $(n!)^2 = \displaystyle\prod_{k=1}^{n} k(n-k+1)$ と書けることに注意する. ここで $k = 1, 2, \ldots, n$ のとき, $k(n-k+1) - n = (k-1)(n-k) \geqq 0$ より $k(n-k+1) \geqq n$ である. ゆえに $(n!)^2 \geqq n^n$ となって, $\sqrt[n]{n!} \geqq \sqrt{n} \to +\infty$ を得る. □

問題 2.24 $a > 0$ のとき, $\displaystyle\lim_{n\to\infty} \frac{a^n}{n!} = 0$ を示せ.

数列 $\{a_n\}$ があるとき, 自然数の列 $n_1 < n_2 < \cdots < n_k < \cdots$ を与えると, $\{a_n\}$ の内で $n_1, n_2, \ldots, n_k, \ldots$ という番号の項のみをとって, すなわち $b_k := a_{n_k}$ $(k = 1, 2, \ldots)$ とおいて, 数列 $\{b_k\}$ を考えることができる. このようにして新たに得られる数列 $\{b_k\}$ を $\{a_n\}$ の **部分列** という[6]. 面倒なので, 今後はいちいち $b_k = a_{n_k}$ のような置き換えをせず, 部分列 $\{a_{n_k}\}$ という言い方をする. $\{a_{2k}\}$, $\{a_{k!}\}$ などが部分列の例である. 元の数列 $\{a_n\}$ が α に収束しているとき, 任意の部分列 $\{a_{n_k}\}$ が α に収束することは明らかであろう.

2.2 関数の極限

関数についても, 限りなく近づくという用語を明確にしておこう. まず,「$x \to a$ のとき, $f(x) \to b$」について定義する必要がある.

定義 2.25 $\displaystyle\lim_{x\to a} f(x) = b$ であるとは, 次が成立することである.
$\forall \varepsilon > 0, \exists \delta > 0$ s.t. $\forall x \, (0 < |x - a| < \delta)$ に対して $|f(x) - b| < \varepsilon$.

---

[6] $\{a_n\}$ 自身も $\{a_n\}$ の部分列とみなす. この場合, $n_k = k$ $(k = 1, 2, \ldots)$ に対応している.

2.2 関数の極限

注意 2.26 (1) 定義 2.25 において，関数 $f(x)$ が $x=a$ で定義されているか否かは関係のないことであることに注意．
(2) 数列の N のときと同様に，δ は一つ見つかったら小さく取り直してもよい．
(3) 数列のときと同様に，定数関数 $f(x)=b$ のときも，$\lim_{x\to a} f(x) = b$ である．

定義 2.27

(1) $\lim_{x\to a} f(x) = +\infty$ とは次が成立することである．

　　$\forall L > 0, \exists \delta > 0 \text{ s.t. } \forall x\ (0 < |x-a| < \delta)$ に対して $f(x) > L$．

(2) $\lim_{x\to a} f(x) = -\infty$ も同様に定義する．

(3) $\lim_{x\to +\infty} f(x) = b$ とは次が成立することである．

　　$\forall \varepsilon > 0, \exists R > 0 \text{ s.t. } \forall x\ (x > R)$ に対して $|f(x) - b| < \varepsilon$．

(4) $\lim_{x\to -\infty} f(x) = b$ も同様．

(5) (3) や (4) で b を $\pm\infty$ に置き換えても同様（正しく定義を与えよ）．

片側からの極限も定義しておこう．

定義 2.28

(1) （**右極限**）$\lim_{x\to a+0} f(x) = b$ とは次が成立することである．

　$\forall \varepsilon > 0, \exists \delta > 0 \text{ s.t. } \forall x\ (a < x < a+\delta)$ に対して $|f(x) - b| < \varepsilon$．

(2) （**左極限**）$\lim_{x\to a-0} f(x) = b$ も同様（正しく定義を与えよ）．

(3) (1) や (2) で b を $\pm\infty$ に置き換えても同様（正しく定義を与えよ）．

注意 2.29 定義 2.28 で $a=0$ のときは，$\lim_{x\to 0\pm 0}$ とは書かず，$\lim_{x\to \pm 0}$ と書く（複号同順）．

数列のときと同様に，ε と δ を用いて関数の極限（そして後述する定義 2.32 にもとづいて関数の連続性）を議論することを，**ε–δ 論法**と呼ぶことにする．

例題 2.30 $\lim_{x \to 0} x \sin \frac{1}{x} = 0$ であることを示せ．

解説 繰り返すことはしなかったが，数列の場合と同様，はさみうちの原理が成立する．この例題には，ε–δ 論法で証明を書く必要はないであろう．なお，今後いくつかの実例で，この例題とその類似の極限が現れるであろう[7]．

解 $0 \leqq \left| x \sin \frac{1}{x} \right| \leqq |x|$ より，$\lim_{x \to 0} x \sin \frac{1}{x} = 0$ である． □

命題 2.31 $\lim_{x \to a} f(x) = b$ であるための必要十分条件は，
$$\lim_{x \to a+0} f(x) = \lim_{x \to a-0} f(x) = b$$
となっていることである．

解説 筆者は高校生時代，証明なしで述べられたこの命題が理解できなかった．なぜなら，$x \to a$ というのは，$x \to a+0$ と $x \to a-0$ だけではなく，a より大きくなったり，小さくなったりしながら a に近づくこともあるのだから．それにもかかわらず，片側からごとの極限が存在して等しいことで $\lim_{x \to a} f(x)$ が確定するというのは，ε–δ 論法で初めて理解できることである．

証明 必要条件であることは明らか．十分条件であることを示そう．$\forall \varepsilon > 0$ が与えられたとする．右極限，左極限が b に等しいので
$$\exists \delta_1 > 0 \text{ s.t. } |f(x) - b| < \varepsilon \text{ for } \forall x\, (a < x < a + \delta_1),$$
$$\exists \delta_2 > 0 \text{ s.t. } |f(x) - b| < \varepsilon \text{ for } \forall x\, (a - \delta_2 < x < a).$$
$\delta := \min(\delta_1, \delta_2)$ とすれば，$0 < |x - a| < \delta$ のとき，$|f(x) - b| < \varepsilon$. □

定義 2.32 区間 I で定義された関数を f とする．

(1) $a \in I$ とする．関数 f が a で**連続**であるとは，$\lim_{x \to a} f(x) = f(a)$ が成り立つことである（ただし，a が I の右端点のときは左極限，左端点のときは右極限だけを考える）．すなわち

$\forall \varepsilon > 0, \exists \delta > 0$ s.t. $\forall x\, (|x - a| < \delta)$ に対して $|f(x) - f(a)| < \varepsilon$.

(2) 区間 I の各点で f が連続のとき，f は**区間 I で連続**である[8]という．

---
[7] 文献 [23] にいろいろな例がある．
[8] すなわち，面倒なので以下では「の各点」という部分を省略すると宣言しているのである．

問題 2.33 関数 f が a で連続であるための必要十分条件は, a に収束する任意の数列 $\{a_n\}$ に対して, $\lim_{n\to\infty} f(a_n) = f(a)$ となることである. これを示せ.

定義 2.34 関数 f が区間 I で**有界**であるとは次が成り立つことである.
$$\exists M > 0 \text{ s.t. } |f(x)| \leqq M \quad (\forall x \in I).$$

命題 2.35
(1) 関数 f が a で連続ならば, f は a の近くで有界である.
(2) 関数 f が a で連続で $f(a) > \gamma$ ならば, a に**十分近い**[9] x に対して $f(x) > \gamma$ である. すなわち,
$$\exists \delta > 0 \text{ s.t. } \forall x \, (|x-a| < \delta) \text{ に対して } f(x) > \gamma.$$
不等号の向きを反対にして, $f(a) < \gamma$ としても同様である.

命題 2.11 を参考にしながら証明を書くのは読者の演習としよう.

合成関数 $(g \circ f)(x) := g(f(x))$ の連続性について述べておこう.

定理 2.36 f が a で連続, かつ g が $b = f(a)$ で連続であるとき, 合成関数 $g \circ f$ は a で連続である.

証明 $x \to a$ のとき $f(x) \to f(a)$ であるから, $g(f(x)) \to g(f(a))$. □

命題 2.37 二つの関数 f と g はともに a で連続であるとする.
(1) $f \pm g$, fg は a で連続.
(2) $g(a) \neq 0$ ならば, x が a に近いとき $g(x) \neq 0$ であり, $\dfrac{f}{g}$ は a で連続.

命題 2.14 を参考に証明を書くことは読者に委ねよう.

さて連続関数の基本的性質は実数の連続性と深く関わっている. 実数の連続性については, 章を改めて述べる.

---
[9] 次の行の δ に言及するのが面倒なときにこういう言い方をする.

第3章

実数の連続性

3.1 切　断

　この節では，微積分における基本的な事実の拠り所である実数の連続性について掘り下げてみよう．実数の連続性について深い考察を加えたのはDedekind[1]である．まず $\mathbb{Q}$ について考えてみよう．異なる2個の有理数 a, b には必ず大小があることに注意して，次の定義を導入する．

> **定義 3.1** $\mathbb{Q}$ の部分集合の対 (A, B)（ただし $A \neq \emptyset$ かつ $B \neq \emptyset$ とする）が $\mathbb{Q}$ の**切断**であるとは，次の (1), (2) がみたされるときをいう．
> (1) $A \cap B = \emptyset$ かつ $\mathbb{Q} = A \cup B$.
> (2) $a \in A$ かつ $b \in B$ ならば，必ず $a < b$ である．

解説　有理数の全体 $\mathbb{Q}$ を部分集合 A と B に真っ二つに分けるのであるが，その分け方が大小入り乱れているというのではなく，A に属するどの有理数も B に属する任意の有理数より小さくなっているのである．有理数を小さい方から一直線に並べて，どこかに切れ目を入れて，その切れ目より左側が A，右側が B というわけである．そのような A と B で切れ目が決まるので，その対 (A, B) のことを切断[2]と言ってしまうのである．

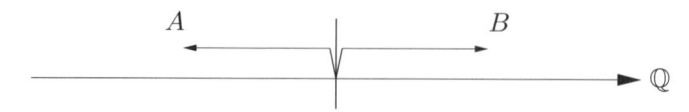

---

[1] ドイツの数学者，Julius Wilhelm Richard Dedekind: 1831–1916.
[2] 切れ目というのを数学用語とするには少々語感がよくない．

ここで可能性としては，一応次の四つの場合が考えられる．
(1) A に最大数があり，B に最小数がない．
(2) A に最大数がなく，B に最小数がある．
(3) A に最大数がなく，B に最小数がない．
(4) A に最大数があり，B に最小数がある．

しかし (4) は起こらない．実際に α が A の最大数であり，β が B の最小数であるとする．有理数 $\frac{1}{2}(\alpha+\beta)$ は α より大きいので A の元ではなく，β より小さいので B の元でもない．これは $\mathbb{Q} = A \cup B$ に反する． □

一方で，(1), (2), (3) は実際に起こり得る．

(1) の例 $A := \{x \in \mathbb{Q}\,;\, x \leqq 0\}, \quad B := \{x \in \mathbb{Q}\,;\, x > 0\}.$
A に最大数 0 があり，$\frac{1}{n}$ $(n = 1, 2, \ldots)$ 等いくらでも 0 に近い正の有理数があるので，B に最小数はない．

(2) の例 $A := \{x \in \mathbb{Q}\,;\, x < 0\}, \quad B := \{x \in \mathbb{Q}\,;\, x \geqq 0\}.$

(3) の例 2 の正の平方根 $\sqrt{2}$ が有理数でないことは，高校でも演習問題などを通して学習しているであろう．したがって，A を $\sqrt{2}$ より小さい有理数全体，B を $\sqrt{2}$ より大きい有理数全体とすれば，$\sqrt{2}$ より小さくていくらでも $\sqrt{2}$ に近い有理数も，$\sqrt{2}$ より大きくていくらでも $\sqrt{2}$ に近い有理数も存在するので，(3) の例が得られる．ただし，ここでは $\sqrt{2}$ という無理数を表に出さないで

$$B := \{x \in \mathbb{Q}\,;\, x^2 > 2 \text{ かつ } x > 0\}, \quad A := \mathbb{Q} \setminus B$$

と書いておくことにしよう．

さて，実数の連続性に関する Dedekind の公理とは，実数の切断 (A, B) においては，有理数のときのような (3) の場合が起こらなくて，(1), (2) のみが起こることをいう．すなわち，切れ目は必ず A か B のどちらかに属してしまうのである．$\mathbb{Q}$ のときには，$\mathbb{Q}$ に触れないように切れ目を入れることができたのに対して，$\mathbb{R}$ のときには，$\mathbb{R}$ に触れないように切れ目を入れることはできないと言っているのである．これこそまさしく「切ろうとしても切れない」**実数の連続性**なのである．

あらためて，実数についての切断の定義からきちんと述べよう．

> **定義 3.2** $\mathbb{R}$ の部分集合の対 (A, B)（ただし $A \neq \emptyset$ かつ $B \neq \emptyset$ とする）が $\mathbb{R}$ の**切断**であるとは，次の (1), (2) がみたされるときをいう．
> (1) $A \cap B = \emptyset$ かつ $\mathbb{R} = A \cup B$.
> (2) $a \in A$ かつ $b \in B$ ならば，必ず $a < b$ である．

$\mathbb{Q}$ の場合と全く同じ証明で，「A に最大数があり，B に最小数がある」ということが起こらないことがわかる．

> **Dedekind の公理（実数の連続性）** $\mathbb{R}$ の切断 (A, B) においては，次の (1) または (2) のみが起こる．
> (1) A に最大数があり，B に最小数がない．
> (2) A に最大数がなく，B に最小数がある．

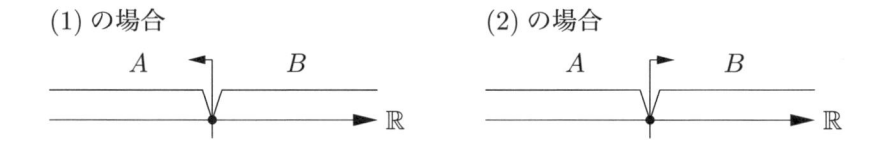

(1) の場合　　　　　　　　　(2) の場合

3.2 上限と下限

Dedekind の公理から導かれる，実数の重要な性質について述べよう．

> **定義 3.3** S は $\mathbb{R}$ の部分集合であるとする．S が**上に有界である**とは，次の条件が成り立つことである．
> $$\exists a \in \mathbb{R} \text{ s.t. } s \leqq a \text{ for } \forall s \in S.$$

解説　視覚化すると下図のようになる．すなわち，集合 S のどの元よりも右側にある実数 a が存在することが，集合 S が上に有界であることの定義である．

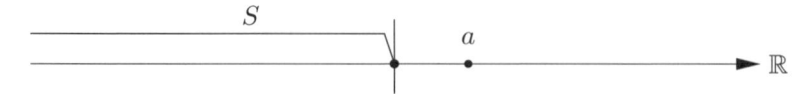

3.2 上限と下限

定義 3.3 に現れる a のことを，S の**上界**[3])という．S が上に有界な集合であり，実数 a が S の上界であるとき，$a < a'$ をみたす $\forall a'$ は S の上界である．したがって，できるだけ小さな上界に関心が生じる．上界に最小値があるか，という疑問に次の定理が答えてくれる．

定理 3.4 上に有界な集合 $S \neq \varnothing$ の上界には最小のものが存在する．

証明 $B := \{x \in \mathbb{R}\,;\,x は S の上界\}$ とおく．S は上に有界なので，$B \neq \varnothing$ である．また仮定より $S \neq \varnothing$ であるから，$s \in S$ をとると，$s - 1$ は S の上界ではないので B の元ではない．したがって，$A := B^c$ とおくと $A \neq \varnothing$ であり，$A \cap B = \varnothing$ かつ $\mathbb{R} = A \cup B$ となっている．対 (A, B) が $\mathbb{R}$ の切断になっていることを示そう．$a \in A$ かつ $b \in B$ とするとき，$a < b$ を示すことだけが残っている．さて元 b は S の上界であるから，

$$s \leqq b \quad \text{for } \forall s \in S. \quad \cdots\cdots \text{①}$$

一方，元 a は S の上界ではないから，$\exists s_0 \in S$ s.t. $a < s_0$．そうすると，① で $s = s_0$ ととることにより $a < s_0 \leqq b$ を得るので，$a < b$ である．

よって Dedekind の公理から，A に最大数があるか，B に最小数があるかのどちらかが起こっている．仮に A に最大数 α があれば，$\alpha \in A$ は S の上界ではないので，

$$\exists s_1 \in S \text{ s.t. } \alpha < s_1.$$

このとき $c := \frac{1}{2}(\alpha + s_1)$ を考えると，$\alpha < c < s_1$ である．まず $c < s_1$ より c は S の上界ではないので，$c \in A$ である．しかし $\alpha < c$ でもあることが α が A の最大数であることに反している．ゆえに A に最大数がないので，B に最小数がある．すなわち，S の上界に最小のものがある． □

定義 3.5 上に有界な集合 $S \neq \varnothing$ の上界の最小数を，集合 S の**上限** (**supremum**) と呼び，記号で $\sup S$ と表す．

注意 3.6 上に有界な集合 $A \neq \varnothing$ のことを，「$\sup A$ は有限値である」と言うことがある．

---
[3]) あくまでも一つの上界である．英語で言えば，不定冠詞が付くところである．

同様にして「**下に有界な集合**」と「**下界**」の定義ができ，最大下界である**下限** (**infimum**) の存在が示せる．下に有界な集合 $S \neq \emptyset$ の下限を $\inf S$ で表す．また，集合 S が上にも下にも有界であるとき，S は**有界**であるという．

注意 3.7 下に有界な有理数の集合 $B := \{x \in \mathbb{Q} \, ; \, x^2 > 2 \text{ かつ } x > 0\}$ が，有理数の中に下限を持たないことを読者自ら確認しておいてほしい．

次のことを注意しておこう．すなわち，上に有界な集合の上限や，下に有界な集合の下限が元の集合に属することもあれば，属さないこともある．

$\mathbb{Q}$ は連続性こそ持たないが，次の定理が主張するように，$\mathbb{R}$ の中で隙間なく詰まっている．

> **定理 3.8 (有理数の稠密性)** $x < y$ をみたす任意の実数 x, y に対して，$r \in \mathbb{Q}$ が存在して $x < r < y$ となる．

注意 3.9 $x, y \in \mathbb{Q}$ ならば，$r = \frac{1}{2}(x+y)$ ととればすむ．

証明 自然数 n を大きくとって，$ny - nx = n(y-x) > 2$ としよう．このとき，整数 m が存在して $nx < m < ny$ となる．ここで $r = \frac{m}{n}$ とおけば，$r \in \mathbb{Q}$ であって，$x < r < y$ となる． □

> **問題 3.10** $\sqrt{2}$ が無理数であることと定理 3.8 を用いて次のことを示せ．
> $x < y$ をみたす任意の実数 x, y に対して，無理数 α が存在して $x < \alpha < y$ となる．

注意 3.11 有理数と無理数はどちらも無数に存在するが，実は無理数の方が圧倒的に多い．ここで使った「圧倒的に多い」という言葉の正確な数学用語と内容を，集合論で学んでほしい．

3.3 有界単調数列の収束

> **定義 3.12** 数列 $\{a_n\}$ が**単調増加**であるとは，
> $$a_1 \leqq a_2 \leqq \cdots \leqq a_n \leqq \cdots$$
> となるときをいう．等号を許さないとき，すなわち
> $$a_1 < a_2 < \cdots < a_n < \cdots$$
> であるとき，数列 $\{a_n\}$ は**狭義単調増加**であるという．

不等号の向きを変えれば，**単調減少**数列，**狭義単調減少**数列の定義となる．単調増加または単調減少である数列のことを**単調数列**という．等号を許さないとき，**狭義単調数列**という．また数列が有界であるとは，数列の値域（数列の値からなる集合）が有界なことである（定義 2.10 参照）．

> **定理 3.13** 有界な単調数列は収束する．

証明 まず $\{a_n\}$ が単調増加であるときを考えよう．このとき $\{a_n\}$ は**上に有界**，すなわち $\exists M$ s.t. $a_n \leqq M$ $(\forall n = 1, 2, \dots)$ が成立する．$\alpha = \sup_n a_n$ とおくと[4]，$a_n \leqq \alpha$ $(\forall n = 1, 2, \dots)$ $\cdots$ ① が成り立っている．$a_n \to \alpha$ $(n \to \infty)$ となっていることを示そう．$\forall \varepsilon > 0$ が与えられたとする．$\alpha - \varepsilon$ は $\{a_n\}$ の上界ではないので，$\exists N$ s.t. $\alpha - \varepsilon < a_N$ となる．$\{a_n\}$ は単調増加数列であるから，$\forall n > N$ に対して，$a_n \geqq a_N$．①とあわせて，$\alpha - \varepsilon < a_N \leqq a_n \leqq \alpha < \alpha + \varepsilon$ $(\forall n > N)$．すなわち $|a_n - \alpha| < \varepsilon$ $(\forall n > N)$ となるので，$\lim_{n \to \infty} a_n = \alpha$ である．$\{a_n\}$ が単調減少であるときも同様に証明できる．□

定理 3.13 の証明により，有界な単調増加数列はその上限に収束することがわかった．同様に，有界な単調減少数列はその下限に収束する．

定理 3.13 の応用として，次の有用な命題を得る．上に有界な集合とそうでない集合に関して述べるが，下に有界な集合や，そうでない集合に関しても同様である．

> **命題 3.14** $A \neq \varnothing$ を $\mathbb{R}$ の部分集合とする．
> (1) A が上に有界ならば，$a_n \in A$ $(n = 1, 2, \dots)$ である数列 $\{a_n\}$ で，$\lim_{n \to \infty} a_n = \sup A$ となるものが存在する．
> (2) A が上に有界でなければ，$a_n \in A$ $(n = 1, 2, \dots)$ である数列 $\{a_n\}$ で，$\lim_{n \to \infty} a_n = +\infty$ となるものが存在する．

証明 (1) $\alpha := \sup A$ とする．$\alpha \in A$ なら $a_n := \alpha$ $(\forall n \in \mathbb{N})$ とすればよい．よって $\alpha \notin A$ とする．$A \neq \varnothing$ より，A から元を一つとって a_1 とする．

---

[4] うるさくいうと，数列 $\{a_n\}$ の値域を A とするときの $\sup A$ を α とするのである．しかしいちいちそんな風に言うのは面倒である．同様に数列の下限，上界，下界という用語も今後用いる．

$a_n \in A$ が定まったとき，$\frac{1}{2}(a_n + \alpha) < \alpha$ より，
$$\exists a_{n+1} \in A \text{ s.t. } \frac{1}{2}(a_n + \alpha) < a_{n+1} < \alpha. \quad \cdots\cdots \text{①}$$
このようにして帰納的に定まる数列 $\{a_n\}$ は明らかに単調増加で有界である．ゆえに定理 3.13 によって収束するので，その極限を β とする．①で $n \to \infty$ とすることにより，$\frac{1}{2}(\beta + \alpha) \leqq \beta \leqq \alpha$ となり，$\beta = \alpha$ を得る．ゆえに $\{a_n\}$ は所要の数列である．

(2) 上に有界でないことから，A には正の元があるのでそれを a_1 とする．$a_{n+1} > 2a_n$ という条件で A の元からなる数列 $\{a_n\}$ を帰納的に定めると，$a_n \geqq 2^{n-1} a_1$ となっているので，$a_n \to +\infty$ である． □

例 3.15 $0 < b \leqq a$ とする．連立漸化式
$$a_1 := a, \ b_1 := b, \ a_{n+1} := \frac{1}{2}(a_n + b_n), \ b_{n+1} := \sqrt{a_n b_n} \ (n = 1, 2, \ldots)$$
で定まる数列 $\{a_n\}$，$\{b_n\}$ を考える．まず明らかに $a_n > 0$，$b_n > 0$ ($\forall n$) である．また相加平均と相乗平均の関係から，$a_n \geqq b_n$ ($\forall n$) である．さらに

(1) $a_{n+1} - a_n = \frac{1}{2}(b_n - a_n) \leqq 0$ より，$\{a_n\}$ は単調減少．
(2) $b_{n+1} - b_n = \sqrt{b_n}(\sqrt{a_n} - \sqrt{b_n}) \geqq 0$ より，$\{b_n\}$ は単調増加．

ゆえに，$b_1 \leqq b_2 \leqq \cdots \leqq b_n \leqq a_n \leqq \cdots \leqq a_1$ となり，$\{a_n\}$ も $\{b_n\}$ も有界．よってともに収束するので，$\alpha := \lim_{n \to \infty} a_n$，$\beta := \lim_{n \to \infty} b_n$ とおく．漸化式で $n \to \infty$ として，$\alpha = \frac{1}{2}(\alpha + \beta)$．すなわち $\alpha = \beta$ を得る．この等しい極限値を a と b の**算術幾何平均**と呼ぶ．後述する定理 5.69 で楕円積分との関係について述べる．

問題 3.16 $0 < b_1 \leqq a_1$ とする．連立漸化式 $a_{n+1} = \sqrt{a_n b_n}$，$b_{n+1} = \frac{1}{2}(a_{n+1} + b_n)$ ($n = 1, 2, \ldots$) で定まる数列 $\{a_n\}$，$\{b_n\}$ は同一の値に収束することを示せ．

例題 3.17 漸化式 $a_1 = \sqrt{2}$，$a_{n+1} := \sqrt{2}^{a_n}$ ($n = 1, 2, \ldots$) によって定まる数列 $\{a_n\}$ を考える．
(1) $\{a_n\}$ は 2 を一つの上界とする狭義単調増加数列であることを示せ．
(2) $\lim_{n \to \infty} a_n = 2$ であることを示せ．

解 (1) 各 $n = 1, 2, \ldots$ について，命題
$$P_n: \quad a_n \leqq 2 \quad \text{かつ} \quad a_n < a_{n+1}$$
が成り立つことを帰納法で示そう．まず $a_1 = \sqrt{2} < 2$ かつ $a_2 = \sqrt{2}^{\sqrt{2}} > \sqrt{2} = a_1$ より，P_1 が成り立つ．次に P_n が成り立つと仮定すると
$$a_{n+1} = \sqrt{2}^{a_n} \leqq \sqrt{2}^2 = 2, \qquad a_{n+2} = \sqrt{2}^{a_{n+1}} > \sqrt{2}^{a_n} = a_{n+1}$$
より P_{n+1} が成り立っている．よって命題 P_n が $\forall n \in \mathbb{N}$ に対して成り立つ．

(2) (1) により，$\{a_n\}$ は有界な単調増加数列であるから収束する．その極限を α とすると，漸化式で $n \to \infty$ として，$\alpha = \sqrt{2}^\alpha$ を得る．すなわち，α は方程式 $x = \sqrt{2}^x$ の実数解で $x \leqq 2$ をみたすものである．ところで，$\sqrt{2}^2 = 2$，$\sqrt{2}^4 = 4$ より，二つのグラフ $y = x$ と $y = \sqrt{2}^x$ は 2 点 $(2, 2)$ と $(4, 4)$ で交わっている．グラフの形状からそれ以外に交点はない．ゆえに $\alpha = 2$ である． □

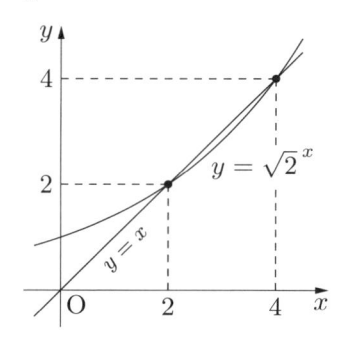

問題 3.18 単調増加数列 $\{a_n\}$ が上に有界でないなら $\lim\limits_{n \to \infty} a_n = +\infty$ となることを示せ．

注意 3.19 単調減少数列でも同様であるから，定理 3.13 と問題 3.18 を合わせて，次の結論を得る．すなわち，単調な数列 $\{a_n\}$ が収束するための必要十分条件は，$\{a_n\}$ が有界なことである．

例題 3.20 数列 $\{a_n\}$ を $a_n = 1 + \dfrac{1}{2} + \cdots + \dfrac{1}{n} \ (n = 1, 2, \ldots)$ で定めるとき，$\lim\limits_{n \to \infty} a_n = +\infty$ であることを示せ．

解 明らかに $\{a_n\}$ は単調増加である．問題 3.18 より上に有界でないことを示せばよいので，上に有界であると仮定しよう．このとき，定理 3.13 より $\{a_n\}$ は有限値 α に収束する．一方で，各 $n = 1, 2, \ldots$ に対して
$$a_{2n} - a_n = \frac{1}{n+1} + \cdots + \frac{1}{2n} \geqq n \cdot \frac{1}{2n} = \frac{1}{2}.$$
よって $a_{2n} - a_n \geqq \frac{1}{2}$ を得るが，$n \to \infty$ とすることで，$0 = \alpha - \alpha \geqq \frac{1}{2}$ という矛盾を得る．ゆえに数列 $\{a_n\}$ は上に有界ではない． □

定理 3.21 (Bolzano–Weierstrass の定理) 有界な数列には必ず収束する部分列がある．

解説 以下ではより強く，有界な数列は単調数列（増加または減少）である部分列を必ず含むことを示そう．証明は文献 [26] から採った．

証明 $\{a_n\}$ を有界な数列とし，
$$S := \{n \in \mathbb{N} \,;\, \forall p > n \text{ に対して}, \ a_n < a_p\}$$
とおく．ここで場合を分ける．

(1) S が無数の n を含むとき．それらを $n_1 < n_2 < \cdots < n_k < \cdots$ とすると，$\{a_{n_k}\}$ は狭義単調増加数列で有界であるから，定理 3.13 より収束する．

(2) S が高々有限個の n しか含まないとき．自然数 n_0 をとって，$n > n_0$ ならば $n \notin S$ とできる．$n_1 := n_0 + 1 \notin S$ より，$a_{n_2} \leq a_{n_1}$ をみたす番号 $n_2 > n_1$ がある．次に $n_2 \notin S$ より，$a_{n_3} \leq a_{n_2}$ をみたす番号 $n_3 > n_2$ がある．これを繰り返すと，$\{a_n\}$ の部分列 $\{a_{n_k}\}$ で単調減少なものがとれる．$\{a_{n_k}\}$ は有界であるから，定理 3.13 より収束する． □

問題 3.22 数列 $\{a_n\}$ が **Cauchy 列**であるとは，次の条件をみたすときをいう．
$$\forall \varepsilon > 0, \ \exists N \in \mathbb{N} \ \text{s.t.} \ n, m > N \text{ ならばつねに } |a_n - a_m| < \varepsilon.$$
(1) Cauchy 列は有界であることを示せ．
(2) (1) と定理 3.21 より，Cauchy 列は必ず収束することを示せ．

問題 3.23 (区間縮小法) $I_n = [a_n, b_n]$ $(n = 1, 2, \ldots)$ を有界閉区間とし，次の (1), (2) がみたされているとする．
(1) $I_1 \supset I_2 \supset \cdots \supset I_n \supset \cdots$, (2) $|I_n| := b_n - a_n \to 0 \ (n \to \infty)$.
このとき，ただ一つ $\alpha \in \mathbb{R}$ が存在して，すべての I_n の共通部分 $\bigcap_{n=1}^{\infty} I_n$ は 1 点からなる集合 $\{\alpha\}$ に等しいことを示せ．

3.4 連続関数の基本的性質

連続関数に関する基本的で重要な定理をここで述べておこう．

3.4 連続関数の基本的性質

定理 3.24 (中間値の定理) $I = [a, b]$ は有界閉区間とし，f は I で連続であるとする．$f(a) < f(b)$ ならば，$\forall \gamma \ (f(a) < \gamma < f(b))$ に対して，$\exists c \in (a, b)$ s.t. $f(c) = \gamma$. 仮定を $f(a) > f(b)$ としても同じ結論を得る．

証明 $f(a) < \gamma < f(b)$ とし，$A := \{x \in I \ ; \ f(x) < \gamma\}$ とおく．ここで $a \in A$ より $A \neq \emptyset$ に注意．$c := \sup A$ とする．$f(a) < \gamma$ ゆえ，$\exists \delta_1 > 0$ s.t. $[a, a + \delta_1] \subset A$. このことは $a < c$ であることを示している．同様に $c < b$ ゆえ，$a < c < b$ である．$f(c) = \gamma$ であることを示そう．まず，命題 3.14 より，$\exists x_n \in A \ (n = 1, 2, \ldots)$ s.t. $x_n \to c \ (n \to \infty)$. ゆえに，問題 2.33 より $f(c) = \lim_{n \to \infty} f(x_n) \leqq \gamma$ となる．ここで，もし $f(c) < \gamma$ ならば，$\exists \delta_2 > 0$ s.t. $[c - \delta_2, c + \delta_2] \subset A$. これは c の定義に反する．以上より $f(c) = \gamma$ である． □

定理 3.25 (最大値・最小値の存在) $I = [a, b]$ を有界閉区間とし，f は I で連続であるとする．このとき，f は I で最大値と最小値を持つ．

証明 関数 f の値域を R とする．すなわち $R := f(I)$ とする．
(1) まず R は上に有界であることを示そう．そうでないなら，命題 3.14 より，$\exists \{y_n\}$ s.t. $y_n \to +\infty$. 各 $n = 1, 2, \ldots$ に対して，$f(x_n) = y_n$ である $x_n \in I$ をとることにより，有界な数列 $\{x_n\}$ を得る．定理 3.21 より，$\{x_n\}$ の部分列 $\{x_{n_k}\}$ で収束するものがある．$\alpha := \lim_{k \to \infty} x_{n_k}$ とすると，系 2.17 より $\alpha \in I$ であり，f の連続性と問題 2.33 から $f(\alpha) = \lim_{k \to \infty} f(x_{n_k})$. しかしこれは $f(x_{n_k}) = y_{n_k} \to +\infty$ に矛盾している．ゆえに R は上に有界．
(2) $\beta := \sup R$ とおく．(1) と同様に，命題 3.14 より，$\exists \{x_n\} \ (x_n \in I \text{ for } \forall n)$ s.t. $f(x_n) \to \beta$. 定理 3.21 より，$\{x_n\}$ の部分列 $\{x_{n_k}\}$ で収束するものがある．$\alpha := \lim_{k \to \infty} x_{n_k}$ とおけば $\alpha \in I$ であり，$\{x_n\}$ の定義と f の連続性から，$\beta = \lim_{k \to \infty} f(x_{n_k}) = f(\alpha)$ である．
以上から，β が I における f の最大値である．最小値に関しても同様． □

第4章

1変数関数の微分

4.1 微分係数と導関数

高校の復習から入ろう．関数 f が a で**微分可能**であるとは，極限

$$\lim_{h \to 0} \frac{f(a+h) - f(a)}{h} \tag{4.1}$$

が存在するときであり，その極限値を $f'(a)$ で表して，a における f の**微分係数**と呼ぶ．このとき，関数 f のグラフ $y = f(x)$ 上の点 $(a, f(a))$ における接線の傾きが $f'(a)$ になる．式 (4.1) の極限のかわりに，右極限

$$\lim_{h \to +0} \frac{f(a+h) - f(a)}{h}$$

が存在するとき，f は a で**右微分可能**であるという．その極限値を $f'_+(a)$ で表して，f の a における**右微分係数**と呼ぶ．**左微分可能**であることと**左微分係数** $f'_-(a)$ も同様に定義する．命題 2.31 より，f が a で微分可能であるための必要十分条件は，$f'_+(a)$ と $f'_-(a)$ がともに存在して等しいことである．

> **命題 4.1** f が a で微分可能ならば，f は a で連続である．

証明 $\displaystyle\lim_{x \to a} (f(x) - f(a)) = \lim_{x \to a} \left\{ \frac{f(x) - f(a)}{x - a} \cdot (x - a) \right\} = 0$ より． □

関数 f が開区間 I の各点で微分可能であるとき，f は開区間 I で微分可能であるという．このとき，開区間 I の各点 x にその点における微分係数を対

応させる関数 $f' : x \mapsto f'(x)$ を考えることができる．この f' を f の**導関数**と呼ぶ．$f'(x)$ の代わりに，$(f(x))'$, $\dfrac{df}{dx}(x)$, $\dfrac{d}{dx}f(x)$ という記号も使われる．導関数を求めることを**微分する**という．

例 4.2 $f(x) := x^2 \sin \frac{1}{x}$ $(x \neq 0)$, $f(0) = 0$ で定義される関数 f を考える．$x \neq 0$ のときは $f'(x) = 2x \sin \frac{1}{x} - \cos \frac{1}{x}$ である．さらに

$$\lim_{h \to 0} \frac{f(h) - f(0)}{h - 0} = \lim_{h \to 0} h \sin \frac{1}{h} = 0 \qquad (\text{例題 2.30 による})$$

より，f は原点でも微分可能であって，$f'(0) = 0$ である．

次の命題は高校時代にも大いに使ってきたものである．ここで証明を繰り返すことはやめておこう[1]．そもそもどんどん使うべき公式である．

命題 4.3
(1) $\bigl(f(x) + g(x)\bigr)' = f'(x) + g'(x)$
(2) $\bigl(cf(x)\bigr)' = cf'(x)$ 　（c は定数）
(3) $\bigl(f(x)g(x)\bigr)' = f'(x)g(x) + f(x)g'(x)$
(4) $\left(\dfrac{f(x)}{g(x)}\right)' = \dfrac{f'(x)g(x) - f(x)g'(x)}{g(x)^2}$

合成関数の微分に関しても高校で学習しているが，証明に注意すべき点があるので，詳しく述べておこう．

定理 4.4 (合成関数の微分) 　$(g \circ f)'(x) = g'(f(x))f'(x)$

解説 　定義により証明しようとすると，まず

$$\frac{g(f(x+h)) - g(f(x))}{h} = \frac{g(f(x+h)) - g(f(x))}{f(x+h) - f(x)} \cdot \frac{f(x+h) - f(x)}{h}$$

という式変形が自然に思い浮かぶ．$h \to 0$ とするとき，右辺の最初の項の極限が $g'(f(x))$，次の項の極限が $f'(x)$ である．しかし $f(x+h) = f(x)$ となる h で，いくらでも 0 に近いものがあったら[2]困るので，修正が必要である．その修正に次の命題が用いられる．

---

[1] ただし命題 2.14 の直後の解説は思い出すこと．すなわち，いずれの公式も，左辺の（　）' の中の関数が微分可能であって，その導関数が右辺に等しいことを主張している．
[2] 例 4.2 の関数では $f(\frac{1}{n\pi}) = f(0) = 0$ $(n = 1, 2, \ldots)$ となっている．

命題 4.5 関数 f が a で微分可能であるための必要十分条件は，a で連続な関数 φ によって，$f(x) = f(a) + (x-a)\varphi(x)$ と表されることである．このとき $f'(a) = \varphi(a)$ となる．

解説 Carathéodory（カラテオドリ）の著書 [11] にある定式化で，割り算を避けているところがよい．微分に関する基本公式の証明をこの定式化によるもので押し通すこともできるが，高校数学とのつながりを考えると，大学一年生の段階での微分係数の導入は，Cauchy（コーシー）による式 (4.1) がよいであろう．なお，後述する補題 6.13 も参照のこと．

証明 f が a で微分可能であるとき，
$$\varphi(x) := \frac{f(x) - f(a)}{x - a} \ (x \neq a), \qquad \varphi(a) = f'(a)$$
によって関数 φ を定義すると，$x \to a$ のとき $\varphi(x) \to \varphi(a)$ となるので，φ は a で連続である．そして $f(x) = f(a) + (x-a)\varphi(x)$ となっている．

逆に $f(x)$ が命題の主張にあるように表されていたら
$$\lim_{x \to a} \frac{f(x) - f(a)}{x - a} = \lim_{x \to a} \varphi(x) = \varphi(a)$$
となるから，f は a において微分可能で，$f'(a) = \varphi(a)$ である． □

定理 4.4 の証明 $x = a$ で定理の等式が成り立つことを示そう．命題 4.5 により，$b = f(a)$ で連続な関数 φ が存在して
$$g(y) = g(b) + (y - b)\varphi(y), \qquad g'(b) = \varphi(b) \ \cdots\cdots \ ①$$
と表される．①の最初の式で $y = f(a+h)$ とおくと，
$$\frac{g(f(a+h)) - g(f(a))}{h} = \varphi(f(a+h)) \frac{f(a+h) - f(a)}{h}.$$
$h \to 0$ のとき，右辺 $\to \varphi(f(a))f'(a) = g'(f(a))f'(a)$．ゆえに $g \circ f$ は a で微分可能であって，$(g \circ f)'(a) = g'(f(a))f'(a)$ である． □

例題 4.6 $f(x) = x^x \ (x > 0)$ を微分せよ．

解 $f(x) = e^{x \log x}$ より，$f'(x) = e^{x \log x}(\log x + 1) = x^x(\log x + 1)$ となる．あるいは次のように**対数微分法**を用いてもよい．$y = x^x$ とおくと，$\log y = x \log x$ より，$\dfrac{y'}{y} = \log x + 1$．ゆえに $y' = y(x \log x + 1) = x^x(\log x + 1)$． □

注意 4.7 合成関数の微分に関連して，記号について注意をしておきたい．次の 4 個の関数は同じであろうか．注意 1.8 も参照のこと．

$$(1)\ \frac{d}{dx}\bigl(f(x^2)\bigr) \quad (2)\ \frac{df}{dx}(x^2) \quad (3)\ f'(x^2) \quad (4)\ \bigl(f(x^2)\bigr)'$$

(1) は $x \mapsto f(x^2)$ という関数を微分したもの，(2) は f の導関数 $\dfrac{df}{dx}$ の x^2 における値，(3) は f の導関数 f' の x^2 における値で (2) と同じ，(4) は (1) と同じである．実際に $f(x) = \sin x$ である場合，$f(x^2) = \sin(x^2)$, $f'(x) = \cos x$ であるから，

$$\frac{d}{dx}\bigl(f(x^2)\bigr) = \bigl(f(x^2)\bigr)' = 2x\cos(x^2), \qquad \frac{df}{dx}(x^2) = f'(x^2) = \cos(x^2)$$

となって，結果は違うものになっている．定理 4.4 の右辺における $g'(f(x))$ は，あくまでも関数 g の導関数 g' の $f(x)$ における値であることをもう一度確認しておこう．

4.2 逆関数

逆関数についてこの節でまとめておこう．区間 I で定義された関数 f が 1 対 1 であるとき，1.4 節で述べたように，像 $f(I)$ を定義域とする逆関数 f^{-1} が定義できる．さらに f が連続ならば，狭義単調関数に話は限られてくる．数列の場合の定義 3.12 と同様に，関数の場合も単調性が定義される[3]．

定理 4.8 区間 $I = [a, b]$ で連続な 1 対 1 の関数は狭義単調である．

証明 次で定義される座標平面上の集合 S を考える．

$$S := \{(x, y)\,;\, a \leqq x \leqq b,\ a \leqq y \leqq b,\ x > y\}.$$

S を定義域とする 2 変数 x, y の連続関数 $F(x, y)$ を次式で定義する[4]．

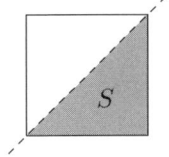

$$F(x, y) := f(x) - f(y) \qquad ((x, y) \in S).$$

仮定より f は 1 対 1 であるから，F は S で 0 にならない．S の任意の 2 点 $P_1(x_1, y_1)$ と $P_2(x_2, y_2)$ に対して，線分 $P_1 P_2$ も S に含まれることに注意して，次の関数 $G(t)$ を考える．

$$G(t) := F\bigl((1-t)x_1 + tx_2,\ (1-t)y_1 + ty_2\bigr) \qquad (0 \leqq t \leqq 1).$$

---

[3] すなわち，f が単調増加 $\overset{\text{def}}{\iff} x_1 < x_2$ ならば必ず $f(x_1) \leqq f(x_2)$. 結論を $f(x_1) \geqq f(x_2)$ とすれば単調減少の定義となる．本書では，等号を許さないときに狭義という単語を添えることを思い出しておこう．

[4] 実は 2 変数関数が連続であることの定義をまだしていないが（定義 6.7），この F の連続性は受け入れることができるであろう．

$G(t)$ は 0 にならない連続関数であるから，$G(0)$ と $G(1)$ は同符号である[5]．ゆえに $F(x_1, y_1)$ と $F(x_2, y_2)$ は同符号である．よって F は S で符号を変えることはない．すなわち，F は S でつねに正，またはつねに負である．前者なら f は狭義単調増加，後者なら f は狭義単調減少である． □

この定理により，以下の二つの定理では，最初から f は閉区間 $I = [a, b]$ で連続な狭義単調関数としておこう．

定理 4.9
(1) f の値域 $J := f(I)$ は閉区間である．
(2) f^{-1} は J で連続である．

証明 f は狭義単調増加であるとする．狭義単調減少としても同様である．
(1) $\alpha := f(a)$，$\beta := f(b)$ とする．$J \subset [\alpha, \beta]$ であることは明らか．一方，任意の γ ($\alpha < \gamma < \beta$) に対して，中間値の定理から，$\exists c$ ($a < c < b$) s.t. $f(c) = \gamma$．ゆえに $J = [\alpha, \beta]$ である．
(2) $y_0 \in J$ は端点でないとし，$x_0 := f^{-1}(y_0)$ とする．x_0 は I の端点ではない．さて $\forall \varepsilon > 0$ が与えられたとしよう．$I_\varepsilon := [x_0 - \varepsilon, x_0 + \varepsilon] \subset I$ となる十分小さい $\varepsilon > 0$ のみを考えて十分である．(1) より $J_\varepsilon := f(I_\varepsilon)$ は y_0 を含む閉区間で，かつ y_0 は J_ε の端点ではない．よって $\delta > 0$ を十分小さく取れば，$[y_0 - \delta, y_0 + \delta]$ は J_ε に含まれる．すなわち，$|y - y_0| \leqq \delta$ ならば $|f^{-1}(y) - f^{-1}(y_0)| \leqq \varepsilon$ となって，f^{-1} は y_0 で連続である．

$y_0 = \alpha$ または $y_0 = \beta$ のときのわずかな修正は読者に委ねよう． □

定理 4.10 さらに f が開区間 $I° := (a, b)$ で微分可能であり，つねに $f'(x) \neq 0$ が成り立つならば，像区間 $f(I°)$ 上で f^{-1} は微分可能であって，$(f^{-1})'(f(x)) = \dfrac{1}{f'(x)}$ が成り立つ．

証明 $y = f(x)$ とし，$k := f^{-1}(y + h) - f^{-1}(y)$ とおく．f^{-1} は連続である

---
[5] 異符号なら，中間値の定理より $G(t_0) = 0$ となる t_0 があることになる．

から，$h \to 0$ のとき $k \to 0$ である．さらに $f^{-1}(y+h) = x+k$ より
$$f(x+k) = y+h = f(x)+h$$
となる．よって $h \to 0$ のとき，
$$\frac{f^{-1}(y+h) - f^{-1}(y)}{h} = \frac{k}{f(x+k)-f(x)} \to \frac{1}{f'(x)}$$
となって証明が終わる． □

注意 4.11 f^{-1} が微分可能であることを示すのが主であって，公式自体は第 1 章の式 (1.1) にある等式 $f^{-1}(f(x)) = x$ の両辺を微分して（合成関数の微分）$(f^{-1})'(f(x)) f'(x) = 1$ を得ることから，すぐにわかる．

4.3 逆三角関数

三角関数は周期関数であるので 1 対 1 の関数ではないが，定義域を制限すると 1 対 1 で連続，したがって狭義単調になるので，逆関数を考えることができる．以下で詳しく見ていこう．

（あ）正弦関数 $\sin x$ を閉区間 $I := \left[-\frac{\pi}{2}, \frac{\pi}{2}\right]$ で考えよう．

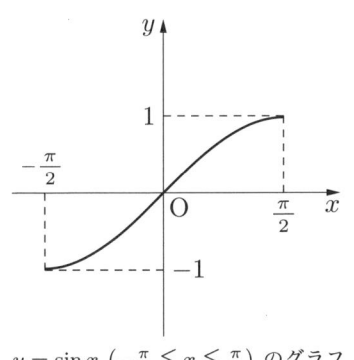

$y = \sin x \; \left(-\frac{\pi}{2} \leqq x \leqq \frac{\pi}{2}\right)$ のグラフ $y = \mathrm{Arcsin}\, x$ のグラフ

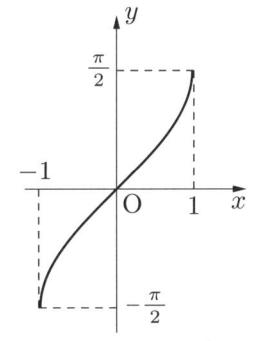

$\sin x$ は I で狭義単調増加関数で，値域は閉区間 $J := [-1, 1]$ である．ゆえに J を定義域とする逆関数がある．この逆関数を $\mathrm{Arcsin}\, x$ で表し，**逆正弦関数**と呼ぶ．先頭を大文字にして Arcsin と表すのは，$\sin x$ が狭義単調関数になる区間は他にもあるが[6]，今述べた特定の区間 $I = \left[-\frac{\pi}{2}, \frac{\pi}{2}\right]$ で考えた正

---
[6] 各 $m \in \mathbb{Z}$ に対して，閉区間 $\left[(m-\frac{1}{2})\pi, (m+\frac{1}{2})\pi\right]$ で $\sin x$ は狭義単調である．

弦関数の逆関数を考えているということによる．このことを強調するときには，$\text{Arcsin}\,x$ を逆正弦関数の**主値**という．

例 4.12 (1) $\text{Arcsin}\,\dfrac{1}{\sqrt{2}} = \dfrac{\pi}{4}$ (2) $\text{Arcsin}\left(-\dfrac{\sqrt{3}}{2}\right) = -\dfrac{\pi}{3}$

これらは最初は戸惑うかもしれない．要するに，(1) は $\sin\alpha = \dfrac{1}{\sqrt{2}}$ をみたす α で，$-\dfrac{\pi}{2} \leqq \alpha \leqq \dfrac{\pi}{2}$ であるものは $\dfrac{\pi}{4}$ であると述べているに過ぎない．慣れれば何でもないことである．

定理 4.10 より $\text{Arcsin}\,x$ は開区間 $(-1, 1)$ で微分可能である．以下では注意 4.11 の精神で導関数を求めてみよう．$y = \text{Arcsin}\,x$ ($|x| < 1$) とおくと，$|y| < \dfrac{\pi}{2}$ であって $\sin y = x$. 両辺を x で微分すると $(\cos y)y' = 1$. よって $y' = \dfrac{1}{\cos y}$. ここで $|y| < \dfrac{\pi}{2}$ より $\cos y > 0$ ゆえ，$\cos y = \sqrt{1 - \sin^2 y} = \sqrt{1 - x^2}$ となる．ゆえに，$(\mathbf{Arcsin}\,\boldsymbol{x})' = \dfrac{1}{\sqrt{1 - x^2}}$ ($|x| < 1$) である．

(い) 正接関数 $\tan x$ を開区間 $I := \left(-\dfrac{\pi}{2}, \dfrac{\pi}{2}\right)$ で考えよう．$\tan x$ は I で狭義単調増加関数で，値域は $\mathbb{R}$ 全体である．ゆえに $\mathbb{R}$ 全体を定義域とする逆関数がある．この逆関数を $\text{Arctan}\,x$ で表し，**逆正接関数**と呼ぶ．$\text{Arctan}\,x$ を逆正接関数の主値というのも逆正弦関数の場合と同様である．

例 4.13 (1) $\text{Arctan}\,1 = \dfrac{\pi}{4}$ (2) $\text{Arctan}\left(-\dfrac{1}{\sqrt{3}}\right) = -\dfrac{\pi}{6}$

また，定義から明らかに
$$\lim_{x \to \pm\infty} \text{Arctan}\,x = \pm\dfrac{\pi}{2} \quad \text{(複号同順)}.$$

$\text{Arctan}\,x$ の導関数を求めよう．先ほどと同様に $y = \text{Arctan}\,x$ とおくと，$\tan y = x$ ($\forall x \in \mathbb{R}$)．両辺を x で微分して，$\dfrac{y'}{\cos^2 y} = 1$. ゆえに
$$y' = \cos^2 y = \dfrac{1}{1 + \tan^2 y} = \dfrac{1}{1 + x^2}.$$
よって，$(\mathbf{Arctan}\,\boldsymbol{x})' = \dfrac{1}{x^2 + 1}$ ($\forall x \in \mathbb{R}$) となる．

(う) 最後に余弦関数 $\cos x$ を閉区間 $I := [0, \pi]$ で考えよう．$\cos x$ は I で狭義単調減少関数で，値域は $J := [-1, 1]$ である．ゆえに J を定義域とする逆関数がある．この逆関数を $\text{Arccos}\,x$ で表し，**逆余弦関数**と呼ぶ．導関数は $(\text{Arccos}\,x)' = -\dfrac{1}{\sqrt{1 - x^2}}$ で与えられる（次の例題 4.14 を使っても導ける）．

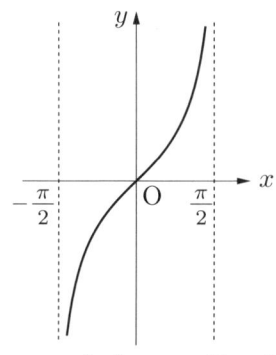

4.3 逆三角関数

$y = \tan x \ \left(-\frac{\pi}{2} < x < \frac{\pi}{2}\right)$ のグラフ

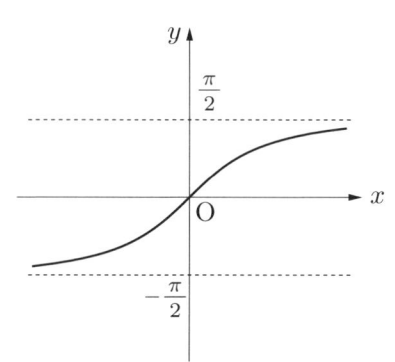

$y = \text{Arctan}\, x$ のグラフ

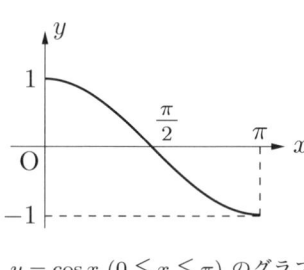

$y = \cos x \ (0 \leqq x \leqq \pi)$ のグラフ

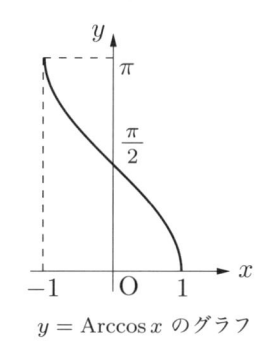

$y = \text{Arccos}\, x$ のグラフ

例題 4.14 $\text{Arcsin}\, x + \text{Arccos}\, x = \frac{\pi}{2} \ (-1 \leqq \forall x \leqq 1)$ を示せ．

解 $\alpha = \text{Arcsin}\, x$, $\beta = \text{Arccos}\, x$ とおくと，$-\frac{\pi}{2} \leqq \alpha \leqq \frac{\pi}{2}$ かつ $0 \leqq \beta \leqq \pi$ である．$\sin \alpha = x = \cos \beta = \sin\left(\frac{\pi}{2} - \beta\right)$ において，$-\frac{\pi}{2} \leqq \frac{\pi}{2} - \beta \leqq \frac{\pi}{2}$ であるから，$\alpha = \frac{\pi}{2} - \beta$. ゆえに $\alpha + \beta = \frac{\pi}{2}$ である． □

問題 4.15 $\text{Arcsin}\, \frac{1}{4} + 2\,\text{Arcsin}\, \frac{\sqrt{6}}{4} = \frac{\pi}{2}$ を示せ．

問題 4.16 $x > 0$ のとき，次式を示せ．
$$\text{Arctan}\, \frac{1}{x} = \text{Arctan}\, \frac{1}{x+1} + \text{Arctan}\, \frac{1}{x^2 + x + 1}.$$

問題 4.17 $\text{Arctan}\, x + \pi = \text{Arccos}\left(-\frac{1}{3}\right)$ をみたす x を求めよ．

例題 4.18 $y = \mathrm{Arcsin}(\sin x)$ $(-\infty < x < +\infty)$ のグラフを描け.

解説 x が $\mathbb{R}$ 全体を動くときの関数 $\sin x$ の値域は閉区間 $[-1, 1]$ であるから, 合成関数 $(\mathrm{Arcsin} \circ \sin)(x)$ は $\forall x \in \mathbb{R}$ で定義できる. $-\frac{\pi}{2} \leqq x \leqq \frac{\pi}{2}$ のときは, Arcsin の定義と式 (1.1) から, $\mathrm{Arcsin}(\sin x) = x$ $\cdots$ ① である. しかし, ①がすべての x で成り立つわけではない. 左辺の $y = \mathrm{Arcsin}(\sin x)$ は周期関数であるが, 右辺の $y = x$ は周期関数ではない.

解 $f(x) := \mathrm{Arcsin}(\sin x)$ とおくと, $\sin x \neq \pm 1$ のとき

$$f'(x) = \frac{\cos x}{\sqrt{1 - \sin^2 x}} = \frac{\cos x}{|\cos x|} = \begin{cases} 1 & (\cos x > 0 \text{ のとき}) \\ -1 & (\cos x < 0 \text{ のとき}) \end{cases}$$

2個の連続関数の合成関数として $f(x)$ は連続であり, 上記解説における①が $-\frac{\pi}{2} \leqq x \leqq \frac{\pi}{2}$ で成り立っていることより, グラフは次のようになる.

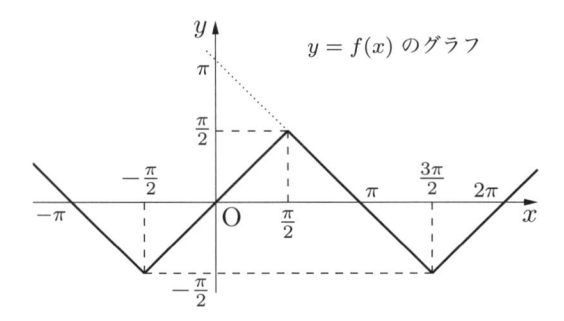

あるいは定義に立ち戻って以下のように考えてもよい.
(1) $-\frac{\pi}{2} \leqq x \leqq \frac{\pi}{2}$ のときは, 上記解説の①より, $f(x) = x$.
(2) $\frac{\pi}{2} \leqq x \leqq \frac{3}{2}\pi$ のとき. $-\frac{\pi}{2} \leqq \pi - x \leqq \frac{\pi}{2}$ より $\mathrm{Arcsin}(\sin(\pi - x)) = \pi - x$ である. ここで $\sin(\pi - x) = \sin x$ ゆえ, $f(x) = f(\pi - x) = \pi - x$.
(3) $f(x + 2\pi) = f(x)$ であるから, (1) と (2) をつないでできる $y = f(x)$ の $-\frac{\pi}{2} \leqq x \leqq \frac{3}{2}\pi$ におけるグラフを周期的に延長すればよい. □

問題 4.19 $\displaystyle\lim_{x \to +\infty} x\left(\mathrm{Arctan}\,\frac{x+1}{x+2} - \frac{\pi}{4}\right)$ を求めよ.
【ヒント】 $y = \frac{x+1}{x+2}$ とおいてみる. $\frac{\pi}{4} = \mathrm{Arctan}\,1$ に注意して $\mathrm{Arctan}'(1)$ と関連づける.

問題 4.20 関数 $f(x) := \mathrm{Arcsin}\,\dfrac{1-x}{1+x}$ を微分せよ. 関数の定義域に注意すること.

4.4 導関数の性質

導関数の基本的な性質を述べよう．以下この節では

$$\text{閉区間 } [a, b] \text{ で連続，開区間 } (a, b) \text{ で微分可能}$$

という条件がよく出てくる．たとえば，$f(x) = \sqrt{1-x^2}$ は閉区間 $[-1, 1]$ で連続，開区間 $(-1, 1)$ で微分可能である．実際に関数 f のグラフ $y = f(x)$ は原点を中心とする半径 1 の円の上半分で，区間の端点 ± 1 ではグラフは x 軸に垂直になっていて，微分できない．

定理 4.21 (Rolle の定理) 関数 f は閉区間 $I = [a, b]$ で連続，開区間 $I^\circ = (a, b)$ で微分可能であるとする．このとき，$f(a) = f(b)$ ならば，
$$\exists c \in I^\circ \text{ s.t. } f'(c) = 0.$$

証明 f が定数関数のときは f' は恒等的に 0 であるから，c は何でもよい．以下 f は定数関数ではないとする．f は閉区間 I で連続なので，定理 3.25 より最大値も最小値もとる．定数関数ではないことから，どちらかは $f(a)$ と異なる．最大値 $f(c)$ が $f(a)$ と異なるとすると，$a < c < b$ である．さて $f'(c) = \lim_{x \to c} \dfrac{f(x) - f(c)}{x - c}$ において

(1) $x > c$ のとき，$\dfrac{f(x) - f(c)}{x - c} \leqq 0$ ゆえ，$x \to c + 0$ として $f'(c) \leqq 0$.

(2) $x < c$ のとき，$\dfrac{f(x) - f(c)}{x - c} \geqq 0$ ゆえ，$x \to c - 0$ として $f'(c) \geqq 0$.

以上から $f'(c) = 0$ を得る．最小値が $f(a)$ と異なるときも同様． □

定理 4.22 (平均値の定理) 関数 f は閉区間 $I = [a, b]$ で連続，開区間 $I^\circ = (a, b)$ で微分可能とする．このとき，
$$\exists c \in I^\circ \text{ s.t. } \frac{f(b) - f(a)}{b - a} = f'(c).$$

証明 関数 F を次式で定義しよう．$F(x) := f(x) - \dfrac{f(b)-f(a)}{b-a}(x-a)$．明らかに F も閉区間 I で連続であって，開区間 I° で微分可能である．そして $F(a)=F(b)(=f(a))$ と Rolle の定理より，$\exists c \in I^\circ$ s.t. $F'(c)=0$．ここで $F'(x)=f'(x)-\dfrac{f(b)-f(a)}{b-a}$ ゆえ，$f'(c)=\dfrac{f(b)-f(a)}{b-a}$ を得る． □

問題 4.23 漸化式 $a_1=\sqrt{2}$, $a_{n+1}=\sqrt{2}^{a_n}$ $(n=1,2,\ldots)$ で定まる例題 3.17 の数列 $\{a_n\}$ を考える．不等式 $0<a_n<2$ $(n=1,2,\ldots)$，および平均値の定理から導かれる評価 $|a_{n+1}-2| \leqq (\log 2)|a_n-2|$ $(n=1,2,\ldots)$ を示すことにより，$\lim_{n\to\infty} a_n = 2$ を示せ．

問題 4.24 関数 f,g,h は閉区間 $I=[a,b]$ で連続，開区間 $I^\circ=(a,b)$ で微分可能とし，行列式を用いて定義された関数 $F(x):=\det \begin{pmatrix} f(x) & g(x) & h(x) \\ f(a) & g(a) & h(a) \\ f(b) & g(b) & h(b) \end{pmatrix}$ を考える．

(1) 次を示せ．$\exists c \in I^\circ$ s.t. $\det \begin{pmatrix} f'(c) & g'(c) & h'(c) \\ f(a) & g(a) & h(a) \\ f(b) & g(b) & h(b) \end{pmatrix} = 0$.

(2) $g'(x)$ が I° で 0 にならないとき，(1) で $h=1$（定数関数）とすることにより，次の **Cauchy の平均値の定理** を得ることを示せ．

$$\exists c \in I^\circ \text{ s.t. } \frac{f(b)-f(a)}{g(b)-g(a)} = \frac{f'(c)}{g'(c)}.$$

導関数 g' が 0 にならないことと Rolle の定理より，$g(b) \neq g(a)$ であることに注意．

命題 4.25 連続関数 f は，区間内の 1 点 a は別として，a の近くで微分可能であるとする．$l = \lim_{x\to a} f'(x)$ が存在するならば，f は a で微分可能であって $f'(a)=l$ が成り立つ．したがって f' は a で連続でもある．

解説 後述する例題 4.30 や例題 4.34 に現れる関数の導関数の不連続性の深刻さに注意してほしい．一方で穏やかな不連続性を持った関数，たとえば $g(x):=x$ $(x\neq 0)$, $g(0)=1$ で定義される関数 g は，この命題により，0 の近くでは何らかの関数 f の導関数 f' にはなり得ない．第 5 章の問題 5.35 と例 5.36 も参照のこと．

証明 $x>a$ のとき，平均値の定理より
$$\exists c\,(a<c<x) \text{ s.t. } \frac{f(x)-f(a)}{x-a} = f'(c).$$
$x \to a+0$ のとき $c \to a+0$ となるから，仮定より $\exists f'_+(a)=l$．同様に $\exists f'_-(a)=l$ が示せるので，$f'(a)$ が存在して l に等しい．したがって，$f'(x) \to f'(a)\ (x\to a)$ となる． □

4.4 導関数の性質

導関数 f' の符号と，もとの関数 f の増減との関係については，高校でも学んでいるが，微妙な点もあるので，ここでまとめておこう．

> **定理 4.26** 関数 f は閉区間 $I = [a, b]$ で連続，かつ開区間 $I^\circ = (a, b)$ で微分可能であるとする．
> (1) $\forall x \in I^\circ$ に対して $f'(x) > 0$ ならば，I で f は狭義単調増加．
> (2) $\forall x \in I^\circ$ に対して $f'(x) < 0$ ならば，I で f は狭義単調減少．
> (3) $\forall x \in I^\circ$ に対して $f'(x) \geqq 0 \iff I$ で f は単調増加[7]．
> (4) $\forall x \in I^\circ$ に対して $f'(x) \leqq 0 \iff I$ で f は単調減少．
> (5) $\forall x \in I^\circ$ に対して $f'(x) = 0$ ならば，I で f は定数関数．

証明 $a \leqq x_1 < x_2 \leqq b$ とする．平均値の定理から，
$$\exists c \, (x_1 < c < x_2) \text{ s.t. } f(x_2) - f(x_1) = f'(c)(x_2 - x_1). \quad \cdots\cdots \text{①}$$
①より，(1), (2), (5), および (3) と (4) の $\implies$ が出る．逆に f が I で単調増加ならば，各 $x \in I^\circ$ において
$$f'(x) = f'_+(x) = \lim_{h \to +0} \frac{f(x+h) - f(x)}{h} \geqq 0$$
となる．f が単調減少としても同様である． □

注意 4.27 (1) 定理において，条件は区間の内部の点に対するものであるのに，結論には端点が含まれていることに注意．たとえば，$f(x) = x - \log(x+1)$ を考えると，$f'(x) = 1 - \frac{1}{x+1}$ より，$x > 0$ のとき $f'(x) > 0$. よって増減表は左下のようになる．ゆえに $x > 0$ で $f(x) > 0$.

x	0	
$f'(x)$	0	+
$f(x)$	0	↗

この議論で，$x > 0$ のときに $f'(x) > 0$ より，$f(x)$ は $x > 0$ で狭義単調増加．ゆえに $f(x) > f(0) = 0$ とするのは論理上欠陥がある．なぜなら，定理 4.26 から得られるように $x \geqq 0$ で狭義単調増加としておかないと，$f(x) > f(0)$ が直ちには結論できないからである．増減表はこの微妙な点をうまくクリアしている．

(2) 定理の (1) や (2) で逆が成り立たないことは，高校でも学習したと思う．たとえば，0 を内部に含む区間での $f(x) = x^3$ がその例である．

問題 4.28 $x > 0$ のとき，$\operatorname{Arctan} x > \dfrac{3x}{1 + 2\sqrt{1 + x^2}}$ を示せ（微分は 1 回で済む）．

問題 4.29 微分を用いて，$-1 \leqq x < 1$ のとき，$\operatorname{Arcsin} x = 2\operatorname{Arctan}\sqrt{\dfrac{1+x}{1-x}} - \dfrac{\pi}{2}$ が成り立つことを示せ．

---

[7] 本書での単調増加という用語は，等号を許す広い意味であることに注意．単調減少についても同様．

定理 4.26 では区間での条件の成立が要求されていることに注意．1 点 c のみで $f'(c) > 0$ と仮定して何が言えるか考えてみよう．導関数 f' が c で連続なら，命題 2.35 より，x が c に近いとき $f'(x) > 0$ になるので，f は c の近くで狭義単調増加である．したがって，f' が c で連続ではない場合を考える．さて $\lim_{h \to 0} \dfrac{f(c+h) - f(c)}{h} = f'(c) > 0$ より，$\delta > 0$ が存在して，

$$0 < |h| < \delta \implies \frac{f(c+h) - f(c)}{h} > 0.$$

よって，$0 < h < \delta$ のとき $f(c+h) > f(c)$ であり，$-\delta < h < 0$ のとき $f(c+h) < f(c)$ である．ゆえに c の近くでは

$$x_1 < c < x_2 \implies f(x_1) < f(c) < f(x_2).$$

しかし，これは関数 f が c の近くで単調増加であることを主張してはいない．たとえば，$c < x_1 < x_2$ のとき，必ずしも $f(x_1) < f(x_2)$ となってはいない．

例題 4.30 次で定義される関数 $f(x)$ について，$x = 0$ での微分可能性，微分係数，および $x = 0$ の近くでの増減について調べよ．

$$f(x) := \frac{1}{4}x + x^2 \sin \frac{1}{x} \ (x \neq 0), \quad f(0) := 0.$$

解 例題 2.30 より

$$\lim_{h \to 0} \frac{f(h) - f(0)}{h} = \lim_{h \to 0} \left(\frac{1}{4} + h \sin \frac{1}{h} \right) = \frac{1}{4}.$$

ゆえに $f(x)$ は $x = 0$ で微分可能であって，$f'(0) = \frac{1}{4} > 0$．しかし $x = 0$ の近くで $f(x)$ は単調増加にはなっていない．実際に $x \neq 0$ のとき，

$$f'(x) = \frac{1}{4} + 2x \sin \frac{1}{x} - \cos \frac{1}{x}$$

であり，$\forall n = 1, 2, \ldots$ に対して，$f'(\pm \frac{1}{2n\pi}) = -\frac{3}{4} < 0$ である．$f'(x)$ は $x \neq 0$ では連続ゆえ，$x = \pm \frac{1}{2n\pi}$ の近くで $f'(x) < 0$ であって，そこにおいて $f(x)$ は減少している（次ページ図 4.1 参照）． □

次に極値について，ここで定義を明確にしておこう．その定義においては，関数が微分可能であるとは仮定されていないことに注意しておこう．

4.4 導関数の性質

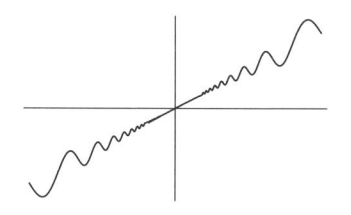

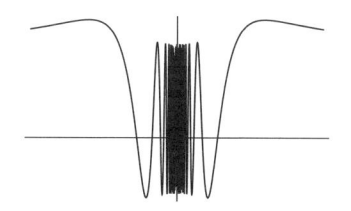

図 4.1: （例題 4.30）左側が $y = \frac{1}{4}x + x^2 \sin\frac{1}{x}$ $(-0.08 \leqq x \leqq 0.08)$,
右側が $y = \frac{1}{4} + 2x\sin\frac{1}{x} - \cos\frac{1}{x}$ $(-0.8 \leqq x \leqq 0.8)$

定義 4.31 $f(x)$ が $x = a$ で**極大**である
$\overset{\text{def}}{\iff} \exists \delta > 0$ s.t. $\forall x\, (0 < |x-a| < \delta)$ に対して $f(a) > f(x)$.
このとき，$f(a)$ を $f(x)$ の**極大値**という．

定義 4.31 で等号を許して $f(a) \geqq f(x)$ とするとき，$f(x)$ は $x = a$ で**広義の極大**であるといい，$f(a)$ を $f(x)$ の**広義の極大値**という．言い換えると，極大値とは局所的な，小さな範囲での最大値のことである．不等号の向きを逆にして，極小や極小値，そして広義の極小や広義の極小値が定義される．極大値であるか極小値であるかを明記しない場合，**極値**という．

なお微分可能性は仮定されていないので，たとえば $f(x) = |x|$ は $x = 0$ で極小（実際は最小）であることに注意しておこう．

次の定理は高校時代によく使ったことであろう．

定理 4.32 $f(x)$ が区間の内部の点 $x = a$ で微分可能であり，$f(a)$ が広義の極値であるならば，$f'(a) = 0$ である．

証明は Rolle の定理（定理 4.21）の証明中にある (1), (2) を真似ればよい（読者に委ねる）．逆が成立しないことは，$f(x) = x^3$ の $x = 0$ での状態からわかる．

問題 4.33 開区間 I でなめらかな関数 $f(x)$ が，$x = a$ で極大値をとるが $f(a)$ は I で最大値ではないとする．このとき，f は I で広義の極小値をとること，したがって，f は a 以外に $f'(c) = 0$ となる点 $c \in I$ を持つことを示せ．

例題 4.34 次で定義される関数 $f(x)$ について，$x=0$ での微分可能性，微分係数，および $x=0$ の近くでの増減について調べよ．

$$f(x) := 2x^2 + x^2 \sin \frac{1}{x} \quad (x \neq 0), \quad f(0) := 0.$$

解説 関数が $x \leqq c$ で狭義単調減少，$x \geqq c$ で狭義単調増加ならば，その関数は $x=c$ で極小であるが，この例題はその逆が正しくないことを示すものである．

解 定義と例題 2.30 より

$$\lim_{h \to 0} \frac{f(h)-f(0)}{h} = \lim_{h \to 0} \left(2h + h \sin \frac{1}{h}\right) = 0.$$

よって $f(x)$ は $x=0$ で微分可能であって，$f'(0)=0$．そして

$$f(x) = x^2 + x^2 \left(1 + \sin \frac{1}{x}\right) \geqq x^2 \geqq 0 = f(0).$$

等号は $x=0$ のみで成立するから，$f(0)=0$ は極小値である（最小値でもある）．しかし，$x=0$ で $f(x)$ は減少から増加に転じるわけではない．実際に $x \neq 0$ のとき，$f'(x) = 4x + 2x \sin \frac{1}{x} - \cos \frac{1}{x}$ であるので，$n=1,2,\ldots$ に対して，$x_n := \frac{1}{2n\pi}$, $y_n := \frac{1}{(2n+1)\pi}$ とおくと

$$f'(\pm x_n) = \pm \frac{2}{n\pi} - 1 \leqq \frac{2}{\pi} - 1 < 0,$$
$$f'(\pm y_n) = \pm \frac{4}{(2n+1)\pi} + 1 \geqq -\frac{4}{3\pi} + 1 > 0.$$

$x \neq 0$ では $f'(x)$ は連続なので，$x = \pm x_n$ の近くでは $f'(x) < 0$ となって $f(x)$ は減少する．同様に，$x = \pm y_n$ の近くでは増加している（図 4.2 参照）．□

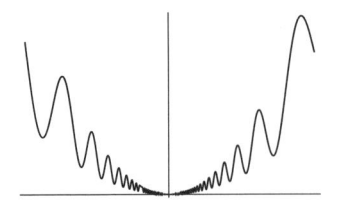

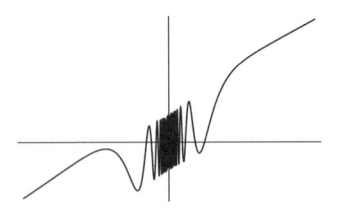

図 4.2: （例題 4.34）左側が $y = 2x^2 + x^2 \sin \frac{1}{x}$ ($-0.08 \leqq x \leqq 0.08$)，右側が $y = 4x + 2x \sin \frac{1}{x} - \cos \frac{1}{x}$ ($-0.8 \leqq x \leqq 0.8$)

4.5 双曲線関数

この節では双曲線関数についてまとめておこう．e^x と e^{-x} を用いて定義されるだけの関数であるが，数学を応用する分野ではよく用いられる．また双曲幾何（非ユークリッド幾何）では，様々な具体的計算で現れる．

> **定義 4.35**
>
> (1) **双曲線余弦** (hyperbolic cosine)　　$\cosh x := \dfrac{e^x + e^{-x}}{2}$
>
> (2) **双曲線正弦** (hyperbolic sine)　　$\sinh x := \dfrac{e^x - e^{-x}}{2}$

そして**双曲線正接** (hyperbolic tangent) を $\tanh x := \dfrac{\sinh x}{\cosh x}$ で定義する．明らかに $\tanh x = \dfrac{e^x - e^{-x}}{e^x + e^{-x}}$ が成り立つ．

双曲線関数の記号では，活字の字体に注意してほしい．たとえば，変数のところが hx である三角関数の余弦だと $\cos hx$ となり，双曲線余弦の $\cosh x$ とは異なっている[8]．手書きの場合は読者自身で何らかの区別をする必要がある．双曲線関数のグラフは次ページにある．

定義から直接導かれる双曲線関数の性質を以下にまとめておこう．(2) 以降の証明は読者に委ねる．いずれも直接の計算で容易に示すことができる．

(1) $\cosh^2 x - \sinh^2 x = 1$．なぜなら
$$\cosh^2 x - \sinh^2 x = (\cosh x + \sinh x)(\cosh x - \sinh x) = e^x \cdot e^{-x} = 1. \quad \square$$

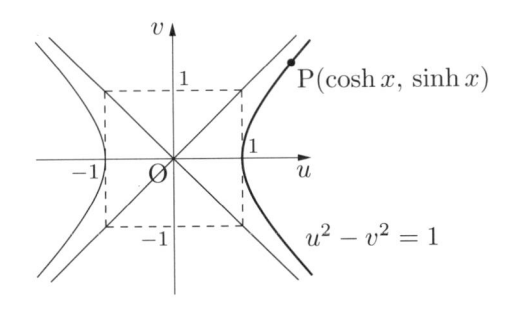

したがって

点 $\mathrm{P}(\cosh x, \sinh x)$ は，双曲線 $u^2 - v^2 = 1$ の右側の枝 ($u \geq 1$) 上にある．なお，問題 5.67 (2) も参照のこと．

---

[8] $\cos(hx)$ と書けば誤解がないが，いちいち括弧をつけるのも面倒ではある．

(2) $\cosh(-x) = \cosh x$, $\sinh(-x) = -\sinh x$, $\tanh(-x) = -\tanh x$.
(3) $(\cosh x)' = \sinh x$, $(\sinh x)' = \cosh x$, $(\tanh x)' = \dfrac{1}{\cosh^2 x}$.
(4) $\cosh x$ は $[0, +\infty)$ で狭義単調増加，$(-\infty, 0]$ で狭義単調減少．
(5) $\sinh x$ は $-\infty < x < +\infty$ で狭義単調増加．
(6) $\tanh x$ は $-\infty < x < +\infty$ で狭義単調増加．
(7) $\lim\limits_{x \to \pm\infty} \cosh x = +\infty$.
(8) 複号同順で，$\lim\limits_{x \to \pm\infty} \sinh x = \pm\infty$, $\lim\limits_{x \to \pm\infty} \tanh x = \pm 1$.
(9) $\begin{cases} \cosh(x+y) = \cosh x \cosh y + \sinh x \sinh y, \\ \sinh(x+y) = \sinh x \cosh y + \cosh x \sinh y. \end{cases}$

(9) から直ちに次が導ける．
(10) $\tanh(x+y) = \dfrac{\tanh x + \tanh y}{1 + \tanh x \tanh y}$.

(9) と (10) は双曲線関数の加法定理であるが，高校時代に正確に覚えた三角関数の加法定理と混乱するので無理に覚える必要はない（定義からすぐに導ける）．実は複素数にまで変数の範囲を拡張すると，双曲線関数は三角関数とほとんど変わらなくなる．これについては複素関数論で習うはずである．

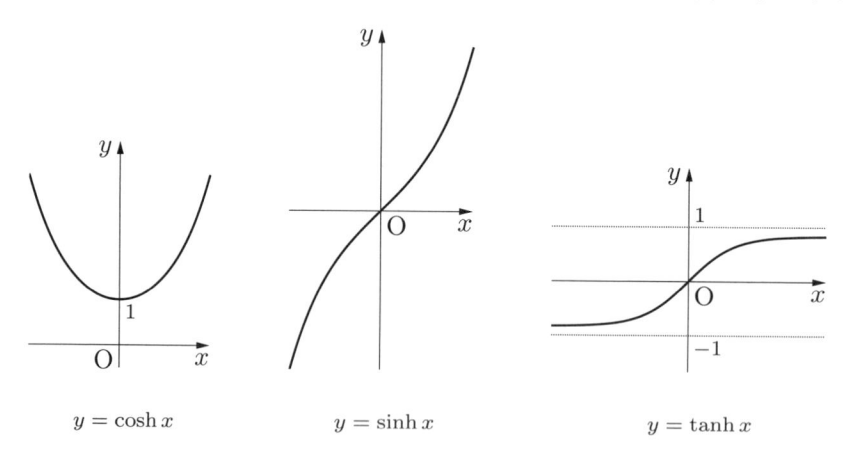

$y = \cosh x$ $y = \sinh x$ $y = \tanh x$

双曲線関数の逆関数は log を用いて表される．例題と問題で見ておこう．

例題 4.36 区間 $(-\infty, +\infty)$ で双曲線正弦の逆関数 $\sinh^{-1} x$ が定義できて，$\sinh^{-1} x = \log(x + \sqrt{x^2+1})$ であることを示せ．したがって $(\sinh^{-1} x)' = \dfrac{1}{\sqrt{x^2+1}}$ となることも示せ．

解 $y = \sinh x$ とおくと，$y = \frac{1}{2}(e^x - e^{-x})$ より $e^{2x} - 2ye^x - 1 = 0$．これは e^x の 2 次方程式であるから，$e^x = y \pm \sqrt{y^2+1}$．ここで $\sqrt{y^2+1} > |y| \geqq y$ より $y - \sqrt{y^2+1} < 0$ であり，$e^x > 0$ であるから，$e^x = y + \sqrt{y^2+1}$．ゆえに $x = \log(y + \sqrt{y^2+1})$ となるから，$\sinh^{-1} x = \log(x + \sqrt{x^2+1})$ である．この両辺を x で微分することにより最後の結論を得る． □

問題 4.37 次の (1), (2) を示せ．
(1) 区間 $[1, +\infty)$ で双曲線余弦の逆関数 $\cosh^{-1} x$ ($\geqq 0$) が定義できて，次式で与えられる．$\cosh^{-1} x = \log(x + \sqrt{x^2-1})$．したがって $(\cosh^{-1} x)' = \dfrac{1}{\sqrt{x^2-1}}$ $(x > 1)$．
(2) 開区間 $(-1, 1)$ で双曲線正接の逆関数 $\tanh^{-1} x$ が定義できて，$\tanh^{-1} x = \frac{1}{2} \log \dfrac{1+x}{1-x}$ となる．したがって $(\tanh^{-1} x)' = \dfrac{1}{1-x^2}$ である．

問題 4.38 $y = \mathrm{Arctan}\, x$ と $y = \tanh x$ のグラフの形が似ていることに気づいた読者もいるだろう．この問題では，$f(x) := \dfrac{\mathrm{Arctan}\, x}{\tanh x}$ が $x > 0$ で $f'(x) > 0$ となることを示すことで，$x \neq 0$ のとき，不等式 $1 < \dfrac{\mathrm{Arctan}\, x}{\tanh x} < \dfrac{\pi}{2}$ が成り立つことを示せ．

4.6 高階導関数と Taylor の定理

関数 $f(x)$ を n 回微分して得られる関数を $f^{(n)}(x)$, $(f(x))^{(n)}$, $\dfrac{d^n f}{dx^n}(x)$, $\dfrac{d^n}{dx^n} f(x)$ 等と表して，$f(x)$ の **n 階導関数**と呼ぶ．

例 4.39 (1) $f(x) = \sin x$ のとき．$f'(x) = \cos x = \sin(x + \frac{\pi}{2})$．微分するたびに変数に $\frac{\pi}{2}$ が加わっていく[9]ので，$f^{(n)}(x) = \sin(x + \frac{n\pi}{2})$．したがって，$g(x) := \cos x = f'(x)$ に対して，$g^{(n)}(x) = f^{(n+1)}(x) = \sin(x + \frac{n+1}{2}\pi) = \cos(x + \frac{n\pi}{2})$ となる．

---
[9] わざわざ帰納法で書くまでもないであろう．次の (2) でも同様．

(2) $f(x) = e^x \sin x$ のとき,$f'(x) = e^x(\sin x + \cos x) = \sqrt{2}\, e^x \sin\left(x + \frac{\pi}{4}\right)$.
微分するたびに全体が $\sqrt{2}$ 倍されて,$\sin$ の中の変数に $\frac{\pi}{4}$ が加わっていくので,
$$f^{(n)}(x) = 2^{n/2}\, e^x \sin\left(x + \frac{n\pi}{4}\right).$$

(3) $f(x) = \dfrac{1}{x^2 + 3x + 2}$ のとき,部分分数分解[10]をすると
$$\frac{1}{x^2 + 3x + 2} = \frac{1}{x+1} - \frac{1}{x+2}.$$
この両辺を n 回微分して,$f^{(n)}(x) = \dfrac{(-1)^n\, n!}{(x+1)^{n+1}} - \dfrac{(-1)^n\, n!}{(x+2)^{n+1}}$ を得る.

さて次に積の関数の高階導関数を考えよう.まず $(fg)' = f'g + fg'$ であった.この両辺をもう一度微分すると
$$(fg)'' = (f'g + fg')' = (f''g + f'g') + (f'g' + fg'')$$
$$= f''g + 2f'g' + fg''.$$
様子を見るためにさらにもう一度微分してみよう.
$$(fg)''' = (f''g + 2f'g' + fg'')'$$
$$= (f'''g + f''g') + 2(f''g' + f'g'') + (f'g'' + fg''')$$
$$= f'''g + 3f''g' + 3f'g'' + fg'''.$$

係数の現れ方は,$(a+b)^2$ や $(a+b)^3$ の展開式のものと全く同じである.実際に一般の $(fg)^{(n)}$ に対しては,二項展開の公式 (1.2) のときと全く同様に考えればよい.すなわち,積の関数 fg を n 回微分するときに,毎回 f か g のどちらかだけを微分するのであるが,n 回の微分の内のどれかの j 個の段階で g を微分し,それ以外の $(n-j)$ 個の段階では f を微分することで,項 $f^{(n-j)}g^{(j)}$ が現れる.その j 個の段階の選び方が $\binom{n}{j}$ 通りある.関係式 (1.3) を使って,帰納法により証明を書いてももちろんよい.

定理 4.40 (Leibniz の公式) $(fg)^{(n)} = \displaystyle\sum_{j=0}^{n} \binom{n}{j} f^{(n-j)} g^{(j)}$.

---

[10] 部分分数分解は 5.5 節で詳しく述べる.

4.6 高階導関数と Taylor の定理

例 4.41 $f(x) = x^2 e^{-x}$ のとき, x^2 を 3 回微分すると 0 であるから,
$$f^{(n)}(x) = x^2(e^{-x})^{(n)} + \binom{n}{1}(x^2)'(e^{-x})^{(n-1)} + \binom{n}{2}(x^2)''(e^{-x})^{(n-2)}$$
$$= (-1)^n x^2 e^{-x} + (-1)^{n-1} 2nx\, e^{-x} + (-1)^{n-2} n(n-1) e^{-x}$$
$$= (-1)^n e^{-x} \bigl(x^2 - 2nx + n(n-1)\bigr).$$

問題 4.42 次式が成り立つように多項式 $A_n(x), B_n(x)$ を定めよ.
$$(x^3 \sin x)^{(n)} = A_n(x)(\sin x)^{(n)} + B_n(x)(\cos x)^{(n)} \qquad (n = 1, 2, \dots).$$

定義 4.43 関数 f について次のように定義する.
(1) f が $\boldsymbol{C^k}$ **級** $(k \in \mathbb{N})$ $\overset{\text{def}}{\iff}$ $f^{(k)}$ が存在して連続.
(2) f が $\boldsymbol{C^\infty}$ **級** $\overset{\text{def}}{\iff}$ $\forall k \in \mathbb{N}$ に対して f は C^k 級.

微分可能ならば連続であるから, f が C^∞ 級であることと, f が何回でも微分できることとは同値である. さらに, f が (文脈に応じて) 必要な回数だけ微分可能であることを, f は**なめらか**であるという.

例 4.44 例 4.2 の関数 f は微分可能であるが, C^1 級ではない. 実際に $f'(0) = 0$ であるが, f' は 0 で連続でない (例題 4.30 も参照). $x^4 \sin \frac{1}{x}$ を考えると, 2 回微分可能であるが C^2 級ではない関数を得る[11]. 同様にして, $x^{2k} \sin \frac{1}{x}$ は k 回微分可能であっても C^k 級ではない関数である. Leibniz の公式を用いてこの証明をきちんと書き上げるのは大変であるが, $x^4 \sin \frac{1}{x}$ や $x^6 \sin \frac{1}{x}$ のときの仕組みがわかれば納得がいくであろう.

定理 4.45 (**Taylor の定理**) 関数 f は C^{n+1} 級であるとし, n 次多項式 $T_n(x)$ を $T_n(x) := \sum_{k=0}^{n} \dfrac{f^{(k)}(a)}{k!} (x-a)^k$ で定義する. このとき
$$\exists \theta\ (0 < \theta < 1)\ \ \text{s.t.}\ \ f(x) = T_n(x) + \frac{f^{(n+1)}\bigl(a + \theta(x-a)\bigr)}{(n+1)!} (x-a)^{n+1}.$$

証明 A を定数として, 次式で定義される関数 $g(t)$ を考える[12].

---
[11] C^1 級であることの証明には, 命題 4.25 が便利である.
[12] 証明中は x は定数と見ている.

$$g(t) := f(x) - \sum_{k=0}^{n} \frac{f^{(k)}(t)}{k!}(x-t)^k - \frac{A}{(n+1)!}(x-t)^{n+1}.$$

明らかに $g(x) = 0$ であるが，さらに $g(a) = 0$ となるように定数 A を

$$A := \frac{(n+1)!}{(x-a)^{n+1}} \left\{ f(x) - \sum_{k=0}^{n} \frac{f^{(k)}(a)}{k!}(x-a)^k \right\} \quad \cdots\cdots \text{①}$$

によって定めよう．このとき $g(x) = g(a) \, (= 0)$ であるから，Rolleの定理より，$\exists c \, (a < c < x \, \text{または} \, x < c < a) \quad \text{s.t.} \quad g'(c) = 0$．ところで

$$g'(t) = -\sum_{k=0}^{n} \frac{f^{(k+1)}(t)}{k!}(x-t)^k + \sum_{k=1}^{n} \frac{f^{(k)}(t)}{(k-1)!}(x-t)^{k-1} + \frac{A}{n!}(x-t)^n$$

$$= -\frac{f^{(n+1)}(t)}{n!}(x-t)^n + \frac{A}{n!}(x-t)^n$$

となるから，$g'(c) = 0$ は $A = f^{(n+1)}(c)$ を意味する．これと A の定義①，および $c = a + \theta(x-a)$ と表すことにより証明が完了している． □

注意 4.46 $a = 0$ のときの Taylor の定理を Maclaurin（マクローリン）の定理と呼ぶことも多い．なお後述する定理 5.112 も参照のこと．

定義 4.47 定理 4.45 において，$T_n(x)$ のことを a における f の n 次 **Taylor 多項式**，$R_n := \dfrac{f^{(n+1)}(a + \theta(x-a))}{(n+1)!}(x-a)^{n+1}$ を **残余項** という．

注意 4.48 残余項 R_n に現れる θ は，一般には a にも x にも n にも依存する．

問題 4.49 定理 4.45 の証明において，$g(t)$ の代わりに

$$h(t) := f(x) - \sum_{k=0}^{n} \frac{f^{(k)}(t)}{k!}(x-t)^k - \frac{A}{n!}(x-t)$$

を考えることにより，次で与えられる残余項 R_n の別表示（**Cauchy 型表示**）を示せ．

$$R_n = \frac{f^{(n+1)}(c_1)}{n!}(x-c_1)^n(x-a) \quad (a < c_1 < x \, \text{または} \, x < c_1 < a).$$

a における f の n 次 Taylor 多項式 $T_n(x)$ については

$$T_n(a) = f(a), \quad T_n'(a) = f'(a), \quad \ldots, \quad T_n^{(n)}(a) = f^{(n)}(a)$$

が成り立っていることに注意しておこう．下のグラフは，0 における $\sin x$ の Taylor 多項式 $T_1(x)$, $T_3(x)$, $T_5(x)$, $T_7(x)$ が，$x = 0$ の近くで $\sin x$ を近似する様子を描いている．

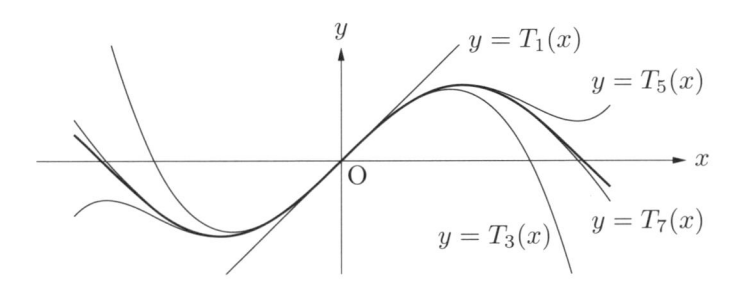

本書では，なめらかな関数 f が $f(a) = f'(a) = \cdots = f^{(k-1)}(a) = 0$，かつ $f^{(k)}(a) \neq 0$ をみたすとき，a における f の Taylor 多項式は **x^k の項から始まる**，あるいは $\dfrac{f^{(k)}(a)}{k!} x^k$ **から始まる**という言い方をする．

Taylor の定理の応用として，極値判定の一つの十分条件を得る．

命題 4.50 関数 f は C^2 級であるとし，$f'(a) = 0$ とする．
(1) $f''(a) > 0$ ならば $f(a)$ は極小値．
(2) $f''(a) < 0$ ならば $f(a)$ は極大値．

解説 f'' の符号と極大・極小の関係の丸暗記は間違いの元であるし，すぐに忘れてしまう．少し立ち止まって，2 次関数 $y = Ax^2$ を引き合いに出してみればよい．

証明 (1) Taylor の定理の $n = 1$ の場合より，$\exists \theta \ (0 < \theta < 1)$ s.t.
$$f(x) = f(a) + f'(a)(x-a) + \frac{1}{2} f''(a + \theta(x-a))(x-a)^2$$
$$= f(a) + \frac{1}{2} f''(c)(x-a)^2 \qquad (c := a + \theta(x-a)).$$

f は C^2 級ゆえ，仮定と命題 2.35 (2) より，$x = a$ の近くで $f''(x) > 0$．ゆえに $x \neq a$ が a に十分近ければ $f(x) > f(a)$ となり，$f(a)$ は極小値である．
(2) 同様に示せる（あるいは $-f$ に (1) を適用すればよい）． □

例 4.51 ここでは Taylor の定理を応用して，自然対数の底 e が無理数であることを示そう．まず関数 $f(x) = e^x$ に Taylor の定理を $a = 0$, $x = 1$ で適用して

$$\exists \theta \ (0 < \theta < 1) \text{ s.t. } e = e^1 = T_1(1) + R_1 = 1 + 1 + \frac{e^\theta}{2!}.$$

ゆえに $e > 2$. 同様にして，$\exists \theta' \ (0 < \theta' < 1)$ s.t.

$$e = T_2(1) + R_2 = 1 + 1 + \frac{1}{2!} + \frac{e^{\theta'}}{3!} < \frac{5}{2} + \frac{e}{6}.$$

これより $e < 3$ を得る．さて $e \in \mathbb{Q}$ と仮定し，$e = \dfrac{p}{q}$ $(p \in \mathbb{N}, q \in \mathbb{N})$ とおく．$2 < e < 3$ より $e \notin \mathbb{N}$ であるから，$q \geqq 2$ である．この q を使って，再び Taylor の定理により

$$\frac{p}{q} = e = T_q(1) + R_q = \sum_{k=0}^{q} \frac{1}{k!} + \frac{e^{\theta''}}{(q+1)!} \qquad (0 < \theta'' < 1)$$

と表す．この式に $q!$ をかけることにより，$\dfrac{e^{\theta''}}{q+1}$ が整数であることがわかる．正であることは明らかゆえ $\dfrac{e^{\theta''}}{q+1} \geqq 1$，すなわち，$e^{\theta''} \geqq q + 1 \geqq 3$ を得るが，これは $e^{\theta''} < e < 3$ に反する．ゆえに $e \in \mathbb{Q}$ とした仮定が誤りであった．

4.7 無限大・無限小の比較

この節では，無限大になる速さ，無限小になる速さを比べよう．速さを比べることは，後述する広義積分の収束のところでも大切になる．

定義 4.52 $\lim_{x \to a} f(x) = \lim_{x \to a} g(x) = +\infty$ とする（a は $\pm\infty$ でもよい）．$\lim_{x \to a} \dfrac{f(x)}{g(x)} = +\infty$ が成り立つとき，$f(x)$ は $g(x)$ より**高位の無限大**であるという．記号で $f(x) \gg g(x) \ (x \to a)$，あるいは $g(x) \ll f(x) \ (x \to a)$ と書く．

次の定理の結果は，今後は常識としてどんどん使っていこう．

4.7 無限大・無限小の比較

定理 4.53 $\alpha > 0$ は定数とする．
(1) $\log x \ll x^\alpha \ll e^x \ (x \to +\infty)$．
(2) $\alpha < \beta$ ならば，$x^\alpha \ll x^\beta \ (x \to +\infty)$．

証明 (1) 自然数 n を $\alpha + 1 < n$ が成り立つようにとっておく．この n に対して，Taylor の定理より，$x > 0$ のとき，$\exists \theta \ (0 < \theta < 1)$ s.t.

$$e^x = 1 + x + \frac{x^2}{2!} + \cdots + \frac{x^n}{n!} + \frac{e^{\theta x}}{(n+1)!}x^{n+1} > \frac{x^n}{n!}. \quad \cdots\cdots ①$$

さらに $x > 1$ のとき $x^n > x^{\alpha+1}$ であるから，①と合わせると，

$$\frac{e^x}{x^\alpha} > \frac{x^n}{n!\,x^\alpha} > \frac{x}{n!} \to +\infty \quad (x \to +\infty).$$

ゆえに $x^\alpha \ll e^x$ である．次に $u = \alpha \log x$ とおくと，$x \to +\infty$ のとき，$u \to +\infty$ であるので，今証明したことより，$\dfrac{x^\alpha}{\log x} = \dfrac{\alpha e^u}{u} \to +\infty$．

(2) $\alpha < \beta$ ならば，$\dfrac{x^\beta}{x^\alpha} = x^{\beta-\alpha} \to +\infty \ (x \to +\infty)$． □

定理 4.53 は，数列の極限にも有用である．たとえば，次の数列の極限は特別の技巧を用いなくても，自然に求まる．$n^{\frac{1}{n}} = e^{\frac{1}{n}\log n}$ に注意．

系 4.54 $\displaystyle\lim_{n\to\infty} \sqrt[n]{n} = 1$．

証明 $n \to \infty$ のとき，$\sqrt[n]{n} = e^{\frac{1}{n}\log n} \to e^0 = 1$． □

問題 4.55 次の極限を求めよ．
(1) $\displaystyle\lim_{x\to+\infty}(e^x \log x - x^3)$
(2) $\displaystyle\lim_{x\to+\infty}(x^x - e^x)$
(3) $\displaystyle\lim_{x\to+\infty}\frac{\log(x^2+x)}{\sqrt{x^2+1}}$
(4) $\displaystyle\lim_{x\to+\infty}\left(\frac{\log x}{x}\right)^{\frac{1}{x}}$

次の例題 4.56 (1) の結果も，今後は証明なしで使っていく．

例題 4.56 次の極限を求めよ．ただし $\alpha > 0$ とする．
(1) $\displaystyle\lim_{x\to+0} x^\alpha \log x$
(2) $\displaystyle\lim_{x\to+0} x^x$
(3) $\displaystyle\lim_{x\to+0} x^{x^x}$

解 (1) $u = \frac{1}{x^\alpha}$ とおくと，$x \to +0$ のとき $u \to +\infty$ である．そして定理 4.53 より，$x^\alpha \log x = -\frac{\log u}{\alpha u} \to 0$ である．
(2) (1) より $x^x = e^{x \log x} \to e^0 = 1 \ (x \to +0)$．
(3) (2) より，$x \to +0$ のとき $x^x \log x \to -\infty$ ゆえ，$x^{x^x} = e^{x^x \log x} \to 0$． □

問題 4.57 次の極限を求めよ．
(1) $\lim_{x \to +0} (\log x) \log(x+1)$ 　　(2) $\lim_{x \to +0} (\sin x)^{\tan x}$

次に 0 になる速さを比べよう．

定義 4.58 $\lim_{x \to a} f(x) = \lim_{x \to a} g(x) = 0$ であるとし，x が a に近いときは $g(x) \neq 0$ とする．$\lim_{x \to a} \frac{f(x)}{g(x)} = 0$ が成立するとき，f は a の近くで g より**高位の無限小**であるといい，記号で $f(x) = o(g(x)) \ (x \to a)$ と書く[13]．a が $\pm\infty$ のときも同様の記号を使う．

● 特例として，$\lim_{x \to a} f(x) = 0$ のとき，$f(x) = o(1) \ (x \to a)$ と書く．

無限小の比較には，Taylor の定理から得られる次の定理が有用である．

定理 4.59 f はなめらかであるとする．このとき $n = 1, 2, \ldots$ に対して，
$$f(x) = \sum_{k=0}^{n} \frac{f^{(k)}(a)}{k!}(x-a)^k + o((x-a)^n) \qquad (x \to a).$$
言い換えると，a における f の n 次 Taylor 多項式を $T_n(x)$ とするとき，
$$\lim_{x \to a} \frac{f(x) - T_n(x)}{(x-a)^n} = 0.$$

解説 応用上はこれで十分であるが，普通は多くの教科書にあるように，区間 I で $f^{(n+1)}$ が有界とか，f は C^{n+1} 級等という条件が設定され，その n に対して定理の主張が述べられる．

証明 残余項 $R_n = f(x) - T_n(x)$ が，$x \to a$ のときに $o((x-a)^n)$ であればよい．実際に $f^{(n+1)}$ は a の近くで有界なので，定数 $M > 0$ をとって

---
[13] ただし $o(g(x)) = f(x)$ とは書かない．

$|f^{(n+1)}(x)| \leqq M$ とし，$c := a + \theta(x-a)$ とおくと
$$0 \leqq \left|\frac{R_n}{(x-a)^n}\right| = \left|\frac{f^{(n+1)}(c)}{(n+1)!}\right| \cdot |x-a| \leqq \frac{M|x-a|}{(n+1)!}.$$
$x \to a$ のとき右端の項 $\to 0$ であるから証明が終わる． □

同じ事なので，以下ではもっぱら $a = 0$ として扱う．次の補題は今後は引用なしでどんどん使う．

補題 4.60 m, n, p は正または 0 の整数とし，$m \leqq n$ とする．以下 $x \to 0$ のときを考える．
(1) $S(x) = o(x^n)$ とする．このとき $S(x) = o(x^m)$ であり，$\forall k \in \mathbb{N}$ に対して $S(x^k) = o(x^{nk})$ となる．
(2) $o(x^m) \pm o(x^n) = o(x^m)$．
(3) $o(x^n) o(x^p) = o(x^{n+p})$．とくに $o(x^n)^2 = o(x^{2n})$．
(4) $\dfrac{o(x^n)}{x^m} = o(x^{n-m})$．

証明 (1) $\lim_{x \to 0} \frac{S(x)}{x^n} = 0$ と $m \leqq n$ より，$\lim_{x \to 0} \frac{S(x)}{x^m} = \lim_{x \to 0} \left(x^{n-m} \frac{S(x)}{x^n}\right) = 0$．また $y = x^k$ とおくと，$\lim_{x \to 0} \frac{S(x^k)}{x^{nk}} = \lim_{y \to 0} \frac{S(y)}{y^n} = 0$ を得る． □

問題 4.61 補題 4.60 の (2) 以降を証明せよ．

命題 4.62 f はなめらかであるとする．
(1) $f(x) = \sum_{k=0}^{n} a_k x^k + o(x^n)$ $(x \to 0)$ が成り立つとき，$k = 0, 1, \ldots, n$ に対して，$a_k = \dfrac{f^{(k)}(0)}{k!}$ である．
(2) f が偶関数ならば，0 における f の Taylor 多項式は偶数ベキのみ．
(3) f が奇関数ならば，0 における f の Taylor 多項式は奇数ベキのみ．

解説 a_k が別の手段で先に計算できて，命題 4.62 (1) より $f^{(k)}(0)$ が $k! a_k$ として求まることも多い．実際に $f^{(k)}(0)$ を直接計算するのは，基本的な関数以外は煩雑であることが多い．

証明 (1) $b_k := \frac{1}{k!}f^{(k)}(0)$ $(k = 0, 1, \ldots, n)$ とおく．定理 4.59 と仮定より $\sum_{k=0}^{n}(a_k - b_k)x^k = o(x^n)$ である．この式で $x \to 0$ として $a_0 = b_0$ を得る．このとき x で割ることにより，$\sum_{k=1}^{n}(a_k - b_k)x^{k-1} = o(x^{n-1})$．この式で $x \to 0$ として $a_1 = b_1$ を得る．以下，x で割って $x \to 0$ とすることを続ければよい．
(2) $f(x) = f(-x)$ ならば，両辺を微分して $f'(x) = -f'(-x)$．ゆえに f' は奇関数．とくに $f'(0) = 0$．よって (1) において $a_1 = 0$．さらに $f''(x) = f''(-x)$ より，f'' は偶関数．以下同様にして $a_3 = 0$．これを続ければよい．
(3) (2) と同様． □

基本的な関数の Taylor 多項式による近似について述べよう．定理 4.59 を適用するだけであるが，結果を自由に使えるようになってほしい．

定理 4.63 $x \to 0$ のときを考える．このとき $\forall n \in \mathbb{N}$ に対して，
(1) $e^x = \sum_{k=0}^{n} \frac{x^k}{k!} + o(x^n)$.
(2) $\log(1+x) = \sum_{k=1}^{n} \frac{(-1)^{k-1}}{k} x^k + o(x^n)$.
(3) $\cos x = \sum_{m=0}^{n} \frac{(-1)^m}{(2m)!} x^{2m} + o(x^{2n+1})$.
(4) $\sin x = \sum_{m=0}^{n} \frac{(-1)^m}{(2m+1)!} x^{2m+1} + o(x^{2n+2})$.

注意 4.64 $\cos x$ では x^{2n+1} の係数が 0 であり，$\sin x$ では x^{2n+2} の係数が 0 であることを，(3) と (4) では反映させてある．

証明 (1) $(e^x)^{(k)} = e^x$ より，$(e^x)^{(k)}\big|_{x=0} = 1$．
(2) $k \geqq 1$ のとき，$(\log(1+x))^{(k)} = \left(\frac{1}{1+x}\right)^{(k-1)} = (-1)^{k-1}\frac{(k-1)!}{(1+x)^k}$ であるから，$x = 0$ における $\frac{1}{k!}(\log(1+x))^{(k)}$ の値は $\frac{(-1)^{k-1}}{k}$ に等しい．
(3) $\cos x$ は偶関数ゆえ x の偶数ベキのみ現れる．例 4.39 より $(\cos x)^{(2m)} = \cos(x + m\pi)$ であるから，$(\cos x)^{(2m)}\big|_{x=0} = \cos(m\pi) = (-1)^m$．
(4) 奇関数である $\sin x$ についても同様． □

4.7 無限大・無限小の比較

問題 4.65 関数 $f(x) := x(2+\cos x) - 3\sin x$ を考える．0 における f の 7 次の Taylor 多項式を求めよ．

定義 4.66 $\alpha \in \mathbb{R}$ のとき，**一般二項係数** $\binom{\alpha}{k}$ を次式で定義する．
$$\binom{\alpha}{0} := 1, \quad \binom{\alpha}{k} := \frac{\alpha(\alpha-1)\cdots(\alpha-k+1)}{k!} \quad (k=1,2,\dots).$$

注意 4.67 $n \in \mathbb{N}$ のとき，$k > n$ ならば $n(n-1)\cdots(n-k+1)$ の中に必ず 0 が現れるので，$\binom{n}{k} = 0$ である．これは，n 個しかないものから n を越える個数が選べないことにうまく対応している．

問題 4.68 $n \in \mathbb{N}$ のとき，$(-1)^k \binom{-n}{k} = \binom{n+k-1}{n-1}$ であることを示せ．

定理 4.69 $\alpha \in \mathbb{R}$ とする．$\forall n \in \mathbb{N}$ に対して
$$(1+x)^\alpha = \sum_{k=0}^{n} \binom{\alpha}{k} x^k + o(x^n) \quad (x \to 0).$$

証明 $\left((1+x)^\alpha\right)^{(k)} = \alpha(\alpha-1)\cdots(\alpha-k+1)(1+x)^{\alpha-k}$ による． □

例 4.70 $n \in \mathbb{N}$ とする．定理 4.69 と問題 4.68 より，$\forall m \in \mathbb{N}$ に対して
$$(1-x)^{-n} = \sum_{k=0}^{m} \binom{n+k-1}{n-1} x^k + o(x^m) \quad (x \to 0).$$

問題 4.71 $n \in \mathbb{N}$ を固定するとき，例 4.70 における $(1-x)^{-n}$ の係数 $\binom{n+k-1}{n-1}$ $(k=0,1,2,\dots)$ は Pascal の三角形 (1.6 節参照) でどのように並んでいるか．

定理 4.63 や定理 4.69 から様々な関数の Taylor 多項式近似が得られる．例題と問題でいくつかの例を見てみよう．

例題 4.72 $\log \cos x = -\frac{1}{2}x^2 - \frac{1}{12}x^4 + o(x^5)$ $(x \to 0)$ を示せ．

解 $\cos x = 1 + u$ とおくと $u = \cos x - 1$ であるから，$x \to 0$ のとき $u = -\frac{1}{2}x^2 + \frac{1}{24}x^4 + o(x^5)$ である．とくに $u \to 0$ である．

$$\log \cos x = \log(1+u) = u - \frac{1}{2}u^2 + \frac{1}{3}u^3 + o(u^3)$$

において，$u^3 = -\frac{1}{8}x^6 + o(x^7) = o(x^5)$ であるから

$$\log \cos x = \left(-\frac{1}{2}x^2 + \frac{1}{24}x^4\right) - \frac{1}{2}\left(-\frac{1}{2}x^2 + \frac{1}{24}x^4\right)^2 + o(x^5)$$

$$= -\frac{1}{2}x^2 + \left(\frac{1}{24} - \frac{1}{8}\right)x^4 + o(x^5).$$

ゆえに所要の等式を得る． □

問題 4.73 $x \to 0$ のとき，次式を示せ．
(1) $\frac{1}{2}\log\frac{1+x}{1-x} = x + \frac{x^3}{3} + \frac{x^5}{5} + o(x^6)$　　(2) $\frac{x}{e^x - 1} = 1 - \frac{x}{2} + \frac{x^2}{12} + o(x^2)$

注意 4.74 (1) の関数は $\tanh^{-1} x$ である（問題 4.37 参照）．(2) の一般項は Bernoulli 数（ベルヌーイ）と関係する（公式集 [4, II, p. 137] 参照）．

次に Arctan と Arcsin の Taylor 多項式近似を導いておこう．まず定義 2.23 の積の記号を思い出した上で，新しい記号を導入する．

定義 4.75 $k \in \mathbb{N}$ のとき，
$$(2k-1)!! := \prod_{j=1}^{k}(2j-1), \qquad (2k)!! := \prod_{j=1}^{k}(2j).$$
すなわち，$(2k-1)!!$ は 1 から $2k-1$ までの奇数だけの積を表し，$(2k)!!$ は 2 から $2k$ までの偶数だけの積を表す．また偶数の場合は，$(2k)!! = 2^k k!$ と変形できることに注意．さらに便宜上，$0!! := 1$，$(-1)!! := 1$ とおく．

定理 4.76 $x \to 0$ のときを考える．このとき $\forall n \in \mathbb{N}$ に対して，
(1) $\operatorname{Arctan} x = \sum_{k=0}^{n} \frac{(-1)^k}{2k+1} x^{2k+1} + o(x^{2n+2})$.
(2) $\operatorname{Arcsin} x = \sum_{k=0}^{n} \frac{(2k-1)!!}{(2k)!!} \frac{x^{2k+1}}{2k+1} + o(x^{2n+2})$.

証明 (1) 公比が $-t^2$ ($|t| < 1$) の有限等比級数の公式を変形することにより
$$\frac{1}{1+t^2} = \sum_{k=0}^{n}(-t^2)^k + \frac{(-t^2)^{n+1}}{1+t^2}.$$

$R_n(t) := \dfrac{(-t^2)^{n+1}}{1+t^2}$ とおくと，$|x| < 1$ のとき，

$$\operatorname{Arctan} x = \int_0^x \frac{dt}{1+t^2} = \sum_{k=0}^n (-1)^k \int_0^x t^{2k}\,dt + \int_0^x R_n(t)\,dt$$

$$= \sum_{k=0}^n (-1)^k \frac{x^{2k+1}}{2k+1} + S_n(x) \qquad \left(S_n(x) := \int_0^x R_n(t)\,dt \right).$$

ここで $S_n(x) = o(x^{2n+2})$ を示せば証明が終わる．実際に

$$|S_n(x)| = \left| \int_0^x \frac{t^{2n+2}}{1+t^2}\,dt \right| = \int_0^{|x|} \frac{t^{2n+2}}{1+t^2}\,dt \leqq \int_0^{|x|} t^{2n+2}\,dt = \frac{|x|^{2n+3}}{2n+3}$$

であるから，$0 \leqq \left| \dfrac{S_n(x)}{x^{2n+2}} \right| \leqq \dfrac{|x|}{2n+3} \to 0 \ (x \to 0)$ となる．

(2) まず $k \geqq 1$ のとき，

$$\binom{-\frac{1}{2}}{k} = \frac{\left(-\frac{1}{2}\right)\left(-\frac{1}{2}-1\right) \cdots \left(-\frac{1}{2}-k+1\right)}{k!} = (-1)^k \frac{(2k-1)!!}{(2k)!!}$$

であることに注意しよう．したがって，関数 φ を

$$\varphi(t) := (1-t^2)^{-1/2} - \sum_{k=0}^{n+1} \frac{(2k-1)!!}{(2k)!!} t^{2k} \quad (|t| < 1)$$

によって定義すると，定理 4.69 より $\varphi(t) = o(t^{2n+2}) \ (t \to 0)$ である．ゆえに，$|x| < 1$ のとき $\psi(x) := \displaystyle\int_0^x \varphi(t)\,dt$ とおくと

$$\operatorname{Arcsin} x = \int_0^x \frac{dt}{\sqrt{1-t^2}} = \sum_{k=0}^{n+1} \frac{(2k-1)!!}{(2k)!!} \int_0^x t^{2k}\,dt + \int_0^x \varphi(t)\,dt$$

$$= \sum_{k=0}^n \frac{(2k-1)!!}{(2k)!!} \frac{x^{2k+1}}{2k+1} + \frac{(2n+1)!!}{(2n+2)!!} \frac{x^{2n+3}}{2n+3} + \psi(x). \ \cdots\cdots ①$$

定数 $M > 0$ をとって，$|\varphi(t)| \leqq M|t|^{2n+2} \ (|t| \leqq \frac{1}{2})$ とできるので，

$$|\psi(x)| = \left| \int_0^x \varphi(t)\,dt \right| \leqq M \int_0^{|x|} t^{2n+2}\,dt \leqq \frac{M|x|^{2n+3}}{2n+3} \quad \left(|x| \leqq \frac{1}{2} \right).$$

ゆえに，$0 \leqq \left| \dfrac{\psi(x)}{x^{2n+2}} \right| \leqq \dfrac{M|x|}{2n+3} \to 0 \ (x \to 0)$ となって，$\psi(x) = o(x^{2n+2})$．
そして①において $x^{2n+3} = o(x^{2n+2})$ より証明が終わる． □

命題 4.62 の解説により，次の系を得る．

系 4.77
(1) $\mathrm{Arctan}^{(2k+1)}(0) = (-1)^k (2k)!$ $(k = 0, 1, 2, \ldots)$.
(2) $\mathrm{Arcsin}^{(2k+1)}(0) = ((2k-1)!!)^2$ $(k = 0, 1, 2, \ldots)$.

問題 4.78 $\tan x$ の Taylor 多項式近似は，$\mathrm{Arctan}\, x$ の逆関数ということから導くのが楽である．奇関数であることと，$\displaystyle\lim_{x \to 0} \frac{\tan x}{x} = 1$ であることから，$\tan x = x + a_3 x^3 + a_5 x^5 + o(x^6)$ $(x \to 0)$ とおける．$y = \tan x$ を $\mathrm{Arctan}\, y = y - \frac{1}{3}y^3 + \frac{1}{5}y^5 + o(y^6)$ $(y \to 0)$ に代入し，それが x に等しいということで係数を比較することにより，$a_3 = \frac{1}{3}$, $a_5 = \frac{2}{15}$ であることを導け．この技法は，後述する陰関数定理の応用のところでも活用される（例題 6.79 参照）．なお，$\tan x$ の Taylor 多項式の一般項は公式集 [4, II, p. 137] 参照．

問題 4.79 関数 $f(x) := 2\sin x + \tan x - 3x$ を考える．0 における f の 5 次の Taylor 多項式を求めよ．

定理 4.59 以降ここまでは，n を固定して $x \to a$ とするときの $f(x) - T_n(x)$ の挙動を見てきた．一方で，x を固定して $n \to \infty$ とするとき，$f(x) - T_n(x)$ は 0 に収束するのか，つまり

$$f(x) = \sum_{n=0}^{\infty} \frac{f^{(n)}(a)}{n!}(x-a)^n \tag{4.2}$$

となるのかという疑問も生じる．例題で見てみよう．

例題 4.80
(1) $x \in \mathbb{R}$ を固定するとき，次が成り立つことを示せ．
　(i) $\displaystyle e^x = \sum_{n=0}^{\infty} \frac{x^n}{n!}$ 　　(ii) $\displaystyle \cos x = \sum_{m=0}^{\infty} \frac{(-1)^m}{(2m)!} x^{2m}$
　(iii) $\displaystyle \sin x = \sum_{m=0}^{\infty} \frac{(-1)^m}{(2m+1)!} x^{2m+1}$
(2) $|x| < 1$ をみたす $x \in \mathbb{R}$ を固定するとき，次が成り立つことを示せ．
$$\log(1+x) = \sum_{n=1}^{\infty} \frac{(-1)^{n-1}}{n} x^n.$$

解 要は残余項が $n \to \infty$ のときに 0 に収束するかどうかである.
(1) $f(x) = e^x$ のとき. 0 における残余項 R_n は, $0 < \theta < 1$ として,
$$|R_n| = \left|\frac{e^{\theta x}}{(n+1)!} x^{n+1}\right| \leqq e^{|x|} \frac{|x|^{n+1}}{(n+1)!}.$$
問題 2.24 より $\lim_{n\to\infty} R_n = 0$ がいえる. $\cos x$, $\sin x$ のときも同様である.
(2) $f(x) = \log(1+x)$ のとき. $x = 0$ ならば明らかゆえ, $x \neq 0$ としてよい. 0 における残余項 R_n を Cauchy 型表示 (問題 4.49 参照) を用いて評価しよう. $0 < |c_1| < |x| < 1$ かつ c_1 と x は同符号であるから, $0 < 1 - \frac{c_1}{x} \leqq 1 + c_1$, かつ $1 + c_1 > 1 - |x|$. ゆえに
$$|R_n| = \left|\frac{(x-c_1)^n}{(1+c_1)^{n+1}} x\right| = \left|\frac{1-\frac{c_1}{x}}{1+c_1}\right|^n \frac{|x|^{n+1}}{1+c_1} < \frac{|x|^{n+1}}{1-|x|}.$$
よって $\lim_{n\to\infty} R_n = 0$ である. □

注意 4.81 $|x| < 1$ をみたす $x \in \mathbb{R}$ を固定するとき, $(1+x)^\alpha = \sum_{n=0}^{\infty} \binom{\alpha}{n} x^n$ $(\alpha \in \mathbb{R})$ が成り立つが, ベキ級数論でより簡明な方法で証明できるので, あえて微積分の範囲で証明をすることもないであろう. もちろん α が 0 や自然数のときは, すべての $x \in \mathbb{R}$ で成り立つ.

本書では無限級数を体系的には扱わないので, 関数の Taylor 級数展開 (ベキ級数展開) の式 (4.2) もこれ以上は扱わない. Taylor 級数は変数を複素数にまで拡張して考える方が自然であるので, 複素関数論[14]で一般論と例を詳しく学んでほしい. 証明を検討すればわかるように, 定理 4.76 における $\operatorname{Arctan} x$ と $\operatorname{Arcsin} x$ の Taylor 多項式は, それらの導関数である $\dfrac{1}{1+x^2}$ および $\dfrac{1}{\sqrt{1-x^2}}$ において, 等比級数や一般二項係数を用いて得られる Taylor 多項式を積分した形になっている. 忘れた場合はこれによって公式を復元できるし, さらに複素関数論を学べば, そのような形式的な計算の正当性を一般論が保証してくれることになる.

一方で, Taylor 級数展開を持たない C^∞ 級の関数を次に問題の形で挙げておこう. 1 点におけるすべての階数の微分係数が 0 である C^∞ 級の関数で, 零関数[15]ではないものが存在するという事実は銘記すべきである.

---

[14] 多くの大学の理工系で 2 年生か 3 年生のカリキュラムに入っていると思う.
[15] 零関数とは, 恒等的に 0 である関数のこと. ここの文で「恒等的に 0 でない関数」と書くのは,「恒等的に」というのが「0 でない」にかかると解釈する人もいるので, 避けるべきであろう. 例題 1.6 参照.

定義 4.82 (記号の定義)　X が複雑な式のときは，e^X を $\exp(X)$ と書く．

問題 4.83　$f(x) := \exp\left(-\dfrac{1}{x^2}\right) (x \neq 0)$, $f(0) := 0$ とする．$k = 0, 1, 2, \ldots$ に対して次を示せ．
$$f^{(k)}(x) = \exp\left(-\frac{1}{x^2}\right) Q_k\left(\frac{1}{x}\right) \ (x \neq 0), \qquad f^{(k)}(0) = 0.$$
ただし $Q_k(y)$ は $3k$ 次の y の多項式である．したがってこの f に対しては，$a = 0$ とした式 (4.2) の右辺の無限級数は $\forall x \in \mathbb{R}$ で収束して 0 に等しいが，$x \neq 0$ では $f(x) \neq 0$ であることに注意．一方でこの f に対して定理 4.59 は，$\forall n \in \mathbb{N}$ に対して，$f(x) = o(x^n) \ (x \to 0)$ であることを主張する．

注意 4.84　次の事実もある．任意の数列 $a_0, a_1, \ldots, a_n, \ldots$ に対して，$g^{(n)}(0) = a_n \ (\forall n = 0, 1, 2, \ldots)$ となる C^∞ 級の関数 g が構成できる（Emile Borel が 1895 年に証明した定理）．文献 [24] およびそこでの引用文献参照．一方で，$x \neq a$ でも Taylor 級数展開の式 (4.2) が成立する C^∞ 級の関数 f は，$f^{(n)}(a)$ の $n \to \infty$ のときの増大度は自由ではないということを複素関数論で学んでほしい．

4.8　不定形の極限

Taylor 多項式による関数の近似は，いわゆる $\dfrac{0}{0}$ タイプの不定形の極限値問題に威力を発揮する．高校のときに習った極限 $\displaystyle\lim_{x \to 0} \dfrac{\sin x}{x} = 1$ や，それに容易に帰着させることができる極限 $\displaystyle\lim_{x \to 0} \dfrac{\mathrm{Arcsin}\, x}{x} = 1$ が基本である．実際に後者の極限は，$\mathrm{Arcsin}\, x = y$ とおくと前者に帰着される．また $\tan x = \dfrac{\sin x}{\cos x}$ であるから，$\displaystyle\lim_{x \to 0} \dfrac{\tan x}{x} = 1$ がわかる．そして $\displaystyle\lim_{x \to 0} \dfrac{\mathrm{Arctan}\, x}{x} = 1$ が $\mathrm{Arctan}\, x = y$ とおくことにより導ける．さらに無限大の比較で学んだ基本的な極限を援用すればより柔軟に対応できる．

例題 4.85　次の極限を求めよ．
(1) $\displaystyle\lim_{x \to 0}\left(\dfrac{1}{\sin^2 x} - \dfrac{1}{x^2}\right)$　　　(2) $\displaystyle\lim_{x \to +0} \dfrac{\log \tan 2x}{\log \tan x}$

解説　(1) 通分したあとに現れる $x - \sin x$ の処理には，$\sin x = x - \frac{1}{6}x^3 + o(x^4)$ を用いればよい．$x - \sin x = \frac{1}{6}x^3 + o(x^4)$ については今後も何度か現れるであろう．(2) $\frac{0}{0}$ 型ではないが，$\displaystyle\lim_{x \to 0} \dfrac{\tan x}{x} = 1$ であるから，$\log \tan x$ を $\log x$ で置き換えることを考える．

解 (1) 次のように式変形しよう．

$$\frac{1}{\sin^2 x} - \frac{1}{x^2} = \frac{x^2 - \sin^2 x}{x^2 \sin^2 x} = \frac{(x+\sin x)(x-\sin x)}{x^2 \sin^2 x}$$

$$= \frac{x^2}{\sin^2 x} \cdot \frac{x + \sin x}{x} \cdot \frac{x - \sin x}{x^3}$$

$$= \left(\frac{x}{\sin x}\right)^2 \left(1 + \frac{\sin x}{x}\right) \frac{x - \sin x}{x^3}.$$

ここで $\sin x = x - \frac{1}{6}x^3 + o(x^4)$ であるから

$$\frac{1}{\sin^2 x} - \frac{1}{x^2} = \left(\frac{x}{\sin x}\right)^2 \left(1 + \frac{\sin x}{x}\right)\left(\frac{1}{6} + o(x)\right) \to \frac{1}{3} \quad (x \to 0).$$

(2) $\log\tan 2x = \log 2 + \log x + \log \dfrac{\tan 2x}{2x}$ であり，分母も同様にして

$$\frac{\log\tan 2x}{\log\tan x} = \frac{\log 2 + \log x + \log \frac{\tan 2x}{2x}}{\log x + \log \frac{\tan x}{x}}.$$

右辺の分母と分子を $\log x$ で割って $x \to +0$ とすることにより極限は 1． □

問題 4.86 次の極限を求めよ．
(1) $\displaystyle\lim_{x\to 0} \frac{x\cos^\alpha x - \sin x}{x^3}$ $(\alpha \in \mathbb{R})$ (2) $\displaystyle\lim_{x\to 0} \frac{1}{x^2}\left(\frac{1}{\sqrt{1+x}} - \frac{\log(1+x)}{x}\right)$

例題 4.87 次の極限を求めよ．
(1) $\displaystyle\lim_{x\to 0} \frac{\operatorname{Arcsin} x - x}{x^3}$ (2) $\displaystyle\lim_{x\to 0} \frac{e^x - e^{\sin x}}{x^3}$
(3) $\displaystyle\lim_{x\to\infty} \left(\frac{2}{\pi}\operatorname{Arctan} x\right)^x$ (4) $\displaystyle\lim_{x\to 0} \frac{1}{x^4}\left(\frac{x}{\sin x} - \frac{\operatorname{Arcsin} x}{x}\right)$

解説 (1) は定理 4.76 を使うより，$y = \operatorname{Arcsin} x$ と置き換えよう．(2) は分子で $e^{\sin x}$ をくくり出す．ここでも $x - \sin x$ の処理が現れる．(3) $f(x)^{g(x)} = e^{g(x)\log f(x)}$ とすれば，$g(x)\log f(x)$ の極限に帰着する．$y = \operatorname{Arctan} x$ と置き換えよう．(4) ではまず通分する方が計算が楽である．

解 (1) $y = \operatorname{Arcsin} x$ とおくと，$x \to 0$ のとき $y \to 0$ である．ゆえに

$$\lim_{x\to 0} \frac{\operatorname{Arcsin} x - x}{x^3} = \lim_{y\to 0} \frac{y - \sin y}{\sin^3 y} = \lim_{y\to 0} \left(\frac{y}{\sin y}\right)^3 \cdot \frac{y - \sin y}{y^3}.$$

$y - \sin y = \frac{1}{6}y^3 + o(y^4)$ $(y \to 0)$ であるから，求める極限は $\frac{1}{6}$ である．

(2) まず,
$$\frac{e^x - e^{\sin x}}{x^3} = e^{\sin x} \cdot \frac{e^{x-\sin x} - 1}{x - \sin x} \cdot \frac{x - \sin x}{x^3} \quad \cdots\cdots ①$$
と変形しよう. ここで $y = x - \sin x$ とおくと, $x \to 0$ のとき $y \to 0$ ゆえ
$$\lim_{x \to 0} \frac{e^{x-\sin x} - 1}{x - \sin x} = \lim_{y \to 0} \frac{e^y - 1}{y} = 1.$$
これと①と $x - \sin x = \frac{1}{6}x^3 + o(x^4)$ より, 求める極限は $\frac{1}{6}$ である.

(3) $y = \text{Arctan}\, x$ とおくと, $x \to +\infty$ のとき $y \to \frac{\pi}{2} - 0$ である. さらに $z := \frac{\pi}{2} - y$ とおくと, $z \to +0$ であり,
$$\left(\frac{2}{\pi} \text{Arctan}\, x\right)^x = \left(\frac{2}{\pi} y\right)^{\tan y} = \left(1 - \frac{2}{\pi} z\right)^{1/\tan z} = e^{(1/\tan z)\log(1-(2/\pi)z)}$$
となる. ここで $z \to 0$ のとき
$$\frac{1}{\tan z} \log\left(1 - \frac{2}{\pi} z\right) = -\frac{z}{\tan z} \frac{\log\left(1 - \frac{2}{\pi}z\right) - \log 1}{-\frac{2}{\pi}z} \frac{2}{\pi} \to -1 \cdot 1 \cdot \frac{2}{\pi}$$
であるから, 求める極限は $e^{-2/\pi}$ である.

(4) 通分をすると
$$\frac{1}{x^4}\left(\frac{x}{\sin x} - \frac{\text{Arcsin}\, x}{x}\right) = \frac{x^2 - \sin x\, \text{Arcsin}\, x}{x^5 \sin x}$$
$$= \frac{x}{\sin x} \frac{x^2 - \sin x\, \text{Arcsin}\, x}{x^6}.$$
ここで, $x \to 0$ のとき $\sin x = x - \frac{1}{6}x^3 + \frac{1}{120}x^5 + o(x^6)$ であり, 定理 4.76 より, $\text{Arcsin}\, x = x + \frac{1}{6}x^3 + \frac{3}{40}x^5 + o(x^6)$ であるから,
$$\sin x\, \text{Arcsin}\, x = \left(x - \frac{1}{6}x^3 + \frac{1}{120}x^5\right)\left(x + \frac{1}{6}x^3 + \frac{3}{40}x^5\right) + o(x^6)$$
$$= x^2 + \left(\frac{3}{40} - \frac{1}{36} + \frac{1}{120}\right)x^6 + o(x^6).$$
ゆえに $x^2 - \sin x\, \text{Arcsin}\, x = -\frac{1}{18}x^6 + o(x^6)$ となるから求める極限値は $-\frac{1}{18}$ である. □

問題 4.88 次の極限を求めよ.

(1) $\displaystyle\lim_{x \to 0} \frac{e^{\frac{1}{2}x^2} - \cosh x}{\log(1 + x^2) - \text{Arctan}(x^2)}$ \quad (2) $\displaystyle\lim_{x \to 0} \frac{\text{Arctan}\, x - x}{x(1 - \cos x)}$

(3) $\displaystyle\lim_{x \to 0} \frac{1}{x^4}\left(\frac{x}{\tan x} - \frac{\text{Arctan}\, x}{x}\right)$ \quad (4) $\displaystyle\lim_{x \to 0} \frac{(1 + \sin x)^{\frac{1}{x}} - e^{1-\frac{\pi}{2}}}{(1 + \tan x)^{\frac{1}{x}} - e^{1-\frac{\pi}{2}}}$

4.8 不定形の極限

不定形 $\frac{0}{0}$ の極限のからくりを見てみよう．$f(a) = g(a) = 0$ で $f'(a)$ と $g'(a)$ が存在し，$g'(a) \neq 0$ ならば

$$\lim_{x \to a} \frac{f(x)}{g(x)} = \lim_{x \to a} \frac{f(x) - f(a)}{x - a} \cdot \frac{x - a}{g(x) - g(a)} = \frac{f'(a)}{g'(a)} \quad (4.3)$$

となる．より一般に，f も g もなめらかとし，

$$f(a) = f'(a) = \cdots = f^{(n-1)}(a) = 0, \quad g(a) = g'(a) = \cdots = g^{(n-1)}(a) = 0,$$

かつ $g^{(n)}(a) \neq 0$ とする．このとき，f の Taylor 多項式近似は

$$f(x) = \frac{f^{(n)}(a)}{n!}(x - a)^n + o\bigl((x - a)^n\bigr) \quad (x \to a)$$

となり，g も同様であるから，

$$\begin{aligned}
\lim_{x \to a} \frac{f(x)}{g(x)} &= \lim_{x \to a} \frac{f(x)}{(x - a)^n} \frac{(x - a)^n}{g(x)} \\
&= \lim_{x \to a} \frac{\frac{1}{n!} f^{(n)}(a) + o(1)}{\frac{1}{n!} g^{(n)}(a) + o(1)} = \frac{f^{(n)}(a)}{g^{(n)}(a)}.
\end{aligned} \quad (4.4)$$

さて不定形の極限といえば L'Hôpital の定理がある．

定理 4.89 (L'Hôpital(ロピタル) の定理) f, g は開区間 (a, b) で微分可能であり，閉区間 $[a, b]$ で連続であるとする．さらに $f(a) = g(a) = 0$ かつ g' は 0 にならないとする．このとき，$l := \lim_{x \to a+0} \dfrac{f'(x)}{g'(x)}$ が存在するならば，$\lim_{x \to a+0} \dfrac{f(x)}{g(x)}$ も存在して l に等しい．

証明 問題 4.24 にある Cauchy の平均値の定理より

$$\exists c \, (a < c < x) \text{ s.t. } \frac{f(x)}{g(x)} = \frac{f(x) - f(a)}{g(x) - g(a)} = \frac{f'(c)}{g'(c)}.$$

ここで $x \to a + 0$ のとき $c \to a + 0$ ゆえ，$\dfrac{f(x)}{g(x)} = \dfrac{f'(c)}{g'(c)} \to l$ となる． □

L'Hôpital の定理では $l = \dfrac{f'(a)}{g'(a)}$ とは仮定していないので，式 (4.3) で処理できない場合もカバーしている[16]．しかし実際に出会う問題では式 (4.3) や式 (4.4) で処理できることが多い．文献 [20] によると次の問題は L'Hôpital 自身による例だそうだが，式 (4.3) で処理できるので，Cauchy の平均値の定理さえ不要である．

問題 4.90 $\displaystyle\lim_{x \to 1} \frac{(2x - x^4)^{1/2} - x^{1/3}}{1 - x^{3/4}}$ を求めよ．

式 (4.3) や式 (4.4) のようなケースであっても，L'Hôpital の定理を適用して問題を処理できることがある．しかしその場合でも，やみくもに分母と分子を微分することは避けて，既知の極限に帰着できる部分は帰着し，あとでの微分計算が少しでも楽になるようにすべきであろう．たとえば例題 4.85 (1) において，通分後の $\dfrac{x^2 - \sin^2 x}{x^2 \sin^2 x}$ からひたすら分母と分子を微分していくというのは，計算ミスも出やすくなるという点で賢明な方法ではない．

$\dfrac{\infty}{\infty}$ タイプの L'Hôpital の定理もあるが，こちらの方の証明は技術的で，難しく感じる人も多いであろう．本書で述べた無限大の比較という考え方の方が大切である．最後に L'Hôpital の定理を分別なく使うことの危険性を示して，この章を終わろう．

例 4.91 L'Hôpital の定理の逆は成立しない．例を示そう．$f(x) = x^2 \sin \frac{1}{x}$ $(x \ne 0)$, $f(0) = 0$, かつ $g(x) = x$ とすると，例題 2.30 より
$$\lim_{x \to +0} \frac{f(x)}{g(x)} = \lim_{x \to +0} x \sin \frac{1}{x} = 0$$
となって極限が存在する．しかし，$\dfrac{f'(x)}{g'(x)} = 2x \sin \dfrac{1}{x} - \cos \dfrac{1}{x}$ は $x \to +0$ のときに極限を持たない．この例により，$\displaystyle\lim_{x \to a} \frac{f'(x)}{g'(x)}$ が存在しないからといって，$\displaystyle\lim_{x \to a} \frac{f(x)}{g(x)}$ が存在しないとは結論できないことがわかる．

例 4.44 で述べたように，例 4.91 の f は C^1 級ではない．f と g がともに C^∞ 級である例を問題として挙げておこう．文献 [27] による．

---

[16] 次章の問題 5.37 参照．

4.8 不定形の極限

問題 4.92 関数 f と g を次のように定める．
$$f(x) := x\left(\sin\frac{1}{x^4}\right)\exp\left(-\frac{1}{x^2}\right) \quad (x \neq 0), \quad f(0) = 0,$$
$$g(x) := \exp\left(-\frac{1}{x^2}\right) \quad\quad\quad\quad (x \neq 0), \quad g(0) = 0.$$

g が C^∞ 級であることは問題 4.83 で見た．同様に f も C^∞ 級であることが示せる．この問題では，$x \to 0$ のとき，$\dfrac{f(x)}{g(x)} \to 0$ であるが，$\dfrac{f'(x)}{g'(x)}$ は極限を持たないことを示せ．

$\dfrac{\infty}{\infty}$ タイプでも例を挙げておこう．

問題 4.93 $f(x) = x(2 + \sin x)$，$g(x) = x^2 + 1$ とする．$x \to +\infty$ のときの $\dfrac{f(x)}{g(x)}$ と $\dfrac{f'(x)}{g'(x)}$ の極限を調べよ．

例 4.94 L'Hôpital の定理では，どのタイプのものでも，分母の g' は 0 にならないという仮定が入っている．通常その仮定は g' が分母にくるから，という理由程度に受け止められているが，この仮定の重要性は次の例からわかる[17]．$x \to +\infty$ で $\dfrac{\infty}{\infty}$ となるタイプで述べよう．

$$f(x) := \int_0^x \cos^2 t\, dt = \frac{1}{2}x + \frac{1}{4}\sin 2x, \qquad g(x) := f(x)e^{\sin x}$$

とおくと，$f(x) \geqq \frac{1}{2}x - \frac{1}{4}$ であり，$g(x) \geqq e^{-1}f(x)$ であるから，$x \to +\infty$ のとき，$f(x) \to +\infty$ かつ $g(x) \to +\infty$ である．そして

$$f'(x) = \cos^2 x, \qquad g'(x) = e^{\sin x}\cos^2 x + f(x)e^{\sin x}\cos x$$

であるから，$\underline{\cos x}$ を約分すると

$$\frac{f'(x)}{g'(x)} = \frac{\cos x}{e^{\sin x}\cos x + f(x)e^{\sin x}} = \frac{\cos x}{e^{\sin x}\cos x + g(x)}.$$

$x \to +\infty$ のとき，$e^{\sin x}\cos x + g(x) \geqq g(x) - e \to +\infty$ であり，分子は $|\cos x| \leqq 1$ であるから，$\dfrac{f'(x)}{g'(x)} \to 0$ である．しかし，$\dfrac{f(x)}{g(x)} = e^{-\sin x}$ は $x \to +\infty$ のときに極限を持たない．

---

[17] Stolz の論文 [29] による例．その一般化は文献 [19] 参照．この仮定を明確に書いていない本すらある．

第5章

1変数関数の積分

　高校では微分の逆演算として積分が導入され，積分の応用として曲線で囲まれた図形の面積の計算が出てくる．しかしこれは歴史の流れとは逆行している．積分の考えの起源は古代ギリシャ時代に求めることができ，そこでは領域の面積を求めようとしている．ところが微分は現れていない．実際に積分と微分が関連付けられたのは，17世紀後半のNewtonとLeibnizによる．本書ではこの歴史の流れの通りに定積分から入り，微積分の基本定理によって微分と関連付ける．第7章で学習する多変数関数の積分の理解のためにも，定積分から入る流れに慣れてほしい．

5.1　定積分の定義

　まず用語の定義から始めよう．$I := [a, b]$ を有界閉区間とする．

定義 5.1　有限点列 $\Delta : a = a_0 < a_1 < \cdots < a_n = b$ のことを I の**分割**という．各 a_i を分割 Δ の**分点**，各 $[a_{i-1}, a_i]$ $(i = 1, \ldots, n)$ を分割 Δ の**小区間**という．また，$|\Delta| := \max\limits_{i=1,\ldots,n} (a_i - a_{i-1})$ とおく．

　I 上の有界な関数 f を考える．すなわち値域 $f(I)$ は $\mathbb{R}$ の有界集合とする．以下，$m := \inf f(I)$, $M := \sup f(I)$ とおこう．

5.1 定積分の定義

定義 5.2 I の分割 $\Delta : a = a_0 < a_1 < \cdots < a_n = b$ に対して,
$$m_i(f;\Delta) := \inf f\big([a_{i-1}, a_i]\big) = \inf\{\, f(x)\ ;\ a_{i-1} \leqq x \leqq a_i\,\},$$
$$M_i(f;\Delta) := \sup f\big([a_{i-1}, a_i]\big) = \sup\{\, f(x)\ ;\ a_{i-1} \leqq x \leqq a_i\,\}$$
とおく. また
$$\begin{cases} s(f;\Delta) := \sum_{i=1}^{n} m_i(f;\Delta)(a_i - a_{i-1}) \\ S(f;\Delta) := \sum_{i=1}^{n} M_i(f;\Delta)(a_i - a_{i-1}) \end{cases}$$
とおき, $s(f;\Delta)$ のことを Δ に関する f の**下限和**, $S(f;\Delta)$ のことを Δ に関する f の**上限和**と呼ぶ.

明らかに $s(f;\Delta) \leqq S(f;\Delta)$ が成り立つ. $s(f;\Delta)$ と $S(f;\Delta)$ のイメージは, 下図のような影を付けた長方形の「面積」の和である. ただし, x 軸より下方にある長方形の面積は負であると約束する.

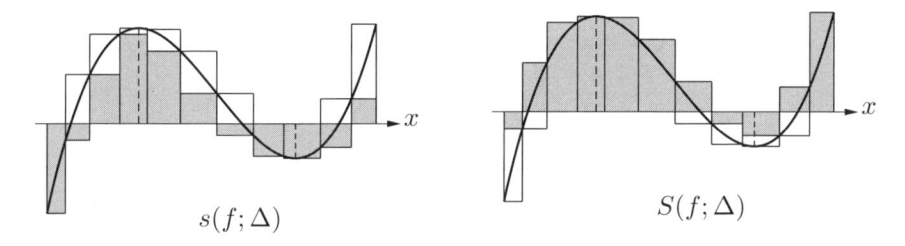

$s(f;\Delta)$　　　　　　　　$S(f;\Delta)$

さて, $\Delta : a = a_0 < a_1 < \cdots < a_n = b$ を I の分割としよう. $m_i(f;\Delta) \geqq m$ ($\forall i = 1, \ldots, n$) であるから
$$s(f;\Delta) \geqq m \sum_{i=1}^{n}(a_i - a_{i-1}) = m(b-a) \tag{5.1}$$
が成り立ち, 同様に $M_i(f;\Delta) \leqq M$ ($\forall i = 1, \ldots, n$) であるから
$$S(f;\Delta) \leqq M \sum_{i=1}^{n}(a_i - a_{i-1}) = M(b-a). \tag{5.2}$$
ゆえに, 区間 I の任意の分割 Δ に対して,
$$m(b-a) \leqq s(f;\Delta) \leqq S(f;\Delta) \leqq M(b-a) \tag{5.3}$$

が成り立つ．したがって，すべての分割 Δ にわたっての $s(f;\Delta)$ の上限 $s(f)$ と，$S(f;\Delta)$ の下限 $S(f)$ が存在する．

$$s(f) := \sup_{\Delta} s(f;\Delta), \qquad S(f) := \inf_{\Delta} S(f;\Delta). \tag{5.4}$$

$s(f) \leqq S(f)$ を示すには次の補題が必要である．

問題 5.3 有界な数列 $\{a_n\}$, $\{b_n\}$ で，$a_n \leqq b_n$ $(\forall n)$ をみたしているが，$\sup_n a_n \leqq \inf_n b_n$ とはなっていない例を挙げよ．

補題 5.4 分割 Δ' が分割 Δ の**細分**（すなわち，分割 Δ の分点はすべて分割 Δ' の分点になっている）ならば，

$$s(f;\Delta) \leqq s(f;\Delta'), \quad S(f;\Delta) \geqq S(f;\Delta').$$

証明 Δ' が引き起こす Δ の各小区間 $I_i := [a_{i-1}, a_i]$ の分割を Δ_i' とする $(i = 1, 2, \ldots, n)$．各 I_i において式 (5.1) のように評価して

$$s(f;\Delta') = \sum_{i=1}^{n} s(f;\Delta_i') \geqq \sum_{i=1}^{n} m_i(f;\Delta)(a_i - a_{i-1}) = s(f;\Delta).$$

$S(f;\Delta') \leqq S(f;\Delta)$ は各 I_i において式 (5.2) を用いることで証明される． □

さて，Δ, Δ' を I の任意の分割とし，それらを合わせてできる I の分割を $\Delta \cup \Delta'$ と書くことにする（$\Delta \cup \Delta'$ の分点は Δ の分点か Δ' の分点であることに注意）．このとき，$\Delta \cup \Delta'$ は Δ の細分であり，Δ' の細分でもあるので，補題 5.4 より

$$s(f;\Delta) \leqq s(f;\Delta \cup \Delta') \leqq S(f;\Delta \cup \Delta') \leqq S(f;\Delta'). \tag{5.5}$$

命題 5.5 $s(f) \leqq S(f)$．

証明 I の任意の分割 Δ, Δ' に対して，式 (5.5) より $s(f;\Delta) \leqq S(f;\Delta')$ が成り立つ．これより $S(f;\Delta')$ は，Δ が I の分割をわたるときの $s(f;\Delta)$ 達の一つの上界になるから，$s(f) \leqq S(f;\Delta')$．そしてこれは，Δ' が I の分割をわたるときの $S(f;\Delta')$ 達の一つの下界に $s(f)$ があることを意味するから，$s(f) \leqq S(f)$ を得る． □

5.1 定積分の定義

定義 5.6 有界な関数 f が区間 $I = [a, b]$ で**積分可能**[1] $\overset{\text{def}}{\iff} s(f) = S(f)$. そしてこの等しい値を $\displaystyle\int_a^b f(x)\,dx$ と書き，a から b までの，あるいは区間 $[a, b]$ での f の**定積分**と呼ぶ．

例 5.7 定数関数 $f(x) = c$ については，明らかに $\displaystyle\int_a^b c\,dx = c(b-a)$.

例 5.8 $x \in \mathbb{Q}$ のとき $f(x) = 1$，$x \notin \mathbb{Q}$ のとき $f(x) = 0$ で定義される関数 f は，いかなる区間 $I = [a, b]$ $(a < b)$ においても積分可能ではない．実際に I の任意の分割 Δ を考えると，Δ の任意の小区間 $I_i := [a_{i-1}, a_i]$ において，定理 3.8 と問題 3.10 より，$a_{i-1} < r < a_i$ をみたす $r \in \mathbb{Q}$ も，$a_{i-1} < \alpha < a_i$ をみたす $\alpha \notin \mathbb{Q}$ も存在する．よって $S(f; \Delta) = b - a$ かつ $s(f; \Delta) = 0$ であり，$s(f) = 0 \lneq b - a = S(f)$ となって，f は I で積分可能ではない． □

問題 5.9 区間 $I = [a, b]$ で単調な関数は積分可能であることを示せ．

$s(f; \Delta)$ 達の上限としての $s(f)$，そして $S(f; \Delta)$ 達の下限としての $S(f)$ のままでは不便である．一方で，実際には分割 Δ の幅を小さくしていったときの $s(f; \Delta)$ や $S(f; \Delta)$ の極限が $s(f)$ や $S(f)$ ではないか，ということが補題 5.4 から期待できるが，決して自明ではない．たとえば，素数からなる数列 $\{p_n\}$ で $p_n \to +\infty$ となるものをとって，区間 I を p_n 等分する分割 Δ_n を考えると，$|\Delta_n| \to 0$ $(n \to \infty)$ であるが，数列 $\{s(f; \Delta_n)\}$，$\{S(f; \Delta_n)\}$ の単調性はもはや期待できず，したがって収束さえも明らかではなくなる．

定理 5.10（Darboux の定理） $\forall \varepsilon > 0$ に対して，$\exists \delta > 0$ s.t. $|\Delta| < \delta$ ならば，$|s(f; \Delta) - s(f)| < \varepsilon$ かつ $|S(f; \Delta) - S(f)| < \varepsilon$．

解説 Darboux の定理の内容をいちいち ε–δ 論法で書くのも面倒なので，$|\Delta| \to 0$ のとき，$s(f; \Delta) \to s(f)$ かつ $S(f; \Delta) \to S(f)$ と言い表すことにしよう．

---

[1] Lebesgue 積分論を習ったあとでは，**Riemann 積分可能**であるという言い方になる．実は，関数 f が Riemann 積分可能であるための必要十分条件は Lebesgue 測度を用いて単純明快に述べることができる．

証明 同様なので $s(f)$ だけ証明しておこう．$\forall \varepsilon > 0$ が与えられたとする．$s(f)$ の定義式 (5.4) から，$I = [a, b]$ の分割 $\Delta^0 : a = a_0^0 < a_1^0 < \cdots < a_{n^0}^0 = b$ があって，$s(f) - \frac{\varepsilon}{2} < s(f; \Delta^0)$ となる．
$$\delta^0 := \min\{a_i^0 - a_{i-1}^0 \,;\, i = 1, \ldots, n^0\}$$
とおき，$\delta := \min\left(\frac{\varepsilon}{2\,n^0(M-m)}, \delta^0\right)$ とする．さて，$|\Delta| < \delta$ をみたす I の任意の分割 $\Delta : a = a_0 < a_1 < \cdots < a_n = b$ を考える．簡単のため分割 $\Delta \cup \Delta^0$ を $\Delta' : a = a_0' < a_1' < \cdots < a_{n'}' = b$ と書こう．さらに
$$m_j := m_j(f; \Delta), \qquad m_i' := m_i(f; \Delta')$$
とおく．$|\Delta| < \delta^0$ より，分割 Δ の各小区間の内部に割り込む Δ^0 の分点は高々一つである．その割り込みがある場合を考えよう．下図に示すように，Δ の小区間 $I_j := [a_{j-1}, a_j]$ の内部に Δ^0 の分点 a_k^0 が割り込んでいるとする．そしてそれらは Δ' の分点の一部 a_{i-1}', a_i', a_{i+1}' を成しているとする．この区間において

- $s(f; \Delta')$ を構成する項．
$$m_i'(a_i' - a_{i-1}') + m_{i+1}'(a_{i+1}' - a_i').$$
- $s(f; \Delta)$ を構成する項．
$$m_j(a_j - a_{j-1})$$
$$= m_j(a_i' - a_{i-1}') + m_j(a_{i+1}' - a_i').$$

$$\begin{array}{ccc} a_{i-1}' & a_i' & a_{i+1}' \\ \| & \| & \| \\ a_{j-1} & a_k^0 & a_j \end{array}$$

これらを辺々引くと，
$$(m_i' - m_j)(a_i' - a_{i-1}') + (m_{i+1}' - m_j)(a_{i+1}' - a_i')$$
$$\leqq (M-m)(a_{i+1}' - a_{i-1}') = (M-m)(a_j - a_{j-1})$$
$$< (M-m)\delta.$$
このようなことが高々 n^0 箇所で生じているから
$$0 \leqq s(f; \Delta') - s(f; \Delta) < n^0(M-m)\delta < \frac{\varepsilon}{2}.$$
以上と，補題 5.4 より $s(f; \Delta^0) - s(f; \Delta') \leqq 0$ であることを用いて
$$0 \leqq s(f) - s(f; \Delta)$$
$$= \bigl(s(f) - s(f; \Delta^0)\bigr) + \bigl(s(f; \Delta^0) - s(f; \Delta')\bigr) + \bigl(s(f; \Delta') - s(f; \Delta)\bigr)$$
$$< \frac{\varepsilon}{2} + 0 + \frac{\varepsilon}{2} = \varepsilon$$
を得るので，証明が終わる． □

5.1 定積分の定義

定義 5.11 $I=[a,b]$ の分割 $\Delta : a=a_0<a_1<\cdots<a_n=b$ に対して，$a_{i-1}\leqq x_i\leqq a_i\ (i=1,2,\ldots,n)$ をみたす有限点列 $X=\{x_1,\ldots,x_n\}$ を分割 Δ の一つの**代表値系**という．各 Δ と X に対して

$$R(f;\Delta,X):=\sum_{i=1}^n f(x_i)(a_i-a_{i-1})$$

とおく．$R(f;\Delta,X)$ を Δ と X に関する f の **Riemann 和**という．

分割 Δ の任意の代表値系 X に対して，明らかに次の不等式が成り立つ．

$$s(f;\Delta)\leqq R(f;\Delta,X)\leqq S(f;\Delta). \tag{5.6}$$

定理 5.12 f は $I=[a,b]$ で積分可能であるとする．$|\Delta|\to 0$ のとき，代表値系 X の取り方によらず，$R(f;\Delta,X)\to\displaystyle\int_a^b f(x)\,dx$ となる．

解説 この定理を f が積分可能であることの定義とする本もあるが，「代表値系の取り方によらず」という条件が定義としては強すぎる．定理とするのが妥当である．しかしながら，関数 f,g が積分可能であるとき，$f\pm g$ が積分可能であることは定義 5.6 だと自明ではない．本定理 5.12 を定義に採用する理由はこの辺にあると思われる．

証明 Darboux の定理と積分可能ということから，$|\Delta|\to 0$ のとき

$$s(f;\Delta)\to s(f)=\int_a^b f(x)\,dx,\qquad S(f;\Delta)\to S(f)=\int_a^b f(x)\,dx.$$

式 (5.6) とはさみうちの原理から結論が従う． $\square$

定理 5.12 において，区間 $I=[a,b]$ を n 等分し，代表値系をどの n に対しても小区間の左端のみ（あるいは右端のみ）から取り，$n\to\infty$ とすると，高校で習った**区分求積法**になる．すなわち

$$a_i^{(n)}:=a+\frac{i}{n}(b-a)\qquad(i=0,1,\ldots,n)$$

とおき，$\Delta_n:a=a_0^{(n)}<a_1^{(n)}<\cdots<a_n^{(n)}=b$ とする．そして

$$X_n:=\{a_0^{(n)},a_1^{(n)},\ldots,a_{n-1}^{(n)}\}$$

として $R(f;\Delta_n,X_n)$ を考える．f が I で積分可能ならば，$n\to\infty$ のとき
$$\lim_{n\to\infty}\frac{b-a}{n}\sum_{i=1}^{n}f\bigl(a_{i-1}^{(n)}\bigr)=\int_a^b f(x)\,dx.$$
各小区間 $[a_{i-1}^{(n)},a_i^{(n)}]$ において，左端 $a_{i-1}^{(n)}$ だけをとっていくのを，右端 $a_i^{(n)}$ だけをとっていくことに変えても同じである．

　一般的な定積分の定義から初めて，これでやっと高校で習った定積分らしくなった．ただし連続関数が積分可能であることを示す仕事がまだ残っている．節を改めて述べよう．

5.2　連続関数の積分可能性

　連続関数が積分可能であることを示すために，積分区間である有界閉区間で連続という状況を詳しく分析する必要がある．

　さて，関数 f が（有界とは限らない）区間 I で連続というのは，区間 I の各点 a で連続ということであった．定義 2.32 (2) では用語の定義としてのみ述べたので，ここでは ε と δ を使って言い直してみよう．
$$\forall a\in I,\ \forall\varepsilon>0,\ \exists\delta>0\ \text{s.t.}\ |x-a|<\delta\ \text{ならば}\ |f(x)-f(a)|<\varepsilon. \tag{5.7}$$
すなわち，$\varepsilon>0$ に対して選ぶ $\delta>0$ は一般には a に依存してくる．実際に $f(x)=x^2$ を区間 $[1,+\infty)$ で考えてみよう．$a\geqq 1$ かつ $\delta>0$ のとき，
$$f(a+\delta)-f(a)=(a+\delta)^2-a^2=2a\delta+\delta^2>2a\delta$$
となる．よって，$f(a+\delta)-f(a)<\varepsilon$ を成り立たせようとすると，$\delta<\frac{\varepsilon}{2a}$ でなければならず，選ぶべき δ の小ささは a の大きさに依存せざるを得ない．

　今度は $g(x)=\frac{1}{x}$ を区間 $(0,1]$ で考えてみよう．$0<a\leqq\frac{1}{2}$ かつ $0<\delta<\frac{1}{2}$ のとき，$a+\delta<1$ であるから
$$g(a)-g(a+\delta)=\frac{1}{a}-\frac{1}{a+\delta}=\frac{\delta}{a(a+\delta)}>\frac{\delta}{a}$$
となる．ゆえに，$g(a)-g(a+\delta)<\varepsilon$ を成り立たせようとすると，$\delta<a\varepsilon$ でなければならず，選ぶべき δ は a の小ささに依存する．読者は $y=x^2$ のグラフが遠くの方で立ち上がっていくこと，および $y=\frac{1}{x}$ のグラフが $x\to+0$ のときに立ち上がることを確認してほしい．

5.2 連続関数の積分可能性

先の式 (5.7) において，$\varepsilon > 0$ が与えられたとき，a の場所に関係なく $\delta > 0$ が選べる連続関数を定式化しよう．a と x が対等になってくるので，文字も a から y に変えよう．

> **定義 5.13** 区間 I 上の関数 f が I で**一様連続**であるとは，次が成り立つことである． $\forall \varepsilon > 0, \exists \delta > 0$ s.t.
> $|x - y| < \delta$ をみたす任意の $x \in I$ と $y \in I$ に対して $|f(x) - f(y)| < \varepsilon$．

例 5.14 $f(x) = \sin \frac{1}{x}$ を開区間 $I = (0, 1)$ で考える．各 $n = 1, 2, \ldots$ に対して，$x_n := \dfrac{1}{2n\pi}$，$y_n := \dfrac{1}{2n\pi + \frac{\pi}{2}}$ とおくと，

$$|f(x_n) - f(y_n)| = \left|\sin(2n\pi) - \sin\left(2n\pi + \frac{\pi}{2}\right)\right| = 1,$$
$$0 \leqq |x_n - y_n| \leqq x_n + y_n < \frac{1}{2n} + \frac{1}{2n} = \frac{1}{n} \to 0 \quad (n \to \infty).$$

以上より f は I で一様連続ではない[2]．

> **問題 5.15** $f(x) = x^2$ が区間 $[1, +\infty)$ で一様連続でないこと，および $g(x) = \frac{1}{x}$ が区間 $(0, 1]$ で一様連続でないことを，例 5.14 のようにして示せ．

> **定理 5.16** 有界閉区間上の連続関数は一様連続である．

解説 背理法を用いる証明と，コンパクト性に関する Heine–Borel（ハイネ ボレル）の定理を用いる証明が知られている．しかし，一様連続性を保証する δ の存在を否定したら矛盾が生じるから δ が存在するのだ，という背理法による証明は正直言って後味が悪い．一方でコンパクトという概念は，数学的には大変重要であるが，多くの大学一年生にとってその理解は難しいように思う．学年が進み，数学的経験とともに徐々に理解ができていく事柄であろう．本書では文献 [18] による証明を紹介しよう．直感的にわかりやすい証明である．

証明 $I = [a, b]$ を有界閉区間とし，関数 f は I で連続であるとする．$\forall \varepsilon > 0$ が与えられたとしよう．正方形閉領域

$$K := \{(x, y) \,;\, a \leqq x \leqq b, a \leqq y \leqq b\}$$

の部分集合 S を次で定義する．

---

[2] より丁寧に言えば，$\varepsilon = \frac{1}{2}$ に対して，どのように $\delta > 0$ を小さくとっても，十分大きな番号 n をとれば，$|x_n - y_n| < \delta$ となる $x_n \in I$，$y_n \in I$ があって，$|f(x_n) - f(y_n)| > \varepsilon$ となっている．この例における議論では，$y = f(x)$ のグラフを思い浮かべること．

$$S := \{(x,y) \in K\,;\, |f(x) - f(y)| \geqq \varepsilon\}.$$

S は直線 $y = x$ に関して対称な K の部分集合である．さて，集合 S を定義域とする 2 変数の連続関数 $F(x,y) := |x - y|$ を考えよう．S と直線 $y = x$ は共有点を持たないので，F は S でつねに正の値をとる．一方，F は S で最小値をとるので（ここの S は有界閉集合ゆえ後述する定理 6.118 による），それを $\delta > 0$ としよう．このとき，$|f(x) - f(y)| \geqq \varepsilon$ ならば $|x - y| \geqq \delta$ が成り立つ．対偶をとると，$|x - y| < \delta$ ならば $|f(x) - f(y)| < \varepsilon$ となるので，f は一様連続である． □

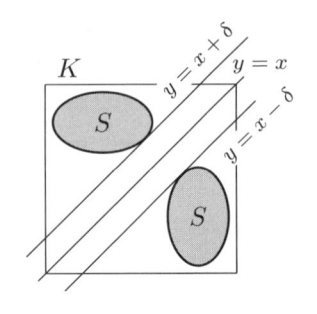

以上の準備のもとで，有界閉区間 I 上の連続関数 f は I で積分可能であることが証明できる．証明に入る前に，定理 3.25 より f は I で最大値も最小値もとるので有界であることに注意しておこう．

定理 5.17 有界閉区間 $I = [a, b]$ 上の連続関数は I で積分可能である．

証明 関数 f は I で連続とする．定理 5.16 より f は I で一様連続ゆえ，$\forall \varepsilon > 0$ に対して $\delta > 0$ が選べて，$x \in I$, $y \in I$ が $|x - y| < \delta$ をみたせば，$|f(x) - f(y)| < \varepsilon$ となる．分割 $\Delta : a = a_0 < a_1 < \cdots < a_n = b$ で，$|\Delta| < \delta$ となるものを一つとって固定する．Δ の各小区間 $I_i := [a_{i-1}, a_i]$ で f は最大値と最小値をとるので，$\exists x_i \in I_i$, $\exists y_i \in I_i$ s.t.

$$m_i(f;\Delta) = f(x_i), \qquad M_i(f;\Delta) = f(y_i).$$

$|x_i - y_i| \leqq |\Delta| < \delta$ なので，$f(y_i) - f(x_i) = |f(y_i) - f(x_i)| < \varepsilon$ であることに注意すると

$$0 \leqq S(f;\Delta) - s(f;\Delta) = \sum_{i=1}^{n} \bigl(f(y_i) - f(x_i)\bigr)(a_i - a_{i-1}) < (b-a)\varepsilon.$$

これと $s(f:\Delta) \leqq s(f) \leqq S(f) \leqq S(f:\Delta)$ より，$0 \leqq S(f) - s(f) < (b-a)\varepsilon$．ここで ε は任意ゆえ $S(f) = s(f)$ となって[3]，f は I で積分可能である． □

---
[3] わかりにくかったら，問題 5.9 の解答の脚注を参照のこと．

系 5.18 f は区間 $(a, b]$ で連続で，有限な極限 $L := \lim_{x \to a+0} f(x)$ が存在すると仮定する．このとき，$f(a) = L$ と定義することにより，f は $[a, b]$ で積分可能である（後述する注意 5.27 により，$f(a)$ は L でなくても，有限な値なら何でもよいことがわかる）．区間 $[a, b)$ についても同様．

問題 5.19 $f(x) := x \log x$ のとき，$f(0) = 0$ と定義すると，例題 4.56 の (1) と系 5.18 により f は閉区間 $[0, 1]$ で積分可能である．これより $\lim_{n \to \infty} \left(\prod_{k=1}^{n} \frac{k^k}{n^k} \right)^{\frac{1}{n^2}}$ を求めよ．
【ヒント】 $x \log x$ の積分はもう少しあとで出てくる部分積分で対処する．

積分の対象となる関数を連続関数から少しだけ拡げておこう．

定義 5.20 区間 I で定義された関数 f が I で**区分連続**であるとは，I の有限個の例外点を除いて f は連続で，各例外点 c では $\lim_{x \to c-0} f(x)$ と $\lim_{x \to c+0} f(x)$ の両方が存在するときをいう．

有界閉区間上の区分連続関数は有界であることが直ちにわかる．したがって，区分連続関数は積分可能性を論じる対象である．

命題 5.21 有界閉区間 $I = [a, b]$ 上の区分連続関数は積分可能である．

証明 関数 f は I で区分連続とする．$a < c < b$ とし，議論の本質は変わらないので，簡単のため点 c 以外では f は連続であるとする[4]．2 個以上の不連続点がある場合への一般化は容易であろう（煩わしいけれど）．$\forall \varepsilon > 0$ が与えられたとしよう．

$$M := \sup\{|f(x)| \,;\, a \leqq x \leqq b\}, \quad \delta_1 := \min\left(c - a, b - c, \frac{\varepsilon}{4M}\right)$$

とおく．閉区間 $I_1 := [a, c - \delta_1]$，$I_2 := [c + \delta_1, b]$ では f は一様連続であるから，$\exists \delta > 0$（$\delta \leqq \delta_1$ としておく）s.t. $|x - y| < \delta$ ならば $|f(x) - f(y)| < \varepsilon$.

---
[4] 端点のみで不連続なときの証明の修正は，読者に委ねよう．

I の分割 $\Delta: a = a_0 < a_1 < \cdots < a_n = b$ で，$|\Delta| \leqq \delta$ をみたすものを一つとっておく．また Δ の分点には $c - \delta_1$ と $c + \delta_1$ も含ませておく．このとき
$$S(f; \Delta) - s(f; \Delta) = \sum_i \bigl(M_i(f; \Delta) - m_i(f; \Delta)\bigr)(a_i - a_{i-1})$$
（和を I_1, I_2 に含まれる分点とそうでないときに分けて評価して）
$$\leqq (b - a)\varepsilon + 2M \cdot 2\delta_1 < (1 + b - a)\varepsilon.$$

ゆえに $0 \leqq S(f) - s(f) \leqq S(f; \Delta) - s(f; \Delta) < (1 + b - a)\varepsilon$．ここで $\varepsilon > 0$ は任意より $s(f) = S(f)$． □

注意 5.22 命題 5.21 の証明のポイントは，f の不連続点である c をいくらでも小さな幅の区間に押し込むことができるというところにある．

5.3 定積分の性質

以下定理 5.29 の前までは，とくに断らない限り，関数はすべて区分連続であるとする．区分連続な関数 f と g に対して，和 $f + g$，積 fg，実数倍 αf が再び区分連続であることは明らかであろう．したがってそれらはすべて積分可能である．次の命題 5.23 は f と g が積分可能であれば成り立つが，その場合の証明は，$\alpha f + \beta g$ も積分可能であることを示す必要があり，その部分の証明が長くて少々面倒である（定理 5.12 の解説参照）．

命題 5.23（定積分の線型性） $\alpha, \beta \in \mathbb{R}$ のとき
$$\int_a^b (\alpha f(x) + \beta g(x))\, dx = \alpha \int_a^b f(x)\, dx + \beta \int_a^b g(x)\, dx.$$

関数 $\alpha f + \beta g$ の積分可能性は保証されているので，左辺に区分求積法を使えば極限移行で命題 5.23 が証明される．

命題 5.24（区間に関する加法性） $a < c < b$ のとき
$$\int_a^b f(x)\, dx = \int_a^c f(x)\, dx + \int_c^b f(x)\, dx.$$

5.3 定積分の性質

c を必ず分点に含む $[a, b]$ の分割 Δ のみで Riemann 和を考えて，$|\Delta| \to 0$ とすれば，命題 5.24 が証明できる．

命題 5.25 (定積分の単調性)
(1) $f(x) \geqq g(x)$ $(\forall x \in [a, b])$ ならば，$\int_a^b f(x)\,dx \geqq \int_a^b g(x)\,dx$．
(2) (1) でさらに f, g ともに連続で，$f(x_0) > g(x_0)$ となる x_0 があれば
$$\int_a^b f(x)\,dx \gneqq \int_a^b g(x)\,dx.$$

証明 (1) $f(x) \geqq g(x)$ より，それぞれの Riemann 和について $R(f; \Delta, X) \geqq R(g; \Delta, X)$ が成り立つ．$|\Delta| \to 0$ として $\int_a^b f(x)\,dx \geqq \int_a^b g(x)\,dx$．
(2) f, g は連続で $f(x_0) > g(x_0)$ とする．連続性により $a < x_0 < b$ としてよい[5]．さらに $\gamma > 0$ をとって，$f(x_0) > g(x_0) + \gamma$ としておく．命題 2.35 (2) を $f - g$ に適用して，$\exists \delta > 0$ ($\delta \leqq \min(x_0 - a, b - x_0)$ としてよい) s.t. $f(x) > g(x) + \gamma$ ($\forall x \in I_\delta := [x_0 - \delta, x_0 + \delta]$)．関数 h を，$h(x) := \gamma$ ($x \in I_\delta$), $h(x) = 0$（その他）で定義すると，$f(x) - g(x) \geqq h(x)$ である．(1) と区間に関する積分の加法性，および例 5.7 より
$$\int_a^b (f(x) - g(x))\,dx \geqq \int_a^b h(x)\,dx = \int_{x_0 - \delta}^{x_0 + \delta} \gamma\,dx = 2\gamma\delta > 0$$
となって，$\int_a^b f(x)\,dx \gneqq \int_a^b g(x)\,dx$ である． □

次の命題は今後は引用なしで使う．f が区分連続であると仮定しているので，$|f|$ も区分連続であることに注意．

命題 5.26 $a < b$ のとき，$\left| \int_a^b f(x)\,dx \right| \leqq \int_a^b |f(x)|\,dx.$

証明 $-|f(x)| \leqq f(x) \leqq |f(x)|$ ($\forall x$) より

---
[5] もし $x_0 = a$ なら，十分小さい $\delta > 0$ に対して $x_0 = a + \delta$ と取り直せばよい．$x_0 = b$ でも同様．

$$-\int_a^b |f(x)|\,dx \leqq \int_a^b f(x)\,dx \leqq \int_a^b |f(x)|\,dx.$$

命題の不等式はこれより直ちに導かれる． □

注意 5.27 1 点 c でのみ $f(c) \neq g(c)$ でその他の点では $f(x) = g(x)$ とする．簡単のため，$M := |f(c) - g(c)|$ とおこう．このとき十分小さい $\forall \varepsilon > 0$ に対して

$$0 \leqq \left| \int_a^b f(x)\,dx - \int_a^b g(x)\,dx \right| \leqq \int_{c-\varepsilon}^{c+\varepsilon} |f(x) - g(x)|\,dx \leqq 2M\varepsilon$$

が成り立つので，$\int_a^b f(x)\,dx = \int_a^b g(x)\,dx$ である．1 点 c を有限個の点で置き換えても，同様に積分の値は変わらない．

注意 5.27 と命題 5.24 を組み合わせることにより，区分連続な関数の定積分は結局は連続関数の定積分に帰着する．すなわち，閉区間 $I = [a, b]$ で区分連続な関数 f に対して，I の内部にある f の不連続点を $a < c_1 < \cdots < c_m < b$ とする．$c_0 := a$, $c_{m+1} := b$ とおくと，区間に関する加法性より

$$\int_a^b f(x)\,dx = \sum_{j=1}^{m+1} \int_{c_{j-1}}^{c_j} f(x)\,dx$$

であり，区間 $I_j := [c_{j-1}, c_j]$ においては

$$f(c_{j-1}) := \lim_{\varepsilon \to +0} f(c_{j-1} + \varepsilon), \quad f(c_j) := \lim_{\varepsilon \to +0} f(c_j - \varepsilon)$$

によって $f(x)$ を定義し直すことにより，I_j での定積分は連続関数の定積分になる．この修正を各区間 $I_1, \ldots, I_{m+1}$ で行えばよい．

問題 5.28 実数 x に対して，x を越えない最大の整数を $[x]$ で表す[6]．関数 $f(x) := x - [x]$ に対して，$\int_0^3 f(x)\,dx$ を求めよ．

以下，次のように約束をしよう．

$a < b$ のとき $\int_b^a f(x)\,dx := -\int_a^b f(x)\,dx.$ そして $\int_a^a f(x)\,dx := 0.$

---

[6] 日本では**ガウス記号**と呼ばれており，便利なので本書でもそう呼ぶ．ただし国際的には floor function と呼ばれていて，記号も $\lfloor x \rfloor$ が用いられる．

5.3 定積分の性質

さて，f が $I = [a, b]$ で連続ならば，次の基本定理が成立する．

定理 5.29 (微積分の基本定理) f は有界閉区間 $I = [a, b]$ で連続であるとする．$c \in I$ を固定して，$F(x) := \int_c^x f(t)\,dt$ とおく．このとき，F は I で微分可能で[7]$F'(x) = f(x)$ $(\forall x \in I)$ が成り立つ．

証明 $a < x_0 < b$ とする．F は x_0 で微分可能であって，$F'(x_0) = f(x_0)$ となることを示そう．
$F(x_0 + h) - F(x_0) = \int_{x_0}^{x_0+h} f(t)\,dt$，および $hf(x_0) = \int_{x_0}^{x_0+h} f(x_0)\,dt$ より

$$\frac{F(x_0+h) - F(x_0)}{h} - f(x_0) = \frac{1}{h}\int_{x_0}^{x_0+h} \bigl(f(t) - f(x_0)\bigr)\,dt. \quad \cdots\cdots \text{①}$$

$\forall \varepsilon > 0$ が与えられたとする．関数 f が x_0 で連続であることから，
$$\exists \delta > 0 \text{ s.t. } |x - x_0| < \delta \implies |f(x) - f(x_0)| < \varepsilon.$$
さて $0 < h < \delta$ とすると，$x_0 \leqq t \leqq x_0 + h$ のとき $|f(t) - f(x_0)| < \varepsilon$ ゆえ
$$\left|\frac{F(x_0+h) - F(x_0)}{h} - f(x_0)\right| \leqq \frac{1}{h}\int_{x_0}^{x_0+h} |f(t) - f(x_0)|\,dt < \varepsilon.$$
$-\delta < h < 0$ のときは，①の右辺を $\dfrac{1}{|h|}\int_{x_0+h}^{x_0} \bigl(f(t) - f(x_0)\bigr)\,dt$ とする．□

注意 5.30 定理の証明は，f が I 全体では連続でなくても，1 点 x_0 の近くで連続ならば，F は x_0 で微分可能であって，$F'(x_0) = f(x_0)$ であることを示している．

定義 5.31 微分可能な関数 F の導関数 F' が f に等しいとき，F のことを f の**原始関数**という．

系 5.32 区間 I で連続な関数には I において原始関数が存在する．それは定数の差を除いてただ一つである

証明 存在は定理 5.29 よりわかる．F, G がともに連続関数 f の原始関数であるとき，$(F-G)' = f - f = 0$ と定理 4.26 (5) より，$F - G$ は定数．□

---
[7]端点では片側微分可能である．微分可能になるから，もちろん F は I で連続である．

系 5.33 f を連続関数とし，F を f の原始関数の一つとする．このとき，
$$\int_a^b f(x)\,dx = F(b) - F(a).$$

解説 この系により，f の原始関数の一つである F が何らかの方法でわかれば，区間 $[a, b]$ での f の定積分は，高校のときのように $F(b) - F(a)$ とすればよいことになる．

証明 $F_1(x) := \int_a^x f(t)\,dt$ とおくと，$F_1'(x) = f(x) = F'(x)$. ゆえに $F(x) = F_1(x) + C$（C は定数）となる．$x = a$ とおいて $F(a) = C$ を得るので，$F_1(x) = F(x) - F(a)$. ゆえに，$\int_a^b f(x)\,dx = F_1(b) = F(b) - F(a)$. □

以下では $F(b) - F(a)$ のことを $\left[F(x)\right]_a^b$ と書く．そうすると，系 5.33 の結論の式は $\int_a^b f(x)\,dx = \left[F(x)\right]_a^b$ と書ける．

問題 5.34 閉区間 $[0, 1]$ で連続な関数 f が $\int_0^1 f(x)\,dx = \frac{1}{2}$ をみたしているとする．このとき，ある $a \in [0, 1]$ に対して，$f(a) = a$ となることを示せ．
【ヒント】$\frac{1}{2} = \int_0^1 x\,dx$ と見る．

さて区分連続な関数 f に対して，積分 $\int_a^x f(t)\,dt$ の下端である定数 a を a' に変更しても，$\int_{a'}^x f(t)\,dt = \int_a^x f(t)\,dt + \underline{\underline{\int_{a'}^a f(t)\,dt}}$ となるだけで，波下線部は x に関係しない定数である．下端の定数を指定しないとき，変数である上端の x も書かないで，そのかわり積分記号内の変数を x で書いて $\int f(x)\,dx$ と表し，$f(x)$ の **不定積分** と呼ぶ．この節で見てきたのは，連続関数に話を限れば，その不定積分と原始関数は同義語ということである．

一方で，積分可能な関数 f の不連続点における $\int_a^x f(t)\,dt$ の振る舞いは一筋縄ではいかない．次の問題と例でその一端を見るにとどめるが，命題 4.25 の解説にあるように，導関数の不連続性が深刻であることが影響している．

問題 5.35 問題 5.28 の f に対して，$F(x) := \int_0^x f(t)\,dt$ $(0 \leqq x \leqq 3)$ のグラフを描け．また f の不連続点においては F は微分可能ではないことを示せ．

例 5.36 $f(x) = \sin\frac{1}{x}$ $(x \neq 0)$, $f(0) = 0$ で定義される関数 f を考えると，f は有界であるが，0 では不連続である．しかも区分連続ですらない．しかし，命題 5.21 の証明と全く同様にして，f の不連続点である 0 をいくらでも小さな幅の区間に押し込めることができるので，f は 0 を含む閉区間でも積分可能である．さて $F(x) := \int_0^x f(t)\,dt$ を考えよう．注意 5.27 の議論により，$f(0)$ の値が何であっても，$F(x)$ には影響がないことに注意．

$x > 0$ のとき，被積分関数を $t^2\left(\cos\frac{1}{t}\right)'$ と見て部分積分をすると，

$$F(x) = \lim_{\varepsilon \to +0} \int_\varepsilon^x \sin\frac{1}{t}\,dt = \lim_{\varepsilon \to +0}\left(\left[t^2 \cos\frac{1}{t}\right]_\varepsilon^x - 2\int_\varepsilon^x t\cos\frac{1}{t}\,dt\right)$$
$$= x^2 \cos\frac{1}{x} - 2\int_0^x g(t)\,dt \quad (\varepsilon^2 \cos\frac{1}{\varepsilon} \to 0 \text{ は例題 2.30 と同様}).$$

ただし g は，$g(t) := t\cos\frac{1}{t}$ $(t \neq 0)$, $g(0) := 0$ と定義した連続関数である．定義より $F(0) = 0$ であり，$\int_0^x g(t)\,dt$ に微積分の基本定理を適用すると

$$\lim_{x \to +0} \frac{F(x) - F(0)}{x} = \lim_{x \to +0}\left(x\cos\frac{1}{x} - \frac{2}{x}\int_0^x g(t)\,dt\right) = 0 - 2g(0) = 0.$$

ゆえに $F'_+(0) = 0$. 同様にして $F'_-(0)$ も存在して 0 であることがわかるから，F は 0 で微分可能であって $F'(0) = 0 = f(0)$ である．$x \neq 0$ では注意 5.30 より $F'(x) = f(x)$ であるから，F は f の原始関数である．とくに，f の不連続点でも F は微分可能である．この例の f は問題 5.35 の f よりも性質の悪い関数であることを注意しておこう． □

問題 5.37 $x \geqq 0$ のとき，

$$f(x) := \int_0^x t\left(2 + \sin\frac{1}{t}\right)dt, \quad g(x) := \int_0^x \left(2 + \sin\frac{1}{t}\right)dt$$

で関数 f, g を定義すると，定理 4.89 (L'Hôpital の定理) において，$\lim_{x \to +0} \dfrac{f'(x)}{g'(x)}$ が存在するが，$\lim_{x \to +0} g'(x)$ は存在しない例となっていることを示せ．

5.4 積分の計算

まず関数 f が閉区間 $I = [a, b]$ で C^1 級であることの定義をしておこう．区間の端点での条件が問題となるが，左端の a においては f は右微分可能であり，$\lim_{h \to +0} f'(a+h) = f'_+(a)$ となることとする．右端の b でも同様である．

最初に高校で既習の部分積分について復習をしよう（すでに例 5.36 で使ったのであるが）．F と g が C^1 級であるとき，その積の微分

$$(F(x)g(x))' = F'(x)g(x) + F(x)g'(x)$$

において，現れている関数はすべて連続関数である．両辺の定積分は

$$\Big[F(x)g(x) \Big]_a^b = \int_a^b F'(x)g(x)\,dx + \int_a^b F(x)g'(x)\,dx.$$

移項すると

$$\int_a^b F'(x)g(x)\,dx = \Big[F(x)g(x) \Big]_a^b - \int_a^b F(x)g'(x)\,dx.$$

F を連続関数 f の原始関数の一つとすれば，次の命題を得る．

命題 5.38 (部分積分) $I = [a, b]$ で連続な関数 f の原始関数の一つを F とし，g は I で C^1 級とする．このとき

$$\int_a^b f(x)g(x)\,dx = \Big[F(x)g(x) \Big]_a^b - \int_a^b F(x)g'(x)\,dx.$$

不定積分で書くと

命題 5.39 (部分積分) 連続関数 f の原始関数の一つを F とし，g は C^1 級とする．このとき

$$\int f(x)g(x)\,dx = F(x)g(x) - \int F(x)g'(x)\,dx.$$

今度は F, g ともに C^1 級で，合成関数 $F(g(x))$ を考えることができるとしよう．これは g の値域が F の定義域に含まれていることを意味する．このとき

5.4 積分の計算

$$(F(g(x)))' = F'(g(x))g'(x)$$

において，現れている関数はすべて連続関数である．両辺の定積分を考えて

$$\left[F(g(x))\right]_a^b = \int_a^b F'(g(x))g'(x)\,dx.$$

左辺は $F(g(b)) - F(g(a)) = \left[F(x)\right]_{g(a)}^{g(b)} = \int_{g(a)}^{g(b)} f(y)\,dy$ であるから，次の命題を得る．

命題 5.40 (置換積分) 関数 g は C^1 級とし，f は連続とする．このとき

$$\int_{g(a)}^{g(b)} f(y)\,dy = \int_a^b f(g(x))g'(x)\,dx.$$

変数とする積分の上端を略し，定数とする下端も略する不定積分で表すと

命題 5.41 (置換積分) $\int f(y)\,dy = \int f(g(x))g'(x)\,dx.$

実際の計算では，$y = g(x)$ とおくと $dy = g'(x)\,dx$ であるから……，ということで計算を始めればよい．このあたり記号はとてもうまくできている．

次に具体的な関数の不定積分の計算について述べていこう．いつでも定数の差だけの不確定性があるが，様々な状況では C, C', C'' というように文字を変える必要も出てくるので，いっそのこと，以下ではこの定数 (**積分定数**と呼ぶ) は省略することにしよう．また積分の上端と下端を省略して書く不定積分は，今後つねに被積分関数が定義され連続である区間でのみ考える[8]．

記号 以下では，$\int_a^b \frac{1}{f(x)}\,dx$ のことを $\int_a^b \frac{dx}{f(x)}$ と書く．
不定積分についても同様の書き方をする．

---

[8] 後述する問題 5.97 はこの原則が崩れているのである．

逆三角関数の導関数が，
$$(\operatorname{Arctan} x)' = \frac{1}{x^2+1}, \qquad (\operatorname{Arcsin} x)' = \frac{1}{\sqrt{1-x^2}}$$
であることから，高校で既習の基本的な関数の原始関数のリストに真っ先に付け加えるべきは，$\displaystyle\int \frac{dx}{x^2+1} = \operatorname{Arctan} x$, $\displaystyle\int \frac{dx}{\sqrt{1-x^2}} = \operatorname{Arcsin} x$ である[9]．実際には，分母の 1 のところが a^2 $(a > 0)$ となった形で出会うことが多いが，容易[10]に $a = 1$ の場合に帰着できる．係数 $\dfrac{1}{a}$ がついたりつかなかったりするので，必ず結果をその場で微分して確かめる習慣を身につけよう．
$$\int \frac{dx}{x^2+a^2} = \frac{1}{a} \int \frac{\frac{1}{a} dx}{\left(\frac{x}{a}\right)^2 + 1} = \frac{1}{a} \operatorname{Arctan} \frac{x}{a},$$
$$\int \frac{dx}{\sqrt{a^2-x^2}} = \int \frac{\frac{1}{a} dx}{\sqrt{1-\left(\frac{x}{a}\right)^2}} = \operatorname{Arcsin} \frac{x}{a}.$$

双曲線余弦と双曲線正弦については，
$$\int \cosh x \, dx = \sinh x, \qquad \int \sinh x \, dx = \cosh x$$
であり，$\tanh x$ は次のようにすればよい（$\tan x$ と同様）．
$$\int \tanh x \, dx = \int \frac{\sinh x}{\cosh x} dx = \int \frac{(\cosh x)'}{\cosh x} dx = \log(\cosh x).$$

例 5.42 双曲線関数を使って計算してみよう．
$$\int \frac{dx}{e^x + e^{-x}} = \frac{1}{2} \int \frac{dx}{\cosh x} = \frac{1}{2} \int \frac{\cosh x}{\cosh^2 x} dx = \frac{1}{2} \int \frac{(\sinh x)'}{\sinh^2 x + 1} dx$$
$$= \frac{1}{2} \operatorname{Arctan}(\sinh x) = \frac{1}{2} \operatorname{Arctan} \frac{e^x - e^{-x}}{2}.$$
もちろんこの場合は $e^x = t$ とおく方が普通であろう．$e^x \, dx = dt$ より
$$\int \frac{dx}{e^x + e^{-x}} = \int \frac{e^x}{e^{2x} + 1} dx = \int \frac{dt}{t^2 + 1} = \operatorname{Arctan} t = \operatorname{Arctan}(e^x).$$
一見すると先の計算と結果が違うようであるが，実際は
$$\frac{1}{2} \operatorname{Arctan} \frac{e^x - e^{-x}}{2} = \operatorname{Arctan}(e^x) - \frac{\pi}{4}$$
となっていて，結果に現れる 2 個の関数は定数の差しかない[11]．

---

[9] これらはすでに定理 4.76 の証明で使った．
[10] 変数を定数倍するという簡単な置換積分である．文字を改めるのも面倒なので以下のように書いた．
[11] ともに $\dfrac{1}{e^x + e^{-x}}$ の原始関数であるから，定数はたとえば $x = 0$ での値を比べるだけでわかる．

5.5 有理関数の原始関数

例 5.43 逆三角関数の原始関数は部分積分で計算できる（$\log x$ と同様）．すなわち，$\operatorname{Arctan} x = (x)' \operatorname{Arctan} x$，$\operatorname{Arcsin} x = (x)' \operatorname{Arcsin} x$ と見て

$$\int \operatorname{Arctan} x \, dx = x \operatorname{Arctan} x - \int \frac{x}{x^2 + 1} \, dx = x \operatorname{Arctan} x - \frac{1}{2} \log(x^2 + 1),$$

$$\int \operatorname{Arcsin} x \, dx = x \operatorname{Arcsin} x - \int \frac{x}{\sqrt{1 - x^2}} \, dx = x \operatorname{Arcsin} x + \sqrt{1 - x^2}.$$

> **問題 5.44** 次の不定積分を求めよ．例題 4.36 と問題 4.37 を参照のこと．
> (1) $\displaystyle\int \sinh^{-1} x \, dx$ (2) $\displaystyle\int \tanh^{-1} x \, dx$

逆関数の不定積分は，$y = f^{-1}(x)$ とおいても計算できる．この場合，x に戻すときに注意を要する場合がある．もっとも，定積分ならわざわざ x に戻す必要はない．なお一般的原理は後述する問題 5.46 参照．

具体例で見よう．$\operatorname{Arctan} x$ については，$y = \operatorname{Arctan} x$ とおくと $x = \tan y$ であり，$dx = (\tan y)' \, dy$ を得るので

$$\int \operatorname{Arctan} x \, dx = \int y (\tan y)' \, dy = y \tan y - \int \tan y \, dy$$
$$= x \operatorname{Arctan} x + \log|\cos y|.$$

ここで $\log|\cos y| = \frac{1}{2} \log \cos^2 y = -\frac{1}{2} \log(x^2 + 1)$ より，例 5.43 での計算と同一の結果を得る．

> **問題 5.45** (1) $y = \operatorname{Arcsin} x$ とおくことで，$\displaystyle\int \operatorname{Arcsin} x \, dx$ を計算せよ．
> (2) 同様の方針で問題 5.44 を解け．

> **問題 5.46** f は C^1 級の狭義単調関数であるとする．f の原始関数の一つを F するとき，
> $$\int f^{-1}(x) \, dx = x f^{-1}(x) - F(f^{-1}(x))$$
> であることを示せ．ただし，右辺を知らないものとして証明すること．ここでは，被積分関数を $(x)' f^{-1}(x)$ と見るより，$y = f^{-1}(x)$ とおく方が式変形は見やすい．

5.5 有理関数の原始関数

この節では有理関数の原始関数について述べる．まずその前提となる部分分数分解から始めよう．

5.5.1 部分分数分解

以下多項式 $p(x)$ に対して，その次数を $\deg p(x)$ で表す．有理関数 $Q(x)$ は，共通の因数を持たない多項式 $f(x)$ と $g(x)$ によって，$Q(x) := \dfrac{f(x)}{g(x)}$ と表される．以下では $f(x)$ の係数も $g(x)$ の係数もすべて実数であるとする．$\deg f(x) \geqq \deg g(x)$ のときは，割り算を実行して

$$\frac{f(x)}{g(x)} = h(x) + \frac{r(x)}{g(x)}.$$

ここで $h(x)$ と $r(x)$ は多項式であり，$\deg r(x) < \deg g(x)$ となっている．$\displaystyle\int h(x)\,dx$ を求めるのは高校の数学でできるので，$\displaystyle\int \frac{r(x)}{g(x)}\,dx$ を考えることになる．よって $Q(x)$ において最初から $\deg f(x) < \deg g(x)$ であるときを扱えば十分である．

さて，$Q(x)$ の分母の $g(x)$ が m 重の実根 α を持つとする[12]．すなわち，実数係数の多項式 $p(x)$ によって $g(x) = (x-\alpha)^m p(x)$ ($p(\alpha) \neq 0$) と書けているとする．このとき，定数 c が何であっても

$$\frac{f(x)}{g(x)} = \frac{f(x)}{(x-\alpha)^m p(x)} = \frac{c}{(x-\alpha)^m} + \frac{f(x) - c\,p(x)}{(x-\alpha)^m p(x)}$$

が成立する．そこで $f(x) - c\,p(x)$ が $x-\alpha$ で割り切れるように c を選ぼう．因数定理により $f(\alpha) - c\,p(\alpha) = 0$ となればよいから，$c = \dfrac{f(\alpha)}{p(\alpha)} \in \mathbb{R}$ と定めると，$f(x) - c\,p(x) = (x-\alpha) f_1(x)$ （$f_1(x)$ は実数係数の多項式）と書けて，

$$\frac{f(x)}{g(x)} = \frac{c}{(x-\alpha)^m} + \frac{f_1(x)}{(x-\alpha)^{m-1} p(x)}$$

を得る．同じ事を $\dfrac{f_1(x)}{(x-\alpha)^{m-1} p(x)}$ に対して行い，この手続きを繰り返して分母にある $x-\alpha$ のベキをどんどん小さくしていくと，実数 $c_1, \ldots, c_m$ と $\deg f_m(x) < \deg p(x)$ をみたす実数係数の多項式 $f_m(x)$ によって

$$\frac{f(x)}{g(x)} = \frac{c_m}{(x-\alpha)^m} + \frac{c_{m-1}}{(x-\alpha)^{m-1}} + \cdots + \frac{c_1}{x-\alpha} + \frac{f_m(x)}{p(x)}$$

---

[12] 高校での言い方に従えば，α は方程式 $g(x) = 0$ の m 重の実数解ということ．根は「こん」と読む．

と書けることがわかる．そしてさらに $p(x)$ の実根（それは $g(x)$ の α 以外の実根）について同じ手続きを繰り返して $g(x)$ の実根を取り尽くすと，次のようになることがわかる．すなわち，$g(x)$ の異なる実根を $\alpha_1,\ldots,\alpha_r$ とし，α_j が m_j 重根であるとすると，実数 $c_{j1},\ldots,c_{jm_j}$，実根を持たない実数係数の多項式 $G(x)$，実数係数の多項式 $F(x)$ で $\deg F(x) < \deg G(x)$ となるものが存在して[13]，

$$\frac{f(x)}{g(x)} = \sum_{j=1}^{r}\left\{\frac{c_{jm_j}}{(x-\alpha_j)^{m_j}} + \cdots + \frac{c_{j1}}{x-\alpha_j}\right\} + \frac{F(x)}{G(x)} \quad \cdots\cdots \text{①}$$

となることがわかる．

次に $g(x)$ が虚根を持つとし，①における $G(x)$ の虚根の一つを $\beta = a+ib$（a,b は実数で $b \neq 0$）とする．このとき β の共役複素数 $\overline{\beta} = a-ib$ も必ず $G(x)$ の根になる．$(x-\beta)(x-\overline{\beta}) = (x-a)^2 + b^2$ であるから，実数係数の多項式 $P(x)$ と自然数 n により，$G(x) = \left((x-a)^2+b^2\right)^n P(x)$ と書けている．ただし $P(\beta) \neq 0$ である．任意の実数 C, D に対して

$$\frac{F(x)}{G(x)} = \frac{Cx+D}{\left((x-a)^2+b^2\right)^n} + \frac{F(x)-(Cx+D)P(x)}{\left((x-a)^2+b^2\right)^n P(x)}$$

が成立するから，$F(x) - (Cx+D)P(x)$ が $(x-a)^2+b^2$ で割り切れるように，実数 C, D が定まれば都合が良い．そのためには

$$F(\beta) - (C\beta+D)P(\beta) = 0 \quad \cdots\cdots \text{②}$$

であればよい．ここで $\gamma := \dfrac{F(\beta)}{P(\beta)}$ とおくと，②は $\gamma = C\beta + D \quad \cdots\cdots \text{③}$ となる．以下複素数 $\delta := c+id$（$c, d \in \mathbb{R}$）に対して，δ の実部 c を $\operatorname{Re}\delta$，虚部 d を $\operatorname{Im}\delta$ で表す．また $|\delta|^2 = c^2+d^2 = \overline{\delta}\delta$ である．さて③の両辺の虚部を比べて，$C = \dfrac{\operatorname{Im}\gamma}{\operatorname{Im}\beta}$ を得る．また③の両辺に $\overline{\beta}$ をかけると，$\overline{\beta}\gamma = C|\beta|^2 + \overline{\beta}D$．この両辺の虚部を比べて，

$$D = \frac{\operatorname{Im}(\overline{\beta}\gamma)}{\operatorname{Im}\overline{\beta}} = \frac{\operatorname{Im}(\beta\overline{\gamma})}{\operatorname{Im}\beta} = \operatorname{Re}\gamma - \frac{\operatorname{Im}\gamma}{\operatorname{Im}\beta}\operatorname{Re}\beta.$$

このとき $C\beta + D = \gamma$ となって③が（したがって②が）成り立つ．よって実数係数の多項式 $F_1(x)$ により

---

[13] $g(x)$ が実根しか持たないときは，最後の $\frac{F(x)}{G(x)}$ は現れないものとする．

$$\frac{F(x)}{G(x)} = \frac{Cx+D}{((x-a)^2+b^2)^n} + \frac{F_1(x)}{((x-a)^2+b^2)^{n-1}P(x)}$$

と書けて，右辺第 2 項の分母にある $(x-a)^2+b^2$ のベキが小さくなった．これから先もこのような手続きを続けていけば，元々の分母にあった $g(x)$ の根はすべて取り尽くされて次の定理を得る．記号は上述のものを流用し，必要だけ添字をつける．ただし $b_k > 0$ とする（必要ならば上の議論で β と $\overline{\beta}$ を交換する）．また，$C_{k1},\ldots,C_{kn_k}$ と $D_{k1},\ldots,D_{kn_k}$ はすべて実数である．

定理 5.47 有理関数 $\dfrac{f(x)}{g(x)}$ は次のように **部分分数分解** ができる．
$$\frac{f(x)}{g(x)} = \sum_{j=1}^{r}\left\{\frac{c_{jm_j}}{(x-\alpha_j)^{m_j}} + \cdots + \frac{c_{j1}}{x-\alpha_j}\right\}$$
$$+ \sum_{k=1}^{s}\left\{\frac{C_{kn_k}x+D_{kn_k}}{((x-a_k)^2+b_k^2)^{n_k}} + \cdots + \frac{C_{k1}x+D_{k1}}{(x-a_k)^2+b_k^2}\right\}.$$

さて，実際に部分分数分解を得るには，通分したり，分母を払ったりして，係数の比較や値の代入などにより，定理 5.47 の右辺に現れる定数を未知数とする連立 1 次方程式に持ち込むことになる．ただし未知数が増えてくると，この連立方程式を解くことは結構な手間を要し[14]，その分ミスも多くなる．以下ではミスを減らすための工夫例をいくつか述べよう．心は「手計算では未知数の多い連立方程式はできるなら避けたい」という点にある[15]．

例 5.48 $P(x) = \dfrac{1}{(x+2)(x-1)}$ や $Q(x) = \dfrac{2x}{(x+2)(x-1)}$ という易しい場合でも，$P(x)$ なら x の項を消す，$Q(x)$ なら定数項を消すということで

$$x+2-(x-1)=3, \qquad x+2+2(x-1)=3x$$

を作って，それぞれの両辺を $(x+2)(x-1)$ で割れば

$$\frac{1}{x-1} - \frac{1}{x+2} = 3P(x), \qquad \frac{1}{x-1} + \frac{2}{x+2} = \frac{3}{2}Q(x).$$

---

[14] 線型代数で学習することである．
[15] つまらないところでミスを犯す学生諸君が多いので，比較的丁寧に計算を書くことにした．

ゆえに求める部分分数分解は次のようになる．
$$P(x) = \frac{1}{3}\Big(\frac{1}{x-1} - \frac{1}{x+2}\Big), \quad Q(x) = \frac{2}{3}\Big(\frac{1}{x-1} + \frac{2}{x+2}\Big).$$
あるいは次の例 5.49 のようにしてもよいだろう．

例 5.49 a, b, c, d は異なる実数であるとし，$P(x)$ は 3 次以下の実数係数の多項式とする．このとき，A, B, C, D を定数として
$$\frac{P(x)}{(x-a)(x-b)(x-c)(x-d)} = \frac{A}{x-a} + \frac{B}{x-b} + \frac{C}{x-c} + \frac{D}{x-d} \cdots \text{①}$$
と部分分数分解される．この場合，分母は払わないで，まず①の両辺に $x-a$ をかけて
$$\frac{P(x)}{(x-b)(x-c)(x-d)} = A + (x-a)\Big(\frac{B}{x-b} + \frac{C}{x-c} + \frac{D}{x-d}\Big)$$
として $x = a$ を代入して[16]A を求め，次に①の両辺に $x-b$ をかけて同様に B を求めるというようにしていけば，①の式をほとんどそのままの形で扱えて，書き写しミスなどのつまらない間違いを犯す機会も少なくなる．

分母の多項式が重根を持たない例 5.49 のような場合の一般化として，次の例題を考えよう．

例題 5.50 $n \geqq 2$ とし，$\alpha_1, \ldots, \alpha_n$ は異なる実数として，多項式
$$g(x) = (x - \alpha_1)(x - \alpha_2) \cdots (x - \alpha_n)$$
を考える．$(n-1)$ 次以下の実数係数の多項式 $f(x)$ に対して，定数 $A_1, \ldots, A_n$ を用いて
$$\frac{f(x)}{g(x)} = \frac{A_1}{x - \alpha_1} + \cdots + \frac{A_n}{x - \alpha_n} \quad \cdots\cdots \text{①}$$
と部分分数分解するとき，$A_k = \dfrac{f(\alpha_k)}{g'(\alpha_k)}$ $(k = 1, \ldots, n)$ であることを示せ．$g'(\alpha_k) \neq 0$ $(\forall k = 1, \ldots, n)$ にも言及すること．

---

[16] 次の例題を見てもわかるように，ここは代入するというより，むしろ $x \to a$ のときの極限を考えていると思えばよい．元の関数の分母が 0 になる値を代入するのが気持ち悪いという人は，このように理解するとよいだろう．高校で部分分数分解を習うのが極限の学習よりも先であることの影響と思われるが，大学で複素関数論を習えば，この辺りの議論は，極における留数（りゅうすう）の求め方の一つに他ならないことがわかる．

解 記述を簡単にするため，$k=1$ のときのみ示すことにする．多項式 $h(x)$ ($h(\alpha_1) \neq 0$) を用いて $g(x) = (x-\alpha_1)h(x)$ と書けている．よって $g'(x) = h(x) + (x-\alpha_1)h'(x)$ であるから，$g'(\alpha_1) = h(\alpha_1) \neq 0$ である．あるいは，よりあからさまに，$g'(\alpha_1) = (\alpha_1 - \alpha_2)\cdots(\alpha_1 - \alpha_n)$ となっていることからも，$g'(\alpha_1) \neq 0$ が検証できる．さて①の両辺に $x-\alpha_1$ をかけると

$$f(x) \cdot \frac{x-\alpha_1}{g(x)-g(\alpha_1)} = f(x) \cdot \frac{x-\alpha_1}{g(x)} = A_1 + (x-\alpha_1)\sum_{j=2}^{n} \frac{A_j}{x-\alpha_j}$$

を得る．この式で $x \to \alpha_1$ とすれば，$\dfrac{f(\alpha_1)}{g'(\alpha_1)} = A_1$ を得る． □

注意 5.51 例題 5.50 の記号を踏襲しよう．今 $\beta_1, \ldots, \beta_n$ を与えて多項式

$$p(x) := \sum_{k=1}^{n} \frac{\beta_k}{g'(\alpha_k)} \frac{g(x)}{x-\alpha_k}$$

を考えると，$p(\alpha_k) = \beta_k$ $(k = 1, \ldots, n)$ をみたす唯一の $(n-1)$ 次以下の多項式 $p(x)$ を得たことになっている．この $p(x)$ を **Lagrange**（ラグランジュ）**の補間多項式**と呼ぶ．

例題 5.52 次の有理関数を部分分数分解せよ．
(1) $\dfrac{2x-3}{(x-1)^2(x+3)}$ (2) $\dfrac{x^3-x+4}{(x^2+1)(x-1)^2}$

解 (1) 部分分数分解は次の形になる（A, B, C は定数）．

$$\frac{2x-3}{(x-1)^2(x+3)} = \frac{A}{(x-1)^2} + \frac{B}{x-1} + \frac{C}{x+3}. \quad \cdots\cdots ①$$

①において両辺に $(x-1)^2$ をかけると

$$\frac{2x-3}{x+3} = A + (x-1)\left(B + \frac{C(x-1)}{x+3}\right). \quad \cdots\cdots ②$$

$x=1$ とおくと $-\frac{1}{4} = A$．同様に①の両辺に $x+3$ をかけて $x=-3$ とおくことにより[17]，$-\frac{9}{16} = C$ を得る[18]．最後に $x=2$ を①に代入して，$B = \frac{1}{5} - A - \frac{1}{5}C = \frac{9}{16}$ を得る．あるいは①の両辺に x をかけてから $x \to +\infty$ として $0 = B+C$ を得ることから，$B = -C = \frac{9}{16}$ としてもよい．ゆえに

---

[17] 読者は，分母の次数が最も高いところは，例 5.49 のようにして係数が求まることに気づくであろう．
[18] 計算の仕組みがわかれば，②のような式を書かなくてすむようになる．

$$\frac{2x-3}{(x-1)^2(x+3)} = -\frac{1}{4} \cdot \frac{1}{(x-1)^2} + \frac{9}{16} \cdot \frac{1}{x-1} - \frac{9}{16} \cdot \frac{1}{x+3}.$$

(2) 部分分数分解は次の形になる（A, B, C, D は定数）．
$$\frac{x^3 - x + 4}{(x^2+1)(x-1)^2} = \frac{A}{(x-1)^2} + \frac{B}{x-1} + \frac{Cx+D}{x^2+1}. \quad \cdots\cdots \text{③}$$

③の両辺に x^2+1 をかけて $x=i$ とおくと，$1+2i = Ci+D$ を得る．ゆえに $C=2, D=1$．今度は③の両辺に $(x-1)^2$ をかけて $x=1$ とおくと，$2=A$ を得る．したがって，③で $x=2$ とおくことにより，$B = 2-A-\frac{1}{5}(2C+D) = -1$ となる．あるいは，③の両辺に x をかけてから $x \to +\infty$ として $1 = B+C$ を得ることからも $B=-1$ が求まる．ゆえに
$$\frac{x^3-x+4}{(x^2+1)(x-1)^2} = \frac{2}{(x-1)^2} - \frac{1}{x-1} + \frac{2x+1}{x^2+1}.$$

虚数単位を含む計算は嫌いだという人は，次のように A から決めていくのもよい．③の両辺に $(x-1)^2$ をかけて
$$\frac{x^3-x+4}{x^2+1} = A + (x-1)\left(B + \frac{(x-1)(Cx+D)}{x^2+1}\right) \quad \cdots\cdots \text{④}$$
とし，$x=1$ とおいて $A=2$ を求めるのは同じ．ここで
$$\frac{x^3-x+4}{x^2+1} - 2 = \frac{x^3-2x^2-x+2}{x^2+1} = \frac{(x-1)(x-2)(x+1)}{x^2+1}$$
であるから[19]，$A=2$ とした④の両辺を $x-1$ で割ると
$$\frac{(x-2)(x+1)}{x^2+1} = B + \frac{(x-1)(Cx+D)}{x^2+1}. \quad \cdots\cdots \text{⑤}$$
⑤で $x=1$ とおいて $-1=B$ を得る．
$$\frac{(x-2)(x+1)}{x^2+1} + 1 = \frac{2x^2-x-1}{x^2+1} = \frac{(2x+1)(x-1)}{x^2+1}$$
より，$B=-1$ とした⑤の両辺を $x-1$ で割ると $\frac{2x+1}{x^2+1} = \frac{Cx+D}{x^2+1}$．両辺を比較して $C=2, D=1$ を得る． □

問題 5.53 次の有理関数を部分分数分解せよ．
(1) $\dfrac{x+1}{(x-1)^2(x-2)}$
(2) $\dfrac{1}{(x^2+1)^2(x-1)^2}$

---
[19] ④で $A=2$ を左辺に移項したことになるので，分子は当然 $x-1$ という因数を持つはずである．このようにチェックが自然に入るので，ミスを犯すことも少なくなる．

5.5.2 有理関数の原始関数を求める

本題の有理関数の原始関数に戻ろう．定理 5.47 の部分分数分解によって，有理関数の原始関数は，$\alpha, a, C, D \in \mathbb{R}$ とし，$b > 0$, $m, n \in \mathbb{N}$ とするときの

$$I_m := \int \frac{dx}{(x-\alpha)^m}, \qquad J_n := \int \frac{Cx+D}{\left((x-a)^2+b^2\right)^n} \, dx$$

の計算に帰着される．I_m は容易に計算できるから，問題は J_n の計算である．

さて J_n において $t := x - a$ とおくと，

$$J_n = C \int \frac{t}{(t^2+b^2)^n} \, dt + (Ca+D) \int \frac{dt}{(t^2+b^2)^n}. \quad \cdots\cdots \text{①}$$

①の右辺の第 1 項の積分 $\displaystyle\int \frac{t}{(t^2+b^2)^n} \, dt$ については，$n \geqq 2$ のとき

$$\frac{1}{2} \int \frac{2t \, dt}{(t^2+b^2)^n} = -\frac{1}{2(n-1)} \frac{1}{(t^2+b^2)^{n-1}} \quad \cdots\cdots \text{②}$$

であり，$n = 1$ のときは $\frac{1}{2}\log(t^2+b^2)$ となって原始関数が求まる．

残るは①の右辺第 2 項の

$$K_n := \int \frac{dt}{(t^2+b^2)^n}$$

である．まず $n = 1$ のときは $K_1 = \frac{1}{b} \text{Arctan} \frac{t}{b}$ である．$n \geqq 2$ のときは

$$K_n = \frac{1}{b^2} \int \frac{t^2+b^2-t^2}{(t^2+b^2)^n} \, dt = \frac{1}{b^2} K_{n-1} - \frac{1}{b^2} \int t \cdot \frac{t}{(t^2+b^2)^n} \, dt.$$

ここで②を用いて部分積分を行うと

$$\int t \cdot \frac{t}{(t^2+b^2)^n} \, dt = -\frac{t}{2(n-1)} \cdot \frac{1}{(t^2+b^2)^{n-1}} + \frac{1}{2(n-1)} K_{n-1}$$

となるから，次の漸化式を得る．

$$K_n = \frac{1}{2b^2(n-1)} \left(\frac{t}{(t^2+b^2)^{n-1}} + (2n-3) K_{n-1} \right). \tag{5.8}$$

この漸化式によって K_1 から K_n が順次求まる．たとえば

$$K_2 = \frac{1}{2b^2} \left(\frac{t}{t^2+b^2} + K_1 \right) = \frac{1}{2b^2} \left(\frac{t}{t^2+b^2} + \frac{1}{b} \text{Arctan} \frac{t}{b} \right).$$

以上をまとめると，次の定理を得る．

5.5 有理関数の原始関数

定理 5.54 有理関数の原始関数は，次の形の関数の定数倍の和（1次結合）で書ける（a, b, A, B, C は定数）．
(1) 有理関数，
(2) $\mathrm{Arctan}(ax+b)$,
(3) $\log|Ax^2 + Bx + C|$ （$A=0$ の場合を含む）．

例題 5.55 次の不定積分を求めよ（部分分数分解は例題 5.52）．
(1) $\displaystyle\int \frac{2x-3}{(x-1)^2(x+3)}\,dx$
(2) $\displaystyle\int \frac{x^3 - x + 4}{(x^2+1)(x-1)^2}\,dx$

解 (1) 例題 5.52 より被積分関数の部分分数分解は
$$\frac{2x-3}{(x-1)^2(x+3)} = -\frac{1}{4}\cdot\frac{1}{(x-1)^2} + \frac{9}{16}\cdot\frac{1}{x-1} - \frac{9}{16}\cdot\frac{1}{x+3}$$
であるから，求める不定積分を I とすると
$$I = -\frac{1}{4}\int\frac{dx}{(x-1)^2} + \frac{9}{16}\int\frac{dx}{x-1} - \frac{9}{16}\int\frac{dx}{x+3}$$
$$= \frac{1}{4}\frac{1}{x-1} + \frac{9}{16}\log\left|\frac{x-1}{x+3}\right|.$$

(2) 例題 5.52 より被積分関数の部分分数分解は
$$\frac{x^3 - x + 4}{(x^2+1)(x-1)^2} = \frac{2}{(x-1)^2} - \frac{1}{x-1} + \frac{2x+1}{x^2+1}$$
となるので，求める不定積分を I とすると
$$I = 2\int\frac{dx}{(x-1)^2} - \int\frac{dx}{x-1} + \int\frac{2x}{x^2+1}\,dx + \int\frac{dx}{x^2+1}$$
$$= -\frac{2}{x-1} - \log|x-1| + \log(x^2+1) + \mathrm{Arctan}\,x. \qquad \square$$

問題 5.56 次の不定積分を求めよ（部分分数分解は問題 5.53）．
(1) $\displaystyle\int \frac{x+1}{(x-1)^2(x-2)}\,dx$
(2) $\displaystyle\int \frac{dx}{(x^2+1)^2(x-1)^2}$

もう少し計算が必要な例を挙げてこの節を終えよう．部分分数分解の計算の詳細は省略する．

例題 5.57 次の不定積分を求めよ．
(1) $\displaystyle\int \frac{x^2}{(x+1)^2(x^2+x+1)}\,dx$ (2) $\displaystyle\int \frac{dx}{x^3+1}$

解 (1) 被積分関数の部分分数分解[20]は

$$\frac{x^2}{(x+1)^2(x^2+x+1)} = \frac{1}{(x+1)^2} - \frac{1}{x+1} + \frac{x}{x^2+x+1}$$

となるから，求める不定積分を I とすると

$$I = \int \frac{dx}{(x+1)^2} - \int \frac{dx}{x+1} + \frac{1}{2}\int \frac{2x+1}{x^2+x+1}\,dx - \frac{1}{2}\int \frac{dx}{x^2+x+1}.$$

ここで $x^2+x+1 = \left(x+\frac{1}{2}\right)^2 + \frac{3}{4}$ であるから

$$\int \frac{dx}{x^2+x+1} = \int \frac{dx}{\left(x+\frac{1}{2}\right)^2+\frac{3}{4}} = \frac{2}{\sqrt{3}}\,\mathrm{Arctan}\,\frac{2}{\sqrt{3}}\left(x+\frac{1}{2}\right).$$

ゆえに求める不定積分は

$$-\frac{1}{x+1} - \log|x+1| + \frac{1}{2}\log(x^2+x+1) - \frac{1}{\sqrt{3}}\,\mathrm{Arctan}\,\frac{2}{\sqrt{3}}\left(x+\frac{1}{2}\right).$$

(2) $x^3+1 = (x+1)(x^2-x+1)$ であるから，被積分関数の部分分数分解は

$$\frac{1}{x^3+1} = \frac{1}{3}\cdot\frac{1}{x+1} - \frac{1}{3}\cdot\frac{x-2}{x^2-x+1}$$
$$= \frac{1}{3}\cdot\frac{1}{x+1} - \frac{1}{6}\cdot\frac{2x-1}{x^2-x+1} + \frac{1}{2}\cdot\frac{1}{x^2-x+1}.$$

したがって，求める不定積分を I とすると

$$I = \frac{1}{3}\int \frac{dx}{x+1} - \frac{1}{6}\int \frac{2x-1}{x^2-x+1}\,dx + \frac{1}{2}\int \frac{dx}{\left(x-\frac{1}{2}\right)^2+\frac{3}{4}}$$
$$= \frac{1}{3}\log|x+1| - \frac{1}{6}\log(x^2-x+1) + \frac{1}{\sqrt{3}}\,\mathrm{Arctan}\,\frac{2}{\sqrt{3}}\left(x-\frac{1}{2}\right). \quad \square$$

問題 5.58 次の不定積分を求めよ．
(1) $\displaystyle\int \frac{(x+1)(x-2)}{x(x-1)^2(x^2+x+2)}\,dx$ (2) $\displaystyle\int \frac{dx}{x^4+1}$

---

[20] 分子の x^2 を $x^2+x+1-(x+1)$ と見て式変形し，出てきた分数式 $\frac{1}{(x+1)(x^2+x+1)}$ において，分子の 1 を $x^2+x+1-x(x+1)$ と見て計算すると速いが，いつでもこういう風にうまくいくとは限らない．

5.6 三角関数の有理式の原始関数

以下この節では，$R(x,y)$ は x,y の有理関数，$R(x)$ は x の有理関数とする．

[1] $\displaystyle\int R(\cos x,\ \sin x)\,dx$ **の計算**

一般に $\tan\frac{x}{2}=t$ とおくことにより，t の有理関数の原始関数を求めることに帰着する．実際に $\cos^2\frac{x}{2}=\dfrac{1}{1+\tan^2\frac{x}{2}}=\dfrac{1}{1+t^2}$ であるから

$$\sin x=2\sin\frac{x}{2}\cos\frac{x}{2}=2\tan\frac{x}{2}\cos^2\frac{x}{2}=\frac{2t}{1+t^2}, \tag{5.9}$$

$$\cos x=2\cos^2\frac{x}{2}-1=\frac{2}{1+t^2}-1=\frac{1-t^2}{1+t^2}. \tag{5.10}$$

そして，$\dfrac{1}{2}\dfrac{1}{\cos^2\frac{x}{2}}\,dx=dt$ より $dx=\dfrac{2}{1+t^2}\,dt$．ゆえに

$$\int R(\cos x,\ \sin x)\,dx=\int R\Big(\frac{1-t^2}{1+t^2},\ \frac{2t}{1+t^2}\Big)\frac{2}{1+t^2}\,dt$$

となって，有理関数の不定積分を求めることに帰着する．

例題 5.59 次の不定積分を求めよ．

(1) $\displaystyle\int\frac{5}{3\sin x+4\cos x}\,dx$ (2) $\displaystyle\int\frac{dx}{3+2\cos x}$

解 (1) $\tan\frac{x}{2}=t$ とおくと，式 (5.9) と式 (5.10) より

$$3\sin x+4\cos x=\frac{6t}{1+t^2}+4\frac{1-t^2}{1+t^2}=-2\frac{(t-2)(2t+1)}{1+t^2}.$$

ゆえに求める不定積分を I とおくと（$2t+1-2(t-2)=5$ に注意）

$$I=-5\int\frac{dt}{(t-2)(2t+1)}=-\int\Big(\frac{1}{t-2}-\frac{2}{2t+1}\Big)dt$$

$$=-\log\Big|\frac{t-2}{2t+1}\Big|=\log\Big|\frac{2\tan\frac{x}{2}+1}{\tan\frac{x}{2}-2}\Big|.$$

(2) (1) と同様にして，求める不定積分を I とおくと

$$I=\int\frac{1}{3+2\cdot\frac{1-t^2}{1+t^2}}\cdot\frac{2}{1+t^2}\,dt=2\int\frac{dt}{t^2+5}$$

$$=\frac{2}{\sqrt{5}}\operatorname{Arctan}\frac{t}{\sqrt{5}}=\frac{2}{\sqrt{5}}\operatorname{Arctan}\Big(\frac{1}{\sqrt{5}}\tan\frac{x}{2}\Big). \qquad\square$$

例 5.60 三角関数の有理式ではないが，同じ置換で計算できる場合がある．
$$\int \frac{dx}{\sqrt{(1+\cos x)\cos x}} = \int \frac{1}{\sqrt{\left(1+\frac{1-t^2}{1+t^2}\right)\frac{1-t^2}{1+t^2}}} \frac{2}{1+t^2} dt$$
$$= \sqrt{2} \int \frac{dt}{\sqrt{1-t^2}} = \sqrt{2} \operatorname{Arcsin} t = \sqrt{2} \operatorname{Arcsin}\left(\tan \frac{x}{2}\right).$$

問題 5.61 $\int \frac{dx}{\sin x}$ を次の 2 通りの方法で求めよ．
(1) $\tan \frac{x}{2} = t$ とおく． (2) 分母と分子に $\sin x$ をかける．

問題 5.62 次の不定積分を計算せよ．
(1) $\int \frac{1+\sin x}{\sin x (1+\cos x)} dx$ (2) $\int \frac{x+\sin x}{1+\cos x} dx$

[2] $\int R(\cos^2 x, \sin^2 x)\, dx$ **および** $\int R(\tan x)\, dx$ **の計算**

この場合は，$\tan x = t$ とおく方がより簡単である．
$$\cos^2 x = \frac{1}{1+t^2}, \quad \sin^2 x = \frac{t^2}{1+t^2}, \quad dx = \frac{1}{1+t^2} dt$$
であるから，それぞれ次のような有理関数の不定積分に帰着する．
$$\int R(\cos^2 x, \sin^2 x)\, dx = \int R\left(\frac{1}{1+t^2}, \frac{t^2}{1+t^2}\right) \frac{1}{1+t^2} dt,$$
$$\int R(\tan x)\, dx = \int \frac{R(t)}{1+t^2} dt.$$

例題 5.63 次の不定積分を求めよ．
(1) $\int \frac{dx}{4\cos^2 x + \sin^2 x}$ (2) $\int \tan^3 x\, dx$

解 (1) $\tan x = t$ とおくと，$4\cos^2 x + \sin^2 x = \dfrac{4+t^2}{1+t^2}$ であるから
$$I = \int \frac{1+t^2}{4+t^2} \frac{dt}{1+t^2} = \frac{1}{2} \operatorname{Arctan} \frac{t}{2} = \frac{1}{2} \operatorname{Arctan}\left(\frac{1}{2} \tan x\right).$$
(2) $\tan x = t$ とおくと
$$\int \tan^3 x\, dx = \int \frac{t^3}{t^2+1} dt = \int \left(t - \frac{t}{t^2+1}\right) dt = \frac{1}{2} t^2 - \frac{1}{2} \log(t^2+1)$$
$$= \frac{1}{2} \tan^2 x - \frac{1}{2} \log \frac{1}{\cos^2 x} = \frac{1}{2} \tan^2 x + \log|\cos x|. \quad \square$$

問題 5.64 次の不定積分を計算せよ．

(1) $\displaystyle\int \frac{\cos x \sin x}{\sin^4 x + \cos^4 x}\, dx$ 　　(2) $\displaystyle\int \frac{dx}{1 + \tan x}\ \left(-\frac{\pi}{4} < x < \frac{\pi}{2}\right)$

【ヒント】(1) は被積分関数を $\dfrac{\tan x}{\cos^2 x\,(\tan^4 x + 1)}$ と書き直す．

5.7 その他の関数の原始関数

複雑な関数の不定積分・定積分については，いろいろ頭をひねるよりも公式集 [4] などを調べる方がよい．あるいは，Mathematica や Maple 等の数式処理ソフトもある．大学によってはライセンス契約をしていると思うので，そのような環境にある場合はどんどん利用すればよい．計算に凝る分の時間を数学のさらなる理論の学習に使う方が賢明である．

5.7.1 双曲線関数との関連

この節では，ある種の無理関数の不定積分の計算に現れる変数の置換と双曲線関数の関係について考察してみよう．

例 5.65 $I = \displaystyle\int \sqrt{x^2 + 1}\, dx$ について．

この種の不定積分の計算では，$\sqrt{x^2+1} + x = s$ とおくとよいといきなり書いてある本が多いが，その置換に初めて接したときに唐突感が否めない．素直に $y = \sqrt{x^2+1}$ と置いてみると，$y^2 = x^2 + 1$ より $(y+x)(y-x) = 1$．そこで $y + x = s$ とおくと，$y - x = \dfrac{1}{s}$ となって，

$$x = \frac{1}{2}\left(s - \frac{1}{s}\right), \quad y = \frac{1}{2}\left(s + \frac{1}{s}\right)$$

という，有理式による双曲線 $y^2 - x^2 = 1$ のパラメータ表示を得る．これが無理関数 $\sqrt{x^2+1}$ の積分が有理関数に帰着できるからくりである．

問題 5.66 $s = \sqrt{x^2+1} + x$ と置換して I を求めよ．

ところで，双曲線といえば双曲線関数が思い浮かぶ．これを使ってこの例の I を計算してみよう．$x = \sinh t$ とおくと，

$$\sqrt{\sinh^2 t + 1} = \cosh t, \qquad dx = \cosh t\, dt$$

であるから

$$I = \int \cosh^2 t \, dt = \int \frac{1 + \cosh 2t}{2} \, dt = \frac{t}{2} + \frac{1}{4} \sinh 2t$$
$$= \frac{1}{2} \sinh^{-1} x + \frac{1}{2} \sinh t \cosh t$$
$$= \frac{1}{2} \log\left(\sqrt{x^2 + 1} + x\right) + \frac{1}{2} x \sqrt{x^2 + 1} \qquad (\text{例題 4.36 による}).$$

問題 5.67 (1) 不定積分 $\int \sqrt{x^2 - 1} \, dx \, (x \geq 1)$ を, $\sqrt{x^2 - 1} + x = s$, $x = \cosh t \, (t \geq 0)$ の 2 通りの置換で計算せよ.

(2) 右図で $P(\cosh t, \sinh t)$ は双曲線 $x^2 - y^2 = 1$ の第 1 象限にある点とする. 点 $(1, 0)$ を A とするとき, 二つの線分 OA, OP, そして双曲線の弧 $\widehat{PA}$ が囲む部分の面積は $\frac{1}{2}t$ であることを示せ (円周 $x^2 + y^2 = 1$ 上で第 1 象限にある点を $Q(\cos\theta, \sin\theta)$ とするとき, 扇形 OAQ の面積は $\frac{1}{2}\theta$ であることと対比させるとおもしろいであろう).

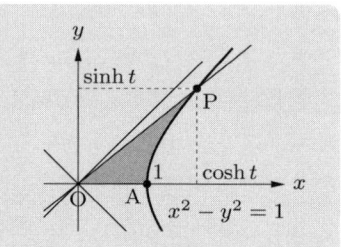

注意 5.68 例題 4.36 より $\dfrac{1}{\sqrt{x^2 + 1}} = (\sinh^{-1} x)'$ であり, 問題 4.37 より $\dfrac{1}{\sqrt{x^2 - 1}} = (\cosh^{-1} x)'$ であるから, $\dfrac{1}{\sqrt{x^2 \pm 1}}$ の不定積分が逆双曲線関数であることがわかり, したがってそれらは $\log\left(x + \sqrt{x^2 \pm 1}\right)$ (複号同順) である. この節での考察により, $\sqrt{x^2 + A}$ が現れる不定積分の計算において, A の正負によらず $\sqrt{x^2 + A} + x = s$ と置換することの背景がわかる.

5.7.2 誤差関数と正弦積分

e^{-x^2}, $\dfrac{\sin x}{x}$ については, 初等関数の範囲では原始関数が得られないことがわかっている. このことは積分で表される関数

$$\mathrm{Erf}(x) := \int_0^x e^{-t^2} \, dt, \qquad \mathrm{Si}(x) := \int_0^x \frac{\sin t}{t} \, dt$$

が固有の記号を持ち, $\mathrm{Erf}(x)$ が**誤差関数**, $\mathrm{Si}(x)$ が**正弦積分**と呼ばれていることからも納得できよう. なお誤差関数については, 上記のものを $\frac{2}{\sqrt{\pi}}$ 倍したものを呼ぶことも多いので注意してほしい. 後述する定理 7.60 より, この定数倍は $\lim_{x \to +\infty} \mathrm{Erf}(x) = 1$ とするためのものであることがわかる.

関数 $\dfrac{1}{\log x}$, $\dfrac{e^x}{x}$ の不定積分もそれぞれ対数積分 $\mathrm{Li}(x)$, 指数積分 $\mathrm{Ei}(x)$ と呼ばれているが，積分の発散処理の問題が生じるので，本書では名前だけにしておこう．詳しくは数学公式集 [4, III] 等を参照してほしい．

5.7.3 楕円積分

楕円の弧長を考えてみよう．楕円 C の方程式を $\dfrac{x^2}{a^2} + \dfrac{y^2}{b^2} = 1$ $(a > b > 0)$ とし，C 上の点で第 1 象限にあるものを $\mathrm{P}(x, y)$ とする．ここでは点 $\mathrm{B}(0, b)$ を起点にして考え，右図のように角 φ を定めると，

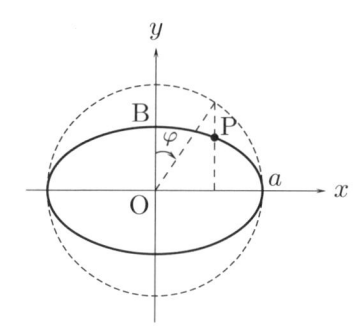

$$x = a \sin\varphi, \quad y = b \cos\varphi$$

である．このとき $\overparen{\mathrm{BP}}$ の弧長 s は（積分の中の変数は θ で書くと）

$$s = \int_0^\varphi \sqrt{\left(\frac{dx}{d\theta}\right)^2 + \left(\frac{dy}{d\theta}\right)^2}\,d\theta = \int_0^\varphi \sqrt{a^2 \cos^2\theta + b^2 \sin^2\theta}\,d\theta$$

$$= a\int_0^\varphi \sqrt{1 - k^2 \sin^2\theta}\,d\theta$$

で与えられる．ここで $k := \dfrac{\sqrt{a^2 - b^2}}{a}$ は楕円 C の離心率と呼ばれる量である[21]．最後に現れた積分（ただし k は離心率であることを忘れて，$|k| \leq 1$ をみたす一般の定数）$E(\varphi, k) := \displaystyle\int_0^\varphi \sqrt{1 - k^2 \sin^2\theta}\,d\theta$ は，k を母数とする**第 2 種の楕円積分**と呼ばれる．また $E\left(\dfrac{\pi}{2}, k\right)$ を**第 2 種完全楕円積分**と呼ぶ．

今度は次の積分を考えよう．

$$F(\varphi, k) := \int_0^\varphi \frac{d\theta}{\sqrt{1 - k^2 \sin^2\theta}} \qquad (|k| < 1).$$

$F(\varphi, k)$ は**第 1 種の楕円積分**と呼ばれている．ここでは例 3.15 で扱った算術幾何平均が，**第 1 種完全楕円積分** $K(k) := F\left(\dfrac{\pi}{2}, k\right)$ を用いて表されることを示そう．以下 $a \geqq b > 0$ とする．$a_1 := a$, $b_1 := b$ とおき，

$$a_{n+1} := \frac{1}{2}(a_n + b_n), \quad b_{n+1} := \sqrt{a_n b_n} \qquad (n = 1, 2, \ldots)$$

---

[21] 離心率を英語で eccentricity というので，e という記号が用いられることが多い．

で数列 $\{a_n\}$, $\{b_n\}$ を定めるとき，例 3.15 より $\{a_n\}$ と $\{b_n\}$ は同一の極限値 α を持ち，α のことを a と b の算術幾何平均と呼ぶのであった．ここではこの α を $M(a,b)$ と書こう．さて Gauss（ガウス）が導入した次の定積分を考えよう．

$$I(a,b) := \int_0^{\frac{\pi}{2}} \frac{d\theta}{\sqrt{a^2\cos^2\theta + b^2\sin^2\theta}}. \tag{5.11}$$

分母の a をくくり出して，$\cos^2\theta = 1 - \sin^2\theta$ を使うと，

$$I(a,b) = \frac{1}{a} K\left(\frac{\sqrt{a^2 - b^2}}{a}\right). \tag{5.12}$$

定理 5.69 $a \geqq b > 0$ のとき，$M(a,b) = \dfrac{\pi a}{2} K\left(\dfrac{\sqrt{a^2-b^2}}{a}\right)^{-1}$．

証明 $a_n \geqq b_n > 0$ であるから，$I(a_n, a_n) \leqq I(a_n, b_n) \leqq I(b_n, b_n)$ となる．そして $I(a_n, a_n) = \dfrac{\pi}{2a_n}$ であり，b_n についても同様であるから

$$\frac{\pi}{2a_n} \leqq I(a_n, b_n) \leqq \frac{\pi}{2b_n} \quad (n = 1, 2, \dots).$$

$n \to \infty$ とすると，はさみうちの原理から，$\displaystyle\lim_{n\to\infty} I(a_n, b_n) = \dfrac{\pi}{2} M(a,b)^{-1}$．一方，後述する例題 5.100 (2) より，$I(a_n, b_n) = I(a,b)$ $(\forall n)$ が成立するので，等式 $I(a,b) = \dfrac{\pi}{2} M(a,b)^{-1}$ を得る．これと式 (5.12) から定理を得る． □

5.8 広義積分

これまでは有界関数の有界閉区間上の定積分を扱ってきた．この節では有界でない関数の積分や，有界でない区間での積分を考える．アイデアとしては，問題が生じている箇所を避けた区間で積分をしてから極限操作を行うというもので，例 5.36 での有界関数に対するものと同様である．動機付けとして次の二つの例を見てみよう．

例 5.70 (1) $\displaystyle\lim_{\varepsilon \to +0} \int_\varepsilon^1 \frac{dx}{\sqrt{x}} = \lim_{\varepsilon \to +0}\left[2\sqrt{x}\right]_\varepsilon^1 = \lim_{\varepsilon \to +0} 2\left(1 - \sqrt{\varepsilon}\right) = 2.$

(2) $\displaystyle\lim_{R \to +\infty} \int_1^R \frac{dx}{x^2} = \lim_{R \to +\infty}\left[-\frac{1}{x}\right]_1^R = \lim_{R \to +\infty}\left(1 - \frac{1}{R}\right) = 1.$

よって，(1) は $\int_0^1 \dfrac{dx}{\sqrt{x}} = 2$, (2) は $\int_1^{+\infty} \dfrac{dx}{x^2} = 1$ と定めるのが自然である．

まず有界でない区間の場合から始めよう．

定義 5.71 関数 f は区間 $[a, +\infty)$ で連続であるとする．極限
$$L = \lim_{R \to +\infty} \int_a^R f(x)\, dx$$
が存在するとき，**広義積分** $\int_a^{+\infty} f(x)\, dx$ **は収束する**といい，L をその広義積分の値という．極限が存在しないとき，広義積分は**発散する**という．$(-\infty, b]$ の場合も同様である．

例 5.72 (1) $b > 0$ のとき，
$$\int_0^R \frac{dx}{x^2 + b^2} = \frac{1}{b}\left[\operatorname{Arctan}\frac{x}{b}\right]_0^R = \frac{1}{b}\operatorname{Arctan}\frac{R}{b} \to \frac{\pi}{2b} \quad (R \to +\infty).$$
これを今後は $\int_0^{+\infty} \dfrac{dx}{x^2 + b^2} = \dfrac{1}{b}\left[\operatorname{Arctan}\dfrac{x}{b}\right]_0^{+\infty} = \dfrac{\pi}{2b}$ と書く[22]．

(2) $\int_e^R \dfrac{dx}{x \log x} = \Big[\log\log x\Big]_e^R = \log\log R \to +\infty$ より，$\int_e^{+\infty} \dfrac{dx}{x \log x}$ は発散する．

例 5.73 $b > 0$ のとき，$I_n := \int_0^{+\infty} \dfrac{dx}{(x^2 + b^2)^n}$ $(n = 1, 2, \ldots)$ の漸化式を求めておこう．例 5.72 より $I_1 = \dfrac{\pi}{2b}$ であり，式 (5.8) を用いて帰納的に I_n の収束が示せて，$n \geqq 2$ のとき
$$I_n = \frac{1}{2b^2(n-1)}\left(\left[\frac{x}{(x^2 + b^2)^{n-1}}\right]_0^{+\infty} + (2n-3)I_{n-1}\right)$$
$$= \frac{1}{2b^2}\frac{2n-3}{n-1} I_{n-1}.$$

なお，後述する問題 5.110 (2) も参照のこと．

---

[22] 頭の中ではいつでも極限をとっている．$+\infty$ を「代入」しているわけではない．

問題 5.74 次の広義積分の値を定義にもとづいて求めよ．

(1) $\displaystyle\int_0^{+\infty} \frac{dx}{e^x + e^{-x}}$ (2) $\displaystyle\int_0^{+\infty} \frac{dx}{(x^2+1)(ax^2+1)}$ $(a \geqq 0)$

次の定理は広義積分の収束と発散の議論で基本的な役割を果たす．

定理 5.75 $a > 0$ かつ $\alpha \in \mathbb{R}$ とする．このとき，
$$I := \int_a^{+\infty} \frac{dx}{x^\alpha} \text{ が収束} \iff \alpha > 1.$$

証明 (1) $\alpha = 1$ のとき，$\displaystyle\int_a^R \frac{dx}{x} = \log R - \log a \to +\infty \ (R \to +\infty)$ より広義積分 I は発散する．

(2) $\alpha \neq 1$ のとき，$\displaystyle\int_a^R \frac{dx}{x^\alpha} = \frac{1}{1-\alpha}\left[x^{1-\alpha}\right]_a^R = \frac{1}{1-\alpha}(R^{1-\alpha} - a^{1-\alpha})$．

- $\alpha > 1$ ならば，$R^{1-\alpha} \to 0 \ (R \to +\infty)$ より I は収束して $I = \dfrac{a^{1-\alpha}}{\alpha - 1}$．
- $\alpha < 1$ ならば，$R^{1-\alpha} \to +\infty \ (R \to +\infty)$ であるから I は発散する． □

問題 5.76 $p > 0$ とし，$a_n := \dfrac{1}{1^p} + \dfrac{1}{2^p} + \cdots + \dfrac{1}{n^p}$ $(n = 1, 2, \ldots)$ とする．定理 5.75 を用いて次を示せ．$\{a_n\}$ が収束する $\iff p > 1$．

原始関数がわからないときでも，広義積分の収束・発散について知りたいときがある．収束の判定に有用な定理を述べよう．まず被積分関数が正または 0 のときから始める．

命題 5.77 f は区間 $[a, +\infty)$ で連続で $f \geqq 0$ とする．このとき，
$I := \displaystyle\int_a^{+\infty} f(x)\,dx$ が収束
$\iff R$ の関数 $S(R) := \displaystyle\int_a^R f(x)\,dx$ $(R \geqq a)$ は有界．

証明 $\Longrightarrow$ は明らか．$\Longleftarrow$ を示そう．十分大きな $n \in \mathbb{N}$ で定義される数列 $\{S(n)\}$ は単調増加で有界ゆえ収束する．$S := \displaystyle\lim_{\mathbb{N} \ni n \to \infty} S(n)$ とする[23]．

---

[23] 証明すべき $\displaystyle\lim_{R \to +\infty} S(R) = S$ と区別するために，あえてこのように書いた．

さて $S(R)$ は R の増加関数ゆえ，$[R]$ をガウス記号[24]とすると，$S - S(R) \geqq S([R]+1) - S(R) \geqq 0$ であるので，$0 \leqq S - S(R) \leqq S - S([R])$ が成り立つ．ゆえに $S(R)$ も S に収束して，$I = S$ である． □

この命題から直ちに次の定理を得る．

定理 5.78 f, g は区間 $[a, +\infty)$ で連続で $0 \leqq f \leqq g$ とする．

(1) $\displaystyle\int_a^{+\infty} g(x)\,dx$ が収束するなら，$\displaystyle\int_a^{+\infty} f(x)\,dx$ も収束する．

(2) $\displaystyle\int_a^{+\infty} f(x)\,dx$ が発散するなら，$\displaystyle\int_a^{+\infty} g(x)\,dx$ も発散する．

この定理を応用する際に，広義積分の収束・発散がわかっている関数としては，定理 5.75 にある $\dfrac{1}{x^\alpha}$ がよく使われる．次の例題でその使われ方を見てみよう．

例題 5.79 $\alpha, \beta \in \mathbb{R}$ とする．$I := \displaystyle\int_e^{+\infty} \dfrac{dx}{x^\alpha (\log x)^\beta}$ が収束 $\iff$ (a) $\alpha > 1$，または (b) $\alpha = 1$ かつ $\beta > 1$．

解説 4.7 節で述べた無限大の比較の議論がここで効いてくる．

解 $f(x) := \dfrac{1}{x^\alpha (\log x)^\beta}$ とおこう．$x \geqq e$ のとき $f(x) > 0$ である．

(1) $\alpha > 1$ のとき．(i) $\beta \geqq 0$ ならば $x \geqq e$ で $f(x) \leqq \dfrac{1}{x^\alpha}$ ゆえ I は収束．

(ii) $\beta < 0$ のとき．簡単のため $\gamma := -\beta > 0$ とおこう．
$$f(x) = \frac{(\log x)^\gamma}{x^\alpha} = \frac{1}{x^{\alpha - \varepsilon\gamma}} \left(\frac{\log x}{x^\varepsilon}\right)^\gamma$$
において，$\varepsilon > 0$ を $\alpha - \varepsilon\gamma > 1$ をみたすようにとっておく．$x \to +\infty$ のとき $\dfrac{\log x}{x^\varepsilon} \to 0$ であるから，x が十分大きければ $f(x) \leqq \dfrac{1}{x^{\alpha - \varepsilon\gamma}}$ となって，広義積分 I は収束する．もう少し丁寧に言うと，L が十分大きいとき，$[L, +\infty)$ 上の積分は収束．そして $[e, L]$ 上での $f(x)$ の積分では収束の問題は生じていない．このようなコメントは今後は省略する．

---

[24] 問題 5.28 参照．

(2) $\alpha < 1$ のとき. $f(x) = \dfrac{1}{x}\dfrac{x^{1-\alpha}}{(\log x)^\beta}$ と見る. $\beta > 0$ ならば, $\varepsilon > 0$ を $1 - \alpha - \varepsilon\beta > 0$ となるようにとると, $\dfrac{x^{1-\alpha}}{(\log x)^\beta} = x^{1-\alpha-\varepsilon\beta}\left(\dfrac{x^\varepsilon}{\log x}\right)^\beta \to +\infty$ $(x \to +\infty)$. 一方, $\beta \leqq 0$ ならば明らかに $\dfrac{x^{1-\alpha}}{(\log x)^\beta} \to +\infty$. いずれにしても, x が十分大きいとき $f(x) > \dfrac{1}{x}$ となる. よって I は発散する.

(3) $\alpha = 1$ のとき. (i) $\beta = 1$ なら例 5.72 により I は発散. (ii) $\beta \neq 1$ のとき,
$$\int_e^R f(x)\,dx = \frac{1}{1-\beta}\Big[(\log x)^{1-\beta}\Big]_e^R = \frac{1}{1-\beta}\big[(\log R)^{1-\beta} - 1\big]$$
より, $\beta > 1$ なら収束, $\beta < 1$ なら発散. □

問題 5.80 次の広義積分は収束することを示せ.
(1) $\displaystyle\int_0^{+\infty} \frac{dx}{(x^2+1)^\beta}$ $(\beta > \frac{1}{2})$ (2) $\displaystyle\int_0^{+\infty} \frac{e^{px}}{(\cosh x)^q}\,dx$ $(p < q)$

問題 5.81 広義積分 $\displaystyle\int_0^{+\infty} \frac{1-\cos x}{x^2}\,dx$ は収束することを示せ. なお, 積分の下端 0 では, 積分の収束に問題が生じていないことも確認すること.

問題 5.82 区間 $[a, +\infty)$ で $f(x) \geqq 0$ であり, 有界ではないのに広義積分 $\displaystyle\int_a^{+\infty} f(x)\,dx$ が収束することがある. 例を挙げよ.

被積分関数が符号を変える場合は次の定理が有用である.

定理 5.83 f は $[a, +\infty)$ で連続であるとする.
(1) $\displaystyle\int_a^{+\infty} |f(x)|\,dx$ が収束 $\Longrightarrow$ $\displaystyle\int_a^{+\infty} f(x)\,dx$ も収束.
(2) 連続な $\varphi \geqq 0$ が存在して, x が十分大きいとき $|f(x)| \leqq M\varphi(x)$ ($M > 0$ は定数) が成り立つとする. このとき,
$$\int_a^{+\infty} \varphi(x)\,dx \text{ が収束} \Longrightarrow \int_a^{+\infty} f(x)\,dx \text{ も収束}.$$

証明 (1) $f^{\pm}(x) := \frac{1}{2}\big(|f(x)| \pm f(x)\big)$ とおく. 明らかに $f^{\pm}$ は連続であって, $|f| = f^+ + f^-$ かつ $f = f^+ - f^-$ が成り立つ. 仮定と $0 \leqq f^{\pm} \leqq |f|$, および

定理 5.78 より, $I^{\pm} := \int_a^{+\infty} f^{\pm}(x)\,dx$ は収束する. したがって $\int_a^{+\infty} f(x)\,dx$ も収束して $I^+ - I^-$ に等しい.

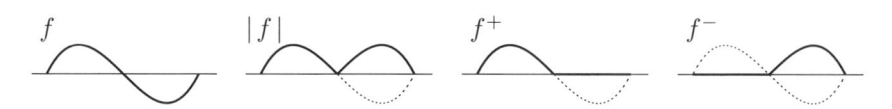

(2) 仮定と定理 5.78 より $\int_a^{\infty} |f(x)|\,dx$ は収束する. (1) より $\int_a^{+\infty} f(x)\,dx$ も収束する. □

例 5.84 定理 5.83 (1) の逆が成り立たない例を挙げておこう.

- $I := \int_0^{+\infty} \dfrac{\sin x}{x}\,dx$ は収束するが, $J := \int_0^{+\infty} \dfrac{|\sin x|}{x}\,dx$ は発散する.

まず $\lim_{x\to +0} \dfrac{\sin x}{x} = \lim_{x\to +0} \dfrac{|\sin x|}{x} = 1$ より, I も J も下端の 0 では積分の収束について, 問題が生じていないことに注意しておこう.

(1) I については, $\sin x = (1 - \cos x)'$ と見て部分積分を行う. $x \to 0$ のとき $1 - \cos x = \frac{1}{2}x^2 + o(x^3)$ より, $\lim_{x\to 0} \dfrac{1-\cos x}{x} = 0$. ゆえに $R > 0$ とすると

$$\int_0^R \frac{\sin x}{x}\,dx = \left[\frac{1-\cos x}{x}\right]_0^R + \int_0^R \frac{1-\cos x}{x^2}\,dx$$
$$= \frac{1-\cos R}{R} + \int_0^R \frac{1-\cos x}{x^2}\,dx.$$

$0 \leq \dfrac{1-\cos R}{R} \leq \dfrac{2}{R}$ と問題 5.81 より, I は収束する.

(2) J については, $k = 1, 2, \ldots$ に対して

$$\int_{(k-1)\pi}^{k\pi} \frac{|\sin x|}{x}\,dx = \int_0^{\pi} \frac{\sin x}{x + (k-1)\pi}\,dx \geq \frac{1}{k\pi} \int_0^{\pi} \sin x\,dx = \frac{2}{k\pi}$$

であるから, $k = 1$ から n まで加えると

$$\int_0^{n\pi} \frac{|\sin x|}{x}\,dx \geq \frac{2}{\pi} \sum_{k=1}^n \frac{1}{k}.$$

例題 3.20 より, $n \to \infty$ のとき右辺 $\to +\infty$ ゆえ, 命題 5.77 より J は発散. □

注意 5.85 $I = \frac{\pi}{2}$, すなわち 5.7.2 節の記号を用いれば $\lim_{x \to +\infty} \mathrm{Si}(x) = \frac{\pi}{2}$ であることが知られている. 複素関数論における留数積分を用いるのが標準的方法である.

> **問題 5.86 (Fresnel 積分)** $\int_0^{+\infty} \sin(x^2)\,dx$ は収束するが, $\int_0^{+\infty} |\sin(x^2)|\,dx$ は収束しないことを示せ. $\sin(x^2)$ を $\cos(x^2)$ に置き換えても同様である.

次に有界区間で非有界な関数を扱おう.

> **定義 5.87** 関数 f は区間 $(a, b]$ で連続であるが有界ではないとする. このとき極限
> $$L = \lim_{\varepsilon \to +0} \int_{a+\varepsilon}^b f(x)\,dx$$
> が存在するならば, **広義積分** $\int_a^b f(x)\,dx$ **は収束する**といい, L をその広義積分の値という. 収束しないときは**発散する**という. 区間 $[a, b)$ の場合も同様.

例 5.88 $\lim_{\varepsilon \to +0} \int_0^{1-\varepsilon} \frac{dx}{\sqrt{1-x^2}} = \lim_{\varepsilon \to +0} \Big[\mathrm{Arcsin}\,x \Big]_0^{1-\varepsilon} = \frac{\pi}{2}$.
面倒なので, これも今後は $\int_0^1 \frac{dx}{\sqrt{1-x^2}} = \Big[\mathrm{Arcsin}\,x \Big]_0^1 = \frac{\pi}{2}$ と書く.

> **問題 5.89** 広義積分 $\int_0^1 \log x\,dx$ の値を定義にもとづいて求めよ.

定理 5.75 の有界区間版は次の通り. 簡単のため $(0, 1]$ で記述する.

> **定理 5.90** $I := \int_0^1 \frac{dx}{x^\alpha}$ が収束 $\iff \alpha < 1$.

注意 5.91 定理 5.90 で, $\alpha \leqq 0$ のときは通常の定積分である.

> **問題 5.92** 定理 5.75 の証明に倣って, 定理 5.90 を証明せよ.

注意 5.93 定理 5.83 と同様の定理が成立する．すなわち，$|f(x)| \leqq M\varphi(x)$ ($\forall x \in (a, b]$) であり，$\int_a^b \varphi(x)\,dx$ が収束するならば，$\int_a^b f(x)\,dx$ も収束する．

例題 5.94 次の広義積分は収束するか．

(1) $\displaystyle\int_0^{\frac{\pi}{2}} \log \sin x\,dx$ (2) $\displaystyle\int_0^\pi \frac{dx}{1-\cos x}$

解説 (1) $x \to 0$ のとき $\sin x = x + o(x^2)$ より，$\log \sin x$ を $\log x$ で置き換えることを考える．(2) 関数 $1-\cos x$ の $x = 0$ における Taylor 多項式は x^2 の項から始まっている事に注意．

解 (1) $\log \sin x = \log x + \log \dfrac{\sin x}{x}$ に注意する．まず問題 5.89 より，$\displaystyle\int_0^{\frac{\pi}{2}} \log x\,dx$ は収束する．一方，$f(x) := \log \dfrac{\sin x}{x}$ については，$f(0) = \log 1 = 0$ と定めれば，$\displaystyle\int_0^{\frac{\pi}{2}} f(x)\,dx$ は連続関数の定積分とみなせる．ゆえに問題の広義積分は収束する．

(2) $1-\cos x = \frac{1}{2}x^2 + o(x^3)$ ($x \to 0$) より，定数 $\delta > 0$ が存在して $1-\cos x \leqq x^2$ ($0 \leqq \forall x \leqq \delta$)．ゆえに区間 $(0, \delta]$ で $\dfrac{1}{1-\cos x} \geqq \dfrac{1}{x^2}$ となり，$\displaystyle\int_0^\delta \dfrac{dx}{x^2}$ は発散するから問題の広義積分も発散する． □

注意 5.95 例題 5.94 (1) の積分（I としよう）の値は次のようにして求まる．ここは素直に Euler によるその方法を鑑賞するしかない．まず積分区間を二つに分ける．

$$I = \int_0^{\frac{\pi}{4}} \log \sin x\,dx + \int_{\frac{\pi}{4}}^{\frac{\pi}{2}} \log \sin x\,dx.$$

この右辺第 2 項において $x = \dfrac{\pi}{2} - y$ とすると，第 2 項 $= \displaystyle\int_0^{\frac{\pi}{4}} \log \cos y\,dy$．ゆえに

$$I = \int_0^{\frac{\pi}{4}} (\log \sin x + \log \cos x)\,dx = \int_0^{\frac{\pi}{4}} \log\left(\frac{1}{2} \sin 2x\right) dx$$
$$= -\frac{\pi}{4} \log 2 + \int_0^{\frac{\pi}{4}} \log \sin 2x\,dx = -\frac{\pi}{4} \log 2 + \frac{1}{2} I.$$

これより $I = -\dfrac{\pi}{2} \log 2$ が出る．

区間の両端や，区間の内部で広義積分となる場合について，次ページにまとめておこう．

(1) $\int_{-\infty}^{+\infty} f(x)\,dx = \lim_{\substack{R_1 \to -\infty \\ R_2 \to +\infty}} \int_{R_1}^{R_2} f(x)\,dx$ と定義する．ここで R_1 と R_2 の極限操作は独立に行う．すなわち $a \in \mathbb{R}$ をとって（$a = 0$ ととることが多い）

$$\int_{-\infty}^{+\infty} f(x)\,dx := \lim_{R_1 \to -\infty} \int_{R_1}^{a} f(x)\,dx + \lim_{R_2 \to +\infty} \int_{a}^{R_2} f(x)\,dx.$$

例 5.96 $\int_{-\infty}^{+\infty} \dfrac{x}{1+x^2}\,dx$ は収束しない．なぜなら $R \to +\infty$ のとき，

$$\int_0^R \frac{x}{1+x^2}\,dx = \left[\frac{1}{2}\log(1+x^2)\right]_0^R = \frac{1}{2}\log(1+R^2) \to +\infty$$

となって，$\int_0^{+\infty} \dfrac{x}{1+x^2}\,dx$ が発散するからである．この例で，「被積分関数は奇関数ゆえ，$\forall R > 0$ に対して $\int_{-R}^{R} \dfrac{x}{1+x^2}\,dx = 0$ となる[25])ので，$R \to +\infty$ として $\int_{-\infty}^{+\infty} \dfrac{x}{1+x^2}\,dx = 0$ を得る」というような議論をしてはいけない．

(2) 関数 f は開区間 (a, b) で連続とする．$x \to a+0$ のとき $f(x)$ は有界でなく，かつ $x \to b-0$ でも $f(x)$ は有界でないとする．このときは，$a < c < b$ である c をとって

$$\int_a^b f(x)\,dx := \lim_{\varepsilon_1 \to +0} \int_{a+\varepsilon_1}^{c} f(x)\,dx + \lim_{\varepsilon_2 \to +0} \int_c^{b-\varepsilon_2} f(x)\,dx.$$

と定義する．ここでも二つの極限操作は独立に行う．

(3) 関数 f は区間 $[a, c)$ と $(c, b]$ で連続とする．$x \to c-0$ のとき $f(x)$ は有界ではなく，$x \to c+0$ でも $f(x)$ は有界でないとき，

$$\int_a^b f(x)\,dx := \lim_{\varepsilon_1 \to +0} \int_a^{c-\varepsilon_1} f(x)\,dx + \lim_{\varepsilon_2 \to +0} \int_{c+\varepsilon_2}^{b} f(x)\,dx.$$

二つの極限操作は独立に行う．

問題 5.97 次の議論は正しいか．脚注 8 も参照のこと．
$\int \dfrac{2x}{x^2-1}\,dx = \log|x^2-1|$ より，$\int_0^2 \dfrac{2x}{x^2-1}\,dx = \left[\log|x^2-1|\right]_0^2 = \log 3$.

[25)]ここまでは正しい．

5.8 広義積分

問題 5.98 次の広義積分は収束するか.

(1) $\displaystyle\int_0^1 \frac{x^\alpha}{\sqrt{1-x^\beta}}\,dx$ $(\alpha \in \mathbb{R},\ \beta > 0)$
(2) $\displaystyle\int_0^1 x^\alpha |\log x|^\beta\,dx$ $(\alpha, \beta \in \mathbb{R})$

(3) $\displaystyle\int_0^{+\infty} \frac{x^{p-1}}{(1+x)^{p+q}}\,dx$ $(p, q \in \mathbb{R})$
(4) $\displaystyle\int_{\frac{2}{\pi}}^{+\infty} \left|\log\left(\cos\frac{1}{x}\right)\right| dx$

問題 5.99 次の広義積分の値を求めよ.

(1) $\displaystyle\int_{-\infty}^{+\infty} \frac{dx}{ax^2+bx+c}$ $(a > 0,\ b^2 - 4ac < 0)$
(2) $\displaystyle\int_1^{+\infty} \frac{dx}{x\sqrt{x^2-1}}$

さて三角関数の有理式の不定積分は, $\tan\frac{x}{2} = t$ や $\tan x = t$ という置換により求めることができたが, 定積分ではこの置換が原因で積分区間が無限にのびる広義積分になることがある. ここでは例題として, 三角関数の有理式ではないが, 式 (5.11) で出てきた定積分を取り上げよう.

例題 5.100 $a > 0$ かつ $b > 0$ として, 次の定積分を考える.

$$I(a,b) := \int_0^{\frac{\pi}{2}} \frac{d\theta}{\sqrt{a^2\cos^2\theta + b^2\sin^2\theta}}.$$

(1) $I(a,b) = \displaystyle\int_0^{+\infty} \frac{dx}{\sqrt{(x^2+a^2)(x^2+b^2)}}$ であることを示せ.

(2) $I(a,b) = I\left(\dfrac{a+b}{2}, \sqrt{ab}\right)$ であることを示せ.

解説 対称性を考慮して, (1) では $x = b\tan\theta$, (2) では $y = x + \sqrt{x^2 + ab}$ とおこう.

解 (1) $I(a,b)$ の定義式において $x = b\tan\theta$ とおく.

$$dx = \frac{b\,d\theta}{\cos^2\theta} = \frac{\sqrt{b^2(\tan^2\theta + 1)}}{\cos\theta}\,d\theta = \frac{\sqrt{x^2+b^2}}{\cos\theta}\,d\theta$$

であるから, $\dfrac{d\theta}{\cos\theta} = \dfrac{dx}{\sqrt{x^2+b^2}}$. ゆえに

$$I(a,b) = \int_0^{\frac{\pi}{2}} \frac{1}{\sqrt{a^2 + b^2\tan^2\theta}} \frac{d\theta}{\cos\theta} = \int_0^{+\infty} \frac{dx}{\sqrt{(x^2+a^2)(x^2+b^2)}}.$$

(2) (1) より

$$I\left(\frac{a+b}{2}, \sqrt{ab}\right) = \frac{1}{2}\int_{-\infty}^{+\infty} \frac{dx}{\sqrt{\left(x^2 + \frac{1}{4}(a+b)^2\right)(x^2 + ab)}} \quad \cdots\cdots \text{①}$$

となる．ここで，$y = x + \sqrt{x^2 + ab}$ とおくと，$\forall x \in \mathbb{R}$ に対して

$$\frac{dy}{dx} = 1 + \frac{x}{\sqrt{x^2 + ab}} = \frac{\sqrt{x^2 + ab} + x}{\sqrt{x^2 + ab}} > 0. \quad \cdots\cdots ②$$

ゆえに y は狭義単調に増加する．そして

$$x + \sqrt{x^2 + ab} = \frac{ab}{\sqrt{x^2 + ab} - x} \to 0 \quad (x \to -\infty),$$

かつ $x + \sqrt{x^2 + ab} \to +\infty \ (x \to +\infty)$ である．一方，$x = \frac{1}{2}\left(y - \frac{ab}{y}\right)$ であるから，直接の計算により $x^2 + \frac{1}{4}(a+b)^2 = \frac{1}{4y^2}(y^2 + a^2)(y^2 + b^2)$．また②から $\frac{dx}{\sqrt{x^2 + ab}} = \frac{dy}{y}$ である．以上を①に代入すると

$$I\left(\frac{a+b}{2}, \sqrt{ab}\right) = \int_0^{+\infty} \frac{dy}{\sqrt{(y^2 + a^2)(y^2 + b^2)}} = I(a, b)$$

となって証明が終わる． □

> **問題 5.101** 次の定積分を計算せよ．
> (1) $\displaystyle\int_0^\pi \frac{d\theta}{a - \cos\theta} \ (a > 1)$
> (2) $\displaystyle\int_0^{\frac{\pi}{2}} \frac{d\theta}{1 + \sin^2\theta}$

5.9 ガンマ関数とベータ関数（その1）

ここでは応用上重要なガンマ関数とベータ関数について述べよう．まず $s \in \mathbb{R}$ のとき，広義積分 $\Gamma(s) := \displaystyle\int_0^{+\infty} e^{-x} x^{s-1} \, dx$ を考える．

> **定理 5.102** $s > 0$ のとき，この広義積分は収束する．この積分によって定まる $s > 0$ の関数 $\Gamma(s)$ を**ガンマ関数**と呼ぶ．

証明 積分区間を $[0, 1]$ と $[1, +\infty)$ に分け，それぞれの上での積分を順に I_1, I_2 とする．I_1 も I_2 も収束することを示そう．
(1) I_1 について．(i) $s \geqq 1$ のときは $x = 0$ で問題が生じていない．
(ii) $0 < s < 1$ のとき．$0 < e^{-x} x^{s-1} \leqq \dfrac{1}{x^{1-s}} \ (0 < x \leqq 1)$ が成り立ち，$0 < 1 - s < 1$ より $\displaystyle\int_0^1 \frac{dx}{x^{1-s}}$ は収束するので，$\displaystyle\int_0^1 e^{-x} x^{s-1} \, dx$ も収束する．

(2) I_2 について. $\lim_{x \to +\infty} e^{-x}x^{s+1} = 0$ であるから, 定数 $M > 0$ が存在して
$0 < e^{-x}x^{s+1} \leqq M \ (\forall x \geqq 1)$. ゆえに $x \geqq 1$ のとき, $0 < e^{-x}x^{s-1} \leqq \dfrac{M}{x^2}$.
$\displaystyle\int_1^{+\infty} \dfrac{dx}{x^2}$ は収束するので, $\displaystyle\int_1^{+\infty} e^{-x}x^{s-1}\,dx$ も収束する. □

問題 5.103 (1) $\forall s > 0$ に対して, $\Gamma(s+1) = s\Gamma(s)$ が成り立つことを示せ.
(2) $n = 1, 2, \ldots$ のとき, $\Gamma(n) = (n-1)!$ であることを示せ.

解説 この問題により, $\Gamma(s)$ は自然数の階乗を一般の正の数 s に拡張したものと言える.

問題 5.104 $a > 0, b > 0, c > 0$ のとき, 広義積分 $I := \displaystyle\int_0^{+\infty} x^{a-1} e^{-bx^c}\,dx$ が収束すること, および $I = \dfrac{1}{b^{a/c}c}\Gamma\left(\dfrac{a}{c}\right)$ となることを示せ.

例 5.105 自然数でのガンマ関数の値はわかったが, それ以外の所, たとえば半整数 $n + \frac{1}{2}\ (n = 0, 1, 2, \ldots)$ ではどんな値になるのであろうか. 問題 5.104 で $a = b = 1, c = 2$ とおくと, $\Gamma\left(\dfrac{1}{2}\right) = 2\displaystyle\int_0^{+\infty} e^{-x^2}\,dx$. 後述する定理 7.60 を用いると, $\Gamma\left(\dfrac{1}{2}\right) = \sqrt{\pi}$ であることがわかる.

問題 5.106 $\Gamma\left(n + \dfrac{1}{2}\right) = \dfrac{(2n-1)!!}{2^n}\sqrt{\pi}\ (n = 0, 1, 2, \ldots)$ であることを示せ[26].

次に $s, t \in \mathbb{R}$ のとき, 積分 $B(s, t) := \displaystyle\int_0^1 x^{s-1}(1-x)^{t-1}\,dx$ を考える.

定理 5.107 $s > 0$ かつ $t > 0$ のとき, この積分は収束する. この積分によって定まる 2 変数 $s > 0,\ t > 0$ の関数 $B(s, t)$ を**ベータ関数**と呼ぶ.

証明 積分区間を $[0, \frac{1}{2}]$ と $[\frac{1}{2}, 1]$ とに分け, それぞれの上での積分を順に I_1, I_2 とする.
(1) I_1 について. $s \geqq 1$ のときは連続関数の積分で問題はない. したがって $0 < s < 1$ とする. $0 \leqq x \leqq \frac{1}{2}$ のとき, $(1-x)^{t-1} \leqq M_t$ となる定数 $M_t > 0$ があるので, $0 < x^{s-1}(1-x)^{t-1} \leqq \dfrac{M_t}{x^{1-s}}$. ここで $0 < 1 - s < 1$ より $\displaystyle\int_0^{\frac{1}{2}} \dfrac{dx}{x^{1-s}}$

---
[26] $(2n-1)!!$ については定義 4.75 参照.

は収束するから，$\int_0^{\frac{1}{2}} x^{s-1}(1-x)^{t-1}\,dx$ も収束．

(2) I_2 についても同様に考察すればよい． □

問題 5.108 ベータ関数について，次の等式を示せ．ただし $s>0,\ t>0$ とする．
(1) $B(t,s) = B(s,t)$ (2) $B(s+1, t) = \dfrac{s}{s+t} B(s,t)$
(3) $\int_0^{\frac{\pi}{2}} \sin^{2s-1}\theta \cos^{2t-1}\theta\,d\theta = \dfrac{1}{2} B(s,t)$

定義より $B(1,1) = 1$ であり，例 5.70 (1) より $B\left(\frac{1}{2}, 1\right) = 2$ である．さらに問題 5.108 (3) の特別な場合として，$B\left(\frac{1}{2}, \frac{1}{2}\right) = \pi$ がわかる．ゆえに問題 5.108 の (1) と (2) より，$m, n \in \mathbb{N}$ のときの $B\left(\frac{m}{2}, \frac{n}{2}\right)$ の値がわかる．

問題 5.109 $n = 0, 1, \ldots$ に対して，$I_n := \int_0^{\frac{\pi}{2}} \sin^n\theta\,d\theta = \int_0^{\frac{\pi}{2}} \cos^n\theta\,d\theta$ とおく．$I_n = \dfrac{1}{2} B\left(\dfrac{n+1}{2}, \dfrac{1}{2}\right)$ であることに注意して，
$$I_{2k} = \frac{(2k-1)!!}{(2k)!!} \frac{\pi}{2}, \qquad I_{2k+1} = \frac{(2k)!!}{(2k+1)!!} \qquad (k = 0, 1, \ldots) \tag{5.13}$$
となることを示せ．一方で，部分積分により漸化式 $(n+2)I_{n+2} = (n+1)I_n$ $(n = 0, 1, \ldots)$ を示し，そこからも式 (5.13) を導け．

問題 5.110 次の積分をベータ関数を用いて表せ．また，後述する定理 7.71 を用いて，結果をガンマ関数で書き直せ．
(1) $\int_0^1 \dfrac{x^\alpha}{\sqrt{1-x^\beta}}\,dx \quad (\alpha > -1, \beta > 0)$ (2) $\int_0^{+\infty} \dfrac{dx}{(x^2+1)^\beta} \quad (\beta > \frac{1}{2})$
(3) $\int_0^{+\infty} \dfrac{x^{p-1}}{(1+x)^{p+q}}\,dx \quad (p > 0, q > 0)$ (4) $\int_0^{+\infty} \dfrac{dx}{1+x^\alpha} \quad (\alpha > 1)$

5.10 積分の応用

この節では積分を応用して得られる事柄について，いくつか述べよう．

例 5.111 まず残余項が積分で与えられる Taylor の定理から．こちらの方が証明も自然であるし，残余項の評価などはこの積分形に命題 5.26 を適用して間に合うことも多い．証明は帰納法で形式を整えるが，実際は部分積分を続けていくだけのことである．

5.10 積分の応用

定理 5.112 f がなめらかなとき，Taylor の定理（定理 4.45）における公式
$$f(x) = \sum_{k=0}^{n} \frac{f^{(k)}(a)}{k!}(x-a)^k + R_n$$
において，$R_n = \dfrac{1}{n!} \displaystyle\int_a^x f^{(n+1)}(t)(x-t)^n \, dt \ (n=0,1,\dots)$ となる．

証明 以下の証明の中では x は定数である．微積分の基本定理（定理 5.29）より得られる $f(x) - f(a) = \displaystyle\int_a^x f'(t) \, dt$ は，定理が $n=0$ のときに成り立つことを示している．n のときに定理が成り立つと仮定しよう．このとき，R_n の表示式において，$\dfrac{(x-t)^n}{n!} = -\dfrac{1}{(n+1)!}\dfrac{d}{dt}(x-t)^{n+1}$ と見て部分積分を実行すると，
$$R_n = -\frac{1}{(n+1)!} \Big[f^{(n+1)}(t)(x-t)^{n+1} \Big]_{t=a}^{x}$$
$$\qquad + \frac{1}{(n+1)!} \int_a^x f^{(n+2)}(t)(x-t)^{n+1} \, dt.$$
右辺の第 1 項は $\dfrac{1}{(n+1)!} f^{(n+1)}(a)(x-a)^{n+1}$ となるから，定理が $n+1$ のときにも成り立つことが示せている． $\square$

例 5.113 同じ精神で今度は不等式を導いてみよう．以下 $x \geqq 0$ とする．
まず $\cos x \leqq 1$ より $\displaystyle\int_0^x \cos y \, dy \leqq \int_0^x dy$．積分を実行して $\sin x \leqq x$ を得る．したがって $\displaystyle\int_0^x \sin y \, dy \leqq \int_0^x y \, dy$．積分を実行して $1 - \cos x \leqq \dfrac{1}{2} x^2$ となる．これより $\displaystyle\int_0^x (1 - \cos y) \, dy \leqq \dfrac{1}{2} \int_0^x y^2 \, dy$．積分を実行して $x - \sin x \leqq \dfrac{1}{6} x^3$．ゆえに $\displaystyle\int_0^x (y - \sin y) \, dy \leqq \dfrac{1}{6} \int_0^x y^3 \, dy$．すなわち $\dfrac{1}{2} x^2 + \cos x - 1 \leqq \dfrac{1}{24} x^4$．このようにどんどん計算を進めて整理すると，$x \geqq 0$ で成り立つ次の各不等式を得る．
$$1 - \frac{x^2}{2} \leqq \cos x \leqq 1, \qquad x - \frac{x^3}{6} \leqq \sin x \leqq x,$$

$$1 - \frac{x^2}{2} + \frac{x^4}{4!} - \frac{x^6}{6!} \leqq \cos x \leqq 1 - \frac{x^2}{2!} + \frac{x^4}{4!},$$
$$x - \frac{x^3}{3!} + \frac{x^5}{5!} - \frac{x^7}{7!} \leqq \sin x \leqq x - \frac{x^3}{3!} + \frac{x^5}{5!}.$$

積分を続けて自分で不等式を作っていく作業は楽しいと思う.

例 5.114 この例では部分積分の応用として, π が無理数であることを示そう. 文献 [30] による証明である.

$n = 0, 1, 2, \ldots$ に対して関数 $f_n(x) := \frac{1}{n!}(\pi x - x^2)^n$ を考えよう. $n \geqq 2$ とする. $f'_n(x) = \frac{1}{(n-1)!}(\pi x - x^2)^{n-1}(\pi - 2x)$ であるから

$$f''_n(x) = \frac{1}{(n-2)!}(\pi x - x^2)^{n-2}(\pi - 2x)^2 - \frac{2}{(n-1)!}(\pi x - x^2)^{n-1}.$$

ここで $(\pi - 2x)^2 = \pi^2 - 4(\pi x - x^2)$ とすることにより, 次の漸化式を得る.

$$f''_n(x) = (-4n + 2)f_{n-1}(x) + \pi^2 f_{n-2}(x) \quad (n = 2, 3, \ldots). \quad \cdots\cdots ①$$

さて, 定積分

$$I_n := \int_0^\pi f_n(x) \sin x\, dx \qquad (n = 0, 1, 2, \ldots)$$

を考える. 明らかに $I_n > 0$ $(\forall n)$ である. $n \geqq 1$ のとき部分積分を実行して

$$I_n = -\Big[f_n(x)\cos x\Big]_0^\pi + \int_0^\pi f'_n(x)\cos x\, dx.$$

$f_n(0) = f_n(\pi) = 0$ であり, さらにもう 1 回部分積分を実行すると

$$I_n = \Big[f'_n(x)\sin x\Big]_0^\pi - \int_0^\pi f''_n(x)\sin x\, dx = -\int_0^\pi f''_n(x)\sin x\, dx. \quad \cdots\cdots ②$$

主張 $\forall n = 0, 1, 2, \ldots$ に対して, I_n は整数係数の π の多項式で, 次数は n 以下である.

帰納法でこの主張を示そう. まず $I_0 = \int_0^\pi \sin x\, dx = 2$ であり, ② より $I_1 = -\int_0^\pi f''_1(x) \sin x\, dx = 2I_0 = 4$ であるので, I_0 と I_1 については主張は正しい. そこで $n \geqq 2$ とし, I_{n-2} と I_{n-1} に対して主張が成り立つと仮定する. ① を ② に代入して, $I_n = (4n-2)I_{n-1} - \pi^2 I_{n-2}$ を得るので, I_n に対しても主張が成り立つことがわかる. □

さて $\pi \in \mathbb{Q}$ と仮定し,$\pi = \dfrac{p}{q}$ $(p, q \in \mathbb{N})$ とおく.今証明した主張から,$q^n I_n$ は整数である.しかも正であるので,$q^n I_n \geqq 1$ $(\forall n)$ である.一方,$0 \leqq x \leqq \pi$ のとき $\pi x - x^2 \leqq \frac{1}{4}\pi^2$ が成り立つことから,$1 \leqq q^n I_n \leqq \dfrac{2}{n!}\left(\dfrac{\pi^2 q}{4}\right)^n$ を得る.よって $\dfrac{2}{n!}\left(\dfrac{\pi^2 q}{4}\right)^n \geqq 1$ $(\forall n)$ となるが,これは問題 2.24 の結論と矛盾する.ゆえに $\pi \in \mathbb{Q}$ という仮定が偽であった. □

例 5.115 数列 $a_n := 1 + \dfrac{1}{2} + \cdots + \dfrac{1}{n} - \log n$ $(n = 1, 2, \ldots)$ を考えよう.関数 $f(x) = \dfrac{1}{x}$ は $x > 0$ で狭義単調減少であるから,

$$\dfrac{1}{n+1} < \int_n^{n+1} \dfrac{dx}{x} < \dfrac{1}{n}. \quad \cdots\cdots \text{①}$$

①の左側の不等式を最後で用いることにより

$$a_{n+1} - a_n = \dfrac{1}{n+1} - \log(n+1) + \log n = \dfrac{1}{n+1} - \int_n^{n+1}\dfrac{dx}{x} < 0.$$

ゆえに $\{a_n\}$ は単調減少である.さらに①の右側の不等式より

$$1 + \dfrac{1}{2} + \cdots + \dfrac{1}{n} > \int_1^{n+1}\dfrac{dx}{x} = \log(n+1).$$

よって $a_n > \log(n+1) - \log n > 0$.以上より $\{a_n\}$ は下に有界な単調減少数列であるので収束する.

定義 5.116 $\gamma := \lim\limits_{n \to \infty}\left(1 + \dfrac{1}{2} + \cdots + \dfrac{1}{n} - \log n\right)$ とおく.γ を **Euler**(オイラー)**の定数**と呼ぶ.

注意 5.117 大文字の Γ(ガンマ関数)と小文字の γ(Euler の定数)との間には $\Gamma'(1) = -\gamma$ という関係がある.Havil の著書 [12, 6.3 節] 等参照.

問題 5.118 数列 $a_n := 2\sqrt{n} - \sum\limits_{k=1}^{n}\dfrac{1}{\sqrt{k}}$ $(n = 1, 2, \ldots)$ は収束することを示せ.

例 5.119 この例では,**Stirling**(スターリング)**の公式**と呼ばれる,ガンマ関数 $\Gamma(t)$ の $t \to +\infty$ のときの挙動を記述する公式を述べよう[27].

---

[27] 様々な証明が知られている.以下では文献 [25] による微積分だけを使った直接証明を紹介しよう.評価の妙を鑑賞してほしい.

定理 5.120 $\displaystyle\lim_{t\to+\infty}\frac{\Gamma(t+1)\,e^t}{\sqrt{2\pi}\,t^{t+\frac{1}{2}}}=1.$ とくに $\displaystyle\lim_{n\to\infty}\frac{n!\,e^n}{n^{n+\frac{1}{2}}}=\sqrt{2\pi}.$

証明 $t>0$ とし，簡単のため $A:=\left\{x\geqq 0\,;\,|x-t|\geqq\frac{1}{2}t\right\}$ とおく．ガンマ関数の定義より

$$\Gamma(t+1)=\int_0^{+\infty}e^{-x}x^t\,dx=\int_{\frac{1}{2}t}^{\frac{3}{2}t}e^{-x}x^t\,dx+\int_{x\in A}e^{-x}x^t\,dx.$$

$\Gamma(t+1)$ で割ってから移項すると

$$\left|1-\frac{1}{\Gamma(t+1)}\int_{\frac{1}{2}t}^{\frac{3}{2}t}e^{-x}x^t\,dt\right|=\frac{1}{\Gamma(t+1)}\int_{x\in A}e^{-x}x^t\,dx.\ \cdots\cdots\ \text{①}$$

$x\in A$ のとき $1\leqq\frac{4}{t^2}(x-t)^2$ であるから，①の右辺は次のように評価できる．

$$\frac{1}{\Gamma(t+1)}\int_{x\in A}e^{-x}x^t\,dx\leqq\frac{4}{t^2\,\Gamma(t+1)}\int_{x\in A}(x-t)^2e^{-x}x^t\,dx$$
$$\leqq\frac{4}{t^2\,\Gamma(t+1)}\int_0^{+\infty}(x-t)^2e^{-x}x^t\,dx.$$

最後の項の積分の中の $(x-t)^2$ を展開すると，再びガンマ関数の定義から

$$I:=\int_0^{+\infty}(x-t)^2e^{-x}x^t\,dx=\Gamma(t+3)-2t\Gamma(t+2)+t^2\Gamma(t+1).$$

この右辺を問題 5.103 (1) を使って $\Gamma(t+1)$ で揃えると $I=(t+2)\Gamma(t+1)$. ゆえに①より $\left|1-\dfrac{1}{\Gamma(t+1)}\displaystyle\int_{\frac{1}{2}t}^{\frac{3}{2}t}e^{-x}x^t\,dt\right|\leqq\dfrac{4}{t^2}(t+2)$ を得る．よって

$$\lim_{t\to+\infty}\frac{1}{\Gamma(t+1)}\int_{\frac{1}{2}t}^{\frac{3}{2}t}e^{-x}x^t\,dx=1.\ \cdots\cdots\ \text{②}$$

②に現れた積分において変数変換 $x=\sqrt{t}\,y+t$ を行うと

$$\int_{\frac{1}{2}t}^{\frac{3}{2}t}e^{-x}x^t\,dx=\int_{-\frac{\sqrt{t}}{2}}^{\frac{\sqrt{t}}{2}}e^{-\sqrt{t}\,y-t}\left(\sqrt{t}\,y+t\right)^t\sqrt{t}\,dy=\frac{t^{t+\frac{1}{2}}}{e^t}\int_{-\frac{\sqrt{t}}{2}}^{\frac{\sqrt{t}}{2}}g_t(y)\,dy.$$

ただし $g_t(y):=\left(1+\dfrac{y}{\sqrt{t}}\right)^t e^{-\sqrt{t}\,y}$ とおいた．ゆえに②は次の③になる．

$$\lim_{t \to +\infty} \frac{t^{t+\frac{1}{2}}}{\Gamma(t+1)\,e^t} \int_{-\frac{\sqrt{t}}{2}}^{\frac{\sqrt{t}}{2}} g_t(y)\,dy = 1. \quad \cdots\cdots \text{③}$$

さて例題 4.80 より，$|z| \leqq \frac{1}{2}$, $u \in \mathbb{R}$, $v \in \mathbb{R}$ に対して，次の評価を得る．

$$\left| \log(1+z) - z + \frac{1}{2}z^2 \right| \leqq \sum_{k=3}^{\infty} \frac{|z|^k}{k} \leqq \frac{1}{3} \frac{|z|^3}{1-|z|} \leqq \frac{2}{3}|z|^3, \quad \cdots\cdots \text{④}$$

$$|e^u - e^v| = |e^{u-v} - 1||e^v| \leqq \sum_{k=1}^{\infty} \frac{|u-v|^k}{k!} e^v \leqq |u-v|e^{|u-v|}e^v. \quad \cdots\cdots \text{⑤}$$

$|y| \leqq \frac{1}{2}\sqrt{t}$ のときに ④ を

$$z = \frac{y}{\sqrt{t}}, \quad u = \log g_t(y) = t\left(\log(1+z) - z\right), \quad v = -\frac{y^2}{2} = -\frac{tz^2}{2}$$

として適用すると，

$$|u - v| \leqq \frac{2}{3} t |z|^3 = \frac{2}{3} \frac{|y|^3}{\sqrt{t}} \leqq \frac{y^2}{3}$$

を得る．ゆえに $e^{|u-v|}e^v \leqq e^{-\frac{1}{6}y^2}$．これらと ⑤ より，$|y| \leqq \frac{1}{2}\sqrt{t}$ において

$$\left| g_t(y) - e^{-\frac{1}{2}y^2} \right| \leqq |u-v|e^{|u-v|}e^v \leqq \frac{2}{3} \frac{|y|^3}{\sqrt{t}} e^{-\frac{1}{6}y^2} \leqq \frac{|y|^3}{\sqrt{t}} e^{-\frac{1}{6}y^2}. \quad \cdots \text{⑥}$$

したがって，

$$\left| \int_{-\frac{\sqrt{t}}{2}}^{\frac{\sqrt{t}}{2}} g_t(y)\,dy - \int_{-\infty}^{+\infty} e^{-\frac{1}{2}y^2}\,dy \right|$$
$$\leqq \int_{-\frac{\sqrt{t}}{2}}^{\frac{\sqrt{t}}{2}} \left| g_t(y) - e^{-\frac{1}{2}y^2} \right| dy + \int_{|y| \geqq \frac{\sqrt{t}}{2}} e^{-\frac{1}{2}y^2}\,dy. \quad \cdots \text{⑦}$$

⑥ より，⑦ の右辺第 1 項 $\leqq \dfrac{1}{\sqrt{t}} \displaystyle\int_{-\frac{\sqrt{t}}{2}}^{\frac{\sqrt{t}}{2}} |y|^3 e^{-\frac{1}{6}y^2}\,dy$ であり，問題 5.104 より二つの広義積分 $\displaystyle\int_{-\infty}^{+\infty} |y|^3 e^{-\frac{1}{6}y^2}\,dy$, $\displaystyle\int_{-\infty}^{+\infty} e^{-\frac{1}{2}y^2}\,dy$ はともに収束するので，$t \to +\infty$ のとき，⑦ の右辺 $\to 0$ である．ゆえに

$$\lim_{t \to +\infty} \int_{-\frac{\sqrt{t}}{2}}^{\frac{\sqrt{t}}{2}} g_t(y)\,dy = \int_{-\infty}^{+\infty} e^{-\frac{1}{2}y^2}\,dy = \sqrt{2} \int_{-\infty}^{+\infty} e^{-y^2}\,dy = \sqrt{2\pi}.$$

これと ③ より証明が終わる． □

第6章

多変数関数の微分

　この章と次の章では，多変数関数，主に 2 変数関数の微分と積分を扱う．変数が複数になると，1 変数のときとは違った現象も起きるので，1 変数のときからの類推だけで直感に頼りすぎると失敗することがある．定義をしっかり理解し，確かな論証を重ねることが大切である．

6.1 　変数のベクトル表示とノルム

　2 変数 x, y の関数というときに，x と y を組にして (x, y) と表し，座標平面上の点 (x, y) の関数とみなすと便利なことが多い．座標平面は実数の組 (x, y) の集合であるから，$\mathbb{R}^2$ という記号で表す．すなわち

$$\mathbb{R}^2 := \{(x, y) \,;\, x \in \mathbb{R}, y \in \mathbb{R}\}.$$

同様に $\mathbb{R}^3$ は座標空間を表し，より一般に $\mathbb{R}^n$ とは次の集合のことである．

$$\mathbb{R}^n := \{(x_1, \ldots, x_n) \,;\, x_1 \in \mathbb{R}, \ldots, x_n \in \mathbb{R}\}.$$

またベクトルの記号を用いて，

$$\boldsymbol{x} = (x, y) \in \mathbb{R}^2, \quad \boldsymbol{x} = (x, y, z) \in \mathbb{R}^3, \quad \boldsymbol{x} = (x_1, \ldots, x_n) \in \mathbb{R}^n$$

などとも書く[1]．以下ではとくに断らない限り，$\mathbb{R}^2$ や $\mathbb{R}^3$ では第 1 成分の文字を太文字にし，$\mathbb{R}^n$ では添字を除いた文字を太文字で表すことにする．とく

---

[1] 一般の n が煩わしい読者は $n = 2, 3$ として読み進めば当面は十分である．

に $\mathbb{R}^2$ においては，$\boldsymbol{x}=(x,y)$，$\boldsymbol{a}=(a,b)$，$\boldsymbol{h}=(h,k)$ というのは断りなしに使うこともある．零ベクトルは $\boldsymbol{0}$ で表す．ベクトル表示をするのであるから，実数倍と和・差についてここで確認しておこう．

(1) $\boldsymbol{x}=(x_1,\ldots,x_n)$，$t\in\mathbb{R}$ のとき，$t\boldsymbol{x}=(tx_1,\ldots,tx_n)$．
(2) $\boldsymbol{x}=(x_1,\ldots,x_n)$，$\boldsymbol{y}=(y_1,\ldots,y_n)$ のとき，
$$\boldsymbol{x}\pm\boldsymbol{y}=(x_1\pm y_1,\ldots,x_n\pm y_n) \quad \text{(複号同順)}.$$

1 変数の微分や積分では主に連続関数や微分可能な関数，そしてなめらかな関数を扱った．変数の個数が増えても同様に，そういう種類の関数を扱う．そのためにはまず，変数の動きを計る「ものさし」が必要である．1 変数のときのそれは絶対値であり，変数 x が定数 a に近づくとは，$|x-a|\to 0$ のことであった．この絶対値にあたるものを $\mathbb{R}^n$ で定義しよう．

定義 6.1 $\boldsymbol{x}=(x_1,\ldots,x_n)\in\mathbb{R}^n$ に対して，
$$\|\boldsymbol{x}\|:=\sqrt{x_1^2+\cdots+x_n^2}$$
とおく．この $\|\boldsymbol{x}\|$ を $\boldsymbol{x}$ の**ノルム**[2]という．

$n=2$ のとき，$\boldsymbol{x}=(x,y)\in\mathbb{R}^2$ に対して点 $\mathrm{P}(x,y)$ を考えると，$\|\boldsymbol{x}\|$ とは，原点 O を始点とするベクトル $\overrightarrow{\mathrm{OP}}$ の長さ $\left|\overrightarrow{\mathrm{OP}}\right|$ のことである．$n=3$ のときも同様である．$n=1$ のとき，実数 x のノルムとは x の絶対値に他ならない．

高校では平面や空間のベクトルの内積も学習した．それに対応して，ここでも内積を導入しておこう．$\boldsymbol{x}=(x_1,\ldots,x_n)$，$\boldsymbol{y}=(y_1,\ldots,y_n)$ に対して
$$\boldsymbol{x}\cdot\boldsymbol{y}:=x_1y_1+\cdots+x_ny_n$$
とおいて，$\boldsymbol{x}$ と $\boldsymbol{y}$ の**内積**と呼ぶ．明らかに $\boldsymbol{x}\cdot\boldsymbol{y}=\boldsymbol{y}\cdot\boldsymbol{x}$ が成り立つ．さらに次の各性質も容易に確かめることができる．

(1) $t\in\mathbb{R}$ のとき，$(t\boldsymbol{x})\cdot\boldsymbol{y}=\boldsymbol{x}\cdot(t\boldsymbol{y})=t(\boldsymbol{x}\cdot\boldsymbol{y})$．
(2) $(\boldsymbol{x}+\boldsymbol{y})\cdot\boldsymbol{z}=\boldsymbol{x}\cdot\boldsymbol{z}+\boldsymbol{y}\cdot\boldsymbol{z}$，$\boldsymbol{x}\cdot(\boldsymbol{y}+\boldsymbol{z})=\boldsymbol{x}\cdot\boldsymbol{y}+\boldsymbol{x}\cdot\boldsymbol{z}$．
(3) $\boldsymbol{x}\cdot\boldsymbol{x}\geqq 0$ であり，等号成立は $\boldsymbol{x}=\boldsymbol{0}$ のときに限る．

---

[2] 英語の norm をカタカナ表記したもの．いい訳語がない間にこのカタカナ用語が普及してしまった．

> **命題 6.2**
> (1) $\|\boldsymbol{x}\| \geqq 0$ であり，等号成立は $\boldsymbol{x} = \boldsymbol{0}$ のときに限る．
> (2) $t \in \mathbb{R}$ のとき，$\|t\boldsymbol{x}\| = |t|\|\boldsymbol{x}\|$．
> (3) **(三角不等式)** $\|\boldsymbol{x} + \boldsymbol{y}\| \leqq \|\boldsymbol{x}\| + \|\boldsymbol{y}\|$．

解説 $\|\boldsymbol{x}\|^2 = \boldsymbol{x} \cdot \boldsymbol{x}$ に注意しておこう．したがって，$\|\boldsymbol{x} \pm \boldsymbol{y}\|^2 = (\boldsymbol{x} \pm \boldsymbol{y}) \cdot (\boldsymbol{x} \pm \boldsymbol{y})$ により，和や差のノルムの 2 乗が展開できて，$\|\boldsymbol{x}\|^2 \pm 2\boldsymbol{x} \cdot \boldsymbol{y} + \|\boldsymbol{y}\|^2$（複号同順）に等しい．

証明 (3) のみが明らかでない．その証明に次の補題が必要である．

> **補題 6.3 (Schwarz の不等式)** $\boldsymbol{x}, \boldsymbol{y} \in \mathbb{R}^n$ のとき，$|\boldsymbol{x} \cdot \boldsymbol{y}| \leqq \|\boldsymbol{x}\|\|\boldsymbol{y}\|$ が成立する．等号成立は $\boldsymbol{x}$ と $\boldsymbol{y}$ が 1 次従属であるとき，すなわち実数の組 $(s, t) \neq (0, 0)$ が存在して，$s\boldsymbol{x} + t\boldsymbol{y} = \boldsymbol{0}$ となるときに限る．

証明 $\boldsymbol{x} = \boldsymbol{0}$ のときは補題は明らか．$\boldsymbol{x} \neq \boldsymbol{0}$ としよう．内積の性質により，$\forall t \in \mathbb{R}$ に対して
$$0 \leqq \|t\boldsymbol{x} - \boldsymbol{y}\|^2 = \|\boldsymbol{x}\|^2 t^2 - 2(\boldsymbol{x} \cdot \boldsymbol{y})t + \|\boldsymbol{y}\|^2. \quad \cdots\cdots ①$$
2 次関数の定符号条件より，判別式を考えて $(\boldsymbol{x} \cdot \boldsymbol{y})^2 - \|\boldsymbol{x}\|^2 \|\boldsymbol{y}\|^2 \leqq 0$ が出るので，不等式の証明が終わる．

さて，$\boldsymbol{x} \neq \boldsymbol{0}$ のときに Schwarz の不等式で等号が成り立つなら，①の右端の項は完全平方で $\left(\|\boldsymbol{x}\|t - \dfrac{\boldsymbol{x} \cdot \boldsymbol{y}}{\|\boldsymbol{x}\|}\right)^2$ に等しい．よって $t = \dfrac{\boldsymbol{x} \cdot \boldsymbol{y}}{\|\boldsymbol{x}\|^2}$ のときに 0 になる．①の等式より，その t に対して $\boldsymbol{y} = t\boldsymbol{x}$ となる．逆に 1 次従属であるとき，Schwarz の不等式で等号が成立することは明らかであろう． □

命題 6.2 の証明を続けよう．内積の性質と Schwarz の不等式より，
$$\begin{aligned}\|\boldsymbol{x} + \boldsymbol{y}\|^2 &= \|\boldsymbol{x}\|^2 + 2\boldsymbol{x} \cdot \boldsymbol{y} + \|\boldsymbol{y}\|^2 \\ &\leqq \|\boldsymbol{x}\|^2 + 2\|\boldsymbol{x}\|\|\boldsymbol{y}\| + \|\boldsymbol{y}\|^2 = (\|\boldsymbol{x}\| + \|\boldsymbol{y}\|)^2.\end{aligned}$$
これより三角不等式が導かれる． □

さらに 1.5 節と全く同様にして，次の不等式を得る．
$$|\|\boldsymbol{x}\| - \|\boldsymbol{y}\|| \leqq \|\boldsymbol{x} - \boldsymbol{y}\|, \quad \|\boldsymbol{x}_1 + \cdots + \boldsymbol{x}_m\| \leqq \|\boldsymbol{x}_1\| + \cdots + \|\boldsymbol{x}_m\|.$$

さて $\mathbb{R}^n$ の動点 $\boldsymbol{x} = (x_1, \ldots, x_n)$ が定点 $\boldsymbol{a} = (a_1, \ldots, a_n)$ に近づく，すなわち $\boldsymbol{x} \to \boldsymbol{a}$ とは，$\|\boldsymbol{x} - \boldsymbol{a}\| \to 0$ のことであるとする．定義から各 $k = 1, \ldots, n$ に対して $|x_k - a_k| \leqq \|\boldsymbol{x} - \boldsymbol{a}\|$ であり，一方で
$$\|\boldsymbol{x} - \boldsymbol{a}\| \leqq |x_1 - a_1| + \cdots + |x_n - a_n|$$
であるから，$\mathbb{R}^n$ での収束は成分ごとの収束と同値である．すなわち，
$$\boldsymbol{x} \to \boldsymbol{a} \iff x_k \to a_k \quad (\forall k = 1, \ldots, n). \tag{6.1}$$
以上を踏まえて，関数の極限や連続性について定義しよう．

定義 6.4 $\displaystyle\lim_{\boldsymbol{x} \to \boldsymbol{a}} f(\boldsymbol{x}) = \alpha$
$\stackrel{\text{def}}{\iff} \forall \varepsilon > 0, \exists \delta > 0$ s.t. $0 < \|\boldsymbol{x} - \boldsymbol{a}\| < \delta$ ならば $|f(\boldsymbol{x}) - \alpha| < \varepsilon$．

例題 6.5 次の極限を調べよ．
(1) $\displaystyle\lim_{(x,y) \to (0,0)} \frac{x^2 y}{x^2 + y^2}$ (2) $\displaystyle\lim_{(x,y) \to (0,0)} \frac{x^2 + 2xy - 3y^2}{x^2 + y^2}$

解説 式の形をよく見よう．分子，分母ともに同次式で，(1) は分子の方が高次，(2) は分子と分母がともに 2 次である．極座標を持ち出すまでもない．

解 (1) $x^2|y| \leqq (x^2 + y^2)\sqrt{x^2 + y^2}$ より，$0 \leqq \left|\dfrac{x^2 y}{x^2 + y^2}\right| \leqq \sqrt{x^2 + y^2}$ となる．はさみうちの原理から，求める極限値は 0 である．
(2) $f(x,y) := \dfrac{x^2 + 2xy - 3y^2}{x^2 + y^2}$ とおく．明らかに $f(x, 0) = 1$ $(\forall x \neq 0)$ であり，$f(0, y) = -3$ $(\forall y \neq 0)$ であるから，$\displaystyle\lim_{(x,y) \to (0,0)} f(x, y)$ は存在しない．□

問題 6.6 次の極限を調べよ．
(1) $\displaystyle\lim_{(x,y) \to (0,0)} \frac{x^2 y - 4y^3}{x^2 + 6y^2}$ (2) $\displaystyle\lim_{(x,y) \to (1,2)} \frac{xy - 2x - y + 2}{x^2 + y^2 - 2x - 4y + 5}$

定義 6.7
(1) f が $\boldsymbol{a}$ で **連続** $\stackrel{\text{def}}{\iff} \displaystyle\lim_{\boldsymbol{x} \to \boldsymbol{a}} f(\boldsymbol{x}) = f(\boldsymbol{a})$．
(2) f が集合 A で **連続** $\stackrel{\text{def}}{\iff} f$ は A の各点で連続．

注意 6.8 式 (6.1) があるからといって, $(x,y) \to (a,b)$ とするのを, たとえば $x \to a$ のあとで $y \to b$ とすることと考えてはいけない. 例を挙げておこう.

> **問題 6.9** 関数 $f(x,y) := (x+y)\sin\frac{1}{x}\sin\frac{1}{y}$ $(xy \neq 0)$, $f(x,y) := 0$ $(xy = 0)$ を考える.
> (1) $\lim_{y \to 0}\left(\lim_{x \to 0} f(x,y)\right)$ も $\lim_{x \to 0}\left(\lim_{y \to 0} f(x,y)\right)$ も存在しないことを示せ.
> (2) f は原点で連続であることを示せ.

6.2 偏微分

2 変数関数 $f(x,y)$ の微分について考えてみよう. まず思い浮かぶのは, 変数ごとに微分するということである. すなわち x について微分し, その際にもう一つの変数 y は定数と見ることである. これを x に関して**偏微分**するという. 同様に x を定数とみなして y に関して微分することを, y に関して偏微分するという. 偏微分をするということ自体は難しいことではない.

例 6.10 関数 $f(x,y) := x^3 + xy^2 - 3y^2$ を x に関して偏微分してみよう. y は定数と見るのであるから, 結果は $3x^2 + y^2$ である. これを次のように書く.
$$\frac{\partial f}{\partial x}(x,y) = 3x^2 + y^2, \quad \frac{\partial}{\partial x}f(x,y) = 3x^2 + y^2.$$
$f_x(x,y) = 3x^2 + y^2$ と書くことも多い. 関数 $\frac{\partial f}{\partial x}$ や f_x のことを, f の x に関する**偏導関数**という[3]. 同様に f の y に関する偏導関数は
$$\frac{\partial f}{\partial y}(x,y) = 2xy - 6y \quad \text{あるいは} \quad f_y(x,y) = 2xy - 6y.$$

注意 6.11 上記で $f_x(x,y) = 3x^2 + y^2$ と書くべきところを, 横着をして変数を省略し, $f_x = 3x^2 + y^2$ と書くこともよくある. もちろん, x, y が具体的な値の場合は $f_x(1,2) = 7$ というように, 横着はしない.

点 (a,b) において f が x に関して偏微分可能かどうかが明らかでないときは, **偏微分係数** $f_x(a,b)$ の定義である次の極限の存在を調べないといけない.
$$\lim_{x \to a} \frac{f(x,b) - f(a,b)}{x - a}.$$
動くのは x であり, y は定数と見るのであるから初めから b になっていることに注意. $f_y(a,b)$ についても同様である.

---
[3] 注意 1.8 参照.

以上のことは，変数の個数が多くなっても同じである．要するに，偏微分とは注目する独立変数以外のものは定数と見て微分することである．

多変数関数の微分として自然なものと思われる偏微分であるが，次の例で示すようなことが起きる．

例 6.12 偏微分可能というだけでは関数の連続性は結論できない．実際に関数 $f(x,y) := \dfrac{xy}{x^2+y^2}$ $((x,y) \neq (0,0))$, $f(0,0) := 0$ では，$h \neq 0$ のとき $f(h,0) = 0$ であるから

$$\lim_{h \to 0} \frac{f(h,0) - f(0,0)}{h} = 0.$$

ゆえに f は $(0,0)$ で x に関して偏微分可能であって，$f_x(0,0) = 0$．同様に $f_y(0,0) = 0$ である．しかし f は $(0,0)$ で連続ではない．なぜなら，$f(x,x) = \frac{1}{2}$ $(\forall x \neq 0)$ であることから，$\lim\limits_{(x,y) \to (0,0)} f(x,y) = 0 = f(0,0)$ とはなり得ないからである．

6.3 全微分と接平面

例 6.12 により，偏微分可能性から連続性が従わないので，偏微分を 1 変数関数の微分の多変数版とするのは適切ではないことがわかった．では何が適切なのであろうか．

まず，1 変数関数 f のグラフ $y = f(x)$ と，点 $(a, f(a))$ を通る直線 $y = f(a) + A(x-a)$（A は定数）の関係を次のように見よう．

$$\frac{f(x) - \{f(a) + A(x-a)\}}{x-a} = \frac{f(x) - f(a)}{x-a} - A. \tag{6.2}$$

> **補題 6.13** f が a で微分可能
> $\iff \exists A \in \mathbb{R}$ s.t. $x \to a$ のとき式 (6.2) の左辺 $\to 0$.
> このとき $A = f'(a)$ である．

証明 f が a で微分可能なら，$A = f'(a)$ とおくと，$x \to a$ のとき式 (6.2) の右辺 $\to 0$．ゆえに左辺 $\to 0$．逆にある A に対して式 (6.2) の左辺 $\to 0$ なら，右辺 $\to 0$ より，f は a で微分可能であって $f'(a) = A$ である．　□

したがって，f が a で微分可能であることと次は同値である．

$$\exists A \in \mathbb{R} \text{ s.t. } \lim_{x \to a} \frac{|f(x) - \{f(a) + A(x-a)\}|}{|x-a|} = 0. \tag{6.3}$$

分母の $|x-a|$ は x 軸上の変数 x と定点 a の距離であるので，ベクトル記法とノルムを使えば，これを多変数に移行することは容易にできる．

以下記述を簡単にするため 2 変数で述べるが，変数の個数が多くなっても全く同様である．

定義 6.14 関数 $f(\boldsymbol{x}) = f(x,y)$ が点 $\boldsymbol{a} = (a,b)$ において**全微分可能**
$\overset{\text{def}}{\Longleftrightarrow}$ 定数 A, B が存在して

$$\lim_{\boldsymbol{x} \to \boldsymbol{a}} \frac{|f(\boldsymbol{x}) - \{f(\boldsymbol{a}) + A(x-a) + B(y-b)\}|}{\|\boldsymbol{x} - \boldsymbol{a}\|} = 0.$$

定義 6.14 で定数もベクトル化して $\boldsymbol{A} := (A, B)$ とおき，内積を用いて

$$\lim_{\boldsymbol{x} \to \boldsymbol{a}} \frac{|f(\boldsymbol{x}) - \{f(\boldsymbol{a}) + \boldsymbol{A} \cdot (\boldsymbol{x} - \boldsymbol{a})\}|}{\|\boldsymbol{x} - \boldsymbol{a}\|} = 0 \tag{6.4}$$

と書くと，1 変数のときの式 (6.3) との類似はより鮮明になる．

命題 6.15 関数 f が点 $\boldsymbol{a}$ で全微分可能ならば，f は $\boldsymbol{a}$ で連続である．

証明 $\boldsymbol{x} \to \boldsymbol{a}$ のとき，式 (6.4) の分母 $\|\boldsymbol{x} - \boldsymbol{a}\| \to 0$ であるから，分子も $\to 0$ である．したがって $f(\boldsymbol{x}) \to f(\boldsymbol{a})$ である． □

命題 6.16 f が点 $\boldsymbol{a}$ で全微分可能ならば，f は $\boldsymbol{a}$ で x に関しても y に関しても偏微分可能で，式 (6.4) において $\boldsymbol{A} = (f_x(\boldsymbol{a}), f_y(\boldsymbol{a}))$ が成り立つ．

証明 式 (6.4) はどんな風に $\boldsymbol{x} \to \boldsymbol{a}$ としても極限が 0 であることを主張する．とくに $\boldsymbol{x}$ として (x,b) の形で，すなわち x 軸に平行に動いて $\boldsymbol{x} \to \boldsymbol{a}$ となる場合を考えよう．このときは初めから $y = b$ ゆえ，式 (6.4) は次のようになる．

$$\lim_{x \to a} \left| \frac{f(x,b) - f(a,b)}{x-a} - A \right| = 0.$$

ゆえに $A = \lim_{x \to a} \dfrac{f(x,b) - f(a,b)}{x - a} = f_x(a,b)$ である．B についても同様．□

定義 6.17 $(\nabla f)(\boldsymbol{a}) := (f_x(\boldsymbol{a}), f_y(\boldsymbol{a}))$ とおいて[4]，これを f の点 $\boldsymbol{a}$ における**勾配**と呼ぶ．面倒なので今後は括弧を省略して $\nabla f(\boldsymbol{a})$ と書く．

以上で，全微分こそが 1 変数関数の微分の多変数関数版であることがわかった．しかし，全微分可能であることをいちいち定義に戻って確かめるのはいかにも面倒である．次の定理で十分条件を一つ挙げよう．応用上は大抵これで間に合う．

定義 6.18 $f(x,y)$ が x, y について偏微分可能であり，f_x と f_y がともに連続であるとき，f は C^1 **級**であるという．

定理 6.19 f が C^1 級なら全微分可能，したがって連続である．

証明 まず次のように式変形をする．
$$f(x+h, y+k) - f(x,y)$$
$$= \{f(x+h, y+k) - f(x, y+k)\} + \{f(x, y+k) - f(x,y)\}. \quad \cdots \text{①}$$
関数 $x \mapsto f(x, y+k)$ に 1 変数関数の平均値定理（定理 4.22）を適用して，①の右辺の { } でくくった最初の項を次のように書き直す．
$$f(x+h, y+k) - f(x, y+k) = f_x(x + \theta_1 h, y+k)h \quad (0 < \theta_1 < 1).$$
ここで $\varepsilon_1(x, y, h, k) := f_x(x+h, y+k) - f_x(x, y)$ とおくと，
$$f(x+h, y+k) - f(x, y+k) = \bigl(f_x(x,y) + \varepsilon_1(x, y, \theta_1 h, k)\bigr) h.$$
同様にして，$\varepsilon_2(x, y, k) := f_y(x, y+k) - f_y(x, y)$ とおくと，
$$f(x, y+k) - f(x, y) = \bigl(f_y(x,y) + \varepsilon_2(x, y, \theta_2 k)\bigr) k \quad (0 < \theta_2 < 1).$$
以上より，簡単のため $\varepsilon_j \; (j = 1, 2)$ の中の変数を省略すると，①は
$$f(x+h, y+k) - f(x,y) = f_x(x,y)h + f_y(x,y)k + \varepsilon_1 h + \varepsilon_2 k. \quad \cdots\cdots \text{②}$$

---
[4] ∇ はナブラと読む．$\nabla f(\boldsymbol{a})$ の幾何学的な意味は後述する命題 6.95 参照．

ここでベクトル記法を用いて，$\boldsymbol{h} := (h,k)$，$\boldsymbol{\varepsilon} := (\varepsilon_1, \varepsilon_2)$ とおくと，②は
$$f(\boldsymbol{x}+\boldsymbol{h}) - \{f(\boldsymbol{x}) + \nabla f(\boldsymbol{x}) \cdot \boldsymbol{h}\} = \boldsymbol{\varepsilon} \cdot \boldsymbol{h}$$
と書ける．Schwarz の不等式（補題 6.3）より $|\boldsymbol{\varepsilon} \cdot \boldsymbol{h}| \leqq \|\boldsymbol{\varepsilon}\| \|\boldsymbol{h}\|$ ゆえ
$$\frac{\left| f(\boldsymbol{x}+\boldsymbol{h}) - \{f(\boldsymbol{x}) + \nabla f(\boldsymbol{x}) \cdot \boldsymbol{h}\} \right|}{\|\boldsymbol{h}\|} \leqq \|\boldsymbol{\varepsilon}\|. \quad \cdots\cdots\text{③}$$
さて f_x も f_y も連続であるから，$\boldsymbol{h} \to \boldsymbol{0}$ のとき，$\varepsilon_1(x,y,h,k) \to 0$ かつ $\varepsilon_2(x,y,k) \to 0$．よって $\|\boldsymbol{\varepsilon}\| \to 0$ となり，③より f は全微分可能である． □

定理 6.19 の逆が成立しない例を次の問題で挙げておこう．

問題 6.20 $f(x,y) := (x^2+y^2)\sin\frac{1}{x^2+y^2}$ $((x,y) \neq (0,0))$，$f(0,0) := 0$ で定義される関数 f を考える．
(1) $f_x(0,0), f_y(0,0)$ はともに存在して 0 であることを示せ．
(2) f は原点で全微分可能であるが，f_x, f_y は原点で連続でないことを示せ．

次に 2 変数関数のグラフを考える．たとえば $f(x,y) := \sqrt{1-x^2-y^2}$ のとき，そのグラフを Γ とすると，Γ は次の集合である．
$$\Gamma = \{(x,y,z) \in \mathbb{R}^3 \,;\, z = \sqrt{1-x^2-y^2}\,\}.$$
これは球面 $x^2+y^2+z^2 = 1$ の上半分 $z \geqq 0$ の部分である．このように，一般に 2 変数関数 f のグラフ $z = f(x,y)$ は $\mathbb{R}^3$ 内の曲面になる．さらに f が $\boldsymbol{a}$ で全微分可能であるとき，式 (6.4) と命題 6.16 より，
$$f(\boldsymbol{x}) = f(\boldsymbol{a}) + \nabla f(\boldsymbol{a}) \cdot (\boldsymbol{x}-\boldsymbol{a}) + o(\|\boldsymbol{x}-\boldsymbol{a}\|) \qquad (\boldsymbol{x} \to \boldsymbol{a}). \tag{6.5}$$
これは f のグラフ $z = f(\boldsymbol{x})$ を，平面 $z = f(\boldsymbol{a}) + \nabla f(\boldsymbol{a}) \cdot (\boldsymbol{x}-\boldsymbol{a})$ が $\boldsymbol{x} = \boldsymbol{a}$ の近くにおいて $o(\|\boldsymbol{x}-\boldsymbol{a}\|)$ で近似していることを示している．

定義 6.21 関数 f が点 (a,b) で全微分可能であるとき，平面
$$z = f(a,b) + f_x(a,b)(x-a) + f_y(a,b)(y-b)$$
を，点 $(a,b,f(a,b))$ における f のグラフの**接平面**と呼ぶ．

注意 6.22 $z = f(\boldsymbol{a}) + \nabla f(\boldsymbol{a}) \cdot (\boldsymbol{x}-\boldsymbol{a})$ と書けば，1 変数のときの接線の方程式との類似が見えてくる．

問題 6.23 関数 $f(x,y) := \mathrm{Arctan}\, \dfrac{y}{x}$ のグラフ上の点 $\mathrm{A}(-1, 1, f(-1, 1))$ における接平面の方程式を求めよ．

定義 6.24 $\boldsymbol{v} \in \mathbb{R}^2$ ($\boldsymbol{v} \neq \boldsymbol{0}$) に対して，次の右辺の極限が存在するとき，
$$(D_{\boldsymbol{v}} f)(\boldsymbol{a}) := \lim_{t \to 0} \frac{f(\boldsymbol{a} + t\boldsymbol{v}) - f(\boldsymbol{a})}{t}$$
を点 $\boldsymbol{a}$ での f の $\boldsymbol{v}$ **方向の微分**という[5]．$\boldsymbol{v}$ を単位ベクトル $\|\boldsymbol{v}\| = 1$ に限定し，$\boldsymbol{v} = (\cos\theta, \sin\theta)$ として，$\boldsymbol{\theta}$ **方向の微分**と呼ぶこともある．

注意 6.25 $\boldsymbol{e}_1 := (1, 0)$, $\boldsymbol{e}_2 := (0, 1)$ とすると，$f_x(\boldsymbol{a}) = D_{\boldsymbol{e}_1} f(\boldsymbol{a})$, $f_y(\boldsymbol{a}) = D_{\boldsymbol{e}_2} f(\boldsymbol{a})$．

命題 6.26 f が全微分可能（とくに C^1 級）ならば，$\forall \boldsymbol{v} \neq \boldsymbol{0}$ に対して $\boldsymbol{v}$ 方向の微分が可能であって，$D_{\boldsymbol{v}} f(\boldsymbol{a}) = \nabla f(\boldsymbol{a}) \cdot \boldsymbol{v}$ が成り立つ．

証明 $\boldsymbol{v} \neq \boldsymbol{0}$ のとき，式 (6.5) において $\boldsymbol{x} = \boldsymbol{a} + t\boldsymbol{v}$ とおくと，$t \to 0$ のとき
$$\frac{f(\boldsymbol{a} + t\boldsymbol{v}) - f(\boldsymbol{a})}{t} - \nabla f(\boldsymbol{a}) \cdot \boldsymbol{v} = o(1).$$
ゆえに $D_{\boldsymbol{v}} f(\boldsymbol{a})$ が存在して，$\nabla f(\boldsymbol{a}) \cdot \boldsymbol{v}$ に等しい． □

問題 6.27 関数 $f(x,y) := \dfrac{x^3 y}{x^6 + y^2}$ ($(x, y) \neq (0, 0)$), $f(0, 0) := 0$ を考える．
(1) f は $(0, 0)$ で連続でないことを示せ．
(2) $(0, 0)$ において，f は任意の $\boldsymbol{v} \neq \boldsymbol{0}$ に対して $\boldsymbol{v}$ 方向の微分が可能であることを示せ．

6.4 高階偏導関数

偏導関数 f_x がさらに x で偏微分できるとき，それを実行して $f_{xx} := (f_x)_x$ を得る．これはまた $\dfrac{\partial^2 f}{\partial x^2}$ とも書かれる．f_x が y で偏微分できるとき，それを実行して $f_{xy} := (f_x)_y$ を得る．これはまた $\dfrac{\partial^2 f}{\partial y \partial x}$ とも書かれる．ここでは x, y の付け方の順番に注意してほしい．$\dfrac{\partial}{\partial y}\left(\dfrac{\partial f}{\partial x}\right)$ の括弧を省略して $\dfrac{\partial^2 f}{\partial y \partial x}$,

---
[5] 面倒なので，ここでも今後は括弧を省いて $D_{\boldsymbol{v}} f(\boldsymbol{a})$ と書く．

そして $(f_x)_y$ の括弧を省略して f_{xy} となったと解釈するとよい．同様に，f_y をさらに x で偏微分すると，$\dfrac{\partial^2 f}{\partial x \partial y}$, f_{yx} を得るし，f_y をさらに y で偏微分すると，$\dfrac{\partial^2 f}{\partial y^2}$, f_{yy} を得る．以上は 2 階の偏導関数であるが，一般に偏微分を n 回続けることによって，n 階の偏導関数が定義される．

問題 6.28 $f(x, y) = \operatorname{Arctan} \dfrac{y}{x}$ とおくとき，$f_{xx} + f_{yy} = 0$ であることを示せ．

例 6.29 一般には $f_{xy} \neq f_{yx}$ である．実際に関数 $f(x, y) := xy \dfrac{x^2 - y^2}{x^2 + y^2}$ $((x, y) \neq (0, 0))$, $f(0, 0) := 0$ を考えると，$x \neq 0$ のとき $f(x, 0) = 0$ より
$$\lim_{x \to 0} \frac{f(x, 0) - f(0, 0)}{x} = 0.$$
ゆえに f は原点において x に関して偏微分可能で，$f_x(0, 0) = 0$. 同様にして，$f_y(0, 0) = 0$ がわかる．一方，$(x, y) \neq (0, 0)$ のとき，
$$f_x = y \frac{x^2 - y^2}{x^2 + y^2} + \frac{4x^2 y^3}{(x^2 + y^2)^2}, \quad f_y = x \frac{x^2 - y^2}{x^2 + y^2} - \frac{4x^3 y^2}{(x^2 + y^2)^2}$$
であるから，$f_x(0, y) = -y$ $(y \neq 0)$ かつ $f_y(x, 0) = x$ $(x \neq 0)$. よって，
$$\lim_{y \to 0} \frac{f_x(0, y) - f_x(0, 0)}{y} = -1, \quad \lim_{x \to 0} \frac{f_y(x, 0) - f_y(0, 0)}{x} = 1.$$
これより $f_{xy}(0, 0) = -1$, $f_{yx}(0, 0) = 1$ となるので，$f_{xy} \neq f_{yx}$ である． □

定義 6.30 関数 f の k 階 $(k \in \mathbb{N})$ までの偏導関数がすべて存在して連続であるとき，f は $\boldsymbol{C^k}$ **級**であるという．そして $\forall k \in \mathbb{N}$ に対して C^k 級であるとき，f は $\boldsymbol{C^\infty}$ **級**であるという．

1 変数のときと同じく，扱う関数が文脈に応じて十分大きな $k \in \mathbb{N}$ に対して C^k 級であることを，**なめらか**であるという．

定理 6.31 f が C^2 級なら $f_{xy} = f_{yx}$ である．

証明 $h \neq 0$, $k \neq 0$ として
$$\Delta := f(a + h, b + k) - f(a, b + k) - f(a + h, b) + f(a, b)$$

を考える．$\varphi(x) := f(x, b+k) - f(x, b)$ とおくと，$\Delta = \varphi(a+h) - \varphi(a)$ であるから，平均値の定理（定理 4.22）より，$0 < \exists \theta_j < 1\ (j=1,2)$ s.t.

$$\Delta = \varphi'(a+\theta_1 h)\, h = \{f_x(a+\theta_1 h, b+k) - f_x(a+\theta_1 h, b)\}h$$
$$= f_{xy}(a+\theta_1 h, b+\theta_2 k)\, hk.$$

同様に $\psi(y) := f(a+h, y) - f(a, y)$ とおくと，$\Delta = \psi(b+k) - \psi(b)$ であるから，$0 < \exists \theta_j < 1\ (j=3,4)$ s.t.

$$\Delta = \psi'(b+\theta_3 k)\, k = \cdots\cdots = f_{yx}(a+\theta_4 h, b+\theta_3 k)\, hk.$$

ゆえに $f_{xy}(a+\theta_1 h, b+\theta_2 k) = f_{yx}(a+\theta_4 h, b+\theta_3 k)$ を得る．この式において $(h, k) \to (0, 0)$ とすると，C^2 級という仮定から，$f_{xy}(a, b) = f_{yx}(a, b)$ であると結論できる． □

この定理により，なめらかな関数の高階偏導関数は，偏微分の順番に関係なく，どの変数で何回偏微分したかということで決まる．したがって，$\dfrac{\partial^n f}{\partial x^p\, \partial y^q}$ $(n = p+q)$ と書く．

6.5 合成関数の微分

次に合成関数の微分を考えよう．多変数関数の微分における学習目標の一つは，2変数や3変数で合成関数の微分，とくに2階のもの，が正しく計算できるようになることである．

次の命題は本質的に1変数の合成関数の微分である．

命題 6.32 $f(t)$ は1変数 t の関数で微分可能，$g(x, y)$ は x, y に関して偏微分可能であるとする．このとき，$F(x, y) := f(g(x, y))$ は x, y に関して偏微分可能であって，次式が成り立つ．

$$F_x(x, y) = f'(g(x, y))g_x(x, y), \quad F_y(x, y) = f'(g(x, y))g_y(x, y).$$

以下 $f(x, y)$ は2変数 x, y の関数で C^1 級であるとする．x, y が微分可能な t の関数 $x = x(t), y = y(t)$ であるとき，合成して得られる t の関数 $g(t) := f(x(t), y(t))$ を t で微分することを考えよう．公式は次の定理の通り．

定理 6.33 $g'(t) = f_x(x(t), y(t))x'(t) + f_y(x(t), y(t))y'(t).$

証明 簡単のため，$\boldsymbol{x}(t) = (x(t), y(t))$，$\boldsymbol{x}'(t) = (x'(t), y'(t))$ とおく．また $\boldsymbol{x}_0 := \boldsymbol{x}(t_0)$ とおこう．命題 4.5 を $x(t)$ と $y(t)$ に適用すると，$h = 0$ で連続な関数 φ, ψ を見つけて，ベクトル記法を用いて $\boldsymbol{\varphi}(h) := (\varphi(h), \psi(h))$ とおくとき，次のように書ける．

$$\boldsymbol{x}(t_0 + h) - \boldsymbol{x}_0 = h\boldsymbol{\varphi}(h). \quad \cdots\cdots \text{①}$$

ただし，$h \to 0$ のとき $\boldsymbol{\varphi}(h) \to \boldsymbol{\varphi}(0) = \boldsymbol{x}'(t_0)$ である．一方，式 (6.5) によって，$R(\boldsymbol{x}) \to 0$ $(\boldsymbol{x} \to \boldsymbol{x}_0)$ となる関数 R を用いて f は次のように書ける．

$$f(\boldsymbol{x}) - f(\boldsymbol{x}_0) = \nabla f(\boldsymbol{x}_0) \cdot (\boldsymbol{x} - \boldsymbol{x}_0) + \|\boldsymbol{x} - \boldsymbol{x}_0\| R(\boldsymbol{x}).$$

この式で $\boldsymbol{x} = \boldsymbol{x}(t_0 + h)$ とおいて①を使うと

$$g(t_0 + h) - g(t_0) = h\nabla f(\boldsymbol{x}_0) \cdot \boldsymbol{\varphi}(h) + |h|\, \|\boldsymbol{\varphi}(h)\| R(\boldsymbol{x}_0 + h\boldsymbol{\varphi}(h)).$$

ゆえに

$$\left| \frac{g(t_0 + h) - g(t_0)}{h} - \nabla f(\boldsymbol{x}_0) \cdot \boldsymbol{\varphi}(h) \right| = \|\boldsymbol{\varphi}(h)\| \, |R(\boldsymbol{x}_0 + h\boldsymbol{\varphi}(h))|.$$

$h \to 0$ とすると，右辺 $\to \|\boldsymbol{x}'(t_0)\| \cdot 0 = 0$ となるから，$g'(t_0)$ が存在して $\nabla f(\boldsymbol{x}_0) \cdot \boldsymbol{x}'(t_0)$ に等しい． □

今度は，x, y が 2 変数 u, v の関数の場合を考える．$x = x(u, v)$, $y = y(u, v)$ として，u, v の関数 $f(x(u, v), y(u, v))$ を u, v で偏微分することを考える．

定理 6.34 (連鎖律(chain rule))

$g(u, v) := f(x(u, v), y(u, v))$ とおくとき，

$g_u(u, v) = f_x(x(u, v), y(u, v))x_u(u, v) + f_y(x(u, v), y(u, v))y_u(u, v),$

$g_v(u, v) = f_x(x(u, v), y(u, v))x_v(u, v) + f_y(x(u, v), y(u, v))y_v(u, v).$

解説 連鎖律では変数をいちいち全部書くのは煩わしいので，

$$g_u = f_x\, x_u + f_y\, y_u, \qquad g_v = f_x\, x_v + f_y\, y_v \tag{6.6}$$

と書くことにすると，「鎖」のように微分が連なっていくというイメージが湧くであろう．

証明 u に関して偏微分するというのは，もう一つの変数 v を定数と見るのであるから，内容としては定理 6.33 と同じである． □

変数の個数が一般の場合の連鎖律を書き下しておこう．連鎖律の解釈については節を改めて述べる（6.6 節参照）．

定理 6.35 $\boldsymbol{x}(\boldsymbol{u}) = (x_1(\boldsymbol{u}), \ldots, x_n(\boldsymbol{u}))$, $\boldsymbol{u} = (u_1, \ldots, u_m)$, はなめらかであるとする．なめらかな n 変数関数 f に対して，$g(\boldsymbol{u}) := f(\boldsymbol{x}(\boldsymbol{u}))$ とおくとき

$$\frac{\partial g}{\partial u_j}(\boldsymbol{u}) = \sum_{k=1}^{n} \frac{\partial f}{\partial x_k}(\boldsymbol{x}(\boldsymbol{u})) \frac{\partial x_k}{\partial u_j}(\boldsymbol{u}) \qquad (j = 1, 2, \ldots, m).$$

注意 6.36 合成関数の微分に関連して，記号について注意をしておきたい（注意 4.7 参照）．
(1) 連鎖律において，$z = f(x, y)$ というように 従属変数 z を設定し，x, y が u, v の関数 $x = x(u, v)$, $y = y(u, v)$ であるとき，変数 z が独立変数 u, v にも従属すると見て偏微分して，z_u, z_v というように書くことがある．このときには連鎖律は次のように書かれる．

$$z_u = z_x x_u + z_y y_u, \qquad z_v = z_x x_v + z_y y_v. \quad \cdots\cdots \text{①}$$

この記法は慣れると便利であるが，一方で f_x と z_x が同じものを表すからという理由で，①の左辺の z_u や z_v を f_u や f_v と書くとおかしなことになる．関数 f はあくまでも対応 $(x, y) \mapsto f(x, y)$ をいうのであって，文字は何でもよい．したがって u, v を使って，$(u, v) \mapsto f(u, v)$ と書いても関数 f に変わりはない．上で定義された u, v の関数を表すには，定理にあるように新たに関数の記号を導入して $g(u, v) := f(x(u, v), y(u, v))$ として，z_u と g_u は同じものを表すというべきなのである．
(2) f_x はあくまでも第 1 変数に関する f の偏導関数を表す．たとえば，$g(x, y) := f(x^2, xy)$ とおくとき，連鎖律により

$$g_x(x, y) = 2x f_x(x^2, xy) + y f_y(x^2, xy) \quad \cdots\cdots \text{②}$$

であるが，②の右辺の f_x という記号の右下に付いている x は，$g(x, y) = f(x^2, xy)$ に現れる x とは全く無関係である．本来は g の変数は別の文字を使って，$g(u, v) := f(u^2, uv)$ とするべきところを横着しているのである．さらに②を

$$\frac{\partial}{\partial x} f(x^2, xy) = 2x \frac{\partial f}{\partial x}(x^2, xy) + y \frac{\partial f}{\partial y}(x^2, xy)$$

と書くと，混乱する人がいるかもしれない．実際に f が微分記号の分子に乗っているか否かは大きな違いなのである．$\frac{\partial f}{\partial x}(x^2, xy)$ は偏導関数 $\frac{\partial f}{\partial x}$ の点 (x^2, xy) における値であるのに対して，左辺の $\frac{\partial}{\partial x} f(x^2, xy)$ は，関数 $(x, y) \mapsto f(x^2, xy)$ を x に関して偏微分したもの，すなわち $\frac{\partial}{\partial x} \bigl(f(x^2, xy) \bigr)$ の括弧を省いたものなのである．$\frac{\partial}{\partial x} f(x^2, xy)$ を $\frac{\partial f(x^2, xy)}{\partial x}$ と書く流儀もあるが，本書では採らない．

問題 6.37 1変数 t のなめらかな関数 $f(t)$, $g(t)$ に対して，$F(x,y) := xf\left(\dfrac{y}{x}\right) + g\left(\dfrac{y}{x}\right)$ で定義される 2 変数 x, y の関数 $F(x,y)$ を考える．$x^2 F_{xx} + 2xy F_{xy} + y^2 F_{yy} = 0$ であることを示せ．

問題 6.38 定理 6.33 において，f, x, y がなめらかなとき，次式を示せ．
$$g'' = f_{xx}(x')^2 + 2f_{xy} x' y' + f_{yy}(y')^2 + f_x x'' + f_y y''.$$
ここで f の各偏導関数の変数部分には $(x(t), y(t))$ が入る．

問題 6.39 定理 6.34 において，f, x, y がなめらかなとき，g_{uu}, g_{vv} は問題 6.38 と同様である．g_{uv} について
$$g_{uv} = f_{xx} x_u x_v + f_{xy}(x_u y_v + x_v y_u) + f_{yy} y_u y_v + f_x x_{uv} + f_y y_{uv} \quad \cdots\cdots ①$$
であることを示せ．ただし，f の各偏導関数の変数部分には $(x(u,v), y(u,v))$ が入る．また ① で $v = u$ とおけば g_{uu} の，$u = v$ とおけば g_{vv} の公式になっていることにも注意．

合成関数の微分は座標系の変換においてとくに重要である．問題で見ていこう．以下では，現れる関数はすべてなめらかであるとする．したがって，偏微分の順序交換は自由にできるものとする．

例題 6.40 (極座標への変換) $z = f(x,y)$, $x = r\cos\theta$, $y = r\sin\theta$ とする．$g(r,\theta) := f(r\cos\theta, r\sin\theta)$ について，次を示せ．
(1) $(f_x)^2 + (f_y)^2 = (g_r)^2 + \dfrac{1}{r^2}(g_\theta)^2$.
(2) $f_{xx} + f_{yy} = g_{rr} + \dfrac{1}{r} g_r + \dfrac{1}{r^2} g_{\theta\theta}$.

解説 問題を解くだけなら右辺から左辺への変形が楽である．しかしこの例題では，直交座標から極座標に座標系が変わったときに，左辺がどうなるかが問われていると見るのが自然であろう．そしてそれこそが実際に座標変換を使う場面で出会う状況であるし，結果もあらかじめわかっているわけではない．この場合，従属変数を設定して $z = f(x,y) = g(r,\theta)$ とすると，調子良く機械的に計算ができる．

解 (1) まず次を示そう．
$$r_x = \cos\theta, \quad r_y = \sin\theta, \quad \theta_x = -\frac{1}{r}\sin\theta, \quad \theta_y = \frac{1}{r}\cos\theta. \tag{6.7}$$
$r^2 = x^2 + y^2$ の両辺を x で偏微分して，$2rr_x = 2x$．ゆえに $r_x = \dfrac{x}{r} = \cos\theta$．同様に $r_y = \dfrac{y}{r} = \sin\theta$．また $\tan\theta = \dfrac{y}{x}$ より $\dfrac{\theta_x}{\cos^2\theta} = -\dfrac{y}{x^2}$ を得る．ゆえに

6.5 合成関数の微分

$\theta_x = -\frac{y}{x^2}\cos^2\theta = -\frac{1}{r}\sin\theta$. 同様に $\theta_y = \frac{1}{r}\cos\theta$ となって，式 (6.7) が示せた．以下 $z = f(x,y) = g(r,\theta)$ とおこう．連鎖律と式 (6.7) より

$$z_x = z_r r_x + z_\theta \theta_x = z_r \cos\theta - \frac{1}{r} z_\theta \sin\theta,$$

$$z_y = z_r r_y + z_\theta \theta_y = z_r \sin\theta + \frac{1}{r} z_\theta \cos\theta.$$

ゆえに $(z_x)^2 + (z_y)^2 = (z_r)^2 + \frac{1}{r^2}(z_\theta)^2$ が成り立ち，(1) が示せた．

(2) $z_{xx} = \frac{\partial}{\partial x}(z_r r_x + z_\theta \theta_x)$ より

$$z_{xx} = (z_{rr} r_x + z_{r\theta} \theta_x) r_x + z_r r_{xx} + (z_{\theta r} r_x + z_{\theta\theta} \theta_x) \theta_x + z_\theta \theta_{xx}$$
$$= (r_x)^2 z_{rr} + 2 r_x \theta_x z_{r\theta} + (\theta_x)^2 z_{\theta\theta} + r_{xx} z_r + \theta_{xx} z_\theta.$$

同様にして，$z_{yy} = (r_y)^2 z_{rr} + 2 r_y \theta_y z_{r\theta} + (\theta_y)^2 z_{\theta\theta} + r_{yy} z_r + \theta_{yy} z_\theta$. ゆえに

$$z_{xx} + z_{yy} = ((r_x)^2 + (r_y)^2) z_{rr} + 2(r_x \theta_x + r_y \theta_y) z_{r\theta} + ((\theta_x)^2 + (\theta_y)^2) z_{\theta\theta}$$
$$+ (r_{xx} + r_{yy}) z_r + (\theta_{xx} + \theta_{yy}) z_\theta.$$

ここで (6.7) より，

$$(r_x)^2 + (r_y)^2 = 1, \quad r_x \theta_x + r_y \theta_y = 0, \quad (\theta_x)^2 + (\theta_y)^2 = \frac{1}{r^2}.$$

さらに (6.7) より，$r_{xx} = -(\sin\theta)\theta_x = \frac{1}{r}\sin^2\theta$. 同様に，$r_{yy} = \frac{1}{r}\cos^2\theta$,

$$\theta_{xx} = \frac{2}{r^2}\cos\theta\sin\theta, \qquad \theta_{yy} = -\frac{2}{r^2}\cos\theta\sin\theta.$$

これらより，

$$r_{xx} + r_{yy} = \frac{1}{r}, \qquad \theta_{xx} + \theta_{yy} = 0.$$

以上により，$z_{xx} + z_{yy} = z_{rr} + \frac{1}{r^2} z_{\theta\theta} + \frac{1}{r} z_r$ となる． □

問題 6.41 なめらかな関数 $f(x,y)$ を考える．$x(r,t) := r\cosh t$, $y(r,t) := r\sinh t$ のとき，$g(r,t) := f(x(r,t), y(r,t))$ に対して次の (1), (2) を左辺から右辺への変形で示せ．
(1) $(f_x)^2 - (f_y)^2 = (g_r)^2 - \frac{1}{r^2}(g_t)^2$ (2) $f_{xx} - f_{yy} = g_{rr} + \frac{1}{r}g_r - \frac{1}{r^2}g_{tt}$

定義 6.42 写像 $f \mapsto \dfrac{\partial^2 f}{\partial x^2} + \dfrac{\partial^2 f}{\partial y^2}$ を $\Delta := \dfrac{\partial^2}{\partial x^2} + \dfrac{\partial^2}{\partial y^2}$ で表して，2次元の **Laplacian**(ラプラシアン) と呼ぶ．

例題 6.40 (2) により，2次元の Laplacian の極座標による表示は
$$\frac{\partial^2}{\partial r^2} + \frac{1}{r}\frac{\partial}{\partial r} + \frac{1}{r^2}\frac{\partial^2}{\partial \theta^2}. \tag{6.8}$$

定義 6.43 (空間の極座標) $r \geqq 0,\ 0 \leqq \theta \leqq \pi,\ 0 \leqq \varphi < 2\pi$ として，
$$x = r\sin\theta\cos\varphi, \quad y = r\sin\theta\sin\varphi, \quad z = r\cos\theta.$$

空間の極座標　　　　　円柱座標

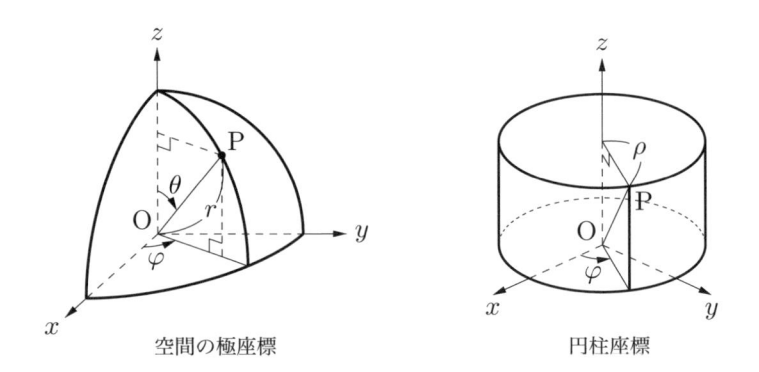

例 6.44 ここでは 3 次元の **Laplacian** $\Delta := \dfrac{\partial^2}{\partial x^2} + \dfrac{\partial^2}{\partial y^2} + \dfrac{\partial^2}{\partial z^2}$ を考え，その極座標による表示が次で与えられることを示そう．
$$\Delta = \frac{\partial^2}{\partial r^2} + \frac{2}{r}\frac{\partial}{\partial r} + \frac{1}{r^2}\left(\frac{\partial^2}{\partial \theta^2} + \frac{1}{\tan\theta}\frac{\partial}{\partial \theta} + \frac{1}{\sin^2\theta}\frac{\partial^2}{\partial \varphi^2}\right).$$

3 変数の連鎖律を用いても計算は可能であるが，結構大変である[6]．次に定義する円柱座標を経由する方が計算は楽である．

定義 6.45 円柱座標とは，$\rho \geqq 0,\ 0 \leqq \varphi < 2\pi$ として，
$$x = \rho\cos\varphi, \qquad y = \rho\sin\varphi, \qquad z = z$$
で定義される座標系 (ρ, φ, z) のことである．

まず変数 x, y で式 (6.8) の極座標に移行すると，すなわち定義 6.45 の円柱座標での Δ の表示は

---
[6] とはいうものの，一度は実際に計算してみるべきであろう．

$$\Delta = \frac{\partial^2}{\partial \rho^2} + \frac{1}{\rho}\frac{\partial}{\partial \rho} + \frac{1}{\rho^2}\frac{\partial^2}{\partial \varphi^2} + \frac{\partial^2}{\partial z^2}. \quad \cdots\cdots \text{①}$$

そして円柱座標から極座標へと移ろう．すなわち

$$z = r\cos\theta, \qquad \rho = r\sin\theta, \qquad \varphi = \varphi.$$

変数 z, ρ で極座標に移行して，①の $\frac{\partial^2}{\partial z^2} + \frac{\partial^2}{\partial \rho^2}$ の部分を書き換えると

$$\frac{\partial^2}{\partial z^2} + \frac{\partial^2}{\partial \rho^2} = \frac{\partial^2}{\partial r^2} + \frac{1}{r}\frac{\partial}{\partial r} + \frac{1}{r^2}\frac{\partial^2}{\partial \theta^2}.$$

$\rho^2 = r^2 \sin^2\theta$ であるから，残るは $\frac{1}{\rho}\frac{\partial}{\partial \rho}$ の書き換えである．連鎖律から[7]

$$\frac{\partial}{\partial \rho} = \frac{\partial r}{\partial \rho}\frac{\partial}{\partial r} + \frac{\partial \theta}{\partial \rho}\frac{\partial}{\partial \theta}$$

であり，式 (6.7) で $y = \rho$ とした式より $r_\rho = \sin\theta$, $\theta_\rho = \frac{1}{r}\cos\theta$ であるから，

$$\frac{1}{\rho}\frac{\partial}{\partial \rho} = \frac{1}{r\sin\theta}\left(\sin\theta\frac{\partial}{\partial r} + \frac{\cos\theta}{r}\frac{\partial}{\partial \theta}\right) = \frac{1}{r}\frac{\partial}{\partial r} + \frac{1}{r^2}\frac{1}{\tan\theta}\frac{\partial}{\partial \theta}.$$

以上より所要の結果を得る． □

6.6 写像の微分

この節では状況を一般化して，m 個のなめらかな n 変数の関数 $f_1, \ldots, f_m$ を考える．この m 個の関数を並べてベクトル表示して $\boldsymbol{F} = (f_1, \ldots, f_m)$ と見ると，$\boldsymbol{F}$ は $\mathbb{R}^n$（あるいは $\mathbb{R}^n$ の部分集合）から $\mathbb{R}^m$ への写像

$$\boldsymbol{x} = (x_1, \ldots, x_n) \mapsto \boldsymbol{F}(\boldsymbol{x}) = (f_1(\boldsymbol{x}), \ldots, f_m(\boldsymbol{x}))$$

とみなせる．写像 $\boldsymbol{F}$ の各成分 $f_1, \ldots, f_m$ の各偏導関数を次のように並べて書いた $m \times n$ 行列 $J_{\boldsymbol{F}}(\boldsymbol{x})$ を $\boldsymbol{F}$ の **Jacobi 行列**（ヤコビ）という．

$$J_{\boldsymbol{F}}(\boldsymbol{x}) = \begin{pmatrix} \frac{\partial f_1}{\partial x_1}(\boldsymbol{x}) & \cdots & \frac{\partial f_1}{\partial x_n}(\boldsymbol{x}) \\ \vdots & & \vdots \\ \frac{\partial f_m}{\partial x_1}(\boldsymbol{x}) & \cdots & \frac{\partial f_m}{\partial x_n}(\boldsymbol{x}) \end{pmatrix}. \tag{6.9}$$

すなわち，$J_{\boldsymbol{F}}$ の (i, j) 成分は $\frac{\partial f_i}{\partial x_j}$ である．

---

[7] □ に関数が入っていると思えば，$\frac{\partial r}{\partial \rho}\frac{\partial \Box}{\partial r}$ は $\frac{\partial \Box}{\partial r}\frac{\partial r}{\partial \rho}$ の順序を換えて書いたものであることがわかる．

例 6.46 $m \times n$ の定数行列 $T = (t_{ij})$ によって写像 $\boldsymbol{F} = (f_1, \ldots, f_m)$ が

$$f_i(x_1, \ldots, x_n) = \sum_{j=1}^{n} t_{ij} x_j \qquad (i = 1, \ldots, m)$$

で与えられたとしよう．すなわち $\boldsymbol{F}$ は行列 T が定める線型写像 $\mathbb{R}^n \to \mathbb{R}^m$ であるとする．明らかに $\dfrac{\partial f_i}{\partial x_j} = t_{ij}$ であるから，$J_{\boldsymbol{F}} = T$ である．このことは，1 変数の 1 次関数 $y = ax$ の導関数が定数 a であることに対応している．

例 6.47 1 個の関数 $f(\boldsymbol{x})$ に対しては $J_f(\boldsymbol{x}) = \left(\dfrac{\partial f}{\partial x_1}(\boldsymbol{x}), \ldots, \dfrac{\partial f}{\partial x_n}(\boldsymbol{x}) \right)$ となる[8]ので，$J_f(\boldsymbol{x})$ は**勾配** $\nabla f(\boldsymbol{x})$ に他ならない．

例 6.48 前節で扱った極座標への変換も写像の一つである．平面の場合，$\boldsymbol{F}(r, \theta) := (r \cos\theta, r \sin\theta)$ とおくと

$$J_{\boldsymbol{F}}(r, \theta) = \begin{pmatrix} \cos\theta & -r\sin\theta \\ \sin\theta & r\cos\theta \end{pmatrix}. \tag{6.10}$$

空間の場合は，$\boldsymbol{F}(r, \theta, \varphi) := (r\sin\theta\cos\varphi, r\sin\theta\sin\varphi, r\cos\theta)$ とおくと，次のようになる．

$$J_{\boldsymbol{F}}(r, \theta, \varphi) = \begin{pmatrix} \sin\theta\cos\varphi & r\cos\theta\cos\varphi & -r\sin\theta\sin\varphi \\ \sin\theta\sin\varphi & r\cos\theta\sin\varphi & r\sin\theta\cos\varphi \\ \cos\theta & -r\sin\theta & 0 \end{pmatrix}. \tag{6.11}$$

Jacobi 行列を導入することのメリットは，連鎖律の解釈が明瞭になることである．写像 $\boldsymbol{F} : \mathbb{R}^n \to \mathbb{R}^m$ と $\boldsymbol{G} : \mathbb{R}^m \to \mathbb{R}^l$ の合成写像 $\boldsymbol{H} := \boldsymbol{G} \circ \boldsymbol{F} : \mathbb{R}^n \to \mathbb{R}^l$ を考えよう．

$$\boldsymbol{F}(\boldsymbol{x}) = (f_1(\boldsymbol{x}), \ldots, f_m(\boldsymbol{x})), \quad \boldsymbol{G}(\boldsymbol{y}) = (g_1(\boldsymbol{y}), \ldots, g_l(\boldsymbol{y}))$$

とする．$\boldsymbol{H}(\boldsymbol{x})$ の第 i 成分である関数 $h_i(\boldsymbol{x}) = g_i(f_1(\boldsymbol{x}), \ldots, f_m(\boldsymbol{x}))$ を x_j で偏微分すると，定理 6.35 より，$j = 1, \ldots, n$ に対して

$$\frac{\partial h_i}{\partial x_j} = \sum_{k=1}^{m} \frac{\partial g_i}{\partial y_k} \frac{\partial f_k}{\partial x_j} \qquad (i = 1, \ldots, l).$$

この等式により，次の行列の等式が成り立っていることがわかる．

---

[8] $J_f(\boldsymbol{x})$ は行列だから本来はコンマをつけないはずであるが，そんなことにはこだわらないでおこう．

$$\begin{pmatrix} \dfrac{\partial h_1}{\partial x_1} & \cdots & \dfrac{\partial h_1}{\partial x_n} \\ \vdots & & \vdots \\ \dfrac{\partial h_l}{\partial x_1} & \cdots & \dfrac{\partial h_l}{\partial x_n} \end{pmatrix} = \begin{pmatrix} \dfrac{\partial g_1}{\partial y_1} & \cdots & \dfrac{\partial g_1}{\partial y_m} \\ \vdots & & \vdots \\ \dfrac{\partial g_l}{\partial y_1} & \cdots & \dfrac{\partial g_l}{\partial y_m} \end{pmatrix} \begin{pmatrix} \dfrac{\partial f_1}{\partial x_1} & \cdots & \dfrac{\partial f_1}{\partial x_n} \\ \vdots & & \vdots \\ \dfrac{\partial f_m}{\partial x_1} & \cdots & \dfrac{\partial f_m}{\partial x_n} \end{pmatrix}.$$

よって次の定理を得る.

定理 6.49 $J_{\boldsymbol{G} \circ \boldsymbol{F}}(\boldsymbol{x}) = J_{\boldsymbol{G}}(\boldsymbol{F}(\boldsymbol{x})) J_{\boldsymbol{F}}(\boldsymbol{x})$.

Jacobi 行列 $J_{\boldsymbol{F}}(\boldsymbol{x})$ を $\boldsymbol{F}'(\boldsymbol{x})$ と書くことにすると,定理 6.49 における公式は,$(\boldsymbol{G} \circ \boldsymbol{F})'(\boldsymbol{x}) = \boldsymbol{G}'(\boldsymbol{F}(\boldsymbol{x})) \boldsymbol{F}'(\boldsymbol{x})$ と書けて,行列の積であることを除いて,見た目は定理 4.4 の 1 変数関数の合成関数の微分公式と変わらなくなる.逆写像の Jacobi 行列についても,1 変数関数のときの逆数(定理 4.10 参照)であるところが,多変数の写像では逆行列になる.

系 6.50 なめらかな写像 $\boldsymbol{F} : \mathbb{R}^n \to \mathbb{R}^n$ がなめらかな逆写像 $\boldsymbol{F}^{-1}$ を持つとき,Jacobi 行列 $J_{\boldsymbol{F}}(\boldsymbol{x})$ は正則であって,$J_{\boldsymbol{F}^{-1}}(\boldsymbol{F}(\boldsymbol{x})) = J_{\boldsymbol{F}}(\boldsymbol{x})^{-1}$.

証明 $(\boldsymbol{F}^{-1} \circ \boldsymbol{F})(\boldsymbol{x}) = \boldsymbol{x}$ であり,右辺は単位行列 E が定める線型写像であるから,例 6.46 と定理 6.49 より

$$E = J_{\boldsymbol{F}^{-1} \circ \boldsymbol{F}}(\boldsymbol{x}) = J_{\boldsymbol{F}^{-1}}(\boldsymbol{F}(\boldsymbol{x})) J_{\boldsymbol{F}}(\boldsymbol{x}).$$

ゆえに $\det J_{\boldsymbol{F}}(\boldsymbol{x}) \neq 0$ であり,系が成り立つ. □

6.7 2 変数関数の Taylor の定理

この節でも現れる関数はなめらかであるとする.以下,記述を簡単にするため,$D_x = \dfrac{\partial}{\partial x}$,$D_y = \dfrac{\partial}{\partial y}$ とおく.高階の偏微分についても,たとえば D_x^2 は D_x を関数に 2 回作用させることであるとし,

$$D_x^2 = \frac{\partial^2}{\partial x^2}, \ \ D_y^2 = \frac{\partial^2}{\partial y^2}, \ \ D_x D_y = \frac{\partial^2}{\partial x \partial y}, \ \ D_x^2 D_y = \frac{\partial^3}{\partial x^2 \partial y}, \ \cdots$$

などとする．さらに $h, k \in \mathbb{R}$ とするとき

$$(hD_x + kD_y)f := hD_xf + kD_yf = h\frac{\partial f}{\partial x} + k\frac{\partial f}{\partial y}$$

とおき，$(hD_x + kD_y)^n$ は，$hD_x + kD_y$ を関数に n 回作用させることとする．たとえば関数 f に 2 回作用させると

$$\begin{aligned}(hD_x + kD_y)^2 f &= (hD_x + kD_y)(hD_xf + kD_yf) \\ &= (hD_x + kD_y)(hD_xf) + (hD_x + kD_y)(kD_yf) \\ &= h^2 D_x^2 f + hk D_y D_x f + hk D_x D_y f + k^2 D_y^2 f \\ &= h^2 D_x^2 f + 2hk D_x D_y f + k^2 D_y^2 f.\end{aligned}$$

最後の等号で $D_y D_x f = D_x D_y f$ を使った．したがって，二項展開の公式 (1.2) と同様な次の公式が成り立つ．証明も 1.6 節での考え方がそのまま通用する．

$$(hD_x + kD_y)^n f = \sum_{j=0}^n \binom{n}{j} h^{n-j} k^j D_x^{n-j} D_y^j f. \quad \cdots \cdots \text{①}$$

ただし D_x^0, D_y^0 はいずれも恒等写像 $f \mapsto f$ を表す．$(hD_x + kD_y)^0$ も同じ約束として，①は $n = 0$ に対しても成り立つ．

さて，2 変数関数 $f(x, y)$ と絶対値が十分小さい $h, k \in \mathbb{R}$ に対して，1 変数 t の関数 $\varphi(t) := f(a + th, b + tk)$ を考えよう．以下煩雑さを避けるために $a = b = 0$ として記述する．φ を t で微分し，上で導入した記号を用いると，

$$\varphi'(t) = f_x(th, tk)h + f_y(th, tk)k = ((hD_x + kD_y)f)(th, tk). \tag{6.12}$$

もう一度微分すると[9]

$$\begin{aligned}\varphi''(t) &= f_{xx}(th, tk)h^2 + 2f_{xy}(th, tk)hk + f_{yy}(th, tk)k^2 \\ &= (hD_x + kD_y)^2 f(th, tk)\end{aligned} \tag{6.13}$$

となっていることがわかる．$\varphi^{(n)}(t)$ の計算は，n 回微分するうちのどの段階で f（の偏導関数）を x で偏微分して h が出るか，y で偏微分して k が出るかであるから，①より次式が成り立つ．

$$\varphi^{(n)}(t) = (hD_x + kD_y)^n f(th, tk) \quad (n = 0, 1, 2, \ldots). \tag{6.14}$$

---

[9] 以下，$((hD_x + kD_y)^n f)(th, tk)$ のことを，括弧を一つ略して $(hD_x + kD_y)^n f(th, tk)$ と書く．

関数 $\varphi(t)$ に 1 変数の Taylor の定理（定理 4.45）を適用すると
$$\varphi(t) = \sum_{j=0}^{n} \frac{\varphi^{(j)}(0)}{j!} t^j + \frac{\varphi^{(n+1)}(\theta t)}{(n+1)!} t^{n+1} \quad (0 < \theta < 1).$$
この式で $t = 1$ として，$\varphi(1) = f(h,k)$，$\varphi^{(j)}(0) = (hD_x + kD_y)^j f(0,0)$ であることより，
$$f(h,k) = \sum_{j=0}^{n} \frac{1}{j!} (hD_x + kD_y)^j f(0,0)$$
$$+ \frac{1}{(n+1)!} (hD_x + kD_y)^{n+1} f(\theta h, \theta k).$$
一般の点 (a,b) に戻して，次の定理を得る．

定理 6.51 (**Taylor の定理**) $n = 0, 1, \ldots$ に対して，
$$f(a+h, b+k) = \sum_{j=0}^{n} \frac{1}{j!} (hD_x + kD_y)^j f(a,b) + R_n.$$
ただし，
$$R_n := \frac{1}{(n+1)!} (hD_x + kD_y)^{n+1} f(a+\theta h, b+\theta k) \quad (0 < \theta < 1).$$

注意 6.52 定理 6.51 で $\boldsymbol{a} = (a,b)$, $\boldsymbol{h} = (h,k)$, $\nabla = (D_x, D_y)$ とおき，形式的な内積とみなして $\boldsymbol{h} \cdot \nabla := hD_x + kD_y$ とおくと[10]，
$$f(\boldsymbol{a}+\boldsymbol{h}) = \sum_{j=0}^{n} \frac{1}{j!} (\boldsymbol{h} \cdot \nabla)^j f(\boldsymbol{a}) + \frac{1}{(n+1)!} (\boldsymbol{h} \cdot \nabla)^{n+1} f(\boldsymbol{a} + \theta \boldsymbol{h}) \quad (0 < \theta < 1) \quad (6.15)$$
と書かれる．この形だと 1 変数の場合との類似性が目に見えてくるし，ベクトルが m 次元であると解釈するだけで，直ちに m 変数の場合への拡張を得る．

1 変数のときの定理 4.59 と同様に，次の定理 6.53 が成り立つ．また m 変数になっても，関係するベクトルを m 次元にすればそのまま成り立つ．

定理 6.53 f はなめらかであるとする．このとき $n = 1, 2, \ldots$ に対して
$$f(\boldsymbol{a}+\boldsymbol{h}) = \sum_{j=0}^{n} \frac{1}{j!} (\boldsymbol{h} \cdot \nabla)^j f(\boldsymbol{a}) + o(\|\boldsymbol{h}\|^n) \quad (\boldsymbol{h} \to \boldsymbol{0}).$$

---

[10] 命題 6.26 より，実は $\boldsymbol{h} \neq \boldsymbol{0}$ ならば，$\boldsymbol{h} \cdot \nabla = D_{\boldsymbol{h}}$ （$\boldsymbol{h}$ 方向の微分）である．Taylor の定理を方向微分の観点から見ると，より記憶に残りやすいであろう．

証明 定理 6.51 に現れた R_n が，$\boldsymbol{h} \to \boldsymbol{0}$ のときに $o(\|\boldsymbol{h}\|^n)$ であればよい．各 $D_x^{n+1-i}D_y^i f$ ($i = 0, 1, \ldots, n+1$) は $\boldsymbol{a}$ の近くで有界であるから，定数 $M > 0$ が存在して $|D_x^{n+1-i}D_y^i f(\boldsymbol{x})| \leqq M$ となる．このとき

$$|R_n| \leqq \frac{1}{(n+1)!} \sum_{i=0}^{n+1} \binom{n+1}{i} |h^{n+1-i} k^i D_x^{n+1-i}D_y^i f(\boldsymbol{a}+\theta\boldsymbol{h})|$$

$$\leqq \frac{M}{(n+1)!} (|h|+|k|)^{n+1}.$$

ここで $|h|+|k| \leqq \sqrt{2}\|\boldsymbol{h}\|$ であるから，$|R_n| \leqq \dfrac{\sqrt{2}^{n+1} M}{(n+1)!} \|\boldsymbol{h}\|^{n+1}$ となる．ゆえに $R_n = o(\|\boldsymbol{h}\|^n)$ ($\boldsymbol{h} \to \boldsymbol{0}$) を得る． □

定理 6.53 における表示の一意性を述べるための準備をしよう．2 変数の多項式 $P(\boldsymbol{X}) = P(X, Y)$ が**同次 j 次** ($j = 0, 1, 2, \ldots$) であるとは，$\forall t \in \mathbb{R}$ に対して $P(t\boldsymbol{X}) = t^j P(\boldsymbol{X})$ が成り立つときをいう．同次 j 次多項式 $P(\boldsymbol{X})$ は次の式 (6.16) の形をしている．ただし，$c_0, c_1, \ldots, c_j$ は定数である．

$$P(\boldsymbol{X}) = c_0 X^j + c_1 X^{j-1} Y + \cdots + c_j Y^j = \sum_{i=0}^{j} c_i X^{j-i} Y^i. \tag{6.16}$$

さて関数 f と固定した 1 点 $\boldsymbol{a}$ に対して，$P(\boldsymbol{X}) := (\boldsymbol{X} \cdot \nabla)^j f(\boldsymbol{a})$ は同次 j 次多項式である．実際に式 (6.16) における各 c_i が，f の $\boldsymbol{a}$ での偏微分係数を用いて $\binom{j}{i} D_x^{j-i} D_y^i f(\boldsymbol{a})$ と書けている．

命題 6.54 f はなめらかとする．同次 j 次多項式 $P_j(\boldsymbol{X})$ ($j = 0, 1, \ldots, n$) によって，$f(\boldsymbol{a}+\boldsymbol{h}) = \sum\limits_{j=0}^{n} P_j(\boldsymbol{h}) + o(\|\boldsymbol{h}\|^n)$ ($\boldsymbol{h} \to \boldsymbol{0}$) となるとする．このとき，$j = 0, 1, \ldots, n$ に対して $P_j(\boldsymbol{X}) = \dfrac{1}{j!}(\boldsymbol{X} \cdot \nabla)^j f(\boldsymbol{a})$ である．

証明 十分小さい $t \in \mathbb{R}$ に対して $\varphi(t) := f(\boldsymbol{a}+t\boldsymbol{X})$ とおくと，仮定より

$$\varphi(t) = \sum_{j=0}^{n} P_j(\boldsymbol{X}) t^j + o(t^n) \qquad (t \to 0).$$

命題 4.62 より $P_j(\boldsymbol{X}) = \dfrac{1}{j!} \varphi^{(j)}(0)$ であることがわかる．そして式 (6.14) より $\varphi^{(j)}(0) = (\boldsymbol{X} \cdot \nabla)^j f(\boldsymbol{a})$ ゆえ，命題を得る． □

問題 6.55 関数 $f(x,y) := (1+x)^y$ に原点 $(0,0)$ において Taylor の定理を $n=4$ で適用することにより，原点における f の4階までの各偏微分係数を求めよ．

【ヒント】 $(1+x)^y = e^{y\log(1+x)}$ である．$\log(1+x)$ に定理 4.63 (2) を適用する．定理 6.51 において，$h^p k^q$ の係数は $\frac{1}{(p+q)!}\binom{p+q}{q} D_x^p D_y^q f(a,b) = \frac{1}{p!q!} D_x^p D_y^q f(a,b)$ であることにも注意しておこう．

6.8 2変数関数の極値問題

2変数関数 f の極値の定義をしておこう．1変数関数の場合と変わりはない．定義自体には，関数の微分可能性は関係ない．

定義 6.56 f が $\boldsymbol{a}$ で**極大**である
$\overset{\text{def}}{\iff} \exists \delta > 0$ s.t. $\forall \boldsymbol{x}\ (0 < \|\boldsymbol{x}-\boldsymbol{a}\| < \delta)$ に対して $f(\boldsymbol{a}) > f(\boldsymbol{x})$．
このとき，$f(\boldsymbol{a})$ を f の**極大値**という．

定義 6.56 で等号を許して $f(\boldsymbol{a}) \geqq f(\boldsymbol{x})$ とするとき，f は $\boldsymbol{a}$ で**広義の極大**であるといい，$f(\boldsymbol{a})$ を f の**広義の極大値**という．不等号の向きを逆にすれば，**極小**や**極小値**，および広義の**極小**や**極小値**の定義になる．1変数のときと同様に，極大値か極小値かを明記しないときは**極値**という．

以下扱う関数 f は2変数のなめらかな関数とする．

定義 6.57 点 $\boldsymbol{a}$ が関数 f の**停留点** $\overset{\text{def}}{\iff} f_x(\boldsymbol{a}) = f_y(\boldsymbol{a}) = 0$．

命題 6.58 f が $\boldsymbol{a}=(a,b)$ で広義の極値をとるならば，$\boldsymbol{a}$ は f の停留点．

証明 1変数関数 $g(x) := f(x,b)$ は $x=a$ で広義の極値をとるので $g'(x) = 0$．すなわち $f_x(a,b) = 0$．同様に $f_y(a,b) = 0$． $\square$

停留点において必ずしも極値をとらないことは1変数の場合と同様であるが，多変数になるとさらに新しい状況が生じる．例で見よう．

例 6.59 関数 $f(x,y) = x^2 - y^4$ を考える.
$f_x = 2x$, $f_y = -4y^3$ より,停留点は原点のみ.
しかし,$x \mapsto f(x,0) = x^2$ は $x = 0$ で極小であり,$y \mapsto f(0,y) = -y^4$ は $y = 0$ では極大である.
よって $f(0,0) = 0$ は f の極大値でも極小値でもない.

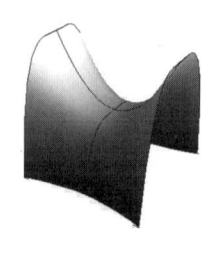

2変数のとき,停留点で実際に極値をとるかどうかを判定する十分条件を与えよう.鍵は1変数のときの命題 4.50 である.そこでのアイデアを2変数で活用するために,少々準備をする.

定義 6.60 なめらかな2変数関数 f に対して,2×2 行列
$$H_f(\boldsymbol{x}) := \begin{pmatrix} f_{xx}(\boldsymbol{x}) & f_{xy}(\boldsymbol{x}) \\ f_{xy}(\boldsymbol{x}) & f_{yy}(\boldsymbol{x}) \end{pmatrix}$$
を,関数 f の $\overset{\text{ヘッセ}}{\text{Hesse}}$ 行列という.

次に線型代数からの用語を準備しよう.以下行列の成分はすべて実数であるとする.まず行列 T に対して,その転置行列を ^tT で表す.$T = {^tT}$ であるとき,その行列 T を**対称行列**という.Hesse 行列 $H_f(\boldsymbol{x})$ は対称行列である.また同次2次多項式を **2次形式**という.すなわち,$a, b, c \in \mathbb{R}$ を定数とするとき,多項式 $Q(\boldsymbol{X}) = aX^2 + 2bXY + cY^2$ のことを2次形式という.2次形式と対称行列の間には,次のような1対1対応がある.
$$Q(\boldsymbol{X}) = aX^2 + 2bXY + cY^2 \longleftrightarrow T = \begin{pmatrix} a & b \\ b & c \end{pmatrix}.$$
実際に対称行列 T に対応する2次形式を $Q_T(\boldsymbol{X})$ と書くと,1×2 行列,2×2 行列,2×1 行列の積という形[11]で,
$$Q_T(\boldsymbol{X}) = (X, Y) \begin{pmatrix} a & b \\ b & c \end{pmatrix} \begin{pmatrix} X \\ Y \end{pmatrix}$$
となっている.Hesse 行列 $H_f(\boldsymbol{a})$ に対応する2次形式 $Q_{H_f(\boldsymbol{a})}(\boldsymbol{X})$ を,以下では簡単のため $Q_{\boldsymbol{a}}(\boldsymbol{X})$ で表そう.式 (6.13) の2個目の等号より

---

[11] ここでも 1×2 行列というなら,(X, Y) ではなくて,コンマなしで $(X\ Y)$ と書くべきであるが,そんなことにはこだわらないことは例 6.47 と同じである.

6.8 2変数関数の極値問題

$$(\boldsymbol{h}\cdot\nabla)^2 f(\boldsymbol{a}) = (h,k)H_f(\boldsymbol{a})\begin{pmatrix}h\\k\end{pmatrix} = Q_{\boldsymbol{a}}(\boldsymbol{h}) \tag{6.17}$$

となるので, $n=1$ のときの式 (6.15) は

$$f(\boldsymbol{a}+\boldsymbol{h}) = f(\boldsymbol{a}) + (\boldsymbol{h}\cdot\nabla)f(\boldsymbol{a}) + \frac{1}{2}Q_{\boldsymbol{a}+\theta\boldsymbol{h}}(\boldsymbol{h}) \quad (0<\theta<1) \tag{6.18}$$

となる. さらに $\boldsymbol{a}$ が f の停留点ならば,

$$f(\boldsymbol{a}+\boldsymbol{h}) = f(\boldsymbol{a}) + \frac{1}{2}Q_{\boldsymbol{a}+\theta\boldsymbol{h}}(\boldsymbol{h}) \quad (0<\theta<1). \tag{6.19}$$

1変数のときの命題 4.50 と同様に, $Q_{\boldsymbol{a}}(\boldsymbol{X})$ の符号がポイントになる.

定義 6.61 2次形式 $Q(\boldsymbol{X})$ について, 次の用語を定義する.
(1) $Q(\boldsymbol{X})$ が**正定値** $\overset{\text{def}}{\iff} Q(\boldsymbol{X})>0$ for $\forall \boldsymbol{X}\neq\boldsymbol{0}$.
(2) $Q(\boldsymbol{X})$ が**負定値** $\overset{\text{def}}{\iff} Q(\boldsymbol{X})<0$ for $\forall \boldsymbol{X}\neq\boldsymbol{0}$.
(3) $Q(\boldsymbol{X})$ が**不定符号** $\overset{\text{def}}{\iff} Q(\boldsymbol{X})>0$ にも, $Q(\boldsymbol{X})<0$ にもなる.

注意 6.62 (1) 2次形式 $Q(X,Y):=Y^2$ は上の (1), (2), (3) のどれでもない.
(2) $Q(\boldsymbol{X})$ が負定値 $\iff -Q(\boldsymbol{X})$ が正定値.

定義 6.63 対称行列 T について, T に対応する2次形式 $Q_T(\boldsymbol{X})$ が, 正定値, 負定値, 不定符号であることに応じて, T は**正定値**, **負定値**, **不定符号**であるという.

以下では, 正方行列 S の行列式を $\det S$ で表す. 2次の対称行列 $T=\begin{pmatrix}a&b\\b&c\end{pmatrix}$ に対しては, $\det T = ac - b^2$ である.

補題 6.64 対称行列 $T=\begin{pmatrix}a&b\\b&c\end{pmatrix}$ について, 次の (1)〜(4) が成り立つ.
(1) T が正定値 $\iff a>0$ かつ $\det T>0$.
(2) T が負定値 $\iff a<0$ かつ $\det T>0$.
(3) T が不定符号 $\iff \det T<0$.
(4) T が (1)〜(3) のいずれでもない $\iff \det T=0$.

問題 6.65 補題 6.64 は高校数学のレベルで証明が可能である．その証明を考えてみよ．結論を見れば，$\det T$ の正負・零で場合を分けるとよいことがわかる．

　線型代数の一般論は苦手という人のために，もう少し 2×2 行列に特化した議論をしておこう．単位行列を E で表し，一般に行列 T に対して，λ を未知数とする方程式 $\det(\lambda E - T) = 0$ を T の**固有方程式**と呼び，その根（解）を T の**固有値**と呼ぶ．行列の成分が実数であっても，固有値は一般に実数とは限らない．さて，対称行列 $T = \begin{pmatrix} a & b \\ b & c \end{pmatrix}$ を考える．

(あ) T の固有値は 2 個とも実数である．実際に

$$\det(\lambda E - T) = \det \begin{pmatrix} \lambda - a & -b \\ -b & \lambda - c \end{pmatrix} = \lambda^2 - (a+c)\lambda + ac - b^2 \quad (6.20)$$

であり，判別式は $(a+c)^2 - 4(ac-b^2) = (a-c)^2 + 4b^2 \geqq 0$ となる．

(い) 2 次式 (6.20) において，2 根の和 $= a+c = \mathrm{tr}\, T$（行列 T のトレース）であり，2 根の積 $= ac - b^2 = \det T$ となっている．ここで，$ac > b^2$ ならば $ac > 0$ であり，a と c は同符号であることに注意すると，

$$a+c > 0 \text{ かつ } ac - b^2 > 0 \iff a > 0 \text{ かつ } ac - b^2 > 0.$$

よって，定義 6.63 の性質を固有値の符号の条件で言い換えることができる．

(1) T が正定値 $\iff$ T の 2 個の固有値はともに正
(2) T が負定値 $\iff$ T の 2 個の固有値はともに負
(3) T が不定符号 $\iff$ T の 2 個の固有値は正と負
(4) T が上のいずれでもない $\iff$ 0 が T の固有値になる $\iff$ $\det T = 0$

(う) T の固有値を λ_1, λ_2 とする．**直交行列** P，すなわち ${}^t P P = E$ となる行列 P をみつけて，$Q_{{}^t PTP}(\boldsymbol{X}) = \lambda_1 X^2 + \lambda_2 Y^2$ とすることができる．このことについては，対称行列の対角化のところで，どの線型代数の本にも載っているはずである．さて，ここでは $\boldsymbol{X} = \begin{pmatrix} X \\ Y \end{pmatrix}$ というように $\boldsymbol{X}$ を縦ベクトルで書くことにすると，$Q_T(\boldsymbol{X}) = {}^t \boldsymbol{X} T \boldsymbol{X}$ であり，${}^t \boldsymbol{X} {}^t P = {}^t (P\boldsymbol{X})$ より

$$\lambda_1 X^2 + \lambda_2 Y^2 = Q_{{}^t PTP}(\boldsymbol{X}) = {}^t(P\boldsymbol{X}) T P \boldsymbol{X} = Q_T(P\boldsymbol{X}). \quad (6.21)$$

式 (6.21) から，固有値の符号と 2 次形式の正定値性あるいは負定値性との関係がより鮮明に見えてくる．

極値問題に話を戻そう．

定理 6.66 a を f の停留点とする．
(1) $H_f(a)$ が正定値ならば $f(a)$ は極小値である．
(2) $H_f(a)$ が負定値ならば $f(a)$ は極大値である．
(3) $H_f(a)$ が不定符号ならば $f(a)$ は極値ではない．

証明 f はなめらかなので，2 階の各偏導関数は連続であることに注意．
(1) $H_f(a)$ が正定値 $\implies f_{xx}(a) > 0$ かつ $\det H_f(a) > 0$
$\implies f_{xx}(a+h) > 0$ かつ $\det H_f(a+h) > 0$ （$\|h\|$ は十分小）
$\implies H_f(a+h)$ は正定値（$\|h\|$ は十分小）
$\implies \forall X \neq 0$ に対して，$Q_{a+h}(X) > 0$ （$\|h\|$ は十分小）．

したがって，$\|h\| \neq 0$ が十分小ならば，$0 < \theta < 1$ に対して，$Q_{a+\theta h}(h) > 0$．ゆえに式 (6.19) より $f(a+h) > f(a)$ となり，$f(a)$ は極小値である．
(2) (1) と同様．
(3) $Q_a(X_1) > 0$，$Q_a(X_2) < 0$ となる X_1, X_2 をとる．$|t|$ が十分小さいところで定義された関数 $g_j(t) := f(a+tX_j)$ $(j = 1, 2)$ を考える[12]と，式 (6.12) と式 (6.17) より，$g_j'(0) = (X_j \cdot \nabla)f(a) = 0$，かつ $g_j''(0) = Q_a(X_j)$ であるから，$g_1(0)$ は g_1 の極小値であり，$g_2(0)$ は g_2 の極大値である．$g_1(0) = g_2(0) = f(a)$ より $f(a)$ は極値ではない． □

注意 6.67 定理 6.66 は変数の個数が増えてもそのままの形で成り立つ．この場合，Hesse 行列 $H_f(a)$ は $f_{x_i x_j}(a)$ を (i, j) 成分とする行列である．n 次の対称行列について，それが正定値であること，あるいは負定値であることの首座小行列式（主行列式ともいう）を用いた判定法については，線型代数の本を見てほしい．

定義 6.68 a を f の停留点とする．$H_f(a)$ が不定符号であるとき，a を f の**鞍点**（あんてん）(saddle point) と呼ぶ．

例 6.69 定理 6.66 において，$\det H_f(a) = 0$ ならば，一般論としては何も結論できない．二つの関数 $f(x,y) = x^2 - y^4$ と $g(x,y) = x^2 + y^4$ を考えてみ

---
[12] 与えられた関数 f は a の近くでのみ定義されているかもしれない（数学者の心配性）．

よう．どちらの関数も原点のみが停留点であり，$H_f(0,0) = H_g(0,0) = \begin{pmatrix} 2 & 0 \\ 0 & 0 \end{pmatrix}$ である．f については，例 6.59 で見たように，$f(0,0) = 0$ は極値ではない．一方で，$g(x,y) \geqq 0 = g(0,0)$ で等号は $x = y = 0$ のときにのみ成り立つから，$g(0,0) = 0$ は極小値である（最小値でもある）．したがって，Hesse 行列が正則行列でないときは，Hesse 行列だけでは極値についての情報は得られない．より詳細な個別の分析が必要になる．

例題 6.70 関数 $f(x,y) := x^3 + y^3 - 3xy$ に極値があればそれを求めよ．

解 $f_x = 3x^2 - 3y$, $f_y = 3y^2 - 3x$ より，
$$f_x = f_y = 0 \iff x^2 = y \text{ かつ } y^2 = x.$$
ゆえに，$f_x = f_y = 0 \iff (x,y) = (0,0), (1,1)$．
$f_{xx} = 6x$, $f_{xy} = -3$, $f_{yy} = 6y$ より，
$$H_f(0,0) = \begin{pmatrix} 0 & -3 \\ -3 & 0 \end{pmatrix}, \quad H_f(1,1) = \begin{pmatrix} 6 & -3 \\ -3 & 6 \end{pmatrix}.$$

(1) $\det H_f(0,0) = -9 < 0$ より $H_f(0,0)$ は不定符号．
(2) $\det H_f(1,1) = 36 - 9 = 27 > 0$ と $(1,1)$ 成分 $= 6 > 0$ より $H_f(1,1)$ は正定値．

よって $f(0,0) = 0$ は極値ではなく，$f(1,1) = -1$ は極小値である． □

問題 6.71 次の関数に極値があれば，それを求めよ．
(1) $x^3 - 3x + xy^2$ (2) $x^2 + (1+x)^3 y^2$
(3) $3xe^y - x^3 - e^{3y}$ (4) $(x^2 y - x - 1)^2 + (x^2 - 1)^2$
(5) $xe^{-2x} + e^{-x} \cos y$ (6) $x^4 + y^4 - 2x^2$

問題 6.72 関数 $f(x,y) := (y - x^2)(y - 2x^2)$ について，停留点は原点だけであるが，$f(0,0)$ は極値ではないことを示せ．さらに $t \in \mathbb{R}$ を固定するとき，関数 $F_t(x) := f(x, tx)$ は $x = 0$ で極小であることを示せ．（ちなみに $y \mapsto f(0,y) = y^2$ も $y = 0$ で極小である．）

6.9 陰関数定理

なめらかな 2 変数関数 f を考える．関数 f の零点の全体 $N_f : f(x,y) = 0$ は一般に座標平面上の曲線を表している．たとえば，$f(x,y) := x^2 + y^2 - 1$ のと

き，N_f は原点を中心とする半径 1 の円 C を表す．$f(x,y) = 0$ から $y = \varphi(x)$，あるいは $x = \psi(y)$ と解ければ，曲線 N_f の分析はしやすい．円 C のときのように，$y = \pm\sqrt{1-x^2}$ や，$x = \pm\sqrt{1-y^2}$ というように具体的に解ければよいが，もちろん一般にはそのようにはいかない．しかしながら，局所的には，すなわち小さな範囲では，直感に合致する条件下で（後述する注意 6.75 参照），$y = \varphi(x)$ あるいは $x = \psi(y)$ の形で解くことができる．

定理 6.73 (陰関数定理) f はなめらかな 2 変数関数で，$f(a,b) = 0$ とする．もし $f_y(a,b) \neq 0$ ならば，$x = a$ の近くで定義された関数 $y = \varphi(x)$ が一意的に存在して次をみたす．

(1) $\varphi(a) = b$,
(2) $x = a$ の近くで恒等的に $f(x, \varphi(x)) = 0$,
(3) φ はなめらかで，$\varphi'(x) = -\dfrac{f_x(x, \varphi(x))}{f_y(x, \varphi(x))}$.

解説 $f(a,b) = 0$ のもとで $f_x(a,b) \neq 0$ ならば，x と y の役割を交換した形で定理 6.73 が成り立つ．

証明 必要ならば $-f$ を考えることにして $f_y(a,b) > 0$ としてよい．f_y は連続なので，(a,b) を中心とする小さい閉円板 $D_0 : (x-a)^2 + (y-b)^2 \leqq \varepsilon_0^2$ で $f_y(x,y) > 0$ である．以下変数は D_0 のみを動くとする．

(あ) φ の定義 $f_y(a,y) > 0$ より，関数 $y \mapsto f(a,y)$ は狭義単調増加で，$y = b$ で 0 である．ゆえに $y < b$ で $f(a,y) < 0$ であり，$y > b$ で $f(a,y) > 0$. よって $y_1 < b < y_2$ をとって，

$$f(a, y_1) < 0 \text{ かつ } f(a, y_2) > 0$$

としておく．このとき，関数 $x \mapsto f(x, y_j)$ ($j = 1, 2$) は連続ゆえ，$\delta > 0$ を十分小さくとって，$I_\delta := [a-\delta, a+\delta]$ においては $f(x, y_1) < 0$ かつ $f(x, y_2) > 0$ が成り立つとしておく．各 $x \in I_\delta$ に対して，関数 $y \mapsto f(x,y)$ を考えると，中間

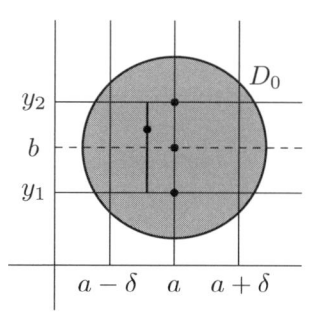

値の定理と狭義単調性から，ただ一つ $y = y_x$ が存在して，$f(x, y_x) = 0$ となる．この y_x を $\varphi(x)$ と定めると，$\varphi(a) = b$ かつ $f(x, \varphi(x)) = 0$ ($\forall x \in I_\delta$) が成り立つ．

(い) φ の連続性　$c \in I_\delta$ で φ が不連続であったとする．このとき，$\varepsilon > 0$ と数列 $\{x_n\}$ ($x_n \in I_\delta$ for $\forall n$) が存在して（問題 2.33 の解答参照），

$$x_n \to c \ \text{かつ} \ |\varphi(x_n) - \varphi(c)| \geqq \varepsilon \quad (\forall n).$$

数列 $\{\varphi(x_n)\}$ は有界ゆえ，Bolzano–Weierstrass の定理（定理 3.21）より，収束する部分列 $\{\varphi(x_{n_k})\}$ を持つ．そして $d := \lim_{k \to \infty} \varphi(x_{n_k}) \in [y_1, y_2]$ である．さて φ の定義から $f(x_{n_k}, \varphi(x_{n_k})) = 0$．極限に移行して $f(c, d) = 0$．ここで $f(c, y) = 0$ となる $y \in [y_1, y_2]$ の一意性から $d = \varphi(c)$．しかしこれは $|\varphi(x_{n_k}) - \varphi(c)| \geqq \varepsilon$ ($\forall k$) と両立しない．

(う) φ の一意性　もう一つ連続な $y = \psi(x)$ ($|x - a| \leqq \delta'$) があって，定理の結論が成り立つとする．$\psi(a) = b$ であるから，$0 < \delta'' < \delta$ をみたす δ'' があって，$|x - a| \leqq \delta''$ ならば $\psi(x) \in [y_1, y_2]$ であり，$f(x, \psi(x)) = 0$ が成り立っている．ゆえに $\psi(x) = \varphi(x)$ ($|x - a| \leqq \delta''$) である．

(え) φ はなめらか　$|x_0 - a| < \delta$ とする．さらに $|h|$ と $|k|$ は十分小として，$\boldsymbol{x}_0 := (x_0, y_0)$ ($y_0 := \varphi(x_0)$)，$\boldsymbol{h} = (h, k)$ とおく．関数 $g(t) := f(\boldsymbol{x}_0 + t\boldsymbol{h})$ に閉区間 $[0, 1]$ で平均値の定理（定理 4.22）を適用して，

$$f(\boldsymbol{x}_0 + \boldsymbol{h}) - f(\boldsymbol{x}_0) = \nabla f(\boldsymbol{x}_0 + \theta \boldsymbol{h}) \cdot \boldsymbol{h} \quad (0 < \theta < 1). \ \cdots\cdots \ \text{①}$$

ここで $f(\boldsymbol{x}_0) = 0$ であり，$k := \varphi(x_0 + h) - \varphi(x_0)$ とおくと[13]，$y_0 + k = \varphi(x_0 + h)$ となるから $f(\boldsymbol{x}_0 + \boldsymbol{h}) = 0$ でもある．ゆえに①より

$$0 = \nabla f(\boldsymbol{x}_0 + \theta \boldsymbol{h}) \cdot \boldsymbol{h} = f_x(x_0 + \theta h, y_0 + \theta k)h + f_y(x_0 + \theta h, y_0 + \theta k)k.$$

これより，$h \to 0$ のとき

$$\frac{\varphi(x_0 + h) - \varphi(x_0)}{h} = \frac{k}{h} = -\frac{f_x(x_0 + \theta h, y_0 + \theta k)}{f_y(x_0 + \theta h, y_0 + \theta k)} \to -\frac{f_x(x_0, \varphi(x_0))}{f_y(x_0, \varphi(x_0))}$$

となって，φ は x_0 で微分可能である．x_0 は任意ゆえ φ は $|x - a| < \delta$ で微分可能であって，定理の (3) における公式が成り立つ．その右辺は連続関

---

[13] φ は連続ゆえ，この k は $|k|$ が十分小さい．

6.9 陰関数定理

数であるから，φ' も連続であり，さらにもう一度微分できることもわかる．帰納法を使って次の命題 6.74 を示せば，f が C^r 級ならば φ も C^r 級であることがわかる（詳細は読者に委ねよう）． □

命題 6.74 $\varphi^{(k)}(x)$ は，f の k 階までの偏導関数（y には $\varphi(x)$ を代入）の多項式を $f_y(x, \varphi(x))$ の自然数ベキで割った形で表される（問題 6.76 参照）．

注意 6.75 φ が微分可能であることを示すために上記（え）のような議論が必要であった．定理の (3) の公式自体は $f(x, \varphi(x)) = 0$ の両辺を x で微分することですぐに得られる．陰関数定理の条件は，$f_x + f_y \varphi' = 0$ から $\varphi' = -\frac{f_x}{f_y}$ と解けるための条件とみなせる．

問題 6.76 定理 6.73 において，次式を示せ．
$$\varphi''(x) = -\frac{f_y^2 f_{xx} - 2 f_x f_y f_{xy} + f_x^2 f_{yy}}{f_y^3}.$$
ここで，右辺の分母と分子に現れる各関数の変数の部分には $(x, \varphi(x))$ が入る．

例題 6.77 $f(x, y) = x + y - \tan(xy)$ を考える．
(1) $(0, 0)$ の近くで $f(x, y) = 0$ から $y = \varphi(x)$ と解けることを示せ．
(2) (1) の φ について，$\varphi'(0)$ と $\varphi''(0)$ を求めよ．

解 (1) $f(0, 0) = 0$ である．また $f_y = 1 - \dfrac{x}{\cos^2(xy)}$ より，$f_y(0, 0) = 1 \neq 0$. ゆえに $x = 0$ の近くで定義されたなめらかな関数 $\varphi(x)$ で，$\varphi(0) = 0$ かつ $f(x, \varphi(x)) = 0$ となるものがある．

(2) $x + \varphi(x) = \tan(x\varphi(x))$ の両辺を x で微分していって $x = 0$ とおけばできるが，微分係数を求めるだけなので，もう少し楽な計算法がある．

φ はなめらかで $\varphi(0) = 0$ ゆえ，定理 4.59 より
$$\varphi(x) = a_1 x + a_2 x^2 + a_3 x^3 + o(x^3) \qquad (x \to 0)$$
とおける．これを $x + \varphi(x) = \tan(x\varphi(x))$ に代入すると，$x \to 0$ のとき
$$(1 + a_1)x + a_2 x^2 + a_3 x^3 + o(x^3) = \tan(a_1 x^2 + a_2 x^3 + o(x^3)). \quad \cdots\cdots ①$$
問題 4.78 より $\tan y = y + \frac{1}{3} y^3 + o(y^4)$ $(y \to 0)$ であるから，この式で $y = a_1 x^2 + a_2 x^3 + o(x^3)$ とすることにより，①は次の式になる．
$$(1 + a_1)x + a_2 x^2 + a_3 x^3 = a_1 x^2 + a_2 x^3 + o(x^3).$$

これより $a_1 = a_2 = a_3 = -1$ が出る．命題 4.62 より $a_k = \frac{1}{k!}\varphi^{(k)}(0)$ であるから，$\varphi'(0) = -1$, $\varphi''(0) = -2$, $\varphi'''(0) = -6$ を得る．この方法だと，$\varphi^{(4)}(0) = -24$, $\varphi^{(5)}(0) = -120$ まで同じ調子で出てくる．a_6 からは $(a_1 x^2 + a_2 x^3)^3$ も考慮する必要がある．以上からまた，$\varphi(x)$ の $x = 0$ の近傍での近似として，

$$\psi(x) := -x - x^2 - x^3 - \cdots = -\frac{x}{1-x} \qquad (|x| < 1)$$

がとれて，$\varphi(x) - \psi(x) = o(x^5)\ (x \to 0)$ であることまでわかる． □

問題 6.78 (1) $(x, y) = (0, 1)$ の近くで，$\sin(xy) + \cos(xy) = y$ からなめらかな φ により $y = \varphi(x)$ と解けることを示せ．
(2) $x \to 0$ のとき，$\varphi(x) = 1 + a_1 x + a_2 x^2 + a_3 x^3 + o(x^3)$ とする．a_1, a_2, a_3 を求めよ．
(3) $\varphi'(0), \varphi''(0), \varphi'''(0)$ を求めよ．

例題 6.79 $n = 1, 2, \ldots$ とし，開区間 $\left(n\pi, (n + \frac{1}{2})\pi\right)$ における方程式 $\tan x = x$ の一意解を x_n とする．$n \to \infty$ のとき，次を示せ．
$$x_n = \left(n + \frac{1}{2}\right)\pi - \frac{1}{\pi n} + \frac{1}{2\pi n^2} - \left(\frac{2}{3\pi^3} + \frac{1}{4\pi}\right)\frac{1}{n^3} + o\left(\frac{1}{n^3}\right).$$

解 $x_n = (n + \frac{1}{2})\pi - u_n$ とおくと，$0 < u_n < \frac{\pi}{2}$ である．またグラフより，$n \to \infty$ のとき $u_n \to 0$ である．そして $\tan x_n = x_n$ を書き直すと，
$$n\pi \tan u_n + \frac{\pi}{2}\tan u_n - u_n \tan u_n - 1 = 0.$$
すなわち，$-\infty < x < +\infty$, $|y| < \frac{\pi}{2}$ において
$$f(x, y) := \pi \tan y + \frac{\pi}{2} x \tan y - xy \tan y - x$$
とおくと $f(\frac{1}{n}, u_n) = 0$．さて $f(0, 0) = 0$ であり，
$$f_y(x, y) = \frac{\pi}{2}\frac{2 + x}{\cos^2 y} - x \tan y - \frac{xy}{\cos^2 y}$$

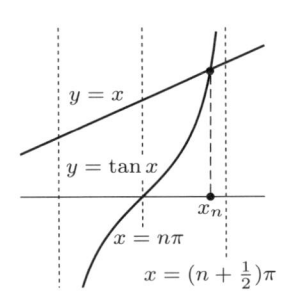

より $f_y(0, 0) = \pi \neq 0$．ゆえに $(0, 0)$ の近くで，なめらかな関数 φ により $f(x, y) = 0$ から $y = \varphi(x)$ と解ける．よって，n が十分大きければ $u_n = \varphi(\frac{1}{n})$ である．さて $\varphi(0) = 0$ と，φ がなめらかなことより
$$\varphi(x) = a_1 x + a_2 x^2 + a_3 x^3 + o(x^3) \qquad (x \to 0)$$

6.9 陰関数定理

とおける．問題 4.78 より $\tan y = y + \frac{1}{3}y^3 + o(y^4)$ $(y \to 0)$ ゆえ,
$$\tan \varphi(x) = a_1 x + a_2 x^2 + \left(a_3 + \frac{1}{3}a_1^3\right)x^3 + o(x^3).$$
これを $f(x, \varphi(x)) = 0$ に代入することにより次式を得る．
$$(\pi a_1 - 1)x + \frac{\pi}{2}(2a_2 + a_1)x^2 + \left(\pi a_3 + \frac{\pi}{3}a_1^3 + \frac{\pi}{2}a_2 - a_1^2\right)x^3 + o(x^3) = 0.$$
よって, $a_1 = \frac{1}{\pi}$, $a_2 = -\frac{1}{2\pi}$, $a_3 = \frac{2}{3\pi^3} + \frac{1}{4\pi}$ を得る．u_n から x_n に戻せば証明が終わる． □

注意 6.80 例題 6.79 の解で, $f(x, y) = 0 \iff x = g(y) := \dfrac{\pi \tan y}{1 - \frac{\pi}{2}\tan y + y \tan y}$ であるから, 逆関数 $g^{-1}(x)$ の Taylor 多項式近似を求めていることになる (問題 4.78 参照).

> **問題 6.81** $n = 1, 2, \ldots$ とし, 開区間 $\left(n\pi, (n + \frac{1}{2})\pi\right)$ における方程式 $\tan x = e^{-x}$ の一意解を x_n とする．$n \to \infty$ のとき, 次を示せ．
> $$x_n = n\pi + e^{-n\pi} - e^{-2n\pi} + \frac{7}{6}e^{-3n\pi} + o(e^{-3n\pi}).$$

定理 6.73 の証明で, 変数 x の方の閉区間 I_δ を $\mathbb{R}^n$ の閉球 (用語としての閉球の定義は 6.13 節になるが, 意味する所は明らかであろう) $\|\boldsymbol{x} - \boldsymbol{a}\| \leqq \delta$ で置き換えるだけで, $(n+1)$ 変数のなめらかな関数 $f(\boldsymbol{x}, y)$ $(\boldsymbol{x} = (x_1, \ldots, x_n))$ に対して次の定理が成り立つことがわかる．

> **定理 6.82 (陰関数定理)** $f(\boldsymbol{a}, b) = 0$ とする．もし $f_y(\boldsymbol{a}, b) \neq 0$ ならば, $\boldsymbol{x} = \boldsymbol{a}$ の近くで定義された関数 $y = \varphi(\boldsymbol{x})$ が一意的に存在して次をみたす．
> (1) $\varphi(\boldsymbol{a}) = b$,
> (2) $\boldsymbol{x} = \boldsymbol{a}$ の近くで恒等的に $f(\boldsymbol{x}, \varphi(\boldsymbol{x})) = 0$,
> (3) φ はなめらかで, $\varphi_{x_j}(\boldsymbol{x}) = -\dfrac{f_{x_j}(\boldsymbol{x}, \varphi(\boldsymbol{x}))}{f_y(\boldsymbol{x}, \varphi(\boldsymbol{x}))}$.

さらに一般の陰関数定理[14]を述べておこう．$\mathbb{R}^{n+m}$ (の部分集合) から $\mathbb{R}^m$ へのなめらかな写像 $\boldsymbol{F}$ を考える．最初の n 個の変数を $\boldsymbol{x}$ で書き, 残りの m 個の変数を $\boldsymbol{y}$ で書こう．すなわち, $f_1, \ldots, f_m$ はなめらかな関数であるとして,
$$\boldsymbol{F} : (\boldsymbol{x}, \boldsymbol{y}) = (x_1, \ldots, x_n, y_1, \ldots, y_m) \mapsto (f_1(\boldsymbol{x}, \boldsymbol{y}), \ldots, f_m(\boldsymbol{x}, \boldsymbol{y})).$$

---
[14] 陰写像定理とは言わないようである．

定理の記憶を容易にするために，定理 6.73 との表記上の類似をさせて，次の記号を導入しよう[15]．すなわち F の x に関する Jacobi 行列を $F_x(x,y)$ とし，また y に関する Jacobi 行列を $F_y(x,y)$ で表す．

$$F_x := \begin{pmatrix} \frac{\partial f_1}{\partial x_1} & \cdots & \frac{\partial f_1}{\partial x_n} \\ \vdots & & \vdots \\ \frac{\partial f_m}{\partial x_1} & \cdots & \frac{\partial f_m}{\partial x_n} \end{pmatrix}, \quad F_y := \begin{pmatrix} \frac{\partial f_1}{\partial y_1} & \cdots & \frac{\partial f_1}{\partial y_m} \\ \vdots & & \vdots \\ \frac{\partial f_m}{\partial y_1} & \cdots & \frac{\partial f_m}{\partial y_m} \end{pmatrix}.$$

したがって，F の Jacobi 行列を分割して書くと，$J_F = \begin{pmatrix} F_x & | & F_y \end{pmatrix}$ となる．F_y は正方行列ゆえ，行列式 $\det F_y$ を考えることができる．

定理 6.83 (陰関数定理) $F(a,b) = 0$ とする．もし $\det F_y(a,b) \neq 0$ ならば，$x = a$ の近くで定義された写像 $y = \varphi(x)$ が一意的に存在して次をみたす．
(1) $\varphi(a) = b$,
(2) $x = a$ の近くで恒等的に $F(x, \varphi(x)) = 0$,
(3) φ はなめらかで，$J_\varphi(x) = -F_y(x, \varphi(x))^{-1} F_x(x, \varphi(x))$.

---

(3) の公式は，(2) の等式の第 i 成分 $f_i(x, \varphi(x)) = 0$ を x_j で偏微分して

$$\frac{\partial f_i}{\partial x_j} + \sum_{k=1}^{m} \frac{\partial f_i}{\partial y_k} \frac{\partial \varphi_k}{\partial x_j} = 0$$

となることと，これが行列の等式 $F_x + F_y J_\varphi = O$ （零行列）の (i,j) 成分であることに注意すればよい．詳細は省略しよう．次の節ではこの陰関数定理を使って，逆写像定理を証明してみよう．

6.10 逆写像定理

$\mathbb{R}^n$ での写像 $f: x \mapsto f(x) := (f_1(x), \ldots, f_n(x))$ を考える．以下 f はなめらか，すなわち $f_1, \ldots, f_n$ はすべてなめらかな関数とする．

---

[15] それほど市民権を得ていないので，本書以外で用いるときには注意してほしい．

定理 6.84 (逆写像定理) 点 a において $\det J_f(a) \neq 0$ とする．このとき，$p := f(a)$ の近くで定義されたなめらかな写像 $\varphi : u \mapsto \varphi(u)$ で，f の逆写像になっているものが存在する．すなわち，f は a の近傍から p の近傍へのなめらかな全単射であって，次が成り立っている．
$$f(\varphi(u)) = u, \quad \varphi(f(x)) = x, \quad J_\varphi(u) = J_f(f^{-1}(u))^{-1}.$$

証明 以下 $p := f(a)$ とし，写像 $F(u,x) := -u + f(x)$ $(u \in \mathbb{R}^n, x \in \mathbb{R}^n)$ を考えよう．その Jacobi 行列 $J_F(u,x)$ は $n \times 2n$ 行列で，分割して書くと
$$J_F(u,x) = \begin{pmatrix} -E & | & J_f(x) \end{pmatrix} \quad (E \text{ は } n \text{ 次単位行列}).$$
ここで $F(p,a) = 0$ かつ $\det F_x(p,a) = \det J_f(a) \neq 0$ である．よって陰関数定理（定理 6.83）より，$u = p$ の近くで定義されたなめらかな $\varphi(u)$ により，$\varphi(p) = a$ かつ $F(u, \varphi(u)) = 0$ となる．ゆえに $f(\varphi(u)) = u$．$\cdots$ ①
この両辺の Jacobi 行列を考えて，$J_f(\varphi(u)) J_\varphi(u) = E$．$\cdots$ ② これよりとくに $\det J_\varphi(p) \neq 0$ を得る．したがって φ に対して上の議論を繰り返すと，$x = a$ の近くで定義されたなめらかな $f_1(x)$ があって，$f_1(a) = p$ かつ $\varphi(f_1(x)) = x$ が成り立つ．このとき①で $u = f_1(x)$ とおくと，
$$f_1(x) = f(\varphi(f_1(x))) = f(x)$$
を得る．ゆえに $\varphi(f(x)) = x$ も成り立ち，問題 1.9 より φ は f の逆写像である．そして②より $J_\varphi(u) = J_f(f^{-1}(u))^{-1}$ も出る（系 6.50 参照）． □

注意 6.85 定理 6.84 では f が定義域全体で単射かどうかはわからない．実際に $f(x,y) := (x^2 - y^2, 2xy)$ を考えると，$J_f = \begin{pmatrix} 2x & -2y \\ 2y & 2x \end{pmatrix}$ より，$\det J_f = 4(x^2 + y^2)$．したがって，$a \neq 0$ の十分近くで（原点 0 を排除して）定理 6.84 が適用できる．一方，明らかに $f(-x, -y) = f(x, y)$ であるから，$\mathbb{R}^2$ 全体や $\{x \in \mathbb{R}^2 ; r \leqq \|x\| \leqq R\}$ $(0 \leqq r < R)$ では f は 1 対 1 の写像ではない．この f は複素数の対応 $z \mapsto z^2$ を $\mathbb{R}^2$ における写像とみなしたものであることに注意．

6.11 平面曲線

次節で条件付き極値問題を扱うのであるが，その際に曲線の特異点という概念が現れる．特異点の一般論は本書の範囲外ではあるが，比較的易しい部分について触れることにしよう．

この節では f は 2 変数 x, y のなめらかな関数とする．このような関数 f の零点の全体を N_f で表し，関数 f が定める**平面曲線**と呼ぶことにしよう．関数 f のグラフである曲面 $z = f(x, y)$ を xy 平面 $z = 0$ で切ったときに，その切り口に現れる曲線（交線）が N_f である．$f(x, y) = x^2 + y^2 + 1$ のときのように，N_f は空集合にもなり得る．

定義 6.86 $\boldsymbol{a} \in N_f$ が曲線 N_f の**特異点** $\stackrel{\text{def}}{\iff} f_x(\boldsymbol{a}) = f_y(\boldsymbol{a}) = 0$.
また，特異点でない N_f 上の点を**非特異点**という．

注意 6.87 (1) f の停留点の内で，N_f 上にあるのが N_f の特異点である．
(2) $g(\boldsymbol{x}) = f(\boldsymbol{x})^2$ とするとき，集合としては $N_g = N_f$ であるが，$g_x = 2ff_x$，$g_y = 2ff_y$ より，N_g 上の点はすべて特異点である．記号 N_f における f の役割に注意してほしい．

点 $\mathrm{P}(a, b)$ が N_f の非特異点であるとき，$f_y(a, b) \neq 0$ ならば，陰関数定理より点 P の近くで N_f は $y = \varphi(x)$ と書けて，$\varphi'(a) = -\dfrac{f_x(a, b)}{f_y(a, b)}$．さらに $f_x(a, b) = 0$ ならば，点 P における N_f の接線は x 軸に平行である．同様に，$f_x(a, b) \neq 0$ ならば，N_f は点 P の近くで $x = \psi(y)$ と書けて，$f_y(a, b) = 0$ ならば，点 P における N_f の接線は y 軸に平行である．

次に $\boldsymbol{a}$ を N_f の特異点とする．このとき $f(\boldsymbol{a}) = 0$ かつ $\nabla f(\boldsymbol{a}) = \boldsymbol{0}$ であり，$(\boldsymbol{h} \cdot \nabla)^2 f(\boldsymbol{a}) = Q_{\boldsymbol{a}}(\boldsymbol{h})$ に注意すると，定理 6.53 より

$$f(\boldsymbol{a} + \boldsymbol{h}) = \frac{1}{2} Q_{\boldsymbol{a}}(\boldsymbol{h}) + o(\|\boldsymbol{h}\|^2) \qquad (\boldsymbol{h} \to \boldsymbol{0}). \tag{6.22}$$

定理 6.88 $\mathrm{P}(a, b)$ を N_f の特異点とする．
(1) $\det H_f(a, b) > 0$ ならば，点 P の近くには P 以外の N_f の点はない（**孤立点**）．
(2) $\det H_f(a, b) < 0$ ならば，点 P の近くで N_f は 2 本の曲線であり，それらは点 P で接することなく交わる（**結節点, node**）．このとき，$Q_{\boldsymbol{a}}(\boldsymbol{X})$ は 2 個の 1 次式の積に分解されて，方程式 $Q_{\boldsymbol{a}}(\boldsymbol{x} - \boldsymbol{a}) = 0$ が定める異なる 2 本の直線がその 2 曲線の接線になっている．

証明 (1) 定理 6.66 より，$0 = f(a,b)$ は関数 f の極大値または極小値になっている．すなわち点 P の近くでは，点 P を除いて $f(x,y)$ は 0 にならない．ゆえに点 P の近くでは P 以外に N_f の点はない．

(2) 以下簡単のため，$A := f_{xx}(\boldsymbol{a})$, $B := f_{xy}(\boldsymbol{a})$, $C := f_{yy}(\boldsymbol{a})$ とおく．$Q_{\boldsymbol{a}}(\boldsymbol{X}) = AX^2 + 2BXY + CY^2$ において仮定は $AC - B^2 < 0$ である．$A \neq 0$ の場合を考えよう[16]．2 次式 $Q_{\boldsymbol{a}}(t,1) = At^2 + 2Bt + C$ は異なる 2 個の実根 λ_1, λ_2 を持つ[17] ので，$Q_{\boldsymbol{a}}(X,Y) = A(X - \lambda_1 Y)(X - \lambda_2 Y)$. ...... ①

さて $\boldsymbol{x}(0) = \boldsymbol{a}$ であるなめらかな曲線 $C : \boldsymbol{x}(t) = (x(t), y(t))$ が，恒等的に $f(\boldsymbol{x}(t)) = 0$ をみたしているとする．これを t で 2 回微分すると，$f_x(\boldsymbol{a}) = f_y(\boldsymbol{a}) = 0$ と問題 6.38 より $Q_{\boldsymbol{a}}(x'(0), y'(0)) = 0$. ゆえに，① より決まる異なる 2 本の直線

$$l_j : (x-a) - \lambda_j (y-b) = 0 \quad (j = 1, 2)$$

のどちらかが $\boldsymbol{a}$ における C の接線である．一方 P は f の鞍点ゆえ，中心が P の小さい円と N_f とは 4 回交わるので P の近傍で N_f は 2 曲線である．□

例 6.89 (Descartes の正葉線) 平面曲線 $x^3 + y^3 - 3xy = 0$ を考察しよう．この曲線は **Decartes の正葉線** と呼ばれているものである．これまでの用語に従えば，

$$f(x,y) = x^3 + y^3 - 3xy$$

とおくときの N_f の考察である．例題 6.70 と対比させて議論しよう．

$$f_x = 3(x^2 - y), \quad f_y = 3(y^2 - x)$$

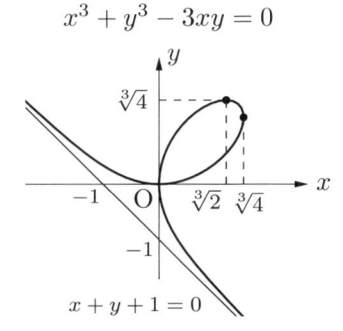

ゆえ f の停留点は $(0,0)$ と $(1,1)$ であるが，$f(0,0) = 0$, $f(1,1) = -1$ より，原点のみが N_f の特異点である．原点は f の鞍点であったから，N_f の結節点である．$H_f(0,0)$ に対応する 2 次形式は $Q_0(X,Y) = -6XY$ であるから (例題 6.70 参照)，N_f は原点で x 軸と y 軸に接する．

---

[16] $A = 0$ なら $B \neq 0$ であり，$Q_{\boldsymbol{a}}(\boldsymbol{X}) = Y(2BX + CY)$ となって，$Q_{\boldsymbol{a}}(\boldsymbol{x} - \boldsymbol{a}) = 0$ は異なる 2 本の直線を定めていて，同様の議論となる．

[17] 判別式 $/4 = B^2 - AC > 0$ であるから．

N_f の非特異点で $f_x=0$ となるのは，連立方程式 $f(x,y)=f_x(x,y)=0$ の解で $(0,0)$ 以外のものであるから，$(\sqrt[3]{2},\sqrt[3]{4})$ である．ゆえに点 $(\sqrt[3]{2},\sqrt[3]{4})$ で N_f は x 軸に平行な接線を持つ．同様に[18] $(\sqrt[3]{4},\sqrt[3]{2})$ で N_f は y 軸に平行な接線を持つ．これらの接点での状況をもう少し詳しく見てみよう．$x^3+y^3-3xy=0$ において，y を x の関数と見て x で微分すると[19]，$3x^2+3y^2y'-3y-3xy'=0$．ゆえに $x^2-y+(y^2-x)y'=0$．もう一度 x で微分すると，
$$2x-y'+(2yy'-1)y'+(y^2-x)y''=0.$$
$(x,y)=(\sqrt[3]{2},\sqrt[3]{4})$ のとき，$y'=0$ であるから $y''=\dfrac{2x}{x-y^2}=-2<0$ となる．ゆえに $\sqrt[3]{4}$ は y の極大値であるから，点 $(\sqrt[3]{2},\sqrt[3]{4})$ の近くでは，曲線 N_f は x 軸に平行な接線の下側になっている．対称性から，点 $(\sqrt[3]{4},\sqrt[3]{2})$ の近くでは，曲線 N_f は y 軸に平行な接線の左側になっている．

問題 6.90 例 6.89 において，N_f と $y=tx$ $(t>0)$ の原点以外の交点を求めることにより，第 1 象限にある N_f のパラメータ表示 $x=g(t)$, $y=h(t)$ $(t>0)$ を得よ．これを用いて，第 1 象限内の N_f 上での x と y の値の変化を追跡せよ．

注意 6.91 正葉線には漸近線（直線）があるので求めておこう．まず，$x\to a$（有限）のときに，$x^3+y^3-3xy=0$ をみたしながら，$y\to+\infty$ あるいは $y\to-\infty$ となることはないので，y 軸に平行な漸近線は持たない．したがって $y=mx+k$ が漸近線であるとする．……① $x^3+y^3-3xy=0$ を x^3 で割って，$1+\left(\dfrac{y}{x}\right)^3-3\cdot\dfrac{y}{x}\cdot\dfrac{1}{x}=0$．この式で $x\to\pm\infty$ とする．仮定①より $\dfrac{y}{x}\to m$ であるから，$m^3+1=0$．ゆえに $m=-1$．また $(x,y)\in N_f$ のとき，
$$x+y=\frac{x^3+y^3}{x^2-xy+y^2}=\frac{3xy}{x^2-xy+y^2}=\frac{3}{\frac{x}{y}-1+\frac{y}{x}}.$$
この式で $x\to\pm\infty$ とすると，仮定①と $m=-1$ より左端の項 $=x+y\to k$．一方，右端の項は $\dfrac{3}{\frac{x}{y}-1+\frac{y}{x}}\to-1$．ゆえに $k=-1$ であり，求める漸近線は $y=-x-1$ である．

問題 6.92 $f(x,y):=x^4+y^4-4xy$ とし，平面曲線 N_f を考える．
(1) N_f の特異点を求め，それが結節点であることを示せ．
(2) N_f の非特異点で，座標軸に平行な接線を持つ点をすべて求めよ．
(3) 直線 $y=tx$ との交点を求めて，N_f 上の点の x と y の値の変化を追跡せよ．

問題 6.93 曲線 $x^5+y^5-5x^2y^2=0$ の漸近線（直線）を求めよ．

---

[18] N_f は直線 $y=x$ に関して対称である．
[19] いちいち $y=\varphi(x)$ とおくのも面倒なので，多くの微積分の本にあるように y のままで計算する．

6.12 条件付き極値問題

変数 x, y が平面曲線 $g(x, y) = 0$ 上を動くときの関数 f の極値問題を考える．以下，現れる関数はすべてなめらかであると仮定する．

定理 6.94 条件 $g(x, y) = 0$ のもとで，関数 $f(x, y)$ が点 $\mathrm{A}(a, b)$ で広義の極値をとるとする．このとき，A が曲線 $N_g : g(x, y) = 0$ の非特異点ならば，次をみたす実数 α が存在する．
$$\begin{cases} f_x(a, b) = \alpha g_x(a, b) \\ f_y(a, b) = \alpha g_y(a, b) \end{cases}$$

解説 新たに変数 λ を一つ導入して，3 変数の関数 $F(x, y, \lambda) := f(x, y) - \lambda g(x, y)$ を考えると，条件 $g(a, b) = 0$ と定理の結論の式をまとめて次のように述べることができる．
$$F_x(a, b, \alpha) = F_y(a, b, \alpha) = F_\lambda(a, b, \alpha) = 0.$$
この λ を **Lagrange の乗数**(ラグランジュ)と呼ぶ．今後，このようにして極値をとる点の候補を見つける方法を **Lagrange の乗数法** と呼ぼう．

証明 まず $g_y(a, b) \neq 0$ の場合を考えよう．陰関数定理から，点 (a, b) の近くで曲線 $g(x, y) = 0$ は $y = \varphi(x)$ と書ける．関数 $H(x) := f(x, \varphi(x))$ は $x = a$ で広義の極値をとるので，$0 = H'(a) = f_x(a, b) + f_y(a, b) \varphi'(a)$．これに $\varphi'(a) = -\dfrac{g_x(a, b)}{g_y(a, b)}$ を代入すると，
$$f_x(a, b) - \frac{f_y(a, b)}{g_y(a, b)} g_x(a, b) = 0$$
を得る．これは $\alpha := \dfrac{f_y(a, b)}{g_y(a, b)}$ で定理が成り立っていることを示している．$g_x(a, b) \neq 0$ と仮定しても同様である． □

定理 6.94 の幾何学的な意味を探るため，一般に関数 $k(x, y)$ のレベル $t \in \mathbb{R}$ の**等高線**[20] $L_t : k(x, y) = t$ を考え，曲線 L_t の法線ベクトルについて考察する．以下 $t = k(a, b)$ とおき[21]，$\mathrm{A}(a, b)$ は L_t の非特異点とする．$k_y(a, b) \neq 0$ と仮定すると[22]，A の近くで $k(x, y) = t$ から $y = \psi(x)$ と解ける．点 A

---
[20] 曲面 $z = k(x, y)$ を平面 $z = t$ で切ったときの切り口の曲線を xy 平面に投影したもの．
[21] すなわち $\mathrm{A}(a, b)$ を通る等高線を考える．
[22] 陰関数定理に忠実に従うと $K(x, y) = k(x, y) - t$ を考えることになるが，t は定数ゆえ，$K_x = k_x$, $K_y = k_y$ である．

における L_t の接線 l は，$y = \psi(x)$ の点 A における接線に他ならないから，l の傾きは $\psi'(a) = -\dfrac{k_x(a,b)}{k_y(a,b)}$ である．したがって，l の方向ベクトルは $\boldsymbol{d} := \left(1, -\dfrac{k_x(a,b)}{k_y(a,b)}\right)$．関数 k の勾配 $\nabla k(a,b)$ との内積を計算すると，

$$\nabla k(a,b) \cdot \boldsymbol{d} = k_x(a,b) - k_y(a,b)\dfrac{k_x(a,b)}{k_y(a,b)} = 0.$$

以上の議論は $k_x(a,b) \neq 0$ と仮定しても同様であるから，次の命題を得る．

> **命題 6.95** $\nabla k(\boldsymbol{a})$ は関数 k の等高線 $L : k(\boldsymbol{x}) = k(\boldsymbol{a})$ 上の点 $A(\boldsymbol{a})$（非特異点と仮定）における法線ベクトルである．A における L の接線の方程式は，内積を用いて，$\nabla k(\boldsymbol{a}) \cdot (\boldsymbol{x} - \boldsymbol{a}) = 0$ と書ける．

注意 6.96 (1) 1 変数関数 h のグラフ $y = h(x)$ は，2 変数関数 $k(x,y) = h(x) - y$ のレベル 0 の等高線であり，点 $(a, h(a))$ における k の勾配は $\nabla k(a, h(a)) = (h'(a), -1)$ である．もちろん接ベクトル $(1, h'(a))$ と直交している．状況を考えずに用語だけを標語的に丸暗記すると混乱するので注意すべきである．
(2) この命題の後半により，たとえば楕円 $\dfrac{x^2}{p^2} + \dfrac{y^2}{q^2} = 1$ 上の点 (a,b) における接線の方程式は

$$\dfrac{2a}{p^2}(x-a) + \dfrac{2b}{q^2}(y-b) = 0, \quad \text{すなわち} \quad \dfrac{ax}{p^2} + \dfrac{bx}{q^2} = 1$$

であることが直ちにわかる．

　定理 6.94 の考察に戻ろう．関数 f, g は定理 6.94 に現れたものとし，曲線 $N_g : g(x,y) = 0$ と，f の等高線 $L_t : f(x,y) = t$ を考える．さらに $g(x,y) = 0$ の条件下で $f(x,y)$ が $A(a,b)$ で極値をとるとし，$t := f(a,b)$ とおく．また A は N_g の非特異点であり，L_t の非特異点でもあると仮定しよう．定理 6.94 より，A におけるそれぞれの法線ベクトル $\nabla f(a,b)$ と $\nabla g(a,b)$ は平行である．したがって，2 曲線 N_g と L_t は点 A で接している，すなわち共通接線を持つことを意味している．

　例で見てみよう．グラフを利用して，$x^2 + y^2 = 1$ のときの関数 $f(x,y) = xy$ の最大値と最小値を求める方法を，高校で学習していると思う．パラメータ t を持った双曲線の族 $xy = t$ を描いて，円 $x^2 + y^2 = 1$ と共有点を持つものの内で，t が最大になるもの，t が最小になるものを視覚的に求める方法であ

6.12 条件付き極値問題

る．この場合，t の最大や最小が，双曲線 $xy = t$ と円が接するとき（すなわち $t = \pm \frac{1}{2}$ のとき）に起きるとグラフから判断するのである．

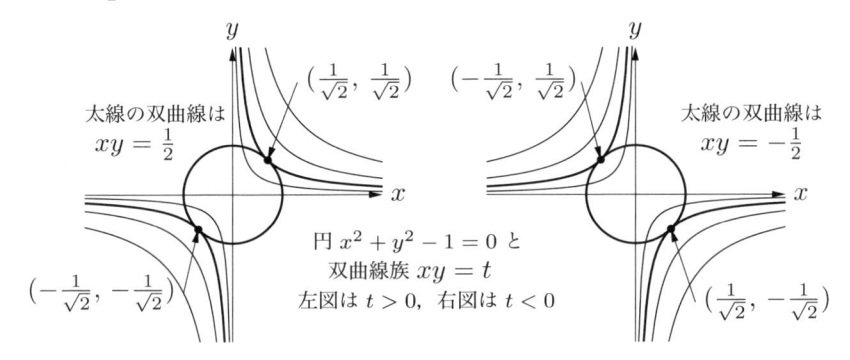

太線の双曲線は $xy = \frac{1}{2}$
$\left(\frac{1}{\sqrt{2}}, \frac{1}{\sqrt{2}}\right)$
$\left(-\frac{1}{\sqrt{2}}, \frac{1}{\sqrt{2}}\right)$
太線の双曲線は $xy = -\frac{1}{2}$
$\left(-\frac{1}{\sqrt{2}}, -\frac{1}{\sqrt{2}}\right)$
円 $x^2 + y^2 - 1 = 0$ と双曲線族 $xy = t$
左図は $t > 0$，右図は $t < 0$
$\left(\frac{1}{\sqrt{2}}, -\frac{1}{\sqrt{2}}\right)$

そして一般の場合でも，局所的にはなるが，状況は同じであると定理 6.94 は主張している．

さて，定理 6.94 により，N_g の非特異点で f が極値をとる点の候補がわかるのであるが，実際にその点で極値をとるための一つの十分条件を問題として与えておこう．

問題 6.97 点 $\mathrm{A}(a, b)$ は曲線 $N_g : g(x, y) = 0$ の非特異点であるとし，関数 $F(x, y, \lambda) := f(x, y) - \lambda g(x, y)$ に対して，$F_x(a, b, \alpha) = F_y(a, b, \alpha) = F_\lambda(a, b, \alpha) = 0$ とする．また

$$D := \det \begin{pmatrix} 0 & g_x(a,b) & g_y(a,b) \\ g_x(a,b) & F_{xx}(a,b,\alpha) & F_{xy}(a,b,\alpha) \\ g_y(a,b) & F_{xy}(a,b,\alpha) & F_{yy}(a,b,\alpha) \end{pmatrix}$$

とおく．$D < 0$ ならば $f(a, b)$ は極小値，$D > 0$ ならば $f(a, b)$ は極大値であることを示せ．
【ヒント】 $g_y(a, b) \neq 0$ のとき，陰関数定理より A の近くで $g(x, y) = 0$ は $y = \varphi(x)$ と書ける．$H(x) := f(x, \varphi(x))$ とおいて，$H''(a)$ を計算してみよ．$g_x(a, b) \neq 0$ のときも同様．

変数の個数を n にし，その変域を束縛する条件も複数にして

$$g_1(\boldsymbol{x}) = 0, \quad \ldots, \quad g_m(\boldsymbol{x}) = 0 \quad (m < n) \quad \cdots\cdots \text{①}$$

とした場合の定理 6.94 を述べよう．この場合は $\boldsymbol{G} = (g_1, \ldots, g_m)$ として，写像 $\boldsymbol{G} : \mathbb{R}^n \to \mathbb{R}^m$ を考えると都合がよい．そうすると，①をみたす点 $\boldsymbol{x}$ は，$\boldsymbol{G}$ の零点の全体 $N_{\boldsymbol{G}} : \boldsymbol{G}(\boldsymbol{x}) = \boldsymbol{0}$ と表すことができる．$m < n$ と仮定しているので，$m \times n$ 行列である $\boldsymbol{G}$ の Jacobi 行列 $J_{\boldsymbol{G}}$ は横長の行列であり，階数は高々 m であることに注意しよう．

なお，行列の階数については線型代数の本を参考にしてほしい．以下では，行列 A の階数は，A の 0 でない小行列式の次数の内で最大のものに等しい，という事実を主に用いる．一般に，持ち得る最大の階数を持っている行列を**フルランク**(full rank) 行列という．

> **定義 6.98** 点 $a \in N_G$ が N_G の**特異点**であるとは，a における G の Jacobi 行列 $J_G(a)$ の階数が m より小さいとき，すなわち行列 $J_G(a)$ がフルランクでないときをいう．特異点でない N_G の点を N_G の**非特異点**という．

解説 $m = 1$ のとき，すなわち G が関数 g のときは $J_g(a) = \nabla g(a)$ であるから，$J_g(a)$ がフルランクでないとは $\nabla g(a) = 0$ のことである．よって関数 g の場合，ここでの N_g の特異点の定義は，以前の 2 変数のときのもの（定義 6.86）と同じになる．

> **定理 6.99** 条件 $G(x) = 0$ のもとで，関数 $f(x)$ が点 A(a) で広義の極値をとるとする．このとき，点 A が N_G の非特異点ならば，ベクトル $\boldsymbol{\lambda} = (\lambda_1, \ldots, \lambda_m)$ が存在して $\nabla f(a) = \boldsymbol{\lambda} J_G(a)$ となる．

解説 定理において $\nabla f(a)$ はもちろん $J_f(a)$ と書いてもよいが，∇f の方が，「横ベクトル = 横ベクトル × 行列」という式であることが明確になってよいであろう．

証明 行列の積になるだけで，定理 6.94 の証明と何も変わりはない．

(1) 必要なら変数 $x_1, \ldots, x_n$ の順番を変更し，$J_G(a)$ において，右側の $m \times m$ 行列が正則であるとする．以下では $l := n - m$ とし，$x = (x_1, \ldots, x_l)$ とおこう．また $x_{l+1}, \ldots, x_n$ については，文字を変更して $y_1, \ldots, y_m$ と書き，$y = (y_1, \ldots, y_m)$ とおく．そして $a = (b, c)$ ($b \in \mathbb{R}^l$, $c \in \mathbb{R}^m$) とする．このとき，仮定は $\det G_y(b, c) \neq 0$ となる．

(2) 陰関数定理（定理 6.83）を適用して，b の近くで定義された φ があって，$\varphi(b) = c$ かつ $G(x, \varphi(x)) = 0$ をみたし，次式が成り立つ．

$$J_{\varphi}(b) = -G_y(b, c)^{-1} G_x(b, c). \quad \cdots \cdots \text{①}$$

(3) $F(x) := f(x, \varphi(x))$ は $x = b$ で広義の極値をとるので $\nabla F(b) = 0$ となる．∇F を計算することにより $f_x(b, c) + f_y(b, c) J_{\varphi}(b) = 0$．これに①を代入

6.12 条件付き極値問題

して $f_{\boldsymbol{x}}(\boldsymbol{a}) - f_{\boldsymbol{y}}(\boldsymbol{a})G_{\boldsymbol{y}}(\boldsymbol{a})^{-1}G_{\boldsymbol{x}}(\boldsymbol{a}) = \boldsymbol{0}$ を得る．ここで $\boldsymbol{\lambda} := f_{\boldsymbol{y}}(\boldsymbol{a})G_{\boldsymbol{y}}(\boldsymbol{a})^{-1}$ とおき，ベクトル $\nabla f(\boldsymbol{a})$ と行列 $J_{\boldsymbol{G}}(\boldsymbol{a})$ を分割して書いて，

$$\nabla f(\boldsymbol{a}) = (f_{\boldsymbol{x}}(\boldsymbol{a}), f_{\boldsymbol{y}}(\boldsymbol{a})) = \boldsymbol{\lambda}\left(\,G_{\boldsymbol{x}}(\boldsymbol{a}) \,\middle|\, G_{\boldsymbol{y}}(\boldsymbol{a})\,\right) = \boldsymbol{\lambda} J_{\boldsymbol{G}}(\boldsymbol{a})$$

を得る．これで証明が終わっている． □

さて，3変数関数 f の零点の全体 $N_f : f(x,y,z) = 0$ は，一般に空間内の曲面である．たとえば $f(x,y,z) = x^2 + y^2 + z^2 - 1$ であるとき，N_f は中心が原点で半径が 1 の球面である．

問題 6.100 なめらかな 3 変数関数 $f(\boldsymbol{x}) = f(x,y,z)$ を考える．$\boldsymbol{a} = (a,b,c)$ が N_f の非特異点であるとき，N_f は $\boldsymbol{a}$ で接平面を持ち，その方程式は次で与えられることを示せ．
$$\nabla f(\boldsymbol{a}) \cdot (\boldsymbol{x} - \boldsymbol{a}) = 0.$$

次に 2 個の 3 変数関数 $f(x,y,z)$, $g(x,y,z)$ を考え，写像 $\boldsymbol{F} := (f,g)$ の零点の全体 $N_{\boldsymbol{F}}$ を考える．$N_{\boldsymbol{F}} = N_f \cap N_g$ であるから，$N_{\boldsymbol{F}}$ は一般に二つの曲面 N_f と N_g が交わってできる曲線（交線）と捉えることができる．

例題 6.101 球面 $x^2 + y^2 + z^2 = 4$ と，円柱面 $(x-1)^2 + y^2 = 1$（z は自由）の交線上の点 $\boldsymbol{a} := \left(\frac{1}{2}, -\frac{\sqrt{3}}{2}, \sqrt{3}\right)$ での接線の方程式を求めよ．

解 $\boldsymbol{F}(x,y,z) := \left(x^2 + y^2 + z^2 - 4,\ (x-1)^2 + y^2 - 1\right)$ とおくと，$J_{\boldsymbol{F}}(x,y,z) = \begin{pmatrix} 2x & 2y & 2z \\ 2(x-1) & 2y & 0 \end{pmatrix}$ より

$$J_{\boldsymbol{F}}(\boldsymbol{a}) = \begin{pmatrix} 1 & -\sqrt{3} & 2\sqrt{3} \\ -1 & -\sqrt{3} & 0 \end{pmatrix}.$$

$\det\begin{pmatrix} -\sqrt{3} & 2\sqrt{3} \\ -\sqrt{3} & 0 \end{pmatrix} = 6 \neq 0$ ゆえ，陰関数定理（定理 6.83）より，$\varphi\left(\frac{1}{2}\right) = -\frac{\sqrt{3}}{2}$, $\psi\left(\frac{1}{2}\right) = \sqrt{3}$ であるなめらかな $\varphi(x)$ と $\psi(x)$ で，

$$x^2 + \varphi(x)^2 + \psi(x)^2 = 4, \quad (x-1)^2 + \varphi(x)^2 = 1 \quad \cdots \text{①}$$

をみたすものにより，$\boldsymbol{a}$ の近くでの交線は $(x,y,z) = (x, \varphi(x), \psi(x))$ と書ける．①の 2 個の式を x で微分すると，

$$x + \varphi(x)\varphi'(x) + \psi(x)\psi'(x) = 0, \quad (x-1) + \varphi(x)\varphi'(x) = 0$$

となるから，$x = \frac{1}{2}$ とおいて $\varphi'\left(\frac{1}{2}\right) = -\frac{1}{\sqrt{3}}$, $\psi'\left(\frac{1}{2}\right) = -\frac{1}{\sqrt{3}}$ を得る．よって求める接線の方向ベクトルは $\boldsymbol{d} := \left(1, -\frac{1}{\sqrt{3}}, -\frac{1}{\sqrt{3}}\right)$．ゆえに求める方程式は，ベクトル方程式で書くと $\boldsymbol{x} = t\boldsymbol{d} + \boldsymbol{a}$ である． □

注意 6.102 (1) 連立方程式を解けば，$\varphi(x) = -\sqrt{2x - x^2}$, $\psi(x) = \sqrt{4 - 2x}$ を得て直接 $\varphi'(x)$, $\psi'(x)$ を計算できるが，陰関数定理を使えば，$\varphi(x), \psi(x)$ の具体的な式をわざわざ求めなくてもよい．
(2) $J_{\boldsymbol{F}}$ の各 2×2 小行列式を計算すると

$$\det \begin{pmatrix} 2x & 2y \\ 2(x-1) & 2y \end{pmatrix} = 4y, \quad \det \begin{pmatrix} 2x & 2z \\ 2(x-1) & 0 \end{pmatrix} = -4(x-1)z, \quad \det \begin{pmatrix} 2y & 2z \\ 2y & 0 \end{pmatrix} = -4yz.$$

交線 $N_{\boldsymbol{F}}$ 上の点で，これら 3 個の行列式がすべて 0 となるのは，$(x, y, z) = (2, 0, 0)$ のみ．ゆえに $N_{\boldsymbol{F}}$ の特異点は $(2, 0, 0)$ のみである．

　純粋な，すなわち極値だけを求める条件付き極値問題には深入りはせず（後述の問題 6.129 参照），最大値と最小値を求める問題へと話題を変えよう．

6.13　最大・最小問題

　1 変数のときの定理 3.25 のように，最大値と最小値の存在を保証する定理から始めよう．$\mathbb{R}^2$ で述べるが，ほとんどそのままの形で $\mathbb{R}^n$ にも通用する．
　そのためには，$\mathbb{R}^2$ の点集合についての用語や性質を述べる必要がある[23]．以下，集合 $B(\boldsymbol{a}, r) := \{\boldsymbol{x} \in \mathbb{R}^2 \,;\, \|\boldsymbol{x} - \boldsymbol{a}\| < r\}$ は中心が $\boldsymbol{a}$ で半径 r の円の内部を表し，**開円板**（3 次元以上では**開球**）と呼ぶ[24]．上にバーをつけて，$\overline{B}(\boldsymbol{a}, r) := \{\boldsymbol{x} \in \mathbb{R}^2 \,;\, \|\boldsymbol{x} - \boldsymbol{a}\| \leq r\}$ は中心が $\boldsymbol{a}$ で半径 r の**閉円板**（3 次元以上では**閉球**）を表すとする[25]．

定義 6.103　$A \subset \mathbb{R}^2$ とする．点 $\boldsymbol{x} \in \mathbb{R}^2$ が A の**内点**であるとは，$\exists \delta > 0$ s.t. $B(\boldsymbol{x}, \delta) \subset A$ となることである．点 $\boldsymbol{x} \in \mathbb{R}^2$ が補集合 A^c の内点であるとき，点 $\boldsymbol{x}$ は A の**外点**であるという．

　集合 A の内点の全体を A の**内部**，外点の全体を A の**外部**と呼ぶ．

---

[23] 実は今まで意図的に避けてきた．
[24] 円の内部であるが，$\mathbb{R}^n$ への拡張も考えて Ball の B を記号として用いることにした．
[25] バーは「閉包」という意味合いでつけているのであるが，本書では「閉包」については触れない．

6.13 最大・最小問題

定義 6.104 集合 $A \subset \mathbb{R}^2$ が**開集合**であるとは，A の任意の点が A の内点になっているときという．言い換えれば，$\forall \boldsymbol{x} \in A$, $\exists \delta > 0$ s.t. $B(\boldsymbol{x}, \delta) \subset A$ となることである．ここで δ は $\boldsymbol{x}$ に依存してもよいことに注意．

例 6.105 開円板 $B(\boldsymbol{a}, r)$ は開集合である．なぜなら，$\forall \boldsymbol{x} \in B(\boldsymbol{a}, r)$ に対して $\delta := r - \|\boldsymbol{x} - \boldsymbol{a}\| > 0$ とおくと，$B(\boldsymbol{x}, \delta) \subset B(\boldsymbol{a}, r)$ となるからである．実際に $\boldsymbol{y} \in B(\boldsymbol{x}, \delta)$ ならば，三角不等式より

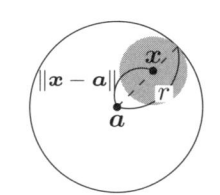

$$\|\boldsymbol{y} - \boldsymbol{a}\| \leqq \|\boldsymbol{y} - \boldsymbol{x}\| + \|\boldsymbol{x} - \boldsymbol{a}\| < \delta + \|\boldsymbol{x} - \boldsymbol{a}\| = r$$

となるから，$\boldsymbol{y} \in B(\boldsymbol{a}, r)$ である．

例 6.106 連続関数 f に対して，$A := \{\boldsymbol{x} \,;\, f(\boldsymbol{x}) > 0\}$ は開集合である．実際に $\boldsymbol{a} \in A$ とすると $f(\boldsymbol{a}) > 0$. 仮定より f は連続ゆえ，$\delta > 0$ が存在して，$\|\boldsymbol{x} - \boldsymbol{a}\| < \delta$ ならば $f(\boldsymbol{x}) > 0$ である．これは $B(\boldsymbol{a}, \delta) \subset A$ を示している．同様にして，A の定義において不等号を逆向きにしても，「非等号」$\neq$ に変えても，開集合である．

問題 6.107 $A_1, \ldots, A_k$ のすべてが開集合のとき，$A_1 \cup A_2 \cup \cdots \cup A_k$ と $A_1 \cap A_2 \cap \cdots \cap A_k$ はともに開集合であることを示せ．

定義 6.108 開集合の補集合になっている集合のことを**閉集合**という．

例 6.109 閉円板 $\overline{B}(\boldsymbol{a}, r)$ は閉集合である．なぜなら，それは開集合である円の外部の補集合であるから．また，円周 $\|\boldsymbol{x} - \boldsymbol{a}\| = r$ も閉集合である．実際に円周の補集合 $\|\boldsymbol{x} - \boldsymbol{a}\| \neq r$ は，例 6.106 より開集合であるから．

さて，集合 $A_1, \ldots, A_k$ があるとき，「どの A_j にも属する」という状況を否定すると，「属さない A_j がある」となるので，

$$\left(A_1 \cap A_2 \cap \cdots \cap A_k\right)^c = (A_1)^c \cup (A_2)^c \cup \cdots \cup (A_k)^c. \tag{6.23}$$

また，「どれかの A_j に属する」という状況を否定すると，「どの A_j にも属さない」となるので

$$\left(A_1 \cup A_2 \cup \cdots \cup A_k\right)^c = (A_1)^c \cap (A_2)^c \cap \cdots \cap (A_k)^c. \tag{6.24}$$

式 (6.23) と式 (6.24) を **De Morgan**(ド・モルガン)**の法則**という．

問題 6.107 と De Morgan の法則によって，$A_1, \ldots, A_k$ がすべて閉集合であるとき，$A_1 \cup A_2 \cup \cdots \cup A_k$ と $A_1 \cap A_2 \cap \cdots \cap A_k$ はともに閉集合である．

命題 6.110 閉集合 A があって，$\boldsymbol{a}_n \in A\ (n = 1, 2, \ldots)$ であるとする．もし $\boldsymbol{a} := \lim_{n\to\infty} \boldsymbol{a}_n$ が存在するなら，$\boldsymbol{a} \in A$ である．

証明 $\boldsymbol{a} \notin A$，すなわち $\boldsymbol{a} \in A^c$ とする．A^c は開集合であるから，$\exists \delta > 0$ s.t. $B(\boldsymbol{a}, \delta) \subset A^c$．仮定より $\boldsymbol{a}_n \to \boldsymbol{a}\ (n \to \infty)$ であるから，十分大きな n に対して $\boldsymbol{a}_n \in B(\boldsymbol{a}, \delta)$．これより $\boldsymbol{a}_n \in A^c$ となって，$\boldsymbol{a}_n \in A$ に反する． $\square$

定義 6.111 集合 A の内点でも外点でもない点のことを，A の**境界点**という．A の境界点全体を ∂A で表し[26]，A の**境界**と呼ぶ．

定義から明らかに $\partial A^c = \partial A$ である．また，$\boldsymbol{a} \in \partial A$ であるとき，$\forall \varepsilon > 0$ に対して，$B(\boldsymbol{a}, \varepsilon)$ には A に属する点も属さない点も存在する．

命題 6.112
(1) A が開集合なら，$A \cap \partial A = \emptyset$ である．
(2) A が閉集合なら，$\partial A \subset A$ である．

証明 (1) A が開集合なら，$\forall \boldsymbol{a} \in A$ は A の内点ゆえ境界点ではない．
(2) A^c は開集合ゆえ (1) より $A^c \cap \partial A = A^c \cap \partial A^c = \emptyset$．ゆえに $\partial A \subset A$． $\square$

注意 6.113 この命題により，開集合でも閉集合でもない集合の例を容易に挙げることができる．境界を一部のみ含ませればよいから，円の内部にその境界の円周の一部，たとえば上半円周のみ付加した集合は，開集合でも閉集合でもない．

定義 6.114 集合 $A \subset \mathbb{R}^2$ が**有界**であるとは，$\exists R > 0$ s.t. $A \subset B(\boldsymbol{0}, R)$ となることとする．$\mathbb{R}^2$ の点列 $\{\boldsymbol{a}_n\}$ が有界であることも同様に定義する．

例 6.115 閉円板 $\overline{B}(\boldsymbol{a}, r)$ は有界閉集合である．また，三角形や四角形の内部または周，そして一般に多角形の内部または周からなる集合も有界閉集合である．

---
[26] 偏微分記号を拝借しただけで，偏微分とは何の関係もない．

例 6.116 2次形式 $Q(\boldsymbol{X}) = aX^2 + 2bXY + cY^2$ が正定値であるならば，すなわち $a > 0$ かつ $ac - b^2 > 0$ ならば，集合 $A := \{\boldsymbol{x} \in \mathbb{R}^2 \,;\, Q(\boldsymbol{x}) = 1\}$ は有界閉集合である．実際に A が閉集合であることは，開集合 $\{\boldsymbol{x}\,;\, Q(\boldsymbol{x}) - 1 \neq 0\}$ の補集合ということによる．次に平方完成して

$$Q(\boldsymbol{x}) = a\left(x + \frac{b}{a}y\right)^2 + \frac{ac - b^2}{a}y^2$$

より，$\boldsymbol{x} \in A$ なら $a\left(x + \frac{b}{a}y\right)^2 \leqq 1$ かつ $\frac{ac-b^2}{a}y^2 \leqq 1$. 後者よりまず y が有界であることがわかり，これと前者より x も有界であることがわかる．

実は A は楕円である．詳しく書かれた線型代数の本には，2次曲線の分類についての記述があるので参考にしてほしい． □

定理 6.117 $\mathbb{R}^2$ の有界な点列 $\{\boldsymbol{a}_n\}$ は収束する部分列を持つ．

証明 $\boldsymbol{a}_n = (a_n, b_n)$ とすると，数列 $\{a_n\}$ と $\{b_n\}$ は有界である．Bolzano–Weierstrass の定理（定理 3.21）より，$a_{n_k} \to a$ となる部分列 $\{a_{n_k}\}$ を $\{a_n\}$ から抜き出せる．$\{b_n\}$ の方はまず $\{b_{n_k}\}$ を抜き出しておき，そこから $b_{n_{k_j}} \to b$ となる部分列を抜き出せば，$\boldsymbol{a}_{n_{k_j}} \to \boldsymbol{a} := (a, b)$ となっている． □

定理 6.118（最大値・最小値の存在） 有界閉集合上の連続関数は最大値と最小値をとる．

問題 6.119 定理 3.25 の証明を定理 6.118 の証明に翻訳せよ．

注意 6.120 読者はこの時点で定理 5.16 の証明に戻るとよいだろう．

最大・最小問題を極値問題に帰着させよう．以下なめらかな関数を扱う．

命題 6.121 開集合 A 上の関数 f が $\boldsymbol{a} \in A$ で最大値または最小値をとるとき，$\boldsymbol{a}$ は f の停留点である．

証明 点 $\boldsymbol{a}$ は A の内点であるので，$f(\boldsymbol{a})$ が最大値なら $f(\boldsymbol{a})$ は広義の極大値である．ゆえに命題 6.58 から結論が従う．最小値でも同様． □

命題 6.122 閉集合 A 上の関数 f が $\boldsymbol{a} \in A$ で最大値または最小値をとるとき，$\boldsymbol{a} \in \partial A$ か，または $\boldsymbol{a}$ は f の停留点である．

証明 $\boldsymbol{a} \in A \setminus \partial A$ なら，ある $\delta > 0$ に対して $B(\boldsymbol{a}, \delta) \subset A$ である．このとき，f は開集合 $B(\boldsymbol{a}, \delta)$ 上で最大値または最小値をとることになるので，命題 6.121 より $\boldsymbol{a}$ は f の停留点である． □

例題 6.123 関数 $f(x,y) := \sin x + \sin y - \sin(x-y)$ の最大値と最小値を求めよ．

解 $f(x+2\pi, y) = f(x, y+2\pi) = f(x,y)$ が成り立つので，
$$D := \{(x,y) \in \mathbb{R}^2 \ ; \ |x| \leqq \pi, |y| \leqq \pi \}$$
で考えれば十分である．D は有界閉集合ゆえ，f は D で最大値と最小値をとる．まず ∂D を除外して，$|x| < \pi$，$|y| < \pi$ での f の停留点を求めよう．
$$f_x = \cos x - \cos(x-y) = 0 \cdots ① \quad f_y = \cos y + \cos(x-y) = 0 \cdots ②$$
① + ② より $\cos x + \cos y = 0$．ゆえに $\cos \frac{1}{2}(x+y) \cos \frac{1}{2}(x-y) = 0$．
$0 \leqq \frac{1}{2}|x \pm y| < \pi$ に注意すると，$\frac{1}{2}(x-y) = \pm \frac{\pi}{2}$ または $\frac{1}{2}(x+y) = \pm \frac{\pi}{2}$．
(1) $x - y = \pm \pi$ のとき．① より $\cos x = -1$ となって，$|x| < \pi$ に反する．
(2) $x + y = \pm \pi$ のとき．$y = \pm \pi - x$ を①に代入して
$$0 = \cos x + \cos(2x) = 2\cos\left(\tfrac{1}{2}x\right) \cos\left(\tfrac{3}{2}x\right).$$
$\frac{1}{2}|x| < \frac{\pi}{2}$ より $\cos\left(\frac{1}{2}x\right) \neq 0$．ゆえに $\cos\left(\frac{3}{2}x\right) = 0$ より $x = \pm \frac{\pi}{3}$（複号順自由）．ここで $|y| < \pi$ に注意すると，x と複号同順で $y = \pm \frac{2}{3}\pi$．以上より求める f の停留点は $\left(\pm \frac{1}{3}\pi, \pm \frac{2}{3}\pi\right)$ であり，$f\left(\pm \frac{1}{3}\pi, \pm \frac{2}{3}\pi\right) = \pm \frac{3}{2}\sqrt{3}$．

そして ∂D 上では，$f(x, \pm \pi) = 2\sin x$，$f(\pm \pi, y) = 0$ である．$\frac{3}{2}\sqrt{3} > 2$ より，f の最大値は $\frac{3}{2}\sqrt{3}$，最小値は $-\frac{3}{2}\sqrt{3}$ である． □

問題 6.124 関数 $f(x,y) := \cos x + \cos y + \cos(x-y)$ の最大値と最小値を求めよ．

問題 6.125 $D := \{(x,y) \in \mathbb{R}^2 \, ; \, x \geqq 0, \, y \geqq 0, \, x+y \leqq 1\}$ とする．D における関数 $f(x,y) := 3x^2 + 2y^2 + 2xy - 2x - 2y + 1$ の最大値と最小値を求めよ．

例題 6.126 $x^2 + y^2 = 1$ のとき，$Q(x,y) := ax^2 + 2bxy + cy^2$ の最大値と最小値を調べよ．ただし $b \neq 0$ とする．

解説 式 (6.21) と，直交行列 P に対しては $\|P\boldsymbol{X}\| = \|\boldsymbol{X}\|$ が成り立つことから，2 次形式 $Q(\boldsymbol{X})$ に対応する対称行列 T の固有値を $\lambda_1 \leqq \lambda_2$ とすると，$\|\boldsymbol{X}\| = 1$ の条件下での $Q(\boldsymbol{X})$ の最小値は λ_1，最大値は λ_2 である．ここでは Lagrange の乗数法を用いて解いてみよう．

解 $g(x,y) := x^2 + y^2 - 1$ とおく．$g_x = 2x$, $g_y = 2y$ より，関数 g の停留点は原点だけ．原点は円 $C : g(x,y) = 0$ 上にはないので，C には特異点はない．また C は有界閉集合であるから，関数 Q は C 上で最大値と最小値をとり，それらは Lagrange の乗数法で得られる点で起こる．

さて $F(x,y,\lambda) := ax^2 + 2bxy + cy^2 - \lambda(x^2 + y^2 - 1)$ とおくと，
$$F_x = 2(ax + by - \lambda x), \quad F_y = 2(bx + cy - \lambda y), \quad F_\lambda = -(x^2 + y^2 - 1)$$
であるから，$F_x = F_y = F_\lambda = 0 \iff$

$$\begin{cases} (\lambda - a)x - by = 0 & \cdots\cdots \text{①} \\ -bx + (\lambda - c)y = 0 & \cdots\cdots \text{②} \end{cases} \qquad x^2 + y^2 = 1 \quad \cdots\cdots \text{③}$$

③より，x, y に関する連立 1 次方程式①，②は $(x,y) \neq (0,0)$ となる解を持たねばならず，その条件は，$T = \begin{pmatrix} a & b \\ b & c \end{pmatrix}$ とおくとき，$\det(\lambda E - T) = 0$. $\cdots$ ④
ゆえに λ は T の固有値．ここで $b \neq 0$ より，固有方程式④の判別式は
$$(a+c)^2 - 4(ac - b^2) = (a-c)^2 + 4b^2 > 0 \quad \text{（式 (6.20) 参照）}$$
となり，T の固有値は異なる 2 個の実数である．それを λ_1, λ_2 ($\lambda_1 < \lambda_2$) とする．$\lambda = \lambda_1$ または $\lambda = \lambda_2$ のとき，①，②，③から求まる (x,y) をそれぞれ $(x_1, y_1), (x_2, y_2)$ とする．$\boldsymbol{x}_j = \begin{pmatrix} x_j \\ y_j \end{pmatrix}$ とおくと ($j = 1, 2$)，$\boldsymbol{x}_j$ は λ_j に対応する長さ 1 の T の固有ベクトルである．このとき
$$Q(x_j, y_j) = x_j(ax_j + by_j) + y_j(bx_j + cy_j) = \lambda_j(x_j^2 + y_j^2) = \lambda_j.$$
ゆえに最小値は λ_1 で最大値は λ_2 である． $\square$

注意 6.127 (1) Lagrange の乗数法ということで, $F(x, y, \lambda) = f(x, y) + \lambda g(x, y)$ とする本もある. λ で偏微分するときのマイナス符号を避けるためと思われるが, Lagrange の乗数の意味や例題 6.126 を見るとき, $F(x, y) := f(x, y) - \lambda g(x, y)$ とする方が自然なことがわかる. (2) 曲線 $N_g : g(x, y) = 0$ のパラメータ表示が容易にわかる場合は, そのパラメータを使って f の増加減少を調べてももちろんよい. たとえば, 例題 6.126 でも, a, b, c が具体的な数値であれば, $x = \cos\theta, y = \sin\theta$ とおく方法も決して悪くはない. 場合によっては, 相加平均・相乗平均の不等式や Schwarz の不等式が使えることもある. Lagrange の乗数法によって, 最大値・最小値を求める手段を新たにもう一つ手に入れたということでよいだろう. ただし, 一般に連立方程式 $\nabla f = \boldsymbol{\lambda} J_G$ を解くのは結構大変である.

問題 6.128 (1) $x^4 + y^2 = 1$ のときの $f(x, y) := xy$ の最大値と最小値を求めよ.
(2) $x^2 + xy + y^2 = 3$ のときの $f(x, y) := (x+1)(y+1)$ の最大値と最小値を求めよ.

問題 6.129 $x^2 + y^2 + z^2 = 1$ のときの関数 $f(x, y, z) := x^3 + y^3 + z^3$ の最大値と最小値を求めよ. できればそれぞれの極値の候補点近くでの f の様子も調べてみよ.

条件が複数になった場合の最大・最小問題を考えてみよう.

例題 6.130 $\boldsymbol{G}(x, y, z) = (x^2 + y^2 + 2z^2 - 4, xyz - 1)$ とする.
(1) $N_{\boldsymbol{G}}$ には特異点がないことを示せ.
(2) $N_{\boldsymbol{G}}$ 上での $f(\boldsymbol{x}) := \|\boldsymbol{x}\|^2$ の最大値と最小値を求めよ.

解 (1) 直接の計算で $J_{\boldsymbol{G}} = \begin{pmatrix} 2x & 2y & 4z \\ yz & xz & xy \end{pmatrix}$ となる. $(x, y, z) \in N_{\boldsymbol{G}}$ のとき, $J_{\boldsymbol{G}}$ の階数が 2 であることを背理法で示そう. 条件

$$x^2 + y^2 + 2z^2 = 4 \ \cdots\cdots\ \text{①} \qquad xyz = 1 \ \cdots\cdots\ \text{②}$$

のもとで, $J_{\boldsymbol{G}}$ の 3 個の 2 次小行列式がすべて 0 であると仮定すると

$$\det \begin{pmatrix} 2x & 2y \\ yz & xz \end{pmatrix} = 0, \quad \det \begin{pmatrix} 2x & 4z \\ yz & xy \end{pmatrix} = 0, \quad \det \begin{pmatrix} 2y & 4z \\ xz & xy \end{pmatrix} = 0.$$

これより連立方程式

$$(x^2 - y^2)z = y(x^2 - 2z^2) = x(y^2 - 2z^2) = 0$$

を得る. ②より $x \neq 0$, $y \neq 0$, $z \neq 0$ ゆえ, $x^2 = y^2 = 2z^2$ である. ゆえに①より $x^2 = y^2 = 2z^2 = \frac{4}{3}$ となるが, $x^2 y^2 z^2 = \frac{16}{9} \cdot \frac{2}{3} = \frac{32}{27} > 1$ となって, ②に反する. ゆえに $(x, y, z) \in N_{\boldsymbol{G}}$ ならば $J_{\boldsymbol{G}}$ の階数は 2 であるので, $N_{\boldsymbol{G}}$ には特異点はない.

(2) $N_{\boldsymbol{G}}$ は有界閉集合であるから，連続関数 $f(x) = \|\boldsymbol{x}\|^2$ は $N_{\boldsymbol{G}}$ 上で最大値も最小値もとる．(1) より $N_{\boldsymbol{G}}$ は特異点を持たないので，最大と最小は方程式 $\nabla f(\boldsymbol{x}) = \boldsymbol{\lambda} J_{\boldsymbol{G}}(\boldsymbol{x})$ の解である $\boldsymbol{x} \in N_{\boldsymbol{G}}$ で起こる．ここで $\boldsymbol{\lambda} = (\lambda, \mu)$ とすると，$2x = 2\lambda x + \mu yz$, $2y = 2\lambda y + \mu xz$, $2z = 4\lambda z + \mu xy$. すなわち，それぞれに x, y, z を順にかけて②を用いると

$$2(1-\lambda)x^2 = \mu \cdots ③ \quad 2(1-\lambda)y^2 = \mu \cdots ④ \quad 2(1-2\lambda)z^2 = \mu \cdots ⑤$$

を得る．もし $\lambda = 1$ なら③より $\mu = 0$ となるが，これは⑤をみたさない．ゆえに $\lambda \neq 1$. よって③と④より $y^2 = x^2$ を得る．このとき①より $z^2 = 2 - x^2$. これらを②から得られる $x^2 y^2 z^2 = 1$ に代入して $x^4(2-x^2) = 1$. すなわち $x^6 - 2x^4 + 1 = 0$ を得る．これは $(x^2 - 1)(x^4 - x^2 - 1) = 0$ となるから，$x^2 = 1, \frac{1}{2}(\sqrt{5} + 1)$. そして x, y, z が定まったときの λ, μ の連立1次方程式③,⑤の係数行列式は $\det\begin{pmatrix} 2x^2 & 1 \\ 4z^2 & 1 \end{pmatrix} = 2(x^2 - 2z^2)$ である．

(i) $x^2 = 1$ なら $y^2 = z^2 = 1$. これと②より，

$$(x, y, z) = (1, 1, 1), \ (1, -1, -1), \ (-1, 1, -1), \ (-1, -1, 1).$$

このとき③と⑤より $(\lambda, \mu) = (0, 2)$ であり，$f(\boldsymbol{x}) = 3$.

(ii) $x^2 = \frac{1}{2}(\sqrt{5} + 1)$ のとき．$y^2 = \frac{1}{2}(\sqrt{5} + 1)$ であり，$z^2 = \frac{1}{2}(3 - \sqrt{5})$ となる．$xyz = 1$ であるから符号が決まって，

$$(x, y, z) = \left(\sqrt{\tfrac{\sqrt{5}+1}{2}}, \sqrt{\tfrac{\sqrt{5}+1}{2}}, \tfrac{\sqrt{5}-1}{2}\right), \quad \left(\sqrt{\tfrac{\sqrt{5}+1}{2}}, -\sqrt{\tfrac{\sqrt{5}+1}{2}}, -\tfrac{\sqrt{5}-1}{2}\right),$$
$$\left(-\sqrt{\tfrac{\sqrt{5}+1}{2}}, \sqrt{\tfrac{\sqrt{5}+1}{2}}, -\tfrac{\sqrt{5}-1}{2}\right), \quad \left(-\sqrt{\tfrac{\sqrt{5}+1}{2}}, -\sqrt{\tfrac{\sqrt{5}+1}{2}}, \tfrac{\sqrt{5}-1}{2}\right).$$

いずれの場合も $x^2 \neq 2z^2$ であるから，③と⑤より λ と μ が定まり，$f(\boldsymbol{x}) = \frac{1}{2}(5 + \sqrt{5})$ となる．

以上から，$N_{\boldsymbol{G}}$ での f の最大値は $\frac{1}{2}(5 + \sqrt{5})$，最小値は 3 である． □

問題 6.131 $x^2 + y^2 + z^2 = 4$ かつ $(x-1)^2 + y^2 = 1$ のとき，
$$f(x, y, z) := x^2 + (y+1)^2 + 2z^2$$
の最大値と最小値を求めよ（例題 6.101 と注意 6.102 参照）．

第7章

多変数関数の積分

　この章では多変数関数，主に 2 変数関数の積分を扱う．1 変数関数の積分は区間上のものであったが，2 変数関数の積分となると，積分をする範囲（今後は**積分区域**と呼ぼう）は座標平面 $\mathbb{R}^2$ の部分集合であり，様々な形状のものがある．多変数関数の積分論を一般の状況で扱うのは Lebesgue（ルベーグ）積分論に委ねる方がよいと思えるので，本書ではあまり細かい所までは追い求めない．しかしながら，面積が確定する集合という概念は避けて通ることができないので，その解説は行う．とくに「2 曲線が囲む図形」の面積が実際に確定し，その面積は，高校で学習してきたような定積分で求められるという過程を学ぶことになる．そこでは，長方形の面積が「横×縦」であるということを基盤として，理論が組み立てられていることを銘記してほしい．なお，1 変数関数の積分における置換積分に相当する変数変換公式については，その証明は大変技術的であるので，証明のほとんどの部分を省略する．初学者には，技術的な証明の理解に難渋するより，まずは多変数関数の積分計算が自由にできるようになってほしいと願うからである．

7.1　長方形領域上の積分

　もっともシンプルな形状の積分区域から始めよう．

7.1 長方形領域上の積分

定義 7.1 a, b, c, d は実数で, $a < b$ かつ $c < d$ とする. 集合
$$\{(x, y) \in \mathbb{R}^2 \,;\, a \leqq x \leqq b,\, c \leqq y \leqq d\}$$
を**長方形領域**と呼び[1], $[a, b] \times [c, d]$ で表す.

以下では簡単のため, 長方形領域 $I = [a, b] \times [c, d]$ の面積を $\mu(I)$ で表す. すなわち $\mu(I) := (b - a)(d - c)$ とおく.

さて f を長方形領域 $I := [a, b] \times [c, d]$ 上の有界な関数とし, I における f の下限と上限をそれぞれ m, M とする. I 上での f の積分については, 1 変数関数の積分と同様に議論できる. まず, $[a, b]$ と $[c, d]$ を分割しよう.

$$a = a_0 < a_1 < \cdots < a_p = b, \quad c = c_0 < c_1 < \cdots < c_q = d. \tag{7.1}$$

このとき, I は pq 個の小さな長方形領域 $I_{ij} := [a_{i-1}, a_i] \times [c_{j-1}, c_j]$ に分割される. この分割を Δ としよう.

$$\Delta : I = I_{11} \cup I_{12} \cup \cdots \cup I_{ij} \cup \cdots \cup I_{pq}.$$

1 変数のときと同様に
$$m_{ij}(f; \Delta) := \inf f(I_{ij}),$$
$$M_{ij}(f; \Delta) := \sup f(I_{ij}),$$

とおき, Δ に関する f の**下限和** $s(f; \Delta)$ と**上限和** $S(f; \Delta)$ を次で定義する.

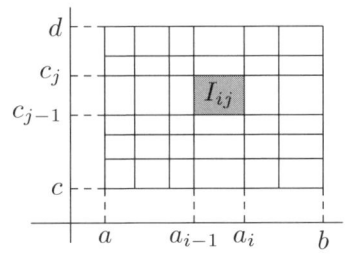

$$s(f; \Delta) := \sum_{\substack{1 \leqq i \leqq p \\ 1 \leqq j \leqq q}} m_{ij}(f; \Delta) \mu(I_{ij}), \quad S(f; \Delta) := \sum_{\substack{1 \leqq i \leqq p \\ 1 \leqq j \leqq q}} M_{ij}(f; \Delta) \mu(I_{ij}).$$

ただし, $\sum$ 記号の下に 2 段で $1 \leqq i \leqq p$, $1 \leqq j \leqq q$ と書いた $\sum a_{ij}$ は, 次の和を表す.

$$a_{11} + a_{12} + \cdots + a_{ij} + \cdots + a_{pq}.$$

これは $p \times q$ 行列 (a_{ij}) のすべての成分を加えたものと考えるとよいだろう. ただし, 面倒だし場所も取るので, 今後は和をとるときの変数 i, j の上端と下端

---

[1] 最近ではコンピュータなどで「矩形選択」という言葉が用いられるので, 矩形という用語をここで復活させてもよいように思うが, 長方形領域ということにした. もちろん正方形領域になる可能性を排除しない.

は文脈から了解されているものとして，$\sum_{i,j} a_{ij}$ と略記する．有限項の和なので，どんな風に加えてもよい．先に各行において加え，それで得られた和を加える $\sum_{i=1}^{p} \sum_{j=1}^{q} a_{ij}$ とも，列における和を先に行う $\sum_{j=1}^{q} \sum_{i=1}^{p} a_{ij}$ とも和は変わらない．ここでは先に加える方の $\sum$ 記号を内側に書いていることに注意．

評価式 (5.3) を得たときと形式的に全く同じ議論をして
$$m\mu(I) \leqq s(f;\Delta) \leqq S(f;\Delta) \leqq M\mu(I)$$
を得るので，すべての分割 Δ にわたっての $s(f;\Delta)$ の上限 $s(f)$ と，$S(f;\Delta)$ の下限 $S(f)$ が存在する．
$$s(f) := \sup_{\Delta} s(f;\Delta), \qquad S(f) := \inf_{\Delta} S(f;\Delta).$$
そして $s(f) \leqq S(f)$ が示せるので，次の定義に到達する．

> **定義 7.2** 長方形領域 I 上の有界な関数 f が I で**積分可能**であるとは，$s(f) = S(f)$ が成り立つことをいう．そしてこの等しい値を
> $$\int_I f(\boldsymbol{x})\,d\boldsymbol{x} \quad \text{または} \quad \iint_I f(x,y)\,dxdy$$
> と書いて，I 上の f の**重積分**と呼ぶ[2]．

注意 7.3 $\iint_I f(x,y)\,dxdy$ と書くときは，後述する累次積分との区別を明確にする必要がある（注意 7.23 参照）．

Darboux の定理を述べる前に，分割の細かさを表す量を定義しよう．以下，式 (7.1) で決まる I の分割 Δ において，$\boldsymbol{a}_{ij} := (a_i, c_j)$ とおく．このとき，$l_{ij} := \|\boldsymbol{a}_{ij} - \boldsymbol{a}_{i-1,j-1}\|$ は小長方形領域 $I_{ij} = [a_{i-1}, a_i] \times [c_{j-1}, c_j]$ の対角線の長さを表す．これら l_{ij} $(1 \leqq i \leqq p, 1 \leqq j \leqq q)$ の最大値を $|\Delta|$ とする．

> **定理 7.4 (Darboux の定理)** $\forall \varepsilon > 0$ に対して，$\exists \delta > 0$ s.t.
> $|\Delta| < \delta$ ならば，$|s(f;\Delta) - s(f)| < \varepsilon$ かつ $|S(f;\Delta) - S(f)| < \varepsilon$．

---
[2] 接頭辞である「重」を略して，積分と呼ぶこともある．

7.1 長方形領域上の積分

定義 7.5 式 (7.1) で決まる長方形領域 $I = [a,b] \times [c,d]$ の分割 Δ を考える。各 i,j について $\boldsymbol{x}_{ij} \in I_{ij}$ をみたす有限点列 $X = \{\boldsymbol{x}_{ij}\}$ を分割 Δ の一つの**代表値系**という。各 Δ と X に対して
$$R(f;\Delta,X) := \sum_{i,j} f(\boldsymbol{x}_{ij}) \mu(I_{ij})$$
とおく。$R(f;\Delta,X)$ を Δ と X に関する f の **Riemann 和**という。

分割 Δ の任意の代表値系 X に対して，明らかに次の不等式が成り立つ．
$$s(f;\Delta) \leqq R(f;\Delta,X) \leqq S(f;\Delta).$$
したがって次の定理を得る．

定理 7.6 f は長方形領域 I で積分可能であるとする．$|\Delta| \to 0$ のとき，代表値系 X の取り方によらず，$R(f;\Delta,X) \to \int_I f(\boldsymbol{x})\,d\boldsymbol{x}$ となる．

定理 7.7 長方形領域 I 上の連続関数は I で積分可能である．

注意 7.8 定理 5.16 の証明は 2 変数でも多変数でも通用する．次元は何であれ，同様の図を描けばよいことを見破ったら，それで証明は終わっている．したがって長方形領域で連続な関数は一様連続であることがわかり，定理 7.7 が証明できる．

以上のように，長方形領域上の重積分は，ほとんど 1 変数関数の積分と並行に話が進む．上で述べた一連の定理の証明は，細部の修正を除けば 1 変数の積分のところでの議論の繰り返しになるので，本書では省略しよう．

次の性質はすぐに必要になる．この証明も省略してよいだろう．

補題 7.9 f は長方形領域 $I = [a,b] \times [c,d]$ で積分可能であるとする．$\forall e\ (a < e < b)$ に対して，$I_1 := [a,e] \times [c,d]$，$I_2 := [e,b] \times [c,d]$ とおくとき，次が成り立つ．
$$\int_I f(\boldsymbol{x})\,d\boldsymbol{x} = \int_{I_1} f(\boldsymbol{x})\,d\boldsymbol{x} + \int_{I_2} f(\boldsymbol{x})\,d\boldsymbol{x}.$$
$[c,d]$ を分割しても同様．

したがって，長方形領域 I を座標軸に平行な有限個の直線で長方形領域 $I_1, \ldots, I_k$ に分割するとき，

$$\int_I f(\boldsymbol{x})\, d\boldsymbol{x} = \int_{I_1} f(\boldsymbol{x})\, d\boldsymbol{x} + \cdots + \int_{I_k} f(\boldsymbol{x})\, d\boldsymbol{x}. \tag{7.2}$$

7.2 面積確定集合

話を一般の区域上の重積分にすると状況はかなり変わってくる．その準備のために使う関数を導入しよう．

定義 7.10 D を $\mathbb{R}^2$ の部分集合とする．

$$\chi_D(\boldsymbol{x}) := 1 \ (\boldsymbol{x} \in D), \quad \chi_D(\boldsymbol{x}) := 0 \ (\boldsymbol{x} \notin D)$$

で定義される関数 χ_D を D の**定義関数**と呼ぶ．

問題 7.11 E, F を $\mathbb{R}^2$ の部分集合とするとき，次を示せ．
(1) $\chi_{E^c} = 1 - \chi_E$
(2) $\chi_{E \cap F} = \chi_E \chi_F = \min(\chi_E, \chi_F)$
(3) $\chi_{E \setminus F} = \chi_E - \chi_E \chi_F$
(4) $\chi_{E \cup F} = \chi_E + \chi_F - \chi_E \chi_F = \max(\chi_E, \chi_F)$
(5) $E \triangle F$ を E と F の対称差とするとき（注意 1.4 参照），$\chi_{E \triangle F} = |\chi_E - \chi_F|$．

定義 7.12 D は $\mathbb{R}^2$ の有界な部分集合とする．D が**面積確定**であるとは，長方形領域 $I \supset D$ をとると，χ_D が I で積分可能であることとする．このとき，$\mu(D) := \int_I \chi_D(\boldsymbol{x})\, d\boldsymbol{x}$ を D の**面積**という．

注意 7.13 定義 7.12 は D を含む長方形領域 I の取り方によらないことを示しておこう．もう一つの長方形領域 $I' \supset D$ を考えよう．$I_0 \supset I \cup I'$ をみたす長方形領域 I_0 をとる．このとき，I の各辺を延長することにより，右図のように座標軸に平行な直線によって I_0 を分割して得られる部分長方形領域の一つに I がなっている．I' も同様である．そして $I_0 \setminus I$ と $I_0 \setminus I'$ では関数 χ_D はつねに 0 であるから，χ_D について，

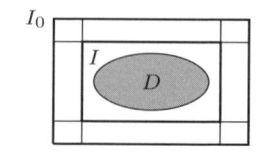

I で積分可能 $\implies$ I_0 で積分可能 $\implies$ I' で積分可能

となる．さらに式 (7.2) より

$$\int_I \chi_D(\boldsymbol{x})\, d\boldsymbol{x} = \int_{I_0} \chi_D(\boldsymbol{x})\, d\boldsymbol{x} = \int_{I'} \chi_D(\boldsymbol{x})\, d\boldsymbol{x}.$$

7.2 面積確定集合

面積確定集合について，もう少し直感に合致するようにしておこう．有界集合 D を考え，D を含む長方形領域 I を一つとる．I の任意の分割 Δ に対して，$J(D;\Delta) := S(\chi_D;\Delta)$, $j(D;\Delta) := s(\chi_D;\Delta)$ とおく．そうすると

$$J(D;\Delta) = \sum_{i,j} M_{ij}(\chi_D;\Delta)\mu(I_{ij}) = \sum_{I_{ij}\cap D\neq\varnothing} \mu(I_{ij}),$$

$$j(D;\Delta) = \sum_{i,j} m_{ij}(\chi_D;\Delta)\mu(I_{ij}) = \sum_{I_{ij}\subset D} \mu(I_{ij}).$$

すなわち $J(D;\Delta)$ は，Δ を構成する小長方形領域 I_{ij} の内で，D と共有点があるものの面積の和であり，$j(D;\Delta)$ は D に含まれるものの面積の和である．$\mu^*(D) := S(\chi_D)$ とおいて D の**外面積**と呼び，$\mu_*(D) := s(\chi_D)$ とおいて D の**内面積**と呼ぼう．Darboux の定理より，

$$\mu^*(D) = \lim_{|\Delta|\to 0} J(D;\Delta), \qquad \mu_*(D) = \lim_{|\Delta|\to 0} j(D;\Delta).$$

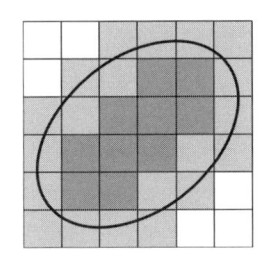

$|\Delta|$ を小さくする

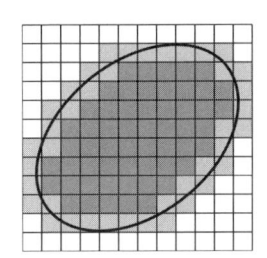

上の二つ図において，濃い色の長方形領域達の面積の和が $j(D;\Delta)$ であり，それに薄い色の長方形領域達の面積の和を加えたものが $J(D;\Delta)$ である．$|\Delta|$ を小さくしていくと，D の内点は濃い色の長方形に取り込まれるようになり，外点は薄い色の長方形からは置き去りにされるようになる．薄い色の長方形は D の内部と外部にまたがっていることから，面積が確定するかどうかは，内点でも外点でもない点の集合，すなわち境界の条件になることがわかる．繰り返すと，

D が面積確定 $\iff$ $\mu^*(D) = \mu_*(D)$, すなわち，外面積 = 内面積

$\iff$ 境界の面積 = 0, すなわち，$\forall \varepsilon > 0$ に対して，境界 ∂D は総面積が ε に満たない長方形領域達で覆われる

そして，面積確定集合 D の面積 $\mu(D)$ とは，$\mu^*(D)$（それは $\mu_*(D)$ でもある）のことである．

問題 7.14 例 5.8 を思い出して，面積確定ではない集合の例を挙げよ．

面積確定集合の例を見ていこう．閉区間 $[a,b]$ で定義された連続関数 $\varphi(x)$，$\psi(x)$ で，$\forall x \in [a,b]$ に対して $\varphi(x) \leqq \psi(x)$ となっているものがあるとき，次で定義される集合 D を**縦線領域**と呼ぶ（下図参照）．

$$D := \{\, (x,y) \in \mathbb{R}^2 \,;\, a \leqq x \leqq b,\, \varphi(x) \leqq y \leqq \psi(x) \,\}. \tag{7.3}$$

同様に，閉区間 $[c,d]$ で定義された連続関数 $\varphi(y)$，$\psi(y)$ があって，$\forall y \in [c,d]$ に対して $\varphi(y) \leqq \psi(y)$ が成り立っているとき，次の集合 D を**横線領域**と呼ぶ．

$$D := \{\, (x,y) \in \mathbb{R}^2 \,;\, c \leqq y \leqq d,\, \varphi(y) \leqq x \leqq \psi(y) \,\}. \tag{7.4}$$

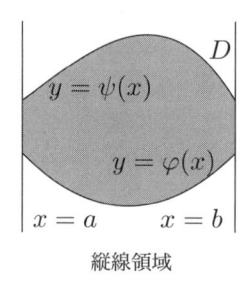

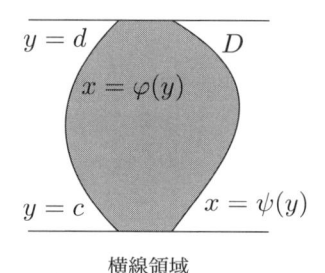

縦線領域　　　　　　　横線領域

例題 7.15 式 (7.3) で定義される縦線領域 D は面積確定であることを示せ．

解説　同様に，式 (7.4) で定義される横線領域も面積確定である．

解　境界 ∂D の縦線部分

$$\{\, (x,y) \,;\, x=a,\, \varphi(a) \leqq y \leqq \psi(a) \,\}, \quad \{\, (x,y) \,;\, x=b,\, \varphi(b) \leqq y \leqq \psi(b) \,\}$$

については，明らかにいくらでも小さな幅の長方形で覆える．よって $y = \varphi(x)$ の部分の面積が 0 であればよい（$y = \psi(x)$ の部分についても同様）．さて φ は有界閉区間 $[a,b]$ で連続ゆえ一様連続である．したがって，$\forall \varepsilon > 0$ が与えられたとき，

$$\exists \delta > 0 \text{ s.t. } |x_1 - x_2| < \delta \implies |\varphi(x_1) - \varphi(x_2)| < \frac{\varepsilon}{2(b-a)}.$$

$n \in \mathbb{N}$ を十分大きくとって $n\delta > b-a$ とし，区間 $[a, b]$ を n 等分する．その分点を $a = a_0 < a_1 < \cdots < a_n = b$ とし，$I_k := [a_{k-1}, a_k]$ $(k = 1, \ldots, n)$ とおく．そうすると $x \in I_k$ のとき，$|\varphi(x) - \varphi(a_k)| < \dfrac{\varepsilon}{2(b-a)}$ が成り立つ．ゆえに $y = \varphi(x)$ の $x \in I_k$ の部分は，面積が $\dfrac{b-a}{n} \cdot \dfrac{\varepsilon}{b-a} = \dfrac{\varepsilon}{n}$ に満たない長方形で覆える．よって，$y = \varphi(x)$ $(a \leqq x \leqq b)$ は総面積が ε に満たない長方形達で覆える． □

縦線領域や横線領域の面積については，それが高校で学習した通りの定積分で表されるということを，後述する系 7.22 で示す．

> **問題 7.16** 境界がなめらかな曲線 $x = x(t)$, $y = y(t)$ $(a \leqq t \leqq b)$ （あるいはそれらを有限個つないだもの）で囲まれた有界な集合 D は面積確定であることを示せ．

例題 7.15 とそのあとの解説，そして問題 7.16 により，子供の頃から慣れ親しんできたいろいろな図形が面積確定であることがわかる．

7.3 一般区域上の重積分

以下この節で現れる $\mathbb{R}^2$ の部分集合は，有界かつ面積確定であるとする．

> **定義 7.17** D 上の有界な関数 f が D で **積分可能** であるとは，D を含む長方形領域 I をとって，I 上の関数 f^* を
> $$f^*(\boldsymbol{x}) := f(\boldsymbol{x}) \ (\boldsymbol{x} \in D), \quad f^*(\boldsymbol{x}) := 0 \ (\boldsymbol{x} \in I \setminus D) \qquad (7.5)$$
> で定義するとき，f^* が I で積分可能であることとする．このとき，$\int_I f^*(\boldsymbol{x}) \, d\boldsymbol{x} = \iint_I f^*(x, y) \, dxdy$ を f の D 上の **重積分** と呼び，
> $$\int_D f(\boldsymbol{x}) \, d\boldsymbol{x}, \quad \iint_D f(x, y) \, dxdy$$
> などと表す．

注意 7.18 定義 7.17 において，積分可能であることや重積分の値が D を含む長方形領域 I の取り方によらないことは，注意 7.13 と同様にして示せる．

定理 7.19 D が面積確定な有界閉集合であるとき，D 上で連続な関数は D で積分可能である．

証明 f を D 上で連続な関数とする．定理 6.118 より，f は D で有界である．さらに，f は D で一様連続である[3]．長方形領域 $I \supset D$ をとり，関数 f^* を式 (7.5) で定義する．小長方形領域 I_{ij} 達への I の分割 Δ を考え，$S(f^*; \Delta)$ と $s(f^*; \Delta)$ を計算する際に，I_{ij} を次の 3 種類に分けよう．

(1) D の内部に含まれるもの．これらは I_{ij}^0 $((i,j) \in P^0)$ と書き，I_{ij}^0 での f^* の上限と下限をそれぞれ M_{ij}^0, m_{ij}^0 と書こう．

(2) ∂D と共通部分があるもの．これらは I_{ij}' $((i,j) \in P')$ と書き，I_{ij}' での f^* の上限と下限を M_{ij}', m_{ij}' と書こう．

(3) D の外部に含まれるもの．これらでは f^* の上限と下限は 0 である．

また以下では，$\displaystyle\sum_{(i,j)\in P^0}$ を $\displaystyle\sum{}^0$ で表し，$\displaystyle\sum_{(i,j)\in P'}$ を $\displaystyle\sum{}'$ で表す．

さて $\forall \varepsilon > 0$ が与えられたとする．f が D で一様連続であることと ∂D の面積が 0 であることから，$\delta > 0$ を選んで $|\Delta| < \delta$ とするときに，次の (あ) と (い) が同時にみたされるようにできる．

(あ) (1) のタイプの任意の I_{ij}^0 において，$0 \leqq M_{ij}^0 - m_{ij}^0 < \varepsilon$,

(い) (2) のタイプの I_{ij}' に対しては，$\sum{}' \mu(I_{ij}') < \varepsilon$.

したがって，$M := \sup f(D)$, $m := \inf f(D)$ とおくと

$$\begin{aligned} S(f^*;\Delta) - s(f^*;\Delta) &= \sum{}^0 (M_{ij}^0 - m_{ij}^0)\mu(I_{ij}^0) + \sum{}' (M_{ij}' - m_{ij}')\mu(I_{ij}') \\ &\leqq \varepsilon \sum{}^0 \mu(I_{ij}^0) + (M-m) \sum{}' \mu(I_{ij}') \\ &\leqq \bigl(\mu(I) + M - m\bigr)\varepsilon. \end{aligned}$$

ゆえに，$0 \leqq S(f^*) - s(f^*) \leqq S(f^*;\Delta) - s(f^*;\Delta) < \bigl(\mu(I) + M - m\bigr)\varepsilon$ を得る．ここで $\varepsilon > 0$ は任意であるから，$S(f^*) = s(f^*)$ となる． □

最後に重積分の基本的な公式と性質をまとめておこう．証明は省略する．

---

[3] 注意 7.8 が有界閉集合に対しても当てはまる．

定理 7.20 D を面積確定な有界閉集合とし，関数 f, g は D 上で連続であるとする．

(1) $\displaystyle\int_D (f(\boldsymbol{x}) + g(\boldsymbol{x}))\,d\boldsymbol{x} = \int_D f(\boldsymbol{x})\,d\boldsymbol{x} + \int_D g(\boldsymbol{x})\,d\boldsymbol{x}$.

(2) $\alpha \in \mathbb{R}$ のとき，$\displaystyle\int_D \alpha f(\boldsymbol{x})\,d\boldsymbol{x} = \alpha \int_D f(\boldsymbol{x})\,d\boldsymbol{x}$.

(3) $f(\boldsymbol{x}) \geqq g(\boldsymbol{x})\ (\forall \boldsymbol{x} \in D)$ ならば，$\displaystyle\int_D f(\boldsymbol{x})\,d\boldsymbol{x} \geqq \int_D g(\boldsymbol{x})\,d\boldsymbol{x}$.

(4) 面積確定な閉集合 D_1, D_2 で $\mu(D_1 \cap D_2) = 0$ をみたすものにより $D = D_1 \cup D_2$ となっているとき，
$$\int_D f(\boldsymbol{x})\,d\boldsymbol{x} = \int_{D_1} f(\boldsymbol{x})\,d\boldsymbol{x} + \int_{D_2} f(\boldsymbol{x})\,d\boldsymbol{x}.$$

(5) $f(\boldsymbol{x}) \geqq 0\ (\forall \boldsymbol{x} \in D)$ ならば，D に含まれる面積確定な任意の閉集合 D_1 に対して
$$\int_{D_1} f(\boldsymbol{x})\,d\boldsymbol{x} \leqq \int_D f(\boldsymbol{x})\,d\boldsymbol{x}.$$

7.4 累次積分

重積分を定義通りに計算することはまずない．通常は 1 変数の積分を繰り返すこと（**累次積分**）により計算する．縦線領域から見ていこう．縦線領域は有界閉集合であり，例題 7.15 より面積確定であることに注意しておこう．

定理 7.21 式 (7.3) で表される縦線領域を D とし，f は D で連続であるとする．このとき，次式が成り立つ．
$$\int_D f(\boldsymbol{x})\,d\boldsymbol{x} = \int_a^b \left(\int_{\varphi(x)}^{\psi(x)} f(x, y)\,dy \right) dx.$$

解説 右辺の括弧の中（y に関する積分）で定義される x の関数 $F(x)$ が区間 $[a, b]$ で積分可能であることも，定理の主張の一つである．このことは F の連続性を示せばすぐにわかって，定理の証明も F についての Riemann 和を考えれば少し楽になる．しかし F の連続性を微積分の範囲で証明するときに少々煩わしいところがあるので，以下に述べるような証明を採った．

証明 D を含む長方形領域 $I = [a, b] \times [c, d]$ をとり，I 上の関数 f^* を式 (7.5) で定義する．このとき $\int_D f(\boldsymbol{x})\,d\boldsymbol{x} = \int_I f^*(\boldsymbol{x})\,d\boldsymbol{x}$ である．次に

$$F(x) := \int_c^d f^*(x, y)\,dy \quad (a \leqq x \leqq b) \quad \cdots\cdots \text{①}$$

とおく．ここで，各 $x \in [a, b]$ に対して，閉区間 $[c, d]$ 上の関数 $y \mapsto f^*(x, y)$ は区分連続ゆえ，$F(x)$ は確かに定義できていることに注意．この関数 F が閉区間 $[a, b]$ で積分可能であることを示すために，$[a, b]$ の任意の分割

$$\Delta_x : a = a_0 < a_1 < \cdots < a_p = b$$

を考える．そして $l_i := \inf F([a_{i-1}, a_i])$, $L_i := \sup F([a_{i-1}, a_i])$ とおいて，分割 Δ_x に関する F の上限和 $S(F; \Delta_x)$ と下限和 $s(F; \Delta_x)$ を考えよう．

$$S(F; \Delta_x) := \sum_{i=1}^p L_i(a_i - a_{i-1}), \quad s(F; \Delta_x) := \sum_{i=1}^p l_i(a_i - a_{i-1}).$$

次に自然数 q を $q > \dfrac{1}{|\Delta_x|}$ となるようにとり，この q による閉区間 $[c, d]$ の q 等分 $\Delta_y : c = c_0 < c_1 < \cdots < c_q = d$ を考える．Δ_x と Δ_y によって，長方形領域 I の分割 Δ を得る．$I_{ij} := [a_{i-1}, a_i] \times [c_{j-1}, c_j]$ とおき，

$$m_{ij} := \inf f^*(I_{ij}), \qquad M_{ij} := \sup f^*(I_{ij})$$

とおくと，$x \in [a_{i-1}, a_i]$ のとき，

$$m_{ij}(c_j - c_{j-1}) \leqq \int_{c_{j-1}}^{c_j} f^*(x, y)\,dy \leqq M_{ij}(c_j - c_{j-1}) \quad (j = 1, 2, \ldots, q)$$

が成り立つ．これを $j = 1, \ldots, q$ について足し合わせて次の不等式を得る．

$$\sum_{j=1}^q m_{ij}(c_j - c_{j-1}) \leqq F(x) \leqq \sum_{j=1}^q M_{ij}(c_j - c_{j-1}) \quad (\forall x \in [a_{i-1}, a_i]). \ \cdots \text{②}$$

区間 $[a_{i-1}, a_i]$ における F の上限が L_i，下限が l_i であるから，②より

$$\sum_{j=1}^q m_{ij}(c_j - c_{j-1}) \leqq l_i \leqq L_i \leqq \sum_{j=1}^q M_{ij}(c_j - c_{j-1}).$$

各辺に $a_i - a_{i-1}$ をかけて $i = 1, \ldots, p$ について足し合わせると

7.4 累次積分

$$\sum_{i,j} m_{ij}\mu(I_{ij}) \leqq s(F;\Delta_x) \leqq S(F;\Delta_x) \leqq \sum_{i,j} M_{ij}\mu(I_{ij}). \quad \cdots\cdots \text{③}$$

$|\Delta_x| \to 0$ のとき，分割 Δ の定め方から $|\Delta| \to 0$ である．f が D で積分可能であることから，③の両端の項 $\to \int_D f(\boldsymbol{x})\,d\boldsymbol{x}$. ゆえに中の二つの項もこの値に収束する．よって F は $[a,b]$ で積分可能であって，

$$\int_a^b F(x)\,dx = \int_D f(\boldsymbol{x})\,d\boldsymbol{x}.$$

$F(x) = \int_{\varphi(x)}^{\psi(x)} f(x,y)\,dy$ であるから，定理の証明が終わる． □

系 7.22 式 (7.3)で与えられる縦線領域 D に対して

$$\mu(D) = \int_a^b \{\psi(x) - \varphi(x)\}\,dx.$$

証明 長方形領域 $I \supset D$ をとる．このとき，定義 7.12 と定理 7.21 より，

$$\mu(D) = \int_I \chi_D(\boldsymbol{x})\,d\boldsymbol{x} = \int_D d\boldsymbol{x} = \int_a^b \left(\int_{\varphi(x)}^{\psi(x)} dy\right) dx.$$

この右端の項は証明すべき等式の右辺に等しい． □

同様に，式 (7.4)で与えられる横線領域 D と D 上で連続な関数 f については

$$\int_D f(\boldsymbol{x})\,d\boldsymbol{x} = \int_c^d \left(\int_{\varphi(y)}^{\psi(y)} f(x,y)\,dx\right) dy$$

であり，$\mu(D) = \int_c^d \{\psi(y) - \varphi(y)\}\,dy$ である．

注意 7.23 (1) 本書では，少々煩わしいけれど，累次積分は括弧をつけて

$$\int_a^b \left(\int_{\varphi(x)}^{\psi(x)} f(x,y)\,dy\right) dx, \quad \int_c^d \left(\int_{\varphi(y)}^{\psi(y)} f(x,y)\,dx\right) dy$$

と書く．もちろん慣れてきたら括弧を省略して，次のように書いても問題はない．

$$\int_a^b \int_{\varphi(x)}^{\psi(x)} f(x,y)\,dydx, \quad \int_c^d \int_{\varphi(y)}^{\psi(y)} f(x,y)\,dxdy.$$

ここでは dx と dy の順番に注意してほしい．括弧は書かないけれど，dx と dy の順番は括弧があるときのままである．そして重積分でも積分記号を 2 個書くとき，累次積分との区別は，2 個目の積分記号の右下に積分区域を添えるか，2 個書く積分記号のそれぞれに積分区間を書くか，ということになる．さらに，あとで実行する方の積分の dx，あるいは dy を書き忘れないために（実は「積分作用素」という数学的な意味合いがある）

$$\int_a^b dx \int_{\varphi(x)}^{\psi(x)} f(x,y)\,dy, \qquad \int_c^d dy \int_{\varphi(y)}^{\psi(y)} f(x,y)\,dx$$

と書く記法もある．この場合は 2 個の積分の積（そうなる場合もあるが）と混同しないようにすべきである．

(2) D が長方形領域 $[a,b] \times [c,d]$ で，$f(x,y) = g(x)h(y)$ と書けているとき

$$\iint_{[a,b]\times[c,d]} g(x)h(y)\,dxdy = \left(\int_a^b g(x)\,dx\right)\left(\int_c^d h(y)\,dy\right)$$

となる．このことは今後よく出会うであろう．

> **例題 7.24** 次の重積分を計算せよ．
> (1) $I = \iint_D \sqrt{4x^2 - y^2}\,dxdy, \quad D := \{(x,y)\,;\, 0 \leqq x \leqq 1,\, 0 \leqq y \leqq x\}$.
> (2) $I = \iint_D \dfrac{y}{x^2 + y^2}\,dxdy, \quad D := \{(x,y)\,;\, 1 \leqq y \leqq \sqrt{3},\, y \leqq x \leqq y^2\}$.

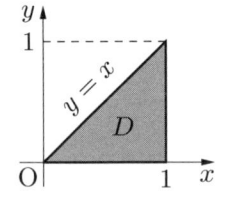

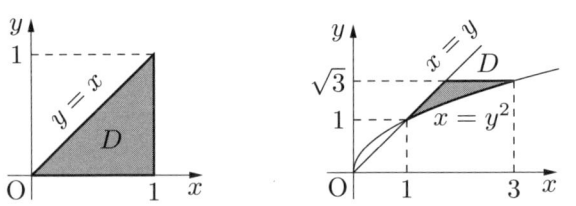

解　(1) 上左図より $I = \displaystyle\int_0^1 \left(\int_0^x \sqrt{4x^2 - y^2}\,dy\right) dx$．内側の積分を $J(x)$ とし，$y = 2xt$ とおくと，$J(x) = 4x^2 \displaystyle\int_0^{\frac{1}{2}} \sqrt{1 - t^2}\,dt$．さらに $t = \sin\theta$ とおくと

$$4\int_0^{\frac{1}{2}} \sqrt{1-t^2}\,dt = 4\int_0^{\frac{\pi}{6}} \cos^2\theta\,d\theta = 2\int_0^{\frac{\pi}{6}} (1 + \cos 2\theta)\,d\theta$$

$$= 2\left[\theta + \frac{1}{2}\sin 2\theta\right]_0^{\frac{\pi}{6}} = \frac{\pi}{3} + \frac{\sqrt{3}}{2}.$$

ゆえに $I = \displaystyle\int_0^1 J(x)\,dx = \left(\frac{\pi}{3} + \frac{\sqrt{3}}{2}\right)\int_0^1 x^2\,dx = \frac{\pi}{9} + \frac{\sqrt{3}}{6}$ となる．

(2) 前ページ右図より, $I = \int_1^{\sqrt{3}} \left(\int_y^{y^2} \frac{y}{x^2+y^2} \, dx \right) dy$. 内側の積分は

$$\int_y^{y^2} \frac{y}{x^2+y^2} \, dx = \left[\operatorname{Arctan} \frac{x}{y} \right]_{x=y}^{y^2} = \operatorname{Arctan} y - \frac{\pi}{4}.$$

ここで例 5.43 より

$$\int_1^{\sqrt{3}} \operatorname{Arctan} y \, dy = \left[y \operatorname{Arctan} y - \frac{1}{2} \log(y^2+1) \right]_1^{\sqrt{3}}.$$

ゆえに, $I = \frac{\sqrt{3}}{3}\pi - \frac{\pi}{4} - \frac{1}{2}\log 2 - (\sqrt{3}-1)\frac{\pi}{4} = \frac{\sqrt{3}}{12}\pi - \frac{1}{2}\log 2$. □

問題 7.25 次の重積分を計算せよ.
(1) $\iint_D \frac{y}{\sqrt{1+x^2+y^2}} \, dxdy$, $D := \{ (x,y) \,;\, -2 \leqq x \leqq 2,\, \frac{1}{2}x^2 \leqq y \leqq 2 \}$.
(2) $\iint_D \sqrt{4y-x^2} \, dxdy$, $D := \{ (x,y) \,;\, x^2+y^2 \leqq 2y \}$.

積分区域を分割する場合の演習もしておこう.

例題 7.26 次の重積分を計算せよ.
$$I = \iint_D x^2 y^2 \, dxdy, \quad D := \{ (x,y) \,;\, 0 \leqq x \leqq y \leqq 4x,\, 1 \leqq xy \leqq 2 \}.$$

解 D は右図のように縦線領域の和集合になるので,

$$I = \int_{\frac{1}{2}}^{\frac{1}{\sqrt{2}}} \left(\int_{\frac{1}{x}}^{4x} x^2 y^2 \, dy \right) dx + \int_{\frac{1}{\sqrt{2}}}^{1} \left(\int_{\frac{1}{x}}^{\frac{2}{x}} x^2 y^2 \, dy \right) dx$$
$$+ \int_1^{\sqrt{2}} \left(\int_x^{\frac{2}{x}} x^2 y^2 \, dy \right) dx.$$

右辺に現れた累次積分を順に I_1, I_2, I_3 としよう.

$$I_1 = \int_{\frac{1}{2}}^{\frac{1}{\sqrt{2}}} x^2 \left[\frac{1}{3} y^3 \right]_{y=\frac{1}{x}}^{4x} dx = \int_{\frac{1}{2}}^{\frac{1}{\sqrt{2}}} \left(\frac{64}{3} x^5 - \frac{1}{3x} \right) dx$$
$$= \left[\frac{32}{9} x^6 - \frac{1}{3} \log x \right]_{\frac{1}{2}}^{\frac{1}{\sqrt{2}}} = \frac{7}{18} - \frac{1}{6} \log 2.$$

同様にして, $I_2 = \frac{7}{6}\log 2$, $I_3 = \frac{4}{3}\log 2 - \frac{7}{18}$ を得るので, $I = \frac{7}{3}\log 2$. □

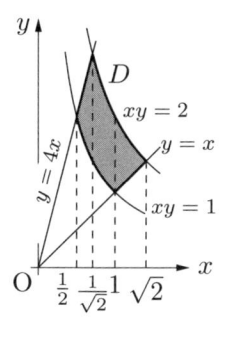

問題 7.27 次の重積分を計算せよ．
$$\iint_D (x^3+y^3)\,dxdy, \quad D := \{\,(x,y)\,;\, 1 \leqq xy \leqq 2,\ x^2 \leqq y \leqq 2x^2\,\}.$$

注意 7.28 例題 7.26 と問題 7.27 については，後述する問題 7.38 と問題 7.39 も参照のこと．

7.5 積分の順序交換

例題 7.26 では D を縦線領域の和集合と見たが，右図のように横線領域の和集合とも見ることができる．この分割に従うと

$$I = \int_1^{\sqrt{2}} \left(\int_{\frac{1}{y}}^{y} x^2 y^2\,dx \right) dy + \int_{\sqrt{2}}^{2} \left(\int_{\frac{1}{y}}^{\frac{2}{y}} x^2 y^2\,dx \right) dy$$
$$+ \int_2^{2\sqrt{2}} \left(\int_{\frac{y}{4}}^{\frac{2}{y}} x^2 y^2\,dx \right) dy.$$

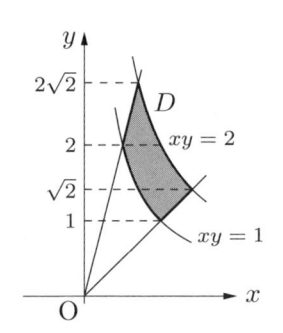

右辺の累次積分を順に J_1, J_2, J_3 とすると

$$J_1 = \int_1^{\sqrt{2}} y^2 \left[\frac{1}{3} x^3 \right]_{x=\frac{1}{y}}^{y} dy = \int_1^{\sqrt{2}} \left(\frac{1}{3} y^5 - \frac{1}{3y} \right) dy$$
$$= \left[\frac{1}{18} y^6 - \frac{1}{3} \log y \right]_1^{\sqrt{2}} = \frac{7}{18} - \frac{1}{6} \log 2.$$

同様にして，$J_2 = \dfrac{7}{6} \log 2$，$J_3 = \dfrac{4}{3} \log 2 - \dfrac{7}{18}$ を得るので，当然ではあるが，$I = \dfrac{7}{3} \log 2$ を得る．

このように，D を縦線領域に分割することで D 上の重積分から得られた累次積分を，D を横線領域に分割して得られる累次積分に書き直すこと，あるいはその逆を，積分の**順序交換**という．もっと端的に言えば，積分の順序交換とは，次の (1) または (2) の手続きをいう．

(1) x で積分してから y で積分するかわりに，y で積分してから x で積分する，
(2) y で積分してから x で積分するかわりに，x で積分してから y で積分する．
今説明した例では，x で先に積分しても，y で先に積分しても，計算量に大差はない．しかし時として，積分の順序によっては計算量が大幅に異なるこ

ともあるし，積分の難易が異なることもある．極端な場合，一方の順序では計算できても，他方では計算できないことさえある．

例題 7.29 $I := \int_0^1 \left(\int_x^{\sqrt[3]{x}} e^{y^2} \, dy \right) dx$ を求めよ．

解説 $\int e^{y^2} \, dy$ は計算できないので，積分の順序交換をしてみる．そのためにはまず，与えられた累次積分がどのような積分区域での重積分を書き換えたものであるかを調べる．

解 $D := \{ (x,y) \,;\, 0 \leqq x \leqq 1,\, x \leqq y \leqq \sqrt[3]{x} \}$ とおくと，$I = \iint_D e^{y^2} \, dxdy$ である．D を横線領域と見ると，$D = \{ (x,y) \,;\, 0 \leqq y \leqq 1,\, y^3 \leqq x \leqq y \}$ と記述される．ゆえに

$$I = \int_0^1 \left(\int_{y^3}^{y} e^{y^2} \, dx \right) dy = \int_0^1 (y - y^3) e^{y^2} \, dy.$$

ここで $\int_0^1 y e^{y^2} \, dy = \frac{1}{2} \left[e^{y^2} \right]_0^1 = \frac{e-1}{2}$ であり，

$$\int_0^1 y^3 e^{y^2} \, dy = \int_0^1 y^2 \cdot y e^{y^2} \, dy$$
$$= \frac{1}{2} \left[y^2 e^{y^2} \right]_0^1 - \int_0^1 y e^{y^2} \, dy = \frac{e}{2} - \frac{e-1}{2} = \frac{1}{2}$$

となるから，$I = \frac{e}{2} - 1$ である． □

問題 7.30 $\int_0^1 \left(\int_{x^2}^1 xy \, e^{y^3} \, dy \right) dx$ を求めよ．

例題 7.31 $0 < a < b$ とする．長方形領域 $I = [0,1] \times [a,b]$ 上での関数 $f(x,y) := x^y$ の重積分を考えることにより，次式を示せ．

$$\int_0^1 \frac{x^b - x^a}{\log x} \, dx = \log \frac{b+1}{a+1}.$$

解説 被積分関数 $g(x) = \frac{x^b - x^a}{\log x}$ については，$0 < a < b$ より $\lim_{x \to +0} g(x) = 0$ であり，

$$g(x) = \frac{x-1}{\log x} \left(\frac{x^b - 1}{x - 1} - \frac{x^a - 1}{x - 1} \right)$$

と式変形することにより，$\lim_{x \to 1-0} g(x) = b - a$ がわかる．したがって，$\int_0^1 g(x)\,dx$ は連続関数の定積分とみなせる．

解 f は I で連続であるから，
$$\iint_I x^y\,dxdy = \int_0^1 \left(\int_a^b x^y\,dy\right)dx = \int_0^1 \frac{x^b - x^a}{\log x}\,dx.$$
一方で次式も成り立つ．
$$\iint_I x^y\,dxdy = \int_a^b \left(\int_0^1 x^y\,dx\right)dy = \int_a^b \left[\frac{x^{y+1}}{y+1}\right]_{x=0}^1 dy$$
$$= \int_a^b \frac{dy}{y+1} = \Big[\log(y+1)\Big]_a^b = \log\frac{b+1}{a+1}.$$
よって例題の式が成り立つ． □

問題 7.32 問題 5.101 (1) とその解答より，$y > 1$ のとき $\int_0^\pi \frac{dx}{y - \cos x} = \frac{\pi}{\sqrt{y^2 - 1}}$ である．これを利用して，$1 < a < b$ のとき，$\int_0^\pi \log \frac{b - \cos x}{a - \cos x}\,dx = \pi \log \frac{b + \sqrt{b^2 - 1}}{a + \sqrt{a^2 - 1}}$ となることを示せ．

7.6 変数変換公式

1 変数関数の積分における置換積分に相当するものを，重積分で考えよう．なめらかな写像
$$\boldsymbol{\Phi} : \boldsymbol{u} = (u, v) \mapsto \boldsymbol{x} = (x, y) = (\varphi(\boldsymbol{u}), \psi(\boldsymbol{u}))$$
を考え，$\boldsymbol{\Phi}$ によって，(u, v) 平面の領域 G' と (x, y) 平面の領域 G とが 1 対 1 に対応していると仮定する．写像 $\boldsymbol{\Phi}$ の Jacobi 行列を $J_{\boldsymbol{\Phi}}(\boldsymbol{u})$ とし（6.6 節参照），その行列式を $\dfrac{\partial(x, y)}{\partial(u, v)}$ で表して，$\boldsymbol{\Phi}$ の **Jacobian** と呼ぶ．すなわち
$$\frac{\partial(x, y)}{\partial(u, v)} := \det J_{\boldsymbol{\Phi}}(\boldsymbol{u}) = \det \begin{pmatrix} \varphi_u(\boldsymbol{u}) & \varphi_v(\boldsymbol{u}) \\ \psi_u(\boldsymbol{u}) & \psi_v(\boldsymbol{u}) \end{pmatrix}.$$
以下では，さらに次の仮定をしよう．

仮定 G' 上で $\dfrac{\partial(x, y)}{\partial(u, v)}$ は 0 にならない．

このとき次の命題が成り立つ．

7.6 変数変換公式

命題 7.33 G' に含まれる任意の有界な面積確定集合 D' に対して，像 $D := \Phi(D')$ も有界な面積確定集合であって，$\mu(D) = \int_{D'} \left|\dfrac{\partial(x,y)}{\partial(u,v)}\right| d\boldsymbol{u}$ が成り立つ．

Φ が可逆な線型写像 $T : \mathbb{R}^2 \to \mathbb{R}^2$ であるとき，例 6.46 より $J_\Phi = T$（定数行列）であるから，命題は $\mu(D) = |\det T| \cdot \mu(D')$ … ① であることを主張する．D' が長方形領域の場合，$D = \Phi(D')$ は平行四辺形であり，①はすぐに確かめることができる公式であるが，D' が一般なら D が面積確定であることすら自明ではない．さらに，Φ が一般の写像である場合の証明は大変技術的であるので，本書では省略して次に進もう．

定理 7.34（変数変換公式） $D' \subset G'$ は面積確定な有界閉集合であるとし，$D = \Phi(D')$ とおく．このとき，D で連続な f に対して次式が成立する．
$$\int_D f(\boldsymbol{x})\, d\boldsymbol{x} = \int_{D'} f(\Phi(\boldsymbol{u})) \left|\frac{\partial(x,y)}{\partial(u,v)}\right| d\boldsymbol{u}.$$

定理で $f = \chi_D$ の場合が命題 7.33 であるが，定理の証明に命題 7.33 を使うので[4]，命題 7.33 が定理の系というわけではない．また命題 7.33 を認めたとしても，この定理の証明にも技術的に込入った所がある．本書では証明の大体の感じを述べるにとどめよう．変数変換公式は，まずは自由に使えるようになることが大切である．その場合に，変数変換公式を $dxdy = \left|\dfrac{\partial(x,y)}{\partial(u,v)}\right| dudv$ と表せば，1 変数の置換積分のときと似た形になって，記憶に残りやすいであろう．ただし Jacobian の絶対値を忘れないこと．

定理 7.34 の証明の概略 $\boldsymbol{u}_0 \in D'$，$\boldsymbol{x}_0 := \Phi(\boldsymbol{u}_0) \in D$ とする．また $\boldsymbol{u}_0$ を囲む小さな長方形領域を I'_0 とし，$K_0 := \Phi(I'_0)$ とする．与えられた $\forall \varepsilon > 0$ に対して，I'_0 を十分に小さくとって，$\boldsymbol{u} \in I'_0$ では $|\det J_\Phi(\boldsymbol{u}) - \det J_\Phi(\boldsymbol{u}_0)| < \varepsilon$ としておくと，命題 7.33 より，
$$(|\det J_\Phi(\boldsymbol{u}_0)| - \varepsilon)\mu(I'_0) \leqq \mu(K_0) \leqq (|\det J_\Phi(\boldsymbol{u}_0)| + \varepsilon)\mu(I'_0).$$

---

[4] その前に，そもそも定理の公式の左辺に現れる D が面積確定でないといけない．

したがって，$\mu(K_0) \fallingdotseq |\det J_{\Phi}(u_0)| \cdot \mu(I_0')$ $\cdots$ ① である．

以下簡単のため，上限和と下限和ではなくて，Riemann 和で説明しよう．D' を含む長方形領域 $I' \subset G'$ をとり，小さな長方形領域達への I' の分割 Δ' を考える．
$$\Delta' : I' = I_{11}' \cup I_{12}' \cup \cdots \cup I_{ij}' \cup \cdots \cup I_{pq}'.$$
ここで $u_{ij} \in I_{ij}'$ をとり，$x_{ij} := \Phi(u_{ij})$ とおくと，$x_{ij} \in K_{ij} := \Phi(I_{ij}')$ であり，①より
$$\sum_{i,j} f(x_{ij}) \mu(K_{ij}) \fallingdotseq \sum_{i,j} f(\Phi(u_{ij})) |\det J_{\Phi}(u_{ij})| \cdot \mu(I_{ij}').$$
$|\Delta'| \to 0$ の極限に移行すると，右辺は $\displaystyle\int_{D'} f(\Phi(u)) |\det J_{\Phi}(u)| \, du$ に収束する．一方，K_{ij} 達は一般には長方形領域ではないので，左辺は Riemann 和ではないが，$\displaystyle\int_D f(x) \, dx$ に近づくことが示される．よって定理の公式を得る． □

さっそく例題を解いてみよう．

例題 7.35 変数変換 $x = u^2$, $y = \dfrac{v}{u}$ により，次の重積分を計算せよ．
$$I := \iint_D \frac{dxdy}{(1+x)(1+xy^2)}, \quad D := \{(x,y) \, ; \, 1 \leqq x \leqq 3, \, 0 \leqq y \leqq 1\}.$$

解 写像 $\Phi : (u,v) \mapsto (x,y) = \left(u^2, \dfrac{v}{u}\right)$ は，逆写像が $\Phi^{-1} : (x,y) \mapsto (u,v) = (\sqrt{x}, \sqrt{x} \, y)$ であり，$D' = \{(u,v) \, ; \, 1 \leqq u \leqq \sqrt{3}, \, 0 \leqq v \leqq u\}$ と D の間の1対1対応を与える．また，Φ は D' を少しだけ膨らませた台形領域の内部でなめらかである．

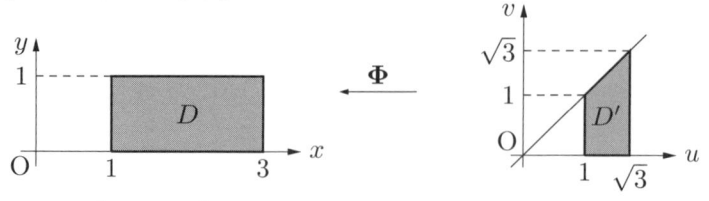

$\dfrac{\partial(x,y)}{\partial(u,v)} = \det \begin{pmatrix} 2u & 0 \\ -\dfrac{v}{u^2} & \dfrac{1}{u} \end{pmatrix} = 2$ であるから，$dxdy = 2 \, dudv$．ゆえに

$$I = 2\iint_{D'} \frac{1}{(1+u^2)(1+v^2)}\,dudv = 2\int_1^{\sqrt{3}} \left(\int_0^u \frac{1}{(1+u^2)(1+v^2)}\,dv\right)du.$$

ここで $u = \tan\theta$, $v = \tan\varphi$ とおくと, $\dfrac{du}{1+u^2} = d\theta$, $\dfrac{dv}{1+v^2} = d\varphi$ より,

$$I = 2\int_{\frac{\pi}{4}}^{\frac{\pi}{3}} \left(\int_0^\theta d\varphi\right)d\theta = 2\int_{\frac{\pi}{4}}^{\frac{\pi}{3}} \theta\,d\theta = \frac{7}{144}\pi^2. \qquad \square$$

問題 7.36 変数変換 $x = u^2v$, $y = uv$ により, 次の重積分を計算せよ.
$$\iint_D \frac{y}{x}\,dxdy, \quad D := \{(x,y)\,;\,0 < x \leqq y \leqq 2x,\,x \leqq y^2 \leqq 2x\}.$$

命題 7.37 $\dfrac{\partial(x,y)}{\partial(u,v)}\dfrac{\partial(u,v)}{\partial(x,y)} = 1.$

証明 写像 $(u,v) \mapsto (x,y)$ を $\mathbf{\Phi}$ とすると, $\dfrac{\partial(x,y)}{\partial(u,v)} = \det J_{\mathbf{\Phi}}$ である. 逆写像 $\mathbf{\Phi}^{-1}: (x,y) \mapsto (u,v)$ に対しても同様で, $\dfrac{\partial(u,v)}{\partial(x,y)} = \det J_{\mathbf{\Phi}^{-1}}$ である. 系 6.50 より $J_{\mathbf{\Phi}^{-1}} = (J_{\mathbf{\Phi}})^{-1}$ ゆえ, 行列式を考えると, $\det J_{\mathbf{\Phi}^{-1}} = (\det J_{\mathbf{\Phi}})^{-1}$ が成り立つ. よって $\dfrac{\partial(u,v)}{\partial(x,y)}$ は $\dfrac{\partial(x,y)}{\partial(u,v)}$ の逆数である. $\qquad \square$

問題 7.38 例題 7.26 の重積分 I を, $u = xy$, $v = \dfrac{y}{x}$ と変数変換することにより計算せよ.

問題 7.39 問題 7.27 の重積分を, $u = xy$, $v = \dfrac{y}{x^2}$ と変数変換することにより計算せよ.

さて, 変数変換公式の応用で最も重要なものは, 極座標への変換である. 極座標への変換は, 写像 $\mathbf{\Phi}: (r,\theta) \mapsto (x,y) = (r\cos\theta, r\sin\theta)$ を考えることであり, その Jacobi 行列 $J_{\mathbf{\Phi}}$ は式 (6.10) で計算してあるし, またいつでも容易に計算できる. したがって Jacobian は

$$\frac{\partial(x,y)}{\partial(r,\theta)} = \det\begin{pmatrix} \cos\theta & -r\sin\theta \\ \sin\theta & r\cos\theta \end{pmatrix} = r.$$

$r = 0$ のときは Jacobian が 0 になるが, 1 点の面積は 0 であるので無視しても構わない. 1 変数の定積分で 1 点での関数の値を変更しても積分の値が変わらないことと事情は同じである[5]).

---

[5]) この辺りの, 積分論における零集合 (面積や体積が 0 の集合) の処理は Lebesgue 積分論での学習に託するのがよいだろう.

以下の計算では，$dxdy = r\,drd\theta$ であることは引用なしで用いる．

例題 7.40 極座標への変換により，次の重積分を計算せよ．
$$I := \iint_D \sqrt{x^2+y^2}\,dxdy.$$
ただし，$D := \{(x,y)\,;\,2x \leqq x^2+y^2 \leqq 4,\,x \geqq 0,\,y \geqq 0\}$．

解 右図において，円 $(x-1)^2+y^2=1$ 上の点 P の座標を $(r_0\cos\theta, r_0\sin\theta)$ とすると，$r_0 = 2\cos\theta$ である．ゆえに D は極座標で次の D' として記述される．
$$D' := \{(r,\theta)\,;\,0 \leqq \theta \leqq \tfrac{\pi}{2},\,2\cos\theta \leqq r \leqq 2\}.$$
したがって
$$I = \iint_{D'} r \cdot r\,drd\theta = \int_0^{\frac{\pi}{2}} \left(\int_{2\cos\theta}^2 r^2\,dr\right)d\theta$$
$$= \int_0^{\frac{\pi}{2}} \left[\frac{r^3}{3}\right]_{2\cos\theta}^2 d\theta = \frac{8}{3}\int_0^{\frac{\pi}{2}}(1-\cos^3\theta)\,d\theta = \frac{4}{3}\pi - \frac{8}{3}\int_0^{\frac{\pi}{2}}\cos^3\theta\,d\theta.$$
ここで，
$$\int_0^{\frac{\pi}{2}} \cos^3\theta\,d\theta = \int_0^{\frac{\pi}{2}}(1-\sin^2\theta)\,d(\sin\theta) = \left[\sin\theta - \frac{\sin^3\theta}{3}\right]_0^{\frac{\pi}{2}} = \frac{2}{3}$$
であるから，$I = \dfrac{4}{3}\pi - \dfrac{16}{9}$． □

問題 7.41 次の重積分を計算せよ．ただし $R>0$ とする．
(1) $\iint_{D_R} e^{-(x^2+y^2)}\,dxdy,\quad D_R := \{(x,y)\,;\,x^2+y^2 \leqq R^2\}$．
(2) $\iint_{D_R} \sin(x^2+y^2)\,dxdy,\quad D_R := \{(x,y)\,;\,x^2+y^2 \leqq R^2,\,x \geqq 0,\,y \geqq 0\}$．

問題 7.42 極座標への変換により，次の重積分を計算せよ．
(1) $I := \iint_D \dfrac{dxdy}{(1+x^2+y^2)^2},\quad D := \{(x,y)\,;\,y \leqq x^2+y^2 \leqq 1,\,x \geqq 0\}$．
(2) $I := \iint_D \dfrac{dxdy}{(1+x^2+y^2)^{\frac{3}{2}}},\quad D := \{(x,y)\,;\,0 \leqq x \leqq \sqrt{3},\,0 \leqq y \leqq 1\}$．

7.7 高次元の場合

これまでは 2 変数関数の積分を考えてきた．全く並行な議論で，3 変数関数や一般に n 変数関数の積分を考えることができる．2 変数のときに考えた長方形領域は，3 変数だと直方体領域

$$[a_1, b_1] \times [a_2, b_2] \times [a_3, b_3]$$

を考えることになり，n 変数だと「n 次元直方体」とでも言うべき集合

$$[a_1, b_1] \times [a_2, b_2] \times \cdots \times [a_n, b_n]$$

をベースに議論が展開される．体積確定集合が定義され，体積確定集合上の有界関数の重積分が定義される．そして累次積分なども同様に定義される．細かい説明を繰り返すより，問題を通して理解していこう．

例題 7.43 $D := \{(x, y, z) \in \mathbb{R}^3 \, ; \, x \geqq 0, \, y \geqq 0, \, z \geqq 0, \, x + y + z \leqq 1\}$ のとき，重積分 $\displaystyle\iiint_D \frac{dxdydz}{(x+y+z+1)^2}$ を計算せよ．

解 積分区域 D は右下図の三角錐の内部または境界面である．累次積分で書くと

$$\begin{aligned}
I &= \int_0^1 \left(\int_0^{1-x} \left(\int_0^{1-x-y} \frac{dz}{(x+y+z+1)^2} \right) dy \right) dx \\
&= \int_0^1 \left(\int_0^{1-x} \left[-\frac{1}{x+y+z+1} \right]_{z=0}^{1-x-y} dy \right) dx \\
&= \int_0^1 \left(\int_0^{1-x} \left(\frac{1}{x+y+1} - \frac{1}{2} \right) dy \right) dx \\
&= \int_0^1 \left[\log(x+y+1) - \frac{y}{2} \right]_{y=0}^{1-x} dx \\
&= \int_0^1 \left(\log 2 - \frac{1}{2}(1-x) - \log(x+1) \right) dx.
\end{aligned}$$

ここで $\displaystyle\int_0^1 \log(x+1)\,dx = \int_1^2 \log x\,dx = \left[x\log x - x \right]_1^2 = 2\log 2 - 1$ より，求める積分の値は $-\log 2 + \dfrac{3}{4}$ である． □

解説 例題 7.43 の解では x で積分するのを一番最後と決めたので，y, z に関する積分は D を yz 平面に平行な平面で切った断面 D_x（前ページ右下図で影をつけた部分）での重積分になる．そして D_x 上の重積分を，y での積分はあとにして，z での積分を先にする累次積分に変形している．その手続きと様子は，高校で学習したように，D の体積を断面積の積分 $\int_0^1 \mu(D_x)\,dx$ として求めるときと並行である．ここで，$\int_0^1 \mu(D_x)\,dx$ は，D の体積 $\int_D d\boldsymbol{x}$ を累次積分に書き直していることに他ならないので，手続きと様子が同じなのは当然である．

問題 7.44 次の重積分を計算せよ．

(1) $\iiint_D \sqrt{x^2+y^2}\,dxdydz$,
$$D := \{(x,y,z) \in \mathbb{R}^3 \,;\, z \geqq 0,\ x+y+z \leqq 2,\ x^2+y^2 \leqq 1\}.$$

(2) $\iiint_D \dfrac{dxdydz}{\sqrt{(x-3)^2+y^2+z^2}}$, $D := \{(x,y,z) \in \mathbb{R}^3 \,;\, x^2+y^2+z^2 \leqq 1\}$.

変数変換公式も同様である．すなわち，なめらかな写像
$$\boldsymbol{\Phi}: \boldsymbol{u} = (u_1, \ldots, u_n) \mapsto \boldsymbol{x} = (x_1, \ldots, x_n) = (\varphi_1(\boldsymbol{u}), \ldots, \varphi_n(\boldsymbol{u}))$$

の Jacobi 行列を $J_{\boldsymbol{\Phi}}(\boldsymbol{u})$ とし，その行列式を $\dfrac{\partial(x_1, \ldots, x_n)}{\partial(u_1, \ldots, u_n)}$ で表して，$\boldsymbol{\Phi}$ の **Jacobian** と呼ぶ．

$$\frac{\partial(x_1, \ldots, x_n)}{\partial(u_1, \ldots, u_n)} := \det J_{\boldsymbol{\Phi}}(\boldsymbol{u}) = \det\left(\frac{\partial \varphi_i}{\partial u_j}(\boldsymbol{u})\right).$$

このとき，変数変換公式は次のようになる．

定理 7.45（n 変数の変数変換公式） $D := \boldsymbol{\Phi}(D')$ とおくと，
$$\int_D f(\boldsymbol{x})\,d\boldsymbol{x} = \int_{D'} f(\boldsymbol{\Phi}(\boldsymbol{u}))\left|\frac{\partial(x_1, \ldots, x_n)}{\partial(u_1, \ldots, u_n)}\right|d\boldsymbol{u}.$$

定義 6.43 で導入した空間の極座標を思い出そう．
$$x = r\sin\theta\cos\varphi, \quad y = r\sin\theta\sin\varphi, \quad z = r\cos\theta. \tag{7.6}$$

ただし，$r \geqq 0$, $0 \leqq \theta \leqq \pi$, $0 \leqq \varphi < 2\pi$ である．Jacobi 行列は式 (6.11) で計算したので，Jacobian は

$$\frac{\partial(x,y,z)}{\partial(r,\theta,\varphi)} = \det\begin{pmatrix} \sin\theta\cos\varphi & r\cos\theta\cos\varphi & -r\sin\theta\sin\varphi \\ \sin\theta\sin\varphi & r\cos\theta\sin\varphi & r\sin\theta\cos\varphi \\ \cos\theta & -r\sin\theta & 0 \end{pmatrix} = r^2\sin\theta.$$

例題 7.46 $D := \{(x, y, z) ; x^2 + y^2 + z^2 \leqq 1,\ x \geqq 0,\ y \geqq 0,\ z \geqq 0\}$ のとき，次の重積分を空間の極座標を用いて計算せよ．
$$I := \iiint_D \sqrt{1 - x^2 - y^2 - z^2}\, dxdydz.$$

解 極座標の式 (7.6) により，積分区域 D は次の D' として記述できる．
$$D' := \left\{(r, \theta, \varphi) ; 0 \leqq r \leqq 1,\ 0 \leqq \theta \leqq \frac{\pi}{2},\ 0 \leqq \varphi \leqq \frac{\pi}{2}\right\}.$$
$dxdydz = r^2 \sin\theta\, drd\theta d\varphi$ より
$$\begin{aligned}
I &= \iiint_{D'} \sqrt{1 - r^2}\, r^2 \sin\theta\, drd\theta d\varphi \\
&= \left(\int_0^1 \sqrt{1 - r^2}\, r^2\, dr\right)\left(\int_0^{\frac{\pi}{2}} \sin\theta\, d\theta\right)\left(\int_0^{\frac{\pi}{2}} d\varphi\right).
\end{aligned}$$
r についての積分では $r = \sin t$ とおくと，$dr = \cos t\, dt$ より
$$\int_0^1 \sqrt{1 - r^2}\, r^2\, dr = \int_0^{\frac{\pi}{2}} \cos^2 t \sin^2 t\, dt = \frac{1}{4}\int_0^{\frac{\pi}{2}} \sin^2 2t\, dt = \frac{\pi}{16}.$$
$\int_0^{\frac{\pi}{2}} \sin\theta\, d\theta = 1$ より，$I = \frac{\pi}{16} \cdot 1 \cdot \frac{\pi}{2} = \frac{\pi^2}{32}$. □

問題 7.47 例題 7.46 と同じ D で重積分 $\iiint_D xyz\, dxdydz$ を計算せよ．

問題 7.48 $D := \{(x, y, z) ; z \geqq 0,\ x^2 + y^2 + z^2 \leqq 1,\ y^2 \leqq 2xz\}$ のとき，極座標に変換することにより，重積分 $\iiint_D z\, dxdydz$ を計算せよ．

高次元の重積分の例として，n 次元の球の体積を求めよう．

例題 7.49 $n \geqq 2$ とする．$\mathbb{R}^n$ において，原点を中心とする半径 r の球を $B_n(r)$ とする．すなわち $B_n(r) := \{\boldsymbol{x} \in \mathbb{R}^n ; \|\boldsymbol{x}\| \leqq r\}$．このとき，$B_n(r)$ の体積 $V_n(r)$ を求めよ．

解 まず次のことに注意する．$t > 0$ のとき，$V_n(tr) = \displaystyle\int_{B_n(tr)} d\boldsymbol{x}$ において，変数変換 $\boldsymbol{x} = t\boldsymbol{y}$ を実行すると[6]，$V_n(tr) = t^n \displaystyle\int_{B_n(r)} d\boldsymbol{y} = t^n V_n(r)$ となる．したがって $V_n := V_n(1)$ がわかればよい．V_n の漸化式を求めよう．

$$V_n = \int_{B_n(1)} d\boldsymbol{x} = \int_{-1}^{1} \left(\int \cdots \int_{B_{n-1}(\sqrt{1-x_n^2})} dx_1 \cdots dx_{n-1} \right) dx_n$$

$$= \int_{-1}^{1} V_{n-1}\left(\sqrt{1-x_n^2}\right) dx_n = 2V_{n-1} \int_{0}^{1} (1-x_n^2)^{(n-1)/2} dx_n.$$

最後に現れた積分は $I_n := \displaystyle\int_0^{\frac{\pi}{2}} \cos^n \theta \, d\theta$ に等しいから，結局 $V_n = 2V_{n-1} I_n$ を得る．I_n は問題 5.109 で求めているので，今得た漸化式を使って V_n を求めることができる．実際に偶数 $n = 2m$ のときは

$$V_{2m} = 2V_{2m-1} I_{2m} = 4V_{2m-2} I_{2m-1} I_{2m}$$

であり，問題 5.109 より

$$4 I_{2m-1} I_{2m} = 4 \frac{(2m-2)!!}{(2m-1)!!} \frac{(2m-1)!!}{(2m)!!} \frac{\pi}{2} = \frac{\pi}{m}$$

がわかるので，$V_{2m} = \dfrac{\pi}{m} V_{2m-2} = \cdots = \dfrac{\pi^{m-1}}{m!} V_2 = \dfrac{\pi^m}{m!}$ となる．一方で n が奇数 $n = 2m+1$ のときは，今求めた V_{2m} と再び問題 5.109 より

$$V_{2m+1} = 2V_{2m} I_{2m+1} = \frac{2\pi^m}{m!} \frac{(2m)!!}{(2m+1)!!} = \frac{2^{m+1} \pi^m}{(2m+1)!!}.$$

以上より次の結果を得る．

$$V_{2m}(r) = \frac{1}{m!} \pi^m r^{2m}, \quad V_{2m+1}(r) = \frac{2^{m+1}}{(2m+1)!!} \pi^m r^{2m+1}. \qquad \square$$

注意 7.50 ガンマ関数を使うと，n が偶数でも奇数でも $V_n(r) = \dfrac{\pi^{\frac{n}{2}} r^n}{\Gamma(\frac{n}{2}+1)}$ と表せる．

7.8 広義積分

重積分においても，被積分関数が有界でない場合や，積分区域が有界でない場合への拡張を考える．アイデアは 1 変数のときと同様で，問題が生じる

---

[6] 線型写像 $\boldsymbol{y} \mapsto t\boldsymbol{y}$ を表す行列は tE（E は n 次単位行列）なので，その Jacobian は t^n である．

7.8 広義積分

所を避けて一旦積分区域を小さくしてから，極限へと移行する．しかし，積分区域を小さくする仕方が 1 変数のときとは違ってかなりの任意性があり，そこの議論を避けるわけにはいかない．

まず重積分を考えることのできる非有界集合をはっきりさせておこう．

定義 7.51 非有界集合 $D \subset \mathbb{R}^2$ が**面積確定**であるとは，面積確定な任意の有界閉集合 K に対して，$K \cap D$ が面積確定集合であることをいう．このとき，そのようなすべての K にわたっての上限 $\sup_K \mu(D \cap K)$ が有限値であれば，その値を D の面積といい $\mu(D)$ で表す．有限でない場合は $\mu(D) := +\infty$ と定義する．

以下，D は面積確定集合とする．さて被積分関数 f は D で連続で，当面は $f(\boldsymbol{x}) \geqq 0 \ (\forall \boldsymbol{x} \in D)$ であるものを扱う．

D は有界とも閉集合とも仮定しないので，f は D で有界とは限らないが，D に含まれる任意の有界閉集合 K 上では有界である．したがって，その K が面積確定集合ならば，積分 $\int_K f(\boldsymbol{x})\,d\boldsymbol{x}$ を考えることができる．

定義 7.52 定数 $M > 0$ が存在して，D に含まれる面積確定な任意の有界閉集合 K に対して

$$\int_K f(\boldsymbol{x})\,d\boldsymbol{x} \leqq M$$

となるとき，f は D で**広義積分可能**であるという．このとき，そのような K すべてにわたる上限 $\sup_K \int_K f(\boldsymbol{x})\,d\boldsymbol{x}$ を

$$\int_D f(\boldsymbol{x})\,d\boldsymbol{x}, \qquad \iint_D f(x,y)\,dxdy$$

で表して，f の D 上の**広義積分**と呼ぶ．

さて定義をしたものの，この定義のままではいかにも不便である．実践的な計算方法を示す定理を述べる前に，例を見てみよう．

例 7.53 次の広義積分を考えよう．
$$\iint_D \frac{dxdy}{\sqrt{xy}}, \quad D := \{(x,y)\,;\, 0 < x \leqq 1,\, 0 < y \leqq 1\}.$$

実際に被積分関数は D で有界ではない．さて，K を D に含まれる面積確定な有界閉集合とする．K 上で x 座標を取り出す関数 $(x,y) \mapsto x$ は連続でつねに正．ゆえに定理 6.118 より最小値を持ち，それは正である．同様に K 上で $(x,y) \mapsto y$ も正の最小値を持つ．以上のことは，$\delta > 0$ を選んで $D_\delta := [\delta, 1] \times [\delta, 1]$ とするとき，$K \subset D_\delta$ となっていることを示している[7]．このとき
$$\iint_K \frac{dxdy}{\sqrt{xy}} \leqq \iint_{D_\delta} \frac{dxdy}{\sqrt{xy}} = \left(\int_\delta^1 \frac{dx}{\sqrt{x}}\right)\left(\int_\delta^1 \frac{dy}{\sqrt{y}}\right)$$
$$= \left[2\sqrt{x}\right]_\delta^1 \left[2\sqrt{y}\right]_\delta^1 = 4(1-\sqrt{\delta})(1-\sqrt{\delta}) < 4.$$

ゆえに $\dfrac{1}{\sqrt{xy}}$ は D で広義積分可能であって，$\iint_D \dfrac{dxdy}{\sqrt{xy}} \leqq 4$．しかも，上記 D_δ（ただし今度は $\delta > 0$ は任意）での積分が，$\delta \to +0$ のとき 4 に近づくことから，$\iint_D \dfrac{dxdy}{\sqrt{xy}} = 4$ ということがわかる．きちんと書くと以上のようになるが，慣れると面倒になって，次のように書くことが多い．
$$\iint_D \frac{dxdy}{\sqrt{xy}} = \left(\int_0^1 \frac{dx}{\sqrt{x}}\right)\left(\int_0^1 \frac{dy}{\sqrt{y}}\right) = \left[2\sqrt{x}\right]_0^1 \left[2\sqrt{y}\right]_0^1 = 4.$$

ここで累次積分に現れた 1 変数の積分も広義積分である．

今の例における議論を一般化しよう．まず今後よく使う用語の定義をする．

定義 7.54 次の (1) と (2) をみたす面積確定な有界閉集合の列 $\{D_n\}$ を D の**近似増加列**という．
(1) $D_1 \subset D_2 \subset \cdots \subset D_n \subset \cdots \subset D$,
(2) D に含まれる面積確定な任意の有界閉集合 K に対して，
$$\exists n \in \mathbb{N} \text{ s.t. } K \subset D_n.$$

---

[7] 直感的には明らかに思えるが，K は有界閉集合とはいうもののどんな形状かはわからないので，直感だけでは気持ち悪さが残る．その気持ち悪さを解消してくれる定理 6.118 の威力を感じとってほしい．

7.8 広義積分

注意 7.55 $\{D_n\}$ が D の近似増加列なら, (2) でとくに各 $x \in D$ に対して 1 点集合 $\{x\}$ を考えると, $D = \bigcup_{n=1}^{\infty} D_n$ となっていることがわかる. これと (1) より, 直感的には $D = \lim_{n \to \infty} D_n$ と思ってもよいだろう (本来は集合列の極限をきちんと定義すべきであるが).

さて $\{D_n\}$ を D の近似増加列とし, $I_n := \int_{D_n} f(\boldsymbol{x})\,d\boldsymbol{x}$ とおこう. $f \geqq 0$ としているので, 数列 $\{I_n\}$ は単調増加である. したがって, $\{I_n\}$ が有界であることと収束することとは同値である (注意 3.19 参照). また $+\infty$ を許せば $\lim_{n \to \infty} I_n$ はいつでも存在すると言える.

定理 7.56 D の近似増加列 $\{D_n\}$ が存在して
$$L := \lim_{n \to \infty} \int_{D_n} f(\boldsymbol{x})\,d\boldsymbol{x} < +\infty$$
ならば, f は D で広義積分可能であって, $\int_D f(\boldsymbol{x})\,d\boldsymbol{x} = L$ である.

注意 7.57 L が $+\infty$ であれば, 定義 7.52 より f は D で広義積分可能ではないと結論できる.

証明 K を D に含まれる面積確定な任意の有界閉集合とする. $K \subset D_n$ となる番号 n をとると
$$\int_K f(\boldsymbol{x})\,d\boldsymbol{x} \leqq \int_{D_n} f(\boldsymbol{x})\,d\boldsymbol{x} \leqq L.$$
ゆえに f は D で広義積分可能であって, $\int_D f(\boldsymbol{x})\,d\boldsymbol{x} \leqq L$ $\cdots$ ① が成り立つ. 一方, 各 D_n も $\sup_K \int_K f(\boldsymbol{x})\,d\boldsymbol{x}$ の形成に参加しているのであるから
$$\int_D f(\boldsymbol{x})\,d\boldsymbol{x} = \sup_K \int_K f(\boldsymbol{x})\,d\boldsymbol{x} \geqq \int_{D_n} f(\boldsymbol{x})\,d\boldsymbol{x} \quad (n = 1, 2, \ldots).$$
ゆえに $\int_D f(\boldsymbol{x})\,d\boldsymbol{x} \geqq L$ もわかる. ①と合わせて $\int_D f(\boldsymbol{x})\,d\boldsymbol{x} = L$ である. □

定理 7.58 関数 f が D で広義積分可能ならば, D の任意の近似増加列 $\{D_n\}$ に対して $\lim_{n \to \infty} \int_{D_n} f(\boldsymbol{x})\,d\boldsymbol{x} = \int_D f(\boldsymbol{x})\,d\boldsymbol{x}$ が成り立つ.

証明 $I := \int_D f(\boldsymbol{x})\,d\boldsymbol{x}$ とおき，$J_n := \int_{D_n} f(\boldsymbol{x})\,d\boldsymbol{x}\ (n=1,2,\dots)$ とおく．さて $\forall \varepsilon > 0$ が与えられたとしよう．このとき，D に含まれる面積確定な有界閉集合 K_ε があって，

$$I_\varepsilon := \int_{K_\varepsilon} f(\boldsymbol{x})\,d\boldsymbol{x} > I - \varepsilon.$$

この K_ε に対して，$\exists N \in \mathbb{N}$ s.t. $K_\varepsilon \subset D_N$．仮定より $f \geqq 0$ ゆえ，積分区域に関する重積分の単調性から，$\forall n > N$ に対して，

$$I - \varepsilon < I_\varepsilon \leqq J_N \leqq J_n \leqq I$$

となる．ゆえに $I - \varepsilon < J_n \leqq I$ を得て，$\displaystyle\lim_{n \to \infty} J_n = I$ となる． □

例 7.59 広義積分 $I := \displaystyle\iint_{\mathbb{R}^2} e^{-(x^2+y^2)}\,dxdy$ を考えよう．$D_n := \overline{B}(\boldsymbol{0}, n)\ (n=1,2,\dots)$ とおくと，明らかに $\{D_n\}$ は $\mathbb{R}^2$ の近似増加列になっている．また，問題 7.41 (1) で計算したように，

$$I_n := \iint_{D_n} e^{-(x^2+y^2)}\,dxdy = \pi(1 - e^{-n^2}) \qquad (n=1,2,\dots).$$

ゆえに $I = \displaystyle\lim_{n \to \infty} I_n = \pi$ である．

例 7.59 において，長方形領域の列 $K_n := [-n, n] \times [-n, n]\ (n=1,2,\dots)$ をとっても，$\mathbb{R}^2$ の近似増加列を得る．よって，$I = \displaystyle\lim_{n \to \infty} \iint_{K_n} e^{-(x^2+y^2)}\,dxdy$ でもある．ここで

$$\iint_{K_n} e^{-(x^2+y^2)}\,dxdy = \left(\int_{-n}^{n} e^{-x^2}\,dx\right)\left(\int_{-n}^{n} e^{-y^2}\,dy\right) = \left(\int_{-n}^{n} e^{-x^2}\,dx\right)^2.$$

両端の項の $n \to \infty$ のときの極限を考えることにより，理科系の大学生の常識にしたい次の重要な定理を得る．

定理 7.60 $\displaystyle\int_{-\infty}^{+\infty} e^{-x^2}\,dx = \sqrt{\pi}.$

問題 7.61 次の広義積分を計算せよ．
(1) $\iint_D \dfrac{dxdy}{\sqrt{x^2+y^2}}$, $D := \{(x,y) \, ; \, 0 < x \leqq y \leqq 1\}$.
(2) $Q(x,y) := ax^2 + 2bxy + cy^2$ が正定値のとき，
$$\iint_D \dfrac{dxdy}{\sqrt{1-Q(x,y)}}, \quad D := \{(x,y) \, ; \, Q(x,y) < 1\}.$$

問題 7.62 次の広義積分を計算せよ．
(1) $\iint_{\mathbb{R}^2} \dfrac{\log(1+x^2+y^2)}{(1+x^2+y^2)^2} \, dxdy$.
(2) $\iint_{\mathbb{R}^2} |x-y| e^{-(x^2+y^2)} \, dxdy$ （まず変数変換 $x+y=u$, $x-y=v$ を行う）．
(3) $\iint_D \dfrac{dxdy}{(x^2+y^2)^{\frac{5}{2}}}$, $D := \{(x,y) \, ; \, x^2+y^2 \geqq 2, \, x \leqq 1, \, y \geqq 0\}$.

これまでは $f \geqq 0$ という仮定の下で，重積分における広義積分の議論をしてきた．さて，被積分関数が符号を変えると何が起きるのであろうか．

例 7.63 次の広義積分を考えてみよう．
$$I = \iint_D \sin(x^2+y^2) \, dxdy, \quad D := \{(x,y) \, ; \, x \geqq 0, \, y \geqq 0\}.$$
$K_n := [0,n] \times [0,n]$ $(n = 1, 2, \dots)$ として D の近似増加列を考えると
$$\iint_{K_n} \sin(x^2+y^2) \, dxdy = \iint_{K_n} \left(\sin(x^2)\cos(y^2) + \cos(x^2)\sin(y^2)\right) dxdy$$
$$= 2 \left(\int_0^n \sin(x^2) \, dx\right)\left(\int_0^n \cos(x^2) \, dx\right).$$
$n \to \infty$ のとき，問題 5.86 より最後に現れた 2 個の積分はともに収束する．一方，D の近似増加列として，
$$D_n := \{(x,y) \, ; \, x^2+y^2 \leqq n\pi, \, x \geqq 0, \, y \geqq 0\}$$
をとると，問題 7.41 (2) より
$$\iint_{D_n} \sin(x^2+y^2) \, dxdy = \dfrac{\pi}{4}(1 - \cos n\pi) = \dfrac{\pi}{4}(1 - (-1)^n)$$
となって，この場合は $n \to \infty$ のときに収束しない．したがって，D の近似増加列の取り方によって，I は収束したりしなかったりする．

例 7.64 別の現象を見よう．次の広義積分を考える．
$$I := \iint_D \frac{x-y}{(x+y)^3}\,dxdy, \quad D := [0,1] \times [0,1] \setminus \{(0,0)\}.$$
このとき
$$\int_0^1 \left(\int_0^1 \frac{x-y}{(x+y)^3}\,dx \right) dy = -\frac{1}{2}, \quad \int_0^1 \left(\int_0^1 \frac{x-y}{(x+y)^3}\,dy \right) dx = \frac{1}{2}. \cdots \text{①}$$
実際に①の左側の累次積分では，被積分関数の分子を $(x+y) - 2y$ と見て
$$\int_0^1 \left(\int_0^1 \frac{x-y}{(x+y)^3}\,dx \right) dy = \int_0^1 \left(\int_0^1 \left(\frac{1}{(x+y)^2} - \frac{2y}{(x+y)^3} \right) dx \right) dy$$
$$= \int_0^1 \left[-\frac{1}{x+y} + \frac{y}{(x+y)^2} \right]_{x=0}^1 dy = -\int_0^1 \frac{dy}{(1+y)^2} = -\frac{1}{2}.$$
①の右側の累次積分については，被積分関数の分子を $-(x+y) + 2x$ と見ると同様の計算で示せる．累次積分の順序変更が許されないので，この例の重積分 I の存在を認めるわけにはいかない．

例 7.63 と例 7.64 のような現象が起こる原因を演習問題にしておこう．

> **問題 7.65** 次の (1) と (2) の広義積分は収束しないことを示せ．
> (1) $\iint_D |\sin(x^2+y^2)|\,dxdy, \quad D := \{(x,y)\,;\, x \geqq 0,\, y \geqq 0\}$.
> (2) $\iint_D \frac{|x-y|}{(x+y)^3}\,dxdy, \quad D := [0,1] \times [0,1] \setminus \{(0,0)\}$.

以上を踏まえて，符号を変える関数に対しては次のような定義を与える．

> **定義 7.66** 関数 f は面積確定な集合 D 上で連続とする．このとき，
> $$f \text{ が } D \text{ で{\bf 絶対積分可能}} \stackrel{\text{def}}{\iff} |f| \text{ が } D \text{ で広義積分可能}.$$

1 変数のときにも導入した
$$f^+(\boldsymbol{x}) := \max(f(\boldsymbol{x}), 0), \quad f^-(\boldsymbol{x}) := \max(-f(\boldsymbol{x}), 0)$$
を考えよう（定理 5.83 の証明参照）．$f^{\pm} \geqq 0$ であり，f が連続なら $f^{\pm}$ も連続である．そして，$f = f^+ - f^-$, $|f| = f^+ + f^- \geqq f^{\pm}$ が成り立つ．したがって，D で連続な関数 f に対して

7.8 広義積分

$$f \text{ が } D \text{ で絶対積分可能} \iff f^{\pm} \text{ が } D \text{ で広義積分可能}$$

であることがわかる．そしてこのとき

$$\int_D f(\boldsymbol{x})\,d\boldsymbol{x} := \int_D f^+(\boldsymbol{x})\,d\boldsymbol{x} - \int_D f^-(\boldsymbol{x})\,d\boldsymbol{x}$$

と定義する．右辺は必ず，有限値 − 有限値，であることに注意．多変数の広義積分では，1 変数のときの $\int_0^{+\infty} \frac{\sin x}{x}\,dx$ のような場合（例 5.84 参照）は許さず，定義としては絶対積分可能な場合しか広義積分を認めないのである．絶対積分可能であれば，f^+ と f^- にそれぞれ定理 7.58 を適用することにより，次の定理を得る．

定理 7.67 関数 f が D で絶対積分可能ならば，D の任意の近似増加列 $\{D_n\}$ に対して $\displaystyle\lim_{n\to\infty} \int_{D_n} f(\boldsymbol{x})\,d\boldsymbol{x} = \int_D f(\boldsymbol{x})\,d\boldsymbol{x}$ が成り立つ．

---

1 変数のときの定理 5.83 (2) や注意 5.93 と同様な形式で，符号を変える関数 f に対して，絶対積分可能であるための十分条件を与えることができる．すなわち，広義積分可能な関数 $\varphi \geqq 0$ と定数 $M > 0$ を見つけて $|f(\boldsymbol{x})| \leqq M\varphi(\boldsymbol{x})$ とできれば，$|f|$ は広義積分可能であるので，f は絶対積分可能である．したがって，場合により定数倍することで，$|f|$ を押さえ込める広義積分可能な関数 $\varphi \geqq 0$ を見つけることが肝要となる．まず，多変数では $\|\boldsymbol{x}\|^\alpha$ が 1 変数のときの $|x|^\alpha$ に対応することを問題の形で見ておこう．

問題 7.68 次を示せ．ただし，$R > 0$ は定数，$\boldsymbol{a}$ は定点である．
(1) $D := \{\boldsymbol{x} \in \mathbb{R}^2\,;\, 0 < \|\boldsymbol{x} - \boldsymbol{a}\| \leqq R\}$ のとき，$\displaystyle\int_D \frac{d\boldsymbol{x}}{\|\boldsymbol{x} - \boldsymbol{a}\|^\alpha}$ が収束 $\iff \alpha < 2$.
(2) $D := \{\boldsymbol{x} \in \mathbb{R}^2\,;\, \|\boldsymbol{x}\| \geqq R\}$ のとき，$\displaystyle\int_D \frac{d\boldsymbol{x}}{\|\boldsymbol{x}\|^\alpha}$ が収束 $\iff \alpha > 2$.
(3) $\mathbb{R}^3$ の場合，(1) では $\alpha < 3$，(2) では $\alpha > 3$ となることを示せ．

とくに，面積確定な有界閉集合 D から 1 点 $\boldsymbol{x}_0$ を除いてできる集合 $D' := D \setminus \{\boldsymbol{x}_0\}$ で関数 f が連続で，しかも有界ならば，f は D' で絶対積分可能である．ただし多変数の場合，有理関数でも $\boldsymbol{x}_0$ の近くでの振る舞いは単純で

はない．例として例題 6.5 (2) で扱った $f(x,y) := \dfrac{x^2 + 2xy - 3y^2}{x^2 + y^2}$ を見てみよう．この f は $f(0,0)$ をどのように定義しても，$(0,0)$ で連続にすることにはできない．

問題 7.69 D を閉円板 $\overline{B}(\mathbf{0}, 1)$ とし，$D' := D \setminus \{\mathbf{0}\}$ とする．$f(x,y) := \dfrac{x^2 + 2xy - 3y^2}{x^2 + y^2}$ は D' で有界であることを確認し，$\displaystyle\iint_{D'} f(x,y)\,dxdy$ を計算せよ．

2 変数になって初めて出会うタイプの広義積分としては，たとえばある直線の近くで非有界になる場合である．x 軸, y 軸に沿う場合は例 7.53 で扱っているが，その例では変数を簡単に分離できた．一般に変数が分離できないときにも，シンプルな形状の積分区域では，基本的な関数の積分可能性について知っておきたい．

例 7.70 $D := [0,1] \times [0,1] \setminus \{(x,y) \,;\, x = y\}$ とするとき，
$$\iint_D \frac{dxdy}{|x-y|^\alpha} \text{ が収束} \iff \alpha < 1.$$
もちろん $\alpha \leqq 0$ のときは何も問題が生じていない．

積分区域と被積分関数 $|x-y|^{-\alpha}$ の対称性によって，$D_1 := D \cap \{(x,y) \,;\, x > y\}$ 上の積分が収束すればよい．さて各 $\varepsilon > 0$ に対して，
$$D_1(\varepsilon) := \{(x,y) \,;\, \varepsilon \leqq x \leqq 1,\, 0 \leqq y \leqq x - \varepsilon\}$$
としよう．$\varepsilon = \frac{1}{2}, \frac{1}{3}, \ldots$ とすれば D_1 の近似増加列が得られる．$D_1(\varepsilon)$ 上の積分を I_ε とすると
$$I_1(\varepsilon) = \int_\varepsilon^1 \left(\int_0^{x-\varepsilon} \frac{dy}{(x-y)^\alpha} \right) dx.$$

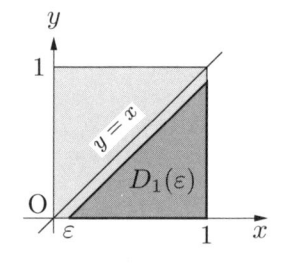

まず $\alpha = 1$ のときは
$$I_1(\varepsilon) = \int_\varepsilon^1 \left(\int_0^{x-\varepsilon} \frac{dy}{x-y} \right) dx = \int_\varepsilon^1 \Big[-\log(x-y) \Big]_{y=0}^{x-\varepsilon} dx$$
$$= \int_\varepsilon^1 \log x \, dx - (1-\varepsilon) \log \varepsilon$$
$$= -1 + \varepsilon - \log \varepsilon.$$

ただし最後のところで，$\int \log x \, dx = x \log x - x$ を使った．したがって，$\varepsilon \to +0$ のとき，$\log \varepsilon$ という項があるために $I_1(\varepsilon)$ は有界ではない．ゆえに $\alpha \neq 1$ として考察を続けよう．

$$I_1(\varepsilon) = \frac{1}{1-\alpha} \int_\varepsilon^1 \left[-(x-y)^{1-\alpha} \right]_{y=0}^{x-\varepsilon} dx$$
$$= \frac{1}{1-\alpha} \int_\varepsilon^1 x^{1-\alpha} \, dx - \frac{\varepsilon^{1-\alpha}(1-\varepsilon)}{1-\alpha}.$$

ここで $\alpha = 2$ ならば，積分を実行して整理すると

$$I_1(\varepsilon) = \log \varepsilon + \frac{1}{\varepsilon} - 1 = \frac{1}{\varepsilon}(\varepsilon \log \varepsilon + 1) - 1$$

となって，やはり $\varepsilon \to +0$ のときに有界ではない．よって $\alpha \neq 2$．このとき

$$I_1(\varepsilon) = \frac{1-\varepsilon^{2-\alpha}}{(1-\alpha)(2-\alpha)} - \frac{\varepsilon^{1-\alpha}(1-\varepsilon)}{1-\alpha} = \frac{1-\varepsilon^{1-\alpha}\{(\alpha-1)\varepsilon + 2-\alpha\}}{(1-\alpha)(2-\alpha)}.$$

$\alpha \neq 2$ ゆえ，$\varepsilon \to +0$ のときの右端の項の分子の振る舞いが容易に分析できて，$I_1(\varepsilon)$ が収束するための必要十分条件は $\alpha < 1$ であることがわかる．

符号を変える関数の広義積分の累次積分への書き換えなどは，Lebesgue 積分論における定理を適用する方がよいので，本書ではこれ以上は扱わない．

7.9 ガンマ関数とベータ関数（その 2）

この節では，ガンマ関数 $\Gamma(s)$ ($s > 0$) とベータ関数 $B(s,t)$ ($s > 0, t > 0$) の間に成立する関係式を，重積分を用いて証明する．その前に定義式を思い出しておこう．

$$\Gamma(s) = \int_0^{+\infty} e^{-x} x^{s-1} \, dx, \quad B(s,t) = \int_0^1 x^{s-1}(1-x)^{t-1} \, dx. \qquad (7.7)$$

定理 7.71 $s > 0$, $t > 0$ のとき，$B(s,t) = \dfrac{\Gamma(s)\Gamma(t)}{\Gamma(s+t)}$.

証明 まず，ガンマ関数の定義式 (7.7) で，$x = r^2$ とおくと次式を得る．

$$\Gamma(s) = 2 \int_0^{+\infty} e^{-r^2} r^{2s-1} \, dr. \ \cdots\cdots \ ①$$

次に，$D := \{(x,y)\,;\, x \geqq 0,\, y \geqq 0\}$ として，広義積分
$$I := 4 \iint_D e^{-(x^2+y^2)} x^{2s-1} y^{2t-1}\, dxdy$$
を考える．各 $n = 1, 2, \ldots$ に対して $K_n := [0, n] \times [0, n]$ とし，
$$I_n := 4 \iint_{K_n} e^{-(x^2+y^2)} x^{2s-1} y^{2t-1}\, dxdy$$
とおく．累次積分に書き直すと
$$I_n = 4 \left(\int_0^n e^{-x^2} x^{2s-1}\, dx \right) \left(\int_0^n e^{-y^2} y^{2t-1}\, dy \right)$$
となるから，①により，
$$I = \lim_{n \to \infty} I_n = \Gamma(s)\Gamma(t). \quad \cdots\cdots \text{②}$$
一方，各 $n = 1, 2, \ldots$ に対して
$$D_n := \{(x,y)\,;\, x^2 + y^2 \leqq n^2,\, x \geqq 0,\, y \geqq 0\}$$
とすると，
$$I = \lim_{n \to \infty} J_n, \quad J_n := 4 \iint_{D_n} e^{-(x^2+y^2)} x^{2s-1} y^{2t-1}\, dxdy$$
でもある．極座標に変換すると
$$J_n = 4 \left(\int_0^n e^{-r^2} r^{2s+2t-1}\, dr \right) \left(\int_0^{\frac{\pi}{2}} \cos^{2s-1}\theta \sin^{2t-1}\theta\, d\theta \right).$$
ここで θ についての積分は，問題 5.108 (3) より，$\frac{1}{2}B(s,t)$ に等しい．一方，r についての積分は，$n \to \infty$ のとき，①より $\frac{1}{2}\Gamma(s+t)$ に収束する．ゆえに $I = \Gamma(s+t)B(s,t)$．これと②を合わせて所要の等式を得る． □

注意 7.72 定理で $s = t = \frac{1}{2}$ とすると，$B(\frac{1}{2}, \frac{1}{2}) = \pi$，$\Gamma(1) = 1$ より，$\Gamma(\frac{1}{2}) = \sqrt{\pi}$ を得る．例 5.105 と比べてみるとよい．

例題 7.73 $s > 0$，$t > 0$，かつ $\alpha > \frac{1}{4}(s + 2t)$ のとき，次の広義積分をベータ関数で表せ．
$$I := \iint_D \frac{x^{s-1} y^{t-1}}{((1+x^2)^2 + y^2)^\alpha}\, dxdy, \quad D := \{(x,y)\,;\, x \geqq 0,\, y \geqq 0\}.$$

解 次のように重積分 I を累次積分で書く．
$$I = \int_0^{+\infty} \left(\int_0^{+\infty} \frac{x^{s-1}y^{t-1}}{\left((1+x^2)^2 + y^2\right)^\alpha} \, dy \right) dx.$$

内側の積分において，被積分関数の分母を
$$\left((1+x^2)^2 + y^2\right)^\alpha = (1+x^2)^{2\alpha} \left\{ 1 + \left(\frac{y}{1+x^2}\right)^2 \right\}^\alpha$$

と書き直し，$y = (1+x^2)z$ により変数を y から z に変換して整理すると
$$I = \left(\int_0^{+\infty} \frac{x^{s-1}}{(1+x^2)^{2\alpha-t}} \, dx \right) \left(\int_0^{+\infty} \frac{z^{t-1}}{(1+z^2)^\alpha} \, dz \right)$$
$$= \frac{1}{4} \left(\int_0^{+\infty} \frac{u^{\frac{s}{2}-1}}{(1+u)^{2\alpha-t}} \, du \right) \left(\int_0^{+\infty} \frac{v^{\frac{t}{2}-1}}{(1+v)^\alpha} \, dv \right).$$

問題 5.110 (3) とその解答より，$I = \dfrac{1}{4} B\left(\dfrac{s}{2}, 2\alpha - t - \dfrac{s}{2}\right) B\left(\dfrac{t}{2}, \alpha - \dfrac{t}{2}\right)$．□

注意 7.74 もう少し丁寧に解を書くと，D 全体の代わりに $D_n := [0, n] \times [0, n^3]$ での重積分 I_n を考えて，例題の解と同様の計算により
$$I_n = \frac{1}{4} \int_0^{n^2} \left(\int_0^{\frac{n^6}{(1+u)^2}} \frac{u^{\frac{s}{2}-1}}{(1+u)^{2\alpha-t}} \frac{v^{\frac{t}{2}-1}}{(1+v)^\alpha} \, dv \right) du.$$

$u \in [0, n^2]$ のとき，$\dfrac{n^6}{(1+u)^2} \geqq a_n := \dfrac{n^6}{(1+n^2)^2}$ より
$$\frac{1}{4} \left(\int_0^{n^2} \frac{u^{\frac{s}{2}-1}}{(1+u)^{2\alpha-t}} \, du \right) \left(\int_0^{a_n} \frac{v^{\frac{t}{2}-1}}{(1+v)^\alpha} \, dv \right)$$
$$\leqq I_n \leqq \frac{1}{4} \left(\int_0^{+\infty} \frac{u^{\frac{s}{2}-1}}{(1+u)^{2\alpha-t}} \, du \right) \left(\int_0^{+\infty} \frac{v^{\frac{t}{2}-1}}{(1+v)^\alpha} \, dv \right).$$

$n \to \infty$ のとき，$a_n \to +\infty$ とはさみうちの原理から，例題の結論を得る．被積分関数が符号を変えない場合，例題の解で間違うことはない（それを保証するのは Lebesgue 積分論における定理ではあるが）．被積分関数が符号を変えるときは，まず最初に絶対積分可能であることを確かめる必要がある．

> **問題 7.75** 次の広義積分をガンマ関数で表せ．ただし，$\alpha > 0$, $\beta > 0$, $\gamma > 0$ とする．
> (1) $\displaystyle\iint_D x^{\alpha-1} y^{\beta-1} \, dxdy$, $D := \{(x, y) \,;\, x^2 + y^2 \leqq 1, \, x > 0, \, y > 0\}$．
> (2) $\displaystyle\iint_D x^{\alpha-1} y^{\beta-1} (1-x-y)^{\gamma-1} \, dxdy$, $D := \{(x, y) \,;\, x > 0, \, y > 0, \, x+y < 1\}$．
> **【ヒント】**(2) では変数変換 $x = u(1-v)$, $y = uv$ を用いる．

問題の解答・解説

第1章

問題 1.9 $\forall y \in Y$ に対して $x = g(y)$ とおくと，$f(x) = f(g(y)) = y$ となるので f は全射である．また $f(x) = f(x')$ ならば，$x = g(f(x)) = g(f(x')) = x'$ となるから f は単射でもある．g についても同様．

第2章

問題 2.7 ヒントの記号をそのまま使う．$\forall \varepsilon > 0$ が与えられたとする．まず番号 N_1 をとって，$|a_n - \alpha| < \frac{1}{3}\varepsilon \ (\forall n > N_1)$ とする．次に番号 $N_2 \ (> N_1)$ をとって，$\frac{1}{n}\sum_{k=1}^{N_1}|a_k - \alpha| < \frac{1}{3}\varepsilon$ $(\forall n > N_2)$ とする．$S_n - \frac{1}{2}\alpha = \sum_{k=1}^{n} p_n(k)(a_k - \alpha) + \frac{\alpha}{2n}$ において，$n > N_2$ のとき，和を N_1 のところで分けて三角不等式を使うと

$$\left|S_n - \tfrac{1}{2}\alpha\right| \leq \sum_{k=1}^{N_1} p_n(k)|a_k - \alpha| + \sum_{k=N_1+1}^{n} p_n(k)|a_k - \alpha| + \frac{|\alpha|}{2n}$$

$$\leq \frac{1}{n}\sum_{k=1}^{N_1}|a_k - \alpha| + (n - N_1) \cdot \frac{1}{n} \cdot \frac{\varepsilon}{3} + \frac{|\alpha|}{2n} \leq \frac{2}{3}\varepsilon + \frac{|\alpha|}{2n}.$$

ここで，さらに番号 $N_3 \ (> N_2)$ を選んで $\frac{|\alpha|}{2n} < \frac{1}{3}\varepsilon \ (\forall n > N_3)$ とすると，$n > N_3$ のとき $\left|S_n - \frac{1}{2}\alpha\right| < \varepsilon$ となる．

問題 2.9 $\forall L > 0$ が与えられたとする．$a_n \to +\infty$ であるから，$\exists N_1$ s.t. $a_n > 2(L+1)$ $(\forall n > N_1)$．この N_1 に対して $\frac{1}{n}(a_1 + \cdots + a_{N_1}) \to 0 \ (n \to \infty)$ より，$\exists N_2 \geqq 2N_1$ s.t. $\frac{1}{n}(a_1 + \cdots + a_{N_1}) > -1$．そうすると $n > N_2$ のとき，

$$\frac{1}{n}(a_1 + \cdots + a_{N_1}) + \frac{1}{n}(a_{N_1+1} + \cdots + a_n) > -1 + \frac{n - N_1}{n}(2L + 2). \quad \cdots\cdots \text{①}$$

ここで $\frac{N_1}{n} < \frac{N_1}{N_2} \leqq \frac{1}{2}$ より①の最後の項 $> L$ となる．

問題 2.13 前半は定理 1.10 (2) を使って，$||a_n| - |\alpha|| \leqq |a_n - \alpha|$ より．後半は $a_n = (-1)^n$ を考えればよい．

問題 2.15 $\lim_{n \to \infty} c_n$ が存在することが示されていない．

【注意】 命題 2.14 (3) の証明にこの議論を用いるからいけないのであって，命題 2.14 (3) が証明された以上は，自由に使ってよい論法である．

問題 2.19 $c^n \leqq a^n + b^n + c^n \leqq 3c^n$ より $c \leqq \sqrt[n]{a^n + b^n + c^n} \leqq 3^{1/n}c$. ここで $3^{1/n} \to 3^0 = 1$ とはさみうちの原理から，求める極限値は c．

問題 2.24 $N > 2a$ をみたす自然数 N を一つとると，$k \in \mathbb{N}$ のとき，$\frac{a}{N+k} < \frac{a}{N} < \frac{1}{2}$ が成り立つ．ゆえに $\forall n > N$ に対して，$0 < \frac{a^n}{n!} = \frac{a^N}{N!} \frac{a}{N+1} \cdots \frac{a}{n} < \frac{a^N}{N!}\left(\frac{1}{2}\right)^{n-N}$. これとはさみうちの原理から所要の結果を得る．

【別解】 例題 2.22 の解より，$\frac{a^n}{n!} \leqq \left(\frac{a}{\sqrt{n}}\right)^n$ とすれば，$n \geqq 4a^2$ のとき $0 \leqq \frac{a^n}{n!} \leqq \left(\frac{1}{2}\right)^n$ となるから，所要の結果を得る．

問題 2.33 必要性．$\forall \varepsilon > 0$ が与えられたとする．f は a で連続であるから，$\exists \delta > 0$ s.t $\forall x$ ($|x - a| < \delta$) に対して $|f(x) - f(a)| < \varepsilon$. さて数列 $\{a_n\}$ が $a_n \to a$ $(n \to \infty)$ をみたすとき，$\exists N$ s.t. $|a_n - a| < \delta$ $(\forall n > N)$ となるから，$|f(a_n) - f(a)| < \varepsilon$ である．これは $f(a_n) \to f(a)$ $(n \to \infty)$ を示している．

十分性．対偶を示すために結論を否定して，f は a で連続でないと仮定する．このとき，$\varepsilon_0 > 0$ が存在して，どんな $\delta > 0$ に対しても，$|x - a| < \delta$ をみたす x で，

$$|f(x) - f(a)| \geqq \varepsilon_0 \quad \cdots\cdots ①$$

となるものがある．この x は当然 $x \neq a$ である．まず $\delta = 1$ として，$0 < |x_1 - a| < 1$ をみたす x_1 が存在して，$x = x_1$ とした①が成り立つ．次に $n \geqq 1$ とし，$x_n \neq a$ が定まったとき，$\delta = \frac{1}{2}|x_n - a| > 0$ とすることで，$0 < |x_{n+1} - a| < \frac{1}{2}|x_n - a|$ をみたす x_{n+1} が存在して $x = x_{n+1}$ とした①が成り立つ．このようにして帰納的に定義される数列 $\{x_n\}$ は，$|x_n - a| < \left(\frac{1}{2}\right)^{n-1}$ をみたすから $x_n \to a$ であるが，$|f(x_n) - f(a)| \geqq \varepsilon_0$ $(\forall n)$ より，$f(x_n) \to f(a)$ とはなっていない．

第 3 章

問題 3.10 定理 3.8 により，$x < r < y$ をみたす $r \in \mathbb{Q}$ をとっておく．$\frac{\sqrt{2}}{n} \to 0$ ゆえ，十分大きな $n \in \mathbb{N}$ に対して $\alpha := r + \frac{\sqrt{2}}{n}$ とおけば，α は無理数であり，$x < \alpha < y$ である．

問題 3.16 まず，命題

$$P_n : 0 < b_1 \leqq b_2 \leqq \cdots \leqq b_n \leqq a_n \leqq \cdots \leqq a_2 \leqq a_1 \quad (n = 1, 2, \ldots)$$

が成立することを示そう．P_1 の成立は仮定より．P_n の成立を仮定する．このとき，

$$a_{n+1} - a_n = \sqrt{a_n}\left(\sqrt{b_n} - \sqrt{a_n}\right) \leqq 0, \quad \text{かつ} \quad a_{n+1} - b_n = \sqrt{b_n}\left(\sqrt{a_n} - \sqrt{b_n}\right) \geqq 0.$$

ゆえに $b_n \leqq a_{n+1} \leqq a_n$. さらに

$$b_{n+1} - a_{n+1} = \tfrac{1}{2}(b_n - a_{n+1}) \leqq 0, \quad b_{n+1} - b_n = \tfrac{1}{2}(a_{n+1} - b_n) \geqq 0.$$

ゆえに $b_n \leqq b_{n+1} \leqq a_{n+1}$ となって，P_{n+1} が成立．以上より $\{a_n\}$ も $\{b_n\}$ も有界な単調数列となって，ともに収束．それぞれの極限値を α, β とすると，漸化式で $n \to \infty$ として $\alpha = \beta$．

問題 3.18 仮定より，$\forall L > 0$ に対して番号 N が存在して，$a_N > L$ となる．$\{a_n\}$ は単調増加であるから，$\forall n > N$ に対して $a_n \geqq a_N > L$ となる．

問題 3.22 $\{a_n\}$ を Cauchy 列とする．
(1) $\exists N \in \mathbb{N}$ s.t. $|a_n - a_m| < 1 \ (\forall n, m > N)$．このとき，$n > N$ ならば $|a_n| < |a_{N+1}| + 1$ となる．したがって $M := \max\{|a_{N+1}| + 1, |a_1|, \ldots, |a_N|\}$ とおくと，$|a_n| \leqq M \ (\forall n)$ が成り立つ．
(2) (1) と定理 3.21 より $\{a_n\}$ は収束する部分列 $\{a_{n_k}\}$ を持つ．$\alpha := \lim_{k \to \infty} a_{n_k}$ とするとき，$a_n \to \alpha$ であることを示そう．$\forall \varepsilon > 0$ が与えられたとする．Cauchy 列であるから，$\exists N \in \mathbb{N}$ s.t. $n, m > N \implies |a_n - a_m| < \frac{\varepsilon}{2}$．次に $a_{n_k} \to \alpha$ より，$\exists K \in \mathbb{N}$ s.t. $\forall k > K$ に対して $|a_{n_k} - \alpha| < \frac{\varepsilon}{2}$ となる．$k > K$ かつ $n_k > N$ となる番号 n_k を一つ選んでおくと，$\forall n > N$ に対して，$|a_n - \alpha| \leqq |a_n - a_{n_k}| + |a_{n_k} - \alpha| < \frac{\varepsilon}{2} + \frac{\varepsilon}{2} = \varepsilon$．

問題 3.23 (1) より $a_1 \leqq a_2 \leqq \cdots \leqq a_n \leqq b_n \leqq \cdots \leqq b_2 \leqq b_1$ となっているので，$\{a_n\}$ も $\{b_n\}$ も有界単調数列である．ゆえにともに極限が存在するので，$\alpha = \lim_{n \to \infty} a_n, \beta = \lim_{n \to \infty} b_n$ とおく．(2) より $\beta - \alpha = \lim_{n \to \infty}(b_n - a_n) = 0$ となるので，$\beta = \alpha$．さらに，$a_n \leqq \alpha = \beta \leqq b_n$ ($\forall n$) より，$\alpha \in I_n$ ($\forall n$)．もし α' がすべての I_n に属していたら，$a_n \leqq \alpha' \leqq b_n$ ($\forall n$) であり，この不等式で $n \to \infty$ として $\alpha' = \alpha$ を得る．

第 4 章

問題 4.15 $\alpha := \operatorname{Arcsin} \frac{1}{4}, \beta := \operatorname{Arcsin} \frac{\sqrt{6}}{4}$ とおくと，$\frac{1}{4} < \frac{\sqrt{6}}{4} < \frac{\sqrt{2}}{2}$ により，$0 < \alpha < \beta < \frac{\pi}{4}$ である．$\sin \alpha = \frac{1}{4}$ より $\cos \alpha = \frac{\sqrt{15}}{4}$ であり，$\sin \beta = \frac{\sqrt{6}}{4}$ より $\cos \beta = \frac{\sqrt{10}}{4}$．ゆえに $\sin 2\beta = 2 \sin \beta \cos \beta = \frac{\sqrt{15}}{4} = \cos \alpha = \sin(\frac{\pi}{2} - \alpha)$．ここで，$0 < 2\beta < \frac{\pi}{2}, \ 0 < \frac{\pi}{2} - \alpha < \frac{\pi}{2}$ より，$2\beta = \frac{\pi}{2} - \alpha$ となるので，$\alpha + 2\beta = \frac{\pi}{2}$ である．

問題 4.16 $\alpha = \operatorname{Arctan} \frac{1}{x+1}, \beta = \operatorname{Arctan} \frac{1}{x^2+x+1}$ とおく．$0 < \frac{1}{x^2+x+1} < \frac{1}{x+1} < 1$ より，$0 < \beta < \alpha < \frac{\pi}{4}$ であって，$\tan \alpha = \frac{1}{x+1}, \ \tan \beta = \frac{1}{x^2+x+1}$．ゆえに

$$\tan(\alpha + \beta) = \frac{\tan \alpha + \tan \beta}{1 - \tan \alpha \tan \beta} = \frac{x^2 + 2x + 2}{x(x^2+x+1) + (x^2+x)} = \frac{1}{x}.$$

そして $0 < \alpha + \beta < \frac{\pi}{2}$ より，$\alpha + \beta = \operatorname{Arctan} \frac{1}{x}$ を得る．

問題 4.17 $\alpha = \operatorname{Arccos}(-\frac{1}{3})$ とおくと，$\frac{\pi}{2} < \alpha < \pi$ ……① であって，$\cos \alpha = -\frac{1}{3}$．そして $-\frac{\pi}{2} < \alpha - \pi < 0$ と $\operatorname{Arctan} x = \alpha - \pi$ より，$x = \tan(\alpha - \pi) = \tan \alpha$．ここで $\tan^2 \alpha = \frac{1}{\cos^2 \alpha} - 1 = 8$．①より $\tan \alpha < 0$ ゆえ，$x = \tan \alpha = -2\sqrt{2}$．

問題 4.19 $y = \frac{x+1}{x+2}$ とおくと，$x \to +\infty$ のとき $y \to 1-0$ である．$x = -\frac{2y-1}{y-1}$ である[1]から，$x\left(\operatorname{Arctan} \frac{x+1}{x+2} - \frac{\pi}{4}\right) = -(2y-1) \cdot \frac{\operatorname{Arctan} y - \operatorname{Arctan} 1}{y-1}$ となる．これより求める極限は $(-1) \cdot \operatorname{Arctan}'(1) = -\frac{1}{2}$ である．

---

[1] $y = \frac{ax+b}{cx+d}$ のとき，$x = \frac{dy-b}{-cy+a}$ である．正則行列 $A = \begin{pmatrix} a & b \\ c & d \end{pmatrix}$ とその逆行列 $A^{-1} = \frac{1}{\det A}\begin{pmatrix} d & -b \\ -c & a \end{pmatrix}$ の関係と対比させるとよい（$\det A$ は A の行列式）．変換 $y = \frac{ax+b}{cx+d}$ を **1 次分数変換**という．

問題 4.20 定義域は $\left|\frac{1-x}{1+x}\right| \leq 1$ をみたす x であるから $[0, +\infty)$. 合成関数の微分において，$x > 0$ に注意すると $f'(x) = \dfrac{\left(\frac{1-x}{1+x}\right)'}{\sqrt{1-\left(\frac{1-x}{1+x}\right)^2}} = -\dfrac{|1+x|}{(1+x)^2\sqrt{x}} = -\dfrac{1}{(1+x)\sqrt{x}}$.

問題 4.23 $0 < a_n < 2$ は帰納法で容易に示せる．閉区間 $[a_n, 2]$ で $f(x) = \sqrt{2}^x$ に平均値の定理を適用して，$\exists c_n\ (a_n < c_n < 2)$ s.t.

$$2 - a_{n+1} = \sqrt{2}^2 - \sqrt{2}^{a_n} = f'(c_n)(2 - a_n) = \tfrac{1}{2}\sqrt{2}^{c_n}(\log 2)(2 - a_n).$$

ここで $c_n < 2$ より $\frac{1}{2}\sqrt{2}^{c_n} < 1$ であるから，$|a_{n+1} - 2| \leq (\log 2)|a_n - 2|$. これより $|a_n - 2| \leq (\log 2)^{n-1}|a_1 - 2|\ (\forall n)$ を得る．そして $0 < \log 2 < \log e = 1$ であるから，$a_n \to 2$ となる．

問題 4.24 $x = a$ と $x = b$ で二つの行が等しくなるので，行列式の性質によって $F(a) = F(b) = 0$. Rolle の定理から，$\exists c\ (a < c < b)$ s.t. $F'(c) = 0$. 一方，行列式を展開して微分することにより，$F'(x) = \det\begin{pmatrix} f'(x) & g'(x) & h'(x) \\ f(a) & g(a) & h(a) \\ f(b) & g(b) & h(b) \end{pmatrix}$ となることに注意せよ．
(2) $h = 1$ のときの (1) の結果で行列式を展開すると，$f'(c)g(a) + g'(c)f(b) = f'(c)g(b) + g'(c)f(a)$ を得る．移項して両辺を $(g(b) - g(a))g'(c)$ で割ればよい．

問題 4.28 $f(x) := 左辺 - 右辺$，とおいて微分すると

$$f'(x) = \frac{1}{1+x^2} - \frac{3}{1+2\sqrt{1+x^2}} + \frac{6x^2}{\left(1+2\sqrt{1+x^2}\right)^2\sqrt{1+x^2}}$$

$$= \frac{1}{1+x^2} - \frac{3\sqrt{1+x^2}+6}{\left(1+2\sqrt{1+x^2}\right)^2\sqrt{1+x^2}} = \frac{(\sqrt{1+x^2}-1)^2}{(1+x^2)\left(1+2\sqrt{1+x^2}\right)^2} \geq 0$$

となる．等号は $x = 0$ のみであるから，f は $(-\infty, +\infty)$ で狭義単調増加．とくに $x > 0$ のとき，$f(x) > f(0) = 0$.

【コメント】 f は狭義単調増加であるが，$f(0) = 0$, $\displaystyle\lim_{x \to +\infty} f(x) = \tfrac{1}{2}(\pi - 3)$ より，増加は実に緩慢である．この不等式は文献 [31] から採った．なお，問題の不等式は $x = \tan\theta$ とおくと，$\theta > \dfrac{3\sin\theta}{2+\cos\theta}\ (0 < \theta < \tfrac{\pi}{2})$ となる．こちらの方の証明は，分母を払わなければ微分は 1 回で済むし，分母を払っても何回か微分をすることにより容易に示せる．θ を上から押さえる不等式 $\theta < \tfrac{1}{3}(2\sin\theta + \tan\theta)$ とともに，Snell の不等式と呼ばれている．インターネットで検索をすれば，この不等式に関するいろいろなページに出会えるであろう．

問題 4.29 $f(x) = 2\operatorname{Arctan}\sqrt{\dfrac{1+x}{1-x}} - \operatorname{Arcsin} x$ とおく．

$$\left(\operatorname{Arctan}\sqrt{\tfrac{1+x}{1-x}}\right)' = \frac{1}{1+\frac{1+x}{1-x}} \cdot \frac{1}{2} \cdot \frac{\frac{(1-x)+(1+x)}{(1-x)^2}}{\sqrt{\frac{1+x}{1-x}}} = \frac{1}{2\sqrt{1-x^2}}$$

であるから，$f'(x) = \dfrac{1}{\sqrt{1-x^2}} - \dfrac{1}{\sqrt{1-x^2}} = 0$. ゆえに $f(x)$ は $-1 \leq x < 1$ で定数であり，$f(0) = 2\operatorname{Arctan} 1 = \tfrac{\pi}{2}$ であるから，$f(x) = \tfrac{\pi}{2}$ となる．

問題 4.33 $f(a)$ は最大値ではないので，$\exists b \in I$ s.t. $f(a) < f(b)$. 同様なので，以下 $a < b$ として議論する．$f(a)$ は極大値ゆえ，$\exists \delta > 0$（十分小）s.t. $f(a) > f(a+\delta)$. 閉区

間 $[a+\delta,\,b]$ で中間値の定理を適用して，$\exists a' > a$ s.t. $f(a') = f(a)$. このとき，f は閉区間 $[a,\,a']$ で最小値 $f(c)$ をとり，$f(c) \leqq f(a+\delta) < f(a)$ ゆえ，$a < c < a'$ である．ゆえに $f(c)$ は広義の極小値．

【注意】 $f(x)$ の「底値」が皿のようになっている場合があるので，極小値は広義としか一般には結論できない．

問題 4.37 (1) $y = \cosh x$ $(x \geqq 0)$ とおくと，定義より $y = \frac{1}{2}(e^x + e^{-x}) \geqq 1$. これより $e^{2x} - 2ye^x + 1 = 0$. この e^x に関する 2 次方程式を解いて，$e^x = y \pm \sqrt{y^2 - 1}$. ただし，$x \geqq 0$ より $e^x \geqq 1$ であるので，右辺は $\geqq 1$ をみたさねばならない．ここで，$(y + \sqrt{y^2-1})(y - \sqrt{y^2-1}) = 1$ であり，

$$y + \sqrt{y^2-1} \geqq y - \sqrt{y^2-1} \quad (y \geqq 1 \text{ ゆえ等号は } y = 1 \text{ のときのみ})$$

より，$e^x = y + \sqrt{y^2-1}$ である．ゆえに $x = \log(y + \sqrt{y^2-1})$ となるから，$\cosh^{-1} x = \log(x + \sqrt{x^2-1})$ $(x \geqq 1)$ である．そして $x > 1$ のとき，

$$(\cosh^{-1} x)' = \frac{1 + \frac{x}{\sqrt{x^2-1}}}{x + \sqrt{x^2-1}} = \frac{1}{\sqrt{x^2-1}}.$$

(2) $y = \tanh x$ とおくと，$-1 < y < 1$ であって $y = \frac{e^x - e^{-x}}{e^x + e^{-x}} = \frac{e^{2x} - 1}{e^{2x} + 1}$ であるので，$(1-y)e^{2x} = 1 + y$. これを x で解くと $x = \frac{1}{2} \log \frac{1+y}{1-y}$ となるので，$\tanh^{-1} x = \frac{1}{2} \log \frac{1+x}{1-x}$ $(-1 < x < 1)$ を得る．この両辺を微分することにより，$(\tanh^{-1} x)' = \frac{1}{1-x^2}$ が得られる．

問題 4.38 $f(x) := \frac{\operatorname{Arctan} x}{\tanh x}$ $(x \neq 0)$ とおいて微分すると

$$f'(x) = \frac{1}{(x^2+1)\tanh x} - \frac{\operatorname{Arctan} x}{\tanh^2 x \cosh^2 x} = \frac{\cosh x \sinh x - (x^2+1)\operatorname{Arctan} x}{(x^2+1)\sinh^2 x}$$
$$= \frac{\sinh 2x - 2(x^2+1)\operatorname{Arctan} x}{2(x^2+1)\sinh^2 x}.$$

最後の項の分子を $g(x)$ とおくと，
$g'(x) = 2(\cosh 2x - 1) - 4x \operatorname{Arctan} x$
$= 4(\sinh^2 x - x \operatorname{Arctan} x)$.
ここで $x > 0$ のとき，

$\sinh x > x$, $\operatorname{Arctan} x < x$

より，$g'(x) > 0$ $(x > 0)$ となる．ゆえに $g(x)$ は $x \geqq 0$ で狭義単調増加である．
そして $g(0) = 0$ より $x > 0$ で $g(x) > 0$，すなわち $x > 0$ で $f'(x) > 0$.

$$\lim_{x \to 0} f(x) = \lim_{x \to 0} \frac{\operatorname{Arctan} x}{x} \cdot \frac{x}{\tanh x} = 1, \quad \lim_{x \to +\infty} f(x) = \frac{\pi}{2}$$

であることより，$f(x)$ は区間 $[0, +\infty)$ で連続な関数とみなせて狭義単調増加であるので，$1 < f(x) < \frac{\pi}{2}$ $(x > 0)$ となる．$f(x)$ は偶関数であるから，所要の不等式を得る．

問題の解答・解説

問題 4.42 Leibniz の公式を適用すると
$$(x^3 \sin x)^{(n)} = x^3(\sin x)^{(n)} + n \cdot (3x^2)(\sin x)^{(n-1)}$$
$$+ \tfrac{1}{2}n(n-1)(6x)(\sin x)^{(n-2)} + \tfrac{1}{6}n(n-1)(n-2) \cdot 6(\sin x)^{(n-3)}$$

となる．ここで，$(\sin x)^{(n-3)} = ((\cos x)''')^{(n-3)} = (\cos x)^{(n)}$ であり，これを微分することで，$(\sin x)^{(n-2)} = -(\sin x)^{(n)}$，$(\sin x)^{(n-1)} = -(\cos x)^{(n)}$．ゆえに $(x^3 \sin x)^{(n)} = A_n(x)(\sin x)^{(n)} + B_n(x)(\cos x)^{(n)}$ を得る．ただし
$$A_n(x) = x\{x^2 - 3n(n-1)\}, \quad B_n(x) = -n\{3x^2 - (n-1)(n-2)\}.$$

問題 4.49 定数 A を次式で定める．$A := \frac{n!}{x-a}\left\{f(x) - \sum_{k=0}^{n} \frac{f^{(k)}(a)}{k!}(x-a)^k\right\}$. ...... ①
このとき $h(x) = h(a) (= 0)$ ゆえ，Rolle の定理より，$\exists c_1 \ (a < c_1 < x \text{ または } x < c_1 < a)$
s.t. $h'(c_1) = 0$．ところで $h'(t) = -\frac{f^{(n+1)}(t)}{n!}(x-t)^n + \frac{A}{n!}$ となるから，$h'(c_1) = 0$ は $A = f^{(n+1)}(c_1)(x-c_1)^n$ を意味する．これと A の定義①による．

問題 4.55 (1) $e^x \log x - x^3 = x^3(x^{-3} e^x \log x - 1)$．ここで $x \to +\infty$ のとき $x^{-3} e^x \to +\infty$ であるから，$x^{-3} e^x \log x - 1 \to +\infty$．ゆえに $e^x \log x - x^3 \to +\infty$．
(2) $x^x - e^x = e^x\left\{\left(\frac{x}{e}\right)^x - 1\right\}$．ここで $x \geqq 2e$ のとき，$\left(\frac{x}{e}\right)^x - 1 \geqq 2^x - 1 > 2^1 - 1 = 1$．よって $x^x - e^x > e^x \to +\infty \ (x \to +\infty)$ である．
(3) $\log(x^2 + x) = 2\log x + \log\left(1 + \frac{1}{x}\right)$ より，
$$\frac{\log(x^2+x)}{\sqrt{1+x^2}} = \frac{x}{\sqrt{1+x^2}}\left(\frac{2\log x}{x} + \frac{1}{x}\log\left(1+\frac{1}{x}\right)\right) \to 0 \quad (x \to +\infty).$$
(4) $y := \left(\frac{\log x}{x}\right)^{\frac{1}{x}}$ とおくと，$\log y = \frac{1}{x}(\log \log x - \log x) = \frac{\log x}{x}\left(\frac{\log \log x}{\log x} - 1\right)$ となる．ここで $\lim_{x \to +\infty}\frac{\log x}{x} = 0$，$\lim_{x \to +\infty}\frac{\log \log x}{\log x} = \lim_{z \to +\infty}\frac{\log z}{z} = 0$ より，$\log y \to 0 \cdot (0-1) = 0$．ゆえに $y = e^{\log y} \to e^0 = 1$．

問題 4.57 (1) $(\log x)\log(x+1) = (x \log x)\frac{\log(1+x) - \log 1}{x}$ と変形すると，求める極限は $0 \cdot 1 = 0$ であることがわかる．
(2) $(\sin x)^{\tan x} = e^{(\tan x)\log \sin x}$ であり，$(\tan x)\log \sin x = \frac{1}{\cos x} \cdot (\sin x)\log \sin x$ において，$\lim_{x \to +0}(\sin x)\log \sin x = \lim_{y \to +0} y \log y = 0$ である．ゆえに $(\tan x)\log \sin x \to 1 \cdot 0 = 0$ となり，求める極限値は $e^0 = 1$ である．

問題 4.61 $\lim_{x \to 0}\frac{R(x)}{x^m} = \lim_{x \to 0}\frac{S(x)}{x^n} = \lim_{x \to 0}\frac{T(x)}{x^p} = 0$ とする．
(2) (1) より，$\lim_{x \to 0}\frac{R(x) \pm S(x)}{x^m} = \lim_{x \to 0}\frac{R(x)}{x^m} \pm \lim_{x \to 0}\frac{S(x)}{x^m} = 0$.
(3) $\lim_{x \to 0}\frac{S(x)T(x)}{x^{n+p}} = \lim_{x \to 0}\frac{S(x)}{x^n}\lim_{x \to 0}\frac{T(x)}{x^p} = 0$.
(4) $\lim_{x \to 0}\frac{S(x)/x^m}{x^{n-m}} = \lim_{x \to 0}\frac{S(x)}{x^n} = 0$.

問題 4.65 $x \to 0$ のとき，$x(2 + \cos x) = x(3 - \frac{1}{2}x^2 + \frac{1}{24}x^4 - \frac{1}{6!}x^6) + o(x^7)$ であり，また $3\sin x = 3(x - \frac{1}{6}x^3 + \frac{1}{120}x^5 - \frac{1}{7!}x^7) + o(x^7)$ である．辺々引くことにより，

$f(x) = \frac{1}{60}x^5 - \frac{4}{7!}x^7 + o(x^7)$ を得るので，求める Taylor 多項式は $\frac{1}{60}x^5 - \frac{1}{1260}x^7$ である．なお問題 4.28 の解答のあとのコメント参照．本問の題材は Snell の不等式である．

問題 4.68 $(-1)^k \binom{-n}{k} = (-1)^k \frac{(-n)(-n-1)\cdots(-n-k+1)}{k!} = \frac{(n+k-1)!}{(n-1)!\,k!} = \binom{n+k-1}{n-1}$．

問題 4.71 数列 $\binom{n+k-1}{n-1}$ $(k=0,1,2,\ldots)$ は，Pascal の三角形において，第 $(n-1)$ 行の右端の 1 から左斜め下に 1 行ずつ降りていくことによってできる数列である．

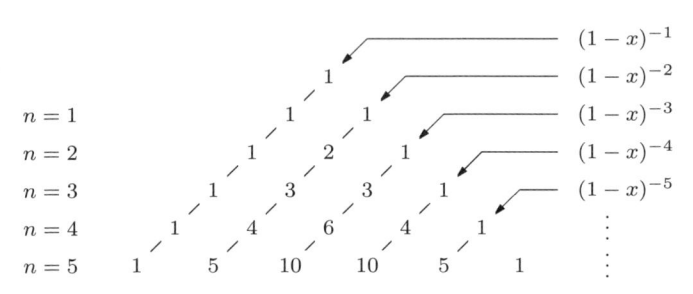

```
                                      1                (1-x)^{-1}
                                  /                    (1-x)^{-2}
                             1       1                 (1-x)^{-3}
    n = 1                /       /                     (1-x)^{-4}
                    1       2       1                  (1-x)^{-5}
    n = 2       /       /       /                          ⋮
            1       3       3       1
    n = 3   /   /       /       /                           ⋮
        1       4       6       4       1
    n = 4
        1       5      10      10       5       1
    n = 5
```

問題 4.73 (1) $\log(1 \pm x) = \pm x - \frac{x^2}{2} \pm \frac{x^3}{3} - \frac{x^4}{4} \pm \frac{x^5}{5} - \frac{x^6}{6} + o(x^6)$（複号同順）から辺々引いて 2 で割ればよい．

(2) $\frac{e^x - 1}{x} = 1 + u$ とおくと，$u = \frac{x}{2} + \frac{x^2}{6} + o(x^2)$ である．とくに $u \to 0$ となる．そして $u^3 = o(x^2)$ より，$\frac{x}{e^x - 1} = \frac{1}{1+u} = 1 - u + u^2 + o(x^2)$
$$= 1 - \left(\tfrac{x}{2} + \tfrac{x^2}{6}\right) + \left(\tfrac{x}{2} + \tfrac{x^2}{6}\right)^2 + o(x^2) = 1 - \tfrac{x}{2} + \tfrac{x^2}{12} + o(x^2).$$

問題 4.78 $y = \tan x = x + a_3 x^3 + a_5 x^5 + o(x^6)$ を
$$\mathrm{Arctan}\, y = y - \tfrac{1}{3}y^3 + \tfrac{1}{5}y^5 + o(y^6) \quad (y \to 0)$$
に代入すると，$\mathrm{Arctan}(\tan x) = \tan x - \tfrac{1}{3}(\tan x)^3 + \tfrac{1}{5}(\tan x)^5 + o(x^6)$
$$= x + (a_3 - \tfrac{1}{3})x^3 + (a_5 - a_3 + \tfrac{1}{5})x^5 + o(x^6) \quad (x \to 0).$$
これが x に等しいことから，$a_3 = \tfrac{1}{3}$, $a_5 = a_3 - \tfrac{1}{5} = \tfrac{2}{15}$ を得る．

問題 4.79 $x \to 0$ のとき，
$$2\sin x + \tan x = 2\left(x - \tfrac{1}{6}x^3 + \tfrac{1}{120}x^5\right) + \left(x + \tfrac{1}{3}x^3 + \tfrac{2}{15}x^5\right) + o(x^5).$$
ゆえに $f(x) = \tfrac{3}{20}x^5 + o(x^5)$ となるので，求める Taylor 多項式は $\tfrac{3}{20}x^5$．
なお問題 4.28 の解答のあとのコメント参照．本問の題材は Snell の不等式である．

問題 4.83 $k = 0$ のときは明らか．k のときの成立を仮定する．$x \neq 0$ のとき，
$$f^{(k+1)}(x) = \frac{d}{dx}\left(e^{-1/x^2} Q_k\left(\tfrac{1}{x}\right)\right) = \tfrac{2}{x^3} e^{-1/x^2} Q_k\left(\tfrac{1}{x}\right) - e^{-1/x^2} Q_k'\left(\tfrac{1}{x}\right) \tfrac{1}{x^2}.$$
ここで $Q_{k+1}(y) := 2y^3 Q_k(y) - y^2 Q_k'(y)$ とおく．$2y^3 Q_k(y)$ は $3(k+1)$ 次，$y^2 Q_k'(y)$ は $(3k+1)$ 次より，多項式 $Q_{k+1}(y)$ は確かに $3(k+1)$ 次．そして，
$$\lim_{x \to \pm 0} \frac{f^{(k)}(x) - f^{(k)}(0)}{x} = \lim_{x \to \pm 0} e^{-1/x^2} \tfrac{1}{x} Q_k\left(\tfrac{1}{x}\right) = \lim_{y \to \pm \infty} e^{-y^2} y\, Q_k(y) = 0 \quad \text{（複号同順）}$$

より，$f^{(k+1)}(0)$ が存在して，$f^{(k+1)}(0) = 0$ である．よって $k+1$ のときも成立（最後の $f^{(k+1)}(0) = 0$ については，$\lim_{x \to 0} f^{(k+1)}(x) = \lim_{x \to 0} e^{-1/x^2} Q_{k+1}\left(\frac{1}{x}\right) = 0$ と命題 4.25 を用いてもよい）．

問題 4.86 (1) $\frac{x\cos^\alpha x - \sin x}{x^3} = \frac{\cos^\alpha x - 1}{x^2} + \frac{x - \sin x}{x^3}$ と変形しよう．右辺第 2 項の $x \to 0$ のときの極限が $\frac{1}{6}$ であることは，$\sin x = x - \frac{1}{6}x^3 + o(x^4)$ よりわかる．第 1 項については，$u := \cos x - 1$ とおくと，$x \to 0$ のとき $u = -\frac{1}{2}x^2 + o(x^3)$．とくに $u \to 0$ である．$\frac{\cos^\alpha x - 1}{x^2} = \frac{(1+u)^\alpha - 1}{u} \frac{u}{x^2}$ とすれば，この極限が $\alpha \cdot \left(-\frac{1}{2}\right)$ であることがわかる．以上より求める極限は $-\frac{\alpha}{2} + \frac{1}{6}$ である．

(2) $x \to 0$ のとき，
$$\frac{1}{\sqrt{1+x}} = 1 - \frac{1}{2}x + \frac{3}{8}x^2 + o(x^2), \quad \frac{1}{x}\log(1+x) = 1 - \frac{x}{2} + \frac{x^2}{3} + o(x^2)$$
より，$\frac{1}{x^2}\left(\frac{1}{\sqrt{1+x}} - \frac{1}{x}\log(1+x)\right) = \frac{1}{24} + o(1)$．求める極限値は $\frac{1}{24}$ である．

問題 4.88 (1) $e^{x^2/2} = 1 + \frac{1}{2}x^2 + \frac{1}{2} \cdot \frac{1}{4} \cdot x^4 + o(x^4)$ であることと，
$$\cosh x = \frac{1}{2}(e^x + e^{-x}) = 1 + \frac{1}{2}x^2 + \frac{1}{24}x^4 + o(x^4)$$
より，$e^{x^2/2} - \cosh x = \frac{1}{12}x^4 + o(x^4)$．一方，$\log(1+x^2) = x^2 - \frac{1}{2}x^4 + o(x^4)$ であり，また定理 4.76 より $\operatorname{Arctan}(x^2) = x^2 - \frac{1}{3}x^6 + o(x^6)$ である．ゆえに $\log(1+x^2) - \operatorname{Arctan}(x^2) = -\frac{1}{2}x^4 + o(x^4)$ となるから，$\frac{e^{x^2/2} - \cosh x}{\log(1+x^2) - \operatorname{Arctan}(x^2)} = \frac{\frac{1}{12}x^4 + o(x^4)}{-\frac{1}{2}x^4 + o(x^4)} \to -\frac{1}{6}$．

(2) 次のように変形する．$\frac{\operatorname{Arctan} x - x}{x(1 - \cos x)} = \frac{x^2}{1 - \cos x} \cdot \frac{\operatorname{Arctan} x - x}{x^3}$．右辺第 1 項の極限は $\frac{1-\cos x}{x^2} = \frac{1}{2} + o(1)$ よりわかる．右辺第 2 項の極限は $\operatorname{Arctan} x - x = -\frac{1}{3}x^3 + o(x^4)$（定理 4.76 参照）よりわかるから，求める極限は $2 \cdot \left(-\frac{1}{3}\right) = -\frac{2}{3}$ である．

(3) 通分すると，$\frac{1}{x^4}\left(\frac{x}{\tan x} - \frac{\operatorname{Arctan} x}{x}\right) = \frac{x}{\tan x} \frac{x^2 - \tan x \operatorname{Arctan} x}{x^6}$．問題 4.78 より，$x \to 0$ のとき $\tan x = x + \frac{1}{3}x^3 + \frac{2}{15}x^5 + o(x^6)$．また定理 4.76 より，$\operatorname{Arctan} x = x - \frac{1}{3}x^3 + \frac{1}{5}x^5 + o(x^6)$．ゆえに，$\tan x \operatorname{Arctan} x = \left(x + \frac{1}{3}x^3 + \frac{2}{15}x^5\right)\left(x - \frac{1}{3}x^3 + \frac{1}{5}x^5\right) + o(x^6)$
$$= x^2 + \left(\frac{1}{5} - \frac{1}{9} + \frac{2}{15}\right)x^6 + o(x^6).$$
よって，$x^2 - \tan x \operatorname{Arctan} x = -\frac{2}{9}x^6 + o(x^6)$．ゆえに求める極限値は $-\frac{2}{9}$ である．

(4) $u = \frac{1}{x}\log(1+\sin x) - \left(1 - \frac{x}{2}\right)$，$v = \frac{1}{x}\log(1+\tan x) - \left(1 - \frac{x}{2}\right)$ とおく．与えられた式の分子も分母も $e^{1-\frac{x}{2}}$ でくくり出すと，求める極限は $\lim_{x \to 0} \frac{e^u - 1}{e^v - 1}$．
$$\sin x = x - \frac{1}{6}x^3 + o(x^3), \quad \sin^2 x = x^2 + o(x^3), \quad \sin^3 x = x^3 + o(x^3),$$
$$\tan x = x + \frac{1}{3}x^3 + o(x^3), \quad \tan^2 x = x^2 + o(x^3), \quad \tan^3 x = x^3 + o(x^3)$$
より，次を得る．
$$u = \frac{1}{x}\left(\sin x - \frac{1}{2}\sin^2 x + \frac{1}{3}\sin^3 x\right) - \left(1 - \frac{x}{2}\right) + o(x^2) = \frac{1}{6}x^2 + o(x^2),$$
$$v = \frac{1}{x}\left(\tan x - \frac{1}{2}\tan^2 x + \frac{1}{3}\tan^3 x\right) - \left(1 - \frac{x}{2}\right) + o(x^2) = \frac{2}{3}x^2 + o(x^2).$$

とくに $x \to 0$ のとき，$u \to 0$ かつ $v \to 0$ である．ゆえに

$$\frac{e^u-1}{e^v-1} = \frac{e^u-1}{u}\frac{v}{e^v-1}\frac{u}{v} = \frac{e^u-1}{u}\frac{v}{e^v-1}\frac{\frac{1}{6}+o(1)}{\frac{2}{3}+o(1)} \to \frac{1}{4} \quad (x \to 0).$$

問題 4.90 $f(x) := (2x-x^4)^{1/2} - x^{1/3}$, $g(x) := 1 - x^{3/4}$ とおくと，f, g はともに 1 の近くで C^∞ 級であって，$f(1) = g(1) = 0$．ゆえに $x \to 1$ のとき $\frac{f(x)}{g(x)} = \frac{f(x)-f(1)}{x-1}\frac{x-1}{g(x)-g(1)} \to \frac{f'(1)}{g'(1)}$．ここで

$$f'(x) = \tfrac{1}{2}(2x-x^4)^{-1/2}(2-4x^3) - \tfrac{1}{3}x^{-2/3}, \qquad g'(x) = -\tfrac{3}{4}x^{-1/4}$$

より，$f'(1) = -\frac{4}{3}$, $g'(1) = -\frac{3}{4}$．ゆえに求める極限値は $\frac{f'(1)}{g'(1)} = \frac{16}{9}$．

問題 4.92 $\left|\frac{f(x)}{g(x)}\right| = \left|x\sin\frac{1}{x^4}\right| \leqq |x| \to 0 \ (x \to 0)$．そして $x \neq 0$ のとき，

$$f'(x) = \left(\sin\tfrac{1}{x^4} - \tfrac{4}{x^4}\cos\tfrac{1}{x^4} + \tfrac{2}{x^2}\sin\tfrac{1}{x^4}\right)\exp\left(-\tfrac{1}{x^2}\right)$$

および $g'(x) = \frac{2}{x^3}\exp\left(-\frac{1}{x^2}\right)$ より，$\frac{f'(x)}{g'(x)} = \frac{1}{2}x(x^2+2)\sin\frac{1}{x^4} - \frac{2}{x}\cos\frac{1}{x^4}$ となるので，$x \to 0$ のとき，$\frac{f'(x)}{g'(x)}$ は極限を持たない．

問題 4.93 $x \to +\infty$ のとき，$\left|\frac{f(x)}{g(x)}\right| \leqq \frac{3|x|}{x^2+1} \to 0$．一方，$\frac{f'(x)}{g'(x)} = \frac{1}{x} + \frac{\sin x}{2x} + \frac{1}{2}\cos x$ は，$x \to +\infty$ のとき，極限を持たない．

第 5 章

問題 5.3 $a_{2n-1} := -2$, $a_{2n} := 0$, $b_{2n-1} := -1$, $b_{2n} := 1 \ (n = 1, 2, \ldots)$ とおくと，$a_n \leqq b_n \ (\forall n)$ であるが，$\sup_n a_n = 0$, $\inf_n b_n = -1$．

問題 5.9 f が単調増加のときに示そう．f が定数関数のときは明らか（例 5.7）．したがって $f(a) < f(b)$ とする．$\forall \varepsilon > 0$ が与えられたとき，$\delta := \frac{\varepsilon}{f(b)-f(a)}$ とおく．$|\Delta| < \delta$ であるような区間 I の分割 $\Delta : a = a_0 < a_1 < \cdots < a_n = b$ を一つとる．f は単調増加であるから，$m_i(f;\Delta) = f(a_{i-1})$ かつ $M_i(f;\Delta) = f(a_i)$ である．ゆえに

$$s(f;\Delta) = \sum_{i=1}^n f(a_{i-1})(a_i - a_{i-1}), \qquad S(f;\Delta) = \sum_{i=1}^n f(a_i)(a_i - a_{i-1})$$

となる．よって，$S(f;\Delta) - s(f;\Delta) = \sum_{i=1}^n \bigl(f(a_i) - f(a_{i-1})\bigr)(a_i - a_{i-1})$

$$\leqq \delta \sum_{i=1}^n \bigl(f(a_i) - f(a_{i-1})\bigr) = \delta\bigl(f(b) - f(a)\bigr) = \varepsilon.$$

$s(f;\Delta) \leqq s(f) \leqq S(f) \leqq S(f;\Delta)$ であるから

$$0 \leqq S(f) - s(f) \leqq S(f;\Delta) - s(f;\Delta) \leqq \varepsilon.$$

ゆえに $0 \leqq S(f) - s(f) \leqq \varepsilon$ となる．$\varepsilon > 0$ は任意ゆえ $S(f) = s(f)$ を得る[2]．

---

[2] わかりにくかったら背理法に持ち込む．もし $S(f) - s(f) > 0$ ならば，$\varepsilon = \frac{1}{2}(S(f) - s(f))$ と選べば，$0 < S(f) - s(f) \leqq \frac{1}{2}(S(f) - s(f))$ という矛盾を得る．要は，最初から定まっている数 α が，$\forall \varepsilon > 0$ に対して $|\alpha| \leqq \varepsilon$ をみたすのであれば，$\alpha = 0$ でしかないのである．

問題 5.15 (1) $x_n := n + \frac{1}{n}$, $y_n := n$ $(n = 1, 2, \ldots)$ とすると, $|x_n - y_n| = \frac{1}{n} \to 0$ $(n \to \infty)$, かつ $f(x_n) - f(y_n) = 2 + \frac{1}{n^2} > 2$ ゆえ, f は $[1, +\infty)$ で一様連続ではない.
(2) $x_n := \frac{1}{n+1}$, $y_n := \frac{1}{n}$ とおくと, $|x_n - y_n| = \frac{1}{n(n+1)} \to 0$ $(n \to \infty)$ であるが, $g(x_n) - g(y_n) = 1$ ゆえ g は $(0, 1]$ で一様連続ではない.

問題 5.19 $a_n := \Big(\prod_{k=1}^{n} \frac{k^k}{n^k}\Big)^{\frac{1}{n^2}}$ とおくと,

$$\log a_n = \frac{1}{n^2} \sum_{k=1}^{n} k \log \frac{k}{n} = \frac{1}{n} \sum_{k=1}^{n} \frac{k}{n} \log \frac{k}{n} \to \int_0^1 x \log x\, dx \qquad (n \to \infty).$$

ここで部分積分により, $\int_0^1 x \log x\, dx = \big[\frac{x^2}{2} \log x\big]_0^1 - \frac{1}{2} \int_0^1 x\, dx = -\frac{1}{4}$ となる (関数 $\frac{x^2}{2} \log x$ の $x = 0$ での値も 0 であることに注意). ゆえに $a_n = e^{\log a_n} \to e^{-\frac{1}{4}}$.

問題 5.28 $f(x+1) = f(x)$ であり, $0 \leq x < 1$ のとき $f(x) = x$ であるから, $y = f(x)$ のグラフは右図の通りである. よって, $\int_0^3 f(x)\, dx = 3 \int_0^1 f(x)\, dx$. ここで $\int_0^1 f(x)\, dx$ を考えるときには, 1 点でのみ $f(x)$ の値を変えても定積分の値には影響しないので, $f(x) = x$ $(0 \leq \forall x \leq 1)$ としてよい. $\int_0^1 f(t)\, dt = \int_0^1 t\, dt = \frac{1}{2}$ より求める値は $\frac{3}{2}$.

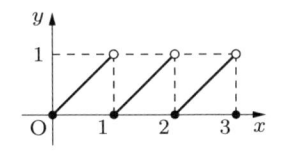

問題 5.34 $F(x) := f(x) - x$ を考えると, $\int_0^1 F(x)\, dx = 0$ である. もし $F(a) = 0$ となる $a \in I := [0, 1]$ がないなら, 連続性により, $F(x) > 0$ $(\forall x \in I)$, または $F(x) < 0$ $(\forall x \in I)$ であるが, そのときには, 命題 5.25 (2) より $\int_0^1 F(x)\, dx = 0$ ではない.

問題 5.35 $n \in \mathbb{Z}$ として, $n \leq x < n+1$ のとき,

$$\begin{aligned} F(x) &= \int_0^n f(t)\, dt + \int_n^x f(t)\, dt \\ &= n \int_0^1 f(t)\, dt + \int_n^x (t - n)\, dt \\ &= \frac{n}{2} + \frac{1}{2}(x - n)^2. \end{aligned}$$

ゆえに $y = F(x)$ $(0 \leq x \leq 3)$ のグラフは右図の通りである. f の不連続点 $n \in \mathbb{Z}$ において, $F'_+(n) = 0$, $F'_-(n) = 1$ より, F は n において微分可能ではない.

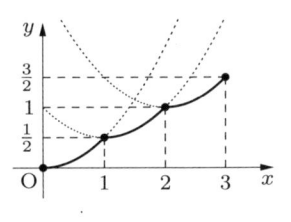

問題 5.37 $x > 0$ のとき, $f'(x) = x(2 + \sin \frac{1}{x})$, $g'(x) = 2 + \sin \frac{1}{x}$ であるから, $\frac{f'(x)}{g'(x)} = x \to 0$ $(x \to +0)$ となるが, $\lim_{x \to +0} g'(x)$ は存在しない. g' は 0 にならないから L'Hôpital の定理が適用できて, $\lim_{x \to +0} \frac{f(x)}{g(x)} = 0$ である. もっとも, L'Hôpital の定理を使うよりは, $0 \leq f(x) \leq 3 \int_0^x t\, dt = \frac{3}{2} x^2$ と, $g(x) \geq \int_0^x dt = x$ より, $0 \leq \frac{f(x)}{g(x)} \leq \frac{3}{2} x \to 0$ $(x \to +0)$ とする方がよい.

問題 5.44 (1) $\int \sinh^{-1} x\, dx = x \sinh^{-1} x - \int \frac{x}{\sqrt{x^2+1}}\, dx = x \sinh^{-1} x - \sqrt{x^2 + 1}$.

(2) $\int \tanh^{-1} x\, dx = x\tanh^{-1} x - \int \frac{x}{1-x^2}\, dx = x\tanh^{-1} x + \frac{1}{2}\log(1-x^2)$ （ここで $\tanh^{-1} x$ の定義域は開区間 $(-1, 1)$ であるので，$\log|1-x^2|$ とする必要はない）．

問題 5.45 (1) $y = \text{Arcsin}\, x$ とおくと $|y| \leqq \frac{\pi}{2}$ である．$x = \sin y$ であるから，

$$\int \text{Arcsin}\, x\, dx = \int y(\sin y)'\, dy = y\sin y - \int \sin y\, dy = y\sin y + \cos y.$$

ここで $|y| \leqq \frac{\pi}{2}$ より $\cos y \geqq 0$ であるから，$\cos y = \sqrt{1-x^2}$. これより例 5.43 と同じ結果を得る．

(2) $y = \sinh^{-1} x$ とおくと，$x = \sinh y$ であるから，

$$\int \sinh^{-1} x\, dx = \int y(\sinh y)'\, dy = y\sinh y - \int \sinh y\, dy = y\sinh y - \cosh y.$$

ここで $\cosh y = \sqrt{\sinh^2 y + 1} = \sqrt{x^2+1}$ であるから，問題 5.44 (1) と同じ結果を得る．同様に $y = \tanh^{-1} x$ とおくと，$x = \tanh y$ であるから，$\int \tanh^{-1} x\, dx = \int y(\tanh y)'\, dy = y\tanh y - \int \tanh y\, dy = y\tanh y - \log\cosh y$. ここで $\cosh y = \frac{1}{\sqrt{1-\tanh^2 y}} = \frac{1}{\sqrt{1-x^2}}$ であるから問題 5.44 (2) と同じ結果を得る．

問題 5.46 $y = f^{-1}(x)$ とおくと $x = f(y)$．そして $dx = f'(y)\, dy$ より，

$$\int f^{-1}(x)\, dx = \int y f'(y)\, dy = yf(y) - \int f(y)\, dy$$
$$= yf(y) - F(y) = x f^{-1}(x) - F(f^{-1}(x)).$$

問題 5.53 (1) $\frac{x+1}{(x-1)^2(x-2)} = -\frac{2}{(x-1)^2} - \frac{3}{x-1} + \frac{3}{x-2}$.

(2) 部分分数分解は，$\frac{1}{(x^2+1)^2(x-1)^2} = \frac{A}{(x-1)^2} + \frac{B}{x-1} + \frac{Cx+D}{(x^2+1)^2} + \frac{Ex+F}{x^2+1}$. ……①
分母の次数が高い所から決まっていくということに従えば，①の両辺に $(x^2+1)^2$ をかけることにより，

$$\frac{1}{(x-1)^2} = Cx + D + (x^2+1)\Big\{Ex + F + (x^2+1)\Big(\frac{A}{(x-1)^2} + \frac{B}{x-1}\Big)\Big\}. \text{……②}$$

ここで $x = i$ とおくことで，$C = \frac{1}{2}$, $D = 0$ を得る．$\frac{1}{(x-1)^2} - \frac{x}{2} = -\frac{(x^2+1)(x-2)}{2(x-1)^2}$ であるから，$C = \frac{1}{2}$, $D = 0$ とした②の両辺を x^2+1 で割ると，

$$-\frac{1}{2}\frac{x-2}{(x-1)^2} = Ex + F + (x^2+1)\Big(\frac{A}{(x-1)^2} + \frac{B}{x-1}\Big). \text{……③}$$

ここで $x = i$ とおくことで，$E = \frac{1}{2}$, $F = \frac{1}{4}$ を得る．一方，①の両辺に $(x-1)^2$ をかけてから $x = 1$ とおくと，$A = \frac{1}{4}$ を得る．B は③で $x = 2$ として $B = -\frac{1}{2}$. よって求める部分分数分解は，$\frac{1}{(x^2+1)^2(x-1)^2} = \frac{1}{4(x-1)^2} - \frac{1}{2(x-1)} + \frac{x}{2(x^2+1)^2} + \frac{2x+1}{4(x^2+1)}$.

【別解】 ①の両辺に $(x-1)^2$ をかけると，
$$\frac{1}{(x^2+1)^2} = A + (x-1)\Big\{B + (x-1)\Big(\frac{Cx+D}{(x^2+1)^2} + \frac{Ex+F}{x^2+1}\Big)\Big\}. \text{……④}$$

ここで $x = 1$ とおいて $\frac{1}{4} = A$ を得る．$\frac{1}{(x^2+1)^2} - \frac{1}{4} = -\frac{(x^2+3)(x^2-1)}{4(x^2+1)^2}$ であるから，$A = \frac{1}{4}$ とした④の両辺を $x-1$ で割って，

$$-\frac{(x^2+3)(x+1)}{4(x^2+1)^2} = B + (x-1)\Big(\frac{Cx+D}{(x^2+1)^2} + \frac{Ex+F}{x^2+1}\Big). \text{……⑤}$$

$x = 1$ とおいて $-\frac{1}{2} = B$ を得る．$-\frac{(x^2+3)(x+1)}{4(x^2+1)^2} + \frac{1}{2} = \frac{(x-1)(2x^3+x^2+4x+1)}{4(x^2+1)^2}$ であるから，$B = -\frac{1}{2}$ とした⑤の両辺を $x-1$ で割って，

$$\frac{2x^3+x^2+4x+1}{4(x^2+1)^2} = \frac{Cx+D}{(x^2+1)^2} + \frac{Ex+F}{x^2+1}.$$

この両辺に $(x^2+1)^2$ をかけると

$$\tfrac{1}{4}(2x^3+x^2+4x+1) = Cx+D+(x^2+1)(Ex+F).$$

ここで $x = i$ とおくと $\frac{i}{2} = Ci + D$ となるから，$C = \frac{1}{2}$ かつ $D = 0$ である．
$\frac{1}{4}(2x^3+x^2+4x+1) - \frac{x}{2} = \frac{1}{4}(x^2+1)(2x+1)$ より，$E = \frac{1}{2}$, $F = \frac{1}{4}$．

問題 5.56 (1) 問題 5.53 (1) の解答より，

$\int \frac{x+1}{(x-1)^2(x-2)}\,dx = -\int \frac{2\,dx}{(x-1)^2} - \int \frac{3\,dx}{x-1} + \int \frac{3\,dx}{x-2} = \frac{2}{x-1} + 3\log\left|\frac{x-2}{x-1}\right|$.

(2) 問題 5.53 (2) の解答より，

$$\int \frac{dx}{(x^2+1)^2(x-1)^2} = \int \frac{dx}{4(x-1)^2} - \int \frac{dx}{2(x-1)} + \int \frac{x\,dx}{2(x^2+1)^2} + \int \frac{2x+1}{4(x^2+1)}\,dx$$
$$= -\frac{1}{4(x-1)} - \frac{1}{2}\log|x-1| - \frac{1}{4}\frac{1}{x^2+1} + \frac{1}{4}\log(x^2+1) + \frac{1}{4}\operatorname{Arctan} x.$$

問題 5.58 (1) 被積分関数の部分分数分解は

$$\frac{(x+1)(x-2)}{x(x-1)^2(x^2+x+2)} = -\frac{1}{2(x-1)^2} + \frac{9}{8(x-1)} - \frac{1}{x} - \frac{x+6}{8(x^2+x+2)}.$$

最後の項はさらに $\frac{x+6}{8(x^2+x+2)} = \frac{2x+1}{16(x^2+x+2)} + \frac{11}{16(x^2+x+2)}$ とすることにより，

$$\int \frac{(x+1)(x-2)}{x(x-1)^2(x^2+x+2)}\,dx = \frac{1}{2(x-1)} + \frac{9}{8}\log|x-1| - \log|x|$$
$$- \frac{1}{16}\log(x^2+x+2) - \frac{11}{8\sqrt{7}}\operatorname{Arctan}\frac{1}{\sqrt{7}}(2x+1).$$

(2) 分母は $x^4+1 = (x^2+1)^2 - 2x^2 = (x^2+\sqrt{2}\,x+1)(x^2-\sqrt{2}\,x+1)$ であるから，部分分数分解は $\frac{1}{x^4+1} = \frac{Ax+B}{x^2+\sqrt{2}\,x+1} + \frac{Cx+D}{x^2-\sqrt{2}\,x+1}$ $\cdots$ ① となる．$A \sim D$ を求めるのは次のように計算するのが楽であろう．①で $x = i$ とおくと，$\frac{1}{2} = \frac{1}{\sqrt{2}}(A-C) + \frac{1}{\sqrt{2}\,i}(B-D)$．
よって，$B = D$ $\cdots$ ② $A - C = \frac{1}{\sqrt{2}}$ $\cdots$ ③
①で $x = 0$ とおくと，$1 = B + D$．これと②より $B = D = \frac{1}{2}$．①の両辺に x をかけて $x \to +\infty$ とすると，$0 = A + C$．③と合わせて，$A = -C = \frac{1}{2\sqrt{2}}$ を得る．以上より

$$\frac{1}{x^4+1} = \frac{1}{2\sqrt{2}}\frac{x+\sqrt{2}}{x^2+\sqrt{2}\,x+1} - \frac{1}{2\sqrt{2}}\frac{x-\sqrt{2}}{x^2-\sqrt{2}\,x+1}$$
$$= \frac{1}{4\sqrt{2}}\frac{2x+\sqrt{2}}{x^2+\sqrt{2}\,x+1} + \frac{1}{4}\frac{1}{x^2+\sqrt{2}\,x+1} - \frac{1}{4\sqrt{2}}\frac{2x-\sqrt{2}}{x^2-\sqrt{2}\,x+1} + \frac{1}{4}\frac{1}{x^2-\sqrt{2}\,x+1}.$$

これを積分して，

$$\int \frac{dx}{x^4+1} = \frac{1}{4\sqrt{2}}\log\frac{x^2+\sqrt{2}\,x+1}{x^2-\sqrt{2}\,x+1} + \frac{\sqrt{2}}{4}\operatorname{Arctan}(\sqrt{2}\,x+1) + \frac{\sqrt{2}}{4}\operatorname{Arctan}(\sqrt{2}\,x-1).$$

問題 5.61　(1) $\tan\frac{x}{2} = t$ とおくと $\int \frac{dx}{\sin x} = \int \frac{1+t^2}{2t} \frac{2}{1+t^2} dt = \log|t| = \log|\tan\frac{x}{2}|$.
(2) $\int \frac{dx}{\sin x} = \int \frac{\sin x}{\sin^2 x} dx = -\int \frac{(\cos x)' dx}{1-\cos^2 x} = -\frac{1}{2}\int \left(\frac{1}{1-\cos x} + \frac{1}{1+\cos x}\right)(\cos x)' dx$
$= \frac{1}{2}\log\left|\frac{1-\cos x}{1+\cos x}\right| = \frac{1}{2}\log\left|\frac{\sin\frac{x}{2}}{\cos\frac{x}{2}}\right|^2 = \log|\tan\frac{x}{2}|$.

問題 5.62　(1) $\tan\frac{x}{2} = t$ とおくと,
$$\int \frac{1+\sin x}{\sin x(1+\cos x)} dx = \int \frac{1+2t+t^2}{2t} dt = \frac{1}{2}\log|t| + t + \frac{1}{4}t^2$$
$$= \frac{1}{2}\log|\tan\frac{x}{2}| + \tan\frac{x}{2} + \frac{1}{4}\tan^2\frac{x}{2}.$$
(2) 同様に $\tan\frac{x}{2} = t$ とおくと,
$$\int \frac{x+\sin x}{1+\cos x} dx = \int \left(2\operatorname{Arctan} t + \frac{2t}{1+t^2}\right) dt = 2t\operatorname{Arctan} t = x\tan\frac{x}{2}.$$

問題 5.64　(1) $\tan x = t$ とおくと，ヒントより
$$\int \frac{\tan x}{\cos^2 x(\tan^4 x + 1)} dx = \int \frac{t}{1+t^4} dt = \frac{1}{2}\operatorname{Arctan}(t^2) = \frac{1}{2}\operatorname{Arctan}(\tan^2 x).$$
(2) 同様に $I := \int \frac{dx}{1+\tan x} = \int \frac{dt}{(1+t)(1+t^2)}$ では, $\frac{1}{(1+t)(1+t^2)} = \frac{1}{2}\left(\frac{1}{1+t} - \frac{t-1}{1+t^2}\right)$ ゆえ,
$$I = \frac{1}{2}\int \frac{dt}{1+t} - \frac{1}{4}\int \frac{2t}{t^2+1} dt + \frac{1}{2}\int \frac{dt}{1+t^2}$$
$$= \frac{1}{2}\log|1+\tan x| - \frac{1}{4}\log(1+\tan^2 x) + \frac{1}{2}\operatorname{Arctan}(\tan x).$$
ここで $-\frac{\pi}{2} < x < \frac{\pi}{2}$ より, $1+\tan x > 0$ かつ $\operatorname{Arctan}(\tan x) = x$ であるから,
$$I = \frac{1}{2}\log(1+\tan x) - \frac{1}{4}\log(1+\tan^2 x) + \frac{1}{2}x = \frac{1}{2}(x + \log(\cos x + \sin x)).$$

問題 5.66　$I = \frac{1}{4}\int \left(s + \frac{1}{s}\right)\left(1 + \frac{1}{s^2}\right) ds = \frac{1}{4}\int \left(s + \frac{2}{s} + \frac{1}{s^3}\right) ds$
$= \frac{1}{8}s^2 + \frac{1}{2}\log|s| - \frac{1}{8}\frac{1}{s^2} = \frac{1}{2}\log|s| + \frac{1}{8}\left(s + \frac{1}{s}\right)\left(s - \frac{1}{s}\right)$
$= \frac{1}{2}\log(\sqrt{x^2+1} + x) + \frac{1}{2}x\sqrt{x^2+1}$.

問題 5.67　(1) $s = \sqrt{x^2-1} + x$ とおくと, $\sqrt{x^2-1} = \frac{1}{2}(s - \frac{1}{s})$, $x = \frac{1}{2}(s + \frac{1}{s})$ ゆえ,
$$I = \frac{1}{4}\int \left(s - \frac{1}{s}\right)\left(1 - \frac{1}{s^2}\right) ds = \frac{1}{8}\left(s^2 - \frac{1}{s^2}\right) - \frac{1}{2}\log|s|$$
$$= \frac{1}{2}x\sqrt{x^2-1} - \frac{1}{2}\log(\sqrt{x^2-1} + x).$$
次に $x = \cosh t$ $(t \geqq 0)$ とおくと $dx = \sinh t\, dt$ より,
$$I := \int \sqrt{x^2-1}\, dx = \int \sinh^2 t\, dt = \frac{1}{2}\int (\cosh 2t - 1) dt = \frac{1}{4}\sinh 2t - \frac{1}{2}t$$
$$= \frac{1}{2}\sinh t \cosh t - \frac{1}{2}\cosh^{-1} x = \frac{1}{2}x\sqrt{x^2-1} - \frac{1}{2}\log(\sqrt{x^2-1} + x).$$
ここで最後の等号は問題 4.37 (1) による.
(2) 求める面積を S とおくと, $S = \frac{1}{2}\cosh t \sinh t - \int_1^{\cosh t} \sqrt{x^2-1}\, dx$. ここで (1) の後半での計算から, $S = \frac{1}{2}t$ が出る.

問題 5.74 (1) 例 5.42 より，$\int_0^{+\infty} \frac{dx}{e^x+e^{-x}} = \left[\text{Arctan}(e^x) \right]_0^{+\infty} = \frac{\pi}{2} - \frac{\pi}{4} = \frac{\pi}{4}$.
(2) $a \neq 1$ のとき，被積分関数を部分分数分解をすると $\frac{1}{1-a}\left(\frac{1}{x^2+1} - \frac{a}{ax^2+1} \right)$ となるから，
$\int_0^{+\infty} \frac{dx}{(x^2+1)(ax^2+1)} = \frac{1}{1-a}\left[\text{Arctan}\, x - \sqrt{a}\, \text{Arctan}(\sqrt{a}\, x) \right]_0^{+\infty} = \frac{\pi}{2(1+\sqrt{a})}$. …… ①
$a=1$ のときは例 5.73 より，$\int_0^{+\infty} \frac{dx}{(x^2+1)^2} = \frac{\pi}{4}$. これは①で $a=1$ とおいたものに等しい．なお $a=1$ のときの積分は $x = \tan\theta$ とおいても計算できる．

問題 5.76 $p > 0$ のとき，関数 $f(x) := \frac{1}{x^p}$ は $x > 0$ において狭義単調減少であるから，$\frac{1}{(k+1)^p} < \int_k^{k+1} \frac{dx}{x^p} < \frac{1}{k^p}$ $(k=1,2,\ldots)$. ゆえに $k=1$ から n まで足し合わせて
$$a_{n+1} - 1 < \int_1^{n+1} \frac{dx}{x^p} < a_n. \quad \cdots\cdots ①$$
(1) $p > 1$ のとき．①の左側の不等式と定理 5.75 より $\{a_n\}$ は有界．明らかに $\{a_n\}$ は単調増加ゆえ，$\{a_n\}$ は収束する．
(2) $0 < p \leqq 1$ のとき．定理 5.75 より，$\int_1^{n+1} \frac{dx}{x^p} \to +\infty$ $(n \to \infty)$. ゆえに①の右側の不等式から $a_n \to +\infty$.

問題 5.80 (1) $0 < \frac{1}{(x^2+1)^\beta} < \frac{1}{x^{2\beta}}$ であり，$2\beta > 1$ より $\int_1^{+\infty} \frac{dx}{x^{2\beta}}$ が収束するので，$\int_1^{+\infty} \frac{dx}{(x^2+1)^\beta}$ は収束．$\int_0^1 \frac{dx}{(x^2+1)^\beta}$ は問題ない．
(2) $\cosh x > \frac{1}{2} e^x$ であるから，$0 < \frac{e^{px}}{(\cosh x)^q} < 2^q e^{(p-q)x}$. 仮定より $p < q$ であるから $\int_0^{+\infty} e^{(p-q)x}\, dx$ は収束する．ゆえに $\int_0^{+\infty} \frac{e^{px}}{(\cosh x)^q}\, dx$ も収束する．

問題 5.81 $x \to 0$ のとき $\cos x = 1 - \frac{1}{2}x^2 + o(x^3)$ であるから，$\lim_{x \to 0} \frac{1-\cos x}{x^2} = \frac{1}{2}$. ゆえに被積分関数 $\frac{1-\cos x}{x^2}$ の $x=0$ での値は $\frac{1}{2}$ であると定義すれば，連続関数の定積分とみなせて，$I_1 := \int_0^1 \frac{1-\cos x}{x^2}\, dx$ は収束する．一方，$0 \leqq \frac{1-\cos x}{x^2} \leqq \frac{2}{x^2}$ であり，$\int_1^{+\infty} \frac{dx}{x^2}$ は収束するので，$I_2 := \int_1^{+\infty} \frac{1-\cos x}{x^2}\, dx$ も収束する．以上から広義積分 $I = I_1 + I_2$ は収束する．

問題 5.82 関数 $f(x)$ $(x \geqq 0)$ を次のように定義する．すなわち，$f(x)$ のグラフは，点 $(n - \frac{1}{n^3}, 0)$, (n, n), $(n + \frac{1}{n^3}, 0)$ $(n = 2, 3, \ldots)$ を折れ線でつないでいったものとする（左端は原点とする）．このグラフを持つ $f(x)$ は有界ではないが，$\int_0^{+\infty} f(x)\, dx = \sum_{n=2}^{\infty} \frac{1}{n^2}$ ゆえ，問題 5.76 より積分は収束する．

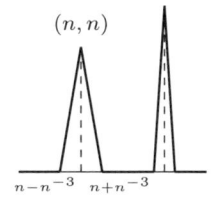

問題 5.86 $\int_0^1 \sin(x^2)\, dx$ は連続関数の積分ゆえ，収束の問題は生じない．$R > 1$ のとき，$\sin(x^2) = -\frac{1}{2x}\left(\cos(x^2)\right)'$ と見て部分積分をすると，
$$\int_1^R \sin(x^2)\, dx = -\frac{1}{2} \left[\frac{\cos(x^2)}{x} \right]_1^R - \frac{1}{2} \int_1^R \frac{1}{x^2} \cos(x^2)\, dx.$$
$R \to +\infty$ のとき，右辺第 1 項 $\to \frac{1}{2}\cos 1$ である．また，$\left| \frac{1}{x^2} \cos(x^2) \right| \leqq \frac{1}{x^2}$ と $\int_1^{+\infty} \frac{dx}{x^2}$ が収束することより，第 2 項の積分も収束する．ゆえに $\int_1^{+\infty} \sin(x^2)\, dx$ は収束する．

$J := \int_1^{+\infty} |\sin(x^2)|\,dx$ については，$n \in \mathbb{N}$ のとき，$x^2 = y$ とおくと

$$\int_0^{\sqrt{n\pi}} |\sin(x^2)|\,dx = \tfrac{1}{2}\int_0^{n\pi} \tfrac{|\sin y|}{\sqrt{y}}\,dy = \tfrac{1}{2}\sum_{k=1}^{n} \int_{(k-1)\pi}^{k\pi} \tfrac{|\sin y|}{\sqrt{y}}\,dy.$$

ここで，右端の $\sum$ 記号の中の積分は，

$$\int_0^{\pi} \tfrac{\sin y}{\sqrt{y+(k-1)\pi}}\,dy \geqq \tfrac{1}{\sqrt{\pi}\sqrt{k}} \int_0^{\pi} \sin y\,dy = \tfrac{2}{\sqrt{\pi}\sqrt{k}}.$$

ゆえに，$\int_0^{\sqrt{n\pi}} |\sin(x^2)|\,dx \geqq \tfrac{1}{\sqrt{\pi}} \sum_{k=1}^{n} \tfrac{1}{\sqrt{k}}$．問題 5.76 より，$n \to +\infty$ のとき $\sum_{k=1}^{n} \tfrac{1}{\sqrt{k}} \to +\infty$ であるから，J は発散する．なお，$\int_0^{+\infty} \sin(x^2)\,dx = \int_0^{+\infty} \cos(x^2)\,dx = \sqrt{\tfrac{\pi}{8}}$ であることが知られている．その値は複素関数論による手法で求めるのが標準的である．

問題 5.89 $0 < \varepsilon < 1$ のとき，$\int_\varepsilon^1 \log x\,dx = \bigl[x\log x\bigr]_\varepsilon^1 - \int_\varepsilon^1 dx = -\varepsilon\log\varepsilon - (1-\varepsilon)$．ここで $\lim_{\varepsilon \to +0} \varepsilon\log\varepsilon = 0$ より，$\int_0^1 \log x\,dx = -1$．

問題 5.92 (1) $\alpha = 1$ のとき．$\int_\varepsilon^1 \tfrac{dx}{x} = \bigl[\log x\bigr]_\varepsilon^1 = -\log\varepsilon \to +\infty \;(\varepsilon \to +0)$ より I は発散する．

(2) $\alpha \neq 1$ のとき．$\int_\varepsilon^1 \tfrac{dx}{x^\alpha} = \tfrac{1}{1-\alpha}\bigl[x^{1-\alpha}\bigr]_\varepsilon^1 = \tfrac{1}{1-\alpha}(1-\varepsilon^{1-\alpha})$．
 (i) $\alpha < 1$ ならば $\varepsilon^{1-\alpha} \to 0 \;(\varepsilon \to +0)$ より，I は収束して $I = \tfrac{1}{1-\alpha}$ である．
 (ii) $\alpha > 1$ ならば $\varepsilon^{1-\alpha} \to +\infty \;(\varepsilon \to +0)$ より，I は発散．

問題 5.97 積分区間中の 1 の近くで被積分関数が非有界なので，問題の積分 I は広義積分．よって，$I = -\lim_{\varepsilon_1 \to +0} 2\int_0^{1-\varepsilon_1} \tfrac{x}{1-x^2}\,dx + \lim_{\varepsilon_2 \to +0} 2\int_{1+\varepsilon_2}^{2} \tfrac{x}{x^2-1}\,dx$．ここで $1 < x \leqq 2$ のとき，$\tfrac{x}{x^2-1} = \tfrac{x}{x+1}\tfrac{1}{x-1} = \bigl(1 - \tfrac{1}{x+1}\bigr)\tfrac{1}{x-1} > \tfrac{1}{2}\tfrac{1}{x-1}$ であり，$\int_1^2 \tfrac{dx}{x-1}$ は発散するので $\int_1^2 \tfrac{x}{x^2-1}\,dx$ も発散する．したがって I も発散する．ゆえに問題文にあるような議論は発散する積分には適用できない．

問題 5.98 いずれも問題の積分を I，被積分関数を $f(x)$ とする．

(1) $\lim_{x \to +0} \tfrac{f(x)}{x^\alpha} = 1$ より，$\exists \delta > 0$ s.t. $\tfrac{1}{2}x^\alpha < f(x) < \tfrac{3}{2}x^\alpha \;(0 < \forall x < \delta)$．したがって，$\int_0^{1/2} f(x)\,dx$ が収束 $\iff \alpha > -1$．次に $x = 1 - y$ とおくと，$x \to 1-0$ のとき，$y \to +0$．定理 4.69 より，$(1-y)^\beta = 1 - \beta y + o(y) \;(y \to 0)$ であるから，$1 - (1-y)^\beta = \beta y(1+o(1))$．ゆえに $\tfrac{1}{\sqrt{1-(1-y)^\beta}} = \beta^{-1/2} y^{-1/2}(1+o(1))^{-1/2}$ であり，$\int_0^{1/2} \tfrac{dy}{\sqrt{y}}$ は収束するので，$\int_{1/2}^1 f(x)\,dx = \int_0^{1/2} f(1-y)\,dy$ も収束する．以上から，I が収束 $\iff \alpha > -1$．

(2) 積分区間を $[0, \tfrac{1}{e}]$ と $[\tfrac{1}{e}, 1]$ とに分けて，そこでの積分を順に I_1, I_2 とする．I_1 においては $x = \tfrac{1}{y}$ とおくと，$I_1 = \int_e^{+\infty} \tfrac{(\log y)^\beta}{y^{\alpha+2}}\,dy$ となるから，例題 5.79 より，

$\quad\quad I_1$ が収束 $\iff$ (a) $\alpha > -1$，または (b) $\alpha = -1$ かつ $\beta < -1$．

次に I_2 において $x = e^{-t}$ とおくと，$I_2 = \int_0^1 e^{-(\alpha+1)t} t^\beta\,dt$ となる．ゆえに，I_2 が収束 $\iff \beta > -1$．以上より，I が収束 $\iff \alpha > -1$ かつ $\beta > -1$．

(3) $\lim_{x \to +0} \frac{f(x)}{x^{p-1}} = 1$ であるから,$\int_0^1 f(x)\,dx$ が収束 $\iff p > 0$. また $\lim_{x \to +\infty} x^{q+1} f(x) = 1$ より,$\int_1^{+\infty} f(x)\,dx$ が収束 $\iff q > 0$. ゆえに,I が収束 $\iff p > 0$ かつ $q > 0$.

(4) 積分区間を $[\frac{2}{\pi}, \frac{4}{\pi}]$ と $[\frac{4}{\pi}, +\infty)$ に分けて,それぞれの上での積分を順に I_1, I_2 とする.I_1 については,$x = \frac{1}{\frac{\pi}{2} - y}$ とおくと,$I_1 = \int_0^{\frac{\pi}{4}} |\log \sin y| \frac{dy}{(y - \frac{\pi}{2})^2}$. ここで被積分関数 $\leq \frac{16}{\pi^2} |\log \sin y|$ であり,$(0, \frac{\pi}{4}]$ では $\log \sin y < 0$ であることと,例題 5.94 (1) より,I_1 は収束する.I_2 については,$x \to +\infty$ のとき,例題 4.72 より,$|\log \cos \frac{1}{x}| = |-\frac{1}{2x^2} + o(\frac{1}{x^3})| = \frac{1}{2x^2}(1 + o(\frac{1}{x}))$ であるから,I_2 も収束する.以上から I は収束する.

問題 5.99 (1) 平方完成すると,$ax^2 + bx + c = a(x + \frac{b}{2a})^2 + c - \frac{b^2}{4a}$ となる.ここで簡単のため $\beta := \frac{\sqrt{4ac - b^2}}{2a} > 0$ とおくと,
$$\int_{-\infty}^{+\infty} \frac{dx}{ax^2 + bx + c} = \frac{1}{a} \int_{-\infty}^{+\infty} \frac{dx}{(x + \frac{b}{2a})^2 + \beta^2} = \frac{1}{a\beta} \Big[\operatorname{Arctan} \frac{1}{\beta}\big(x + \frac{b}{2a}\big)\Big]_{-\infty}^{+\infty} = \frac{2\pi}{\sqrt{4ac - b^2}}.$$

(2) $s = x + \sqrt{x^2 - 1}$ とおくと,$x = \frac{1}{2}(s + \frac{1}{s})$,$\sqrt{x^2 - 1} = \frac{1}{2}(s - \frac{1}{s})$,$dx = \frac{1}{2}(1 - \frac{1}{s^2})\,ds$ であり,$x : 1 \nearrow +\infty$ のとき,$s : 1 \nearrow +\infty$ となるから
$$\int_1^{+\infty} \frac{dx}{x\sqrt{x^2 - 1}} = 2 \int_1^{+\infty} \frac{ds}{s^2 + 1}\,ds = 2\big[\operatorname{Arctan} s\big]_1^{+\infty} = 2\big(\frac{\pi}{2} - \frac{\pi}{4}\big) = \frac{\pi}{2}.$$

【別解】 $x = \cosh t$ とおくと,$dx = \sinh t\, dt$ より
$$\int_1^{+\infty} \frac{dx}{x\sqrt{x^2 - 1}} = \int_0^{+\infty} \frac{dt}{\cosh t} = \int_0^{+\infty} \frac{(\sinh t)'\,dt}{\sinh^2 t + 1} = \big[\operatorname{Arctan}(\sinh t)\big]_0^{+\infty} = \frac{\pi}{2}.$$

問題 5.101 (1) $\tan \frac{\theta}{2} = t$ とおくと,5.6 節の [1] より
$$\int_0^{\pi} \frac{d\theta}{a - \cos \theta} = \frac{2}{a+1} \int_0^{+\infty} \frac{dt}{t^2 + \frac{a-1}{a+1}} = \frac{2}{a+1} \sqrt{\frac{a+1}{a-1}} \Big[\operatorname{Arctan} \sqrt{\frac{a+1}{a-1}}\,t\Big]_0^{+\infty} = \frac{\pi}{\sqrt{a^2 - 1}}.$$

(2) $\tan \theta = t$ とおくと,5.6 節の [2] より,
$$\int_0^{\frac{\pi}{2}} \frac{d\theta}{1 + \sin^2 \theta} = \frac{1}{2} \int_0^{+\infty} \frac{dt}{t^2 + \frac{1}{2}} = \frac{\sqrt{2}}{2} \big[\operatorname{Arctan} \sqrt{2}\,t\big]_0^{+\infty} = \frac{\sqrt{2}}{4}\pi.$$

問題 5.103 (1) $s > 0$ のとき,部分積分により
$$\Gamma(s+1) = \int_0^{+\infty} e^{-x} x^s\,dx = \big[-e^{-x} x^s\big]_0^{+\infty} + s \int_0^{+\infty} e^{-x} x^{s-1}\,dx = s\Gamma(s).$$

(2) (1) より,$\Gamma(n) = (n-1)\Gamma(n-1) = \cdots = (n-1)!\,\Gamma(1)$. ここで $\Gamma(1) = \int_0^{+\infty} e^{-x}\,dx = \big[-e^{-x}\big]_0^{+\infty} = 1$ より,$\Gamma(n) = (n-1)!$ である.

問題 5.104 積分の収束は定理 5.102 の証明に倣えばよい.変数変換 $y = bx^c$ を行うと,$dy = bc\,x^{c-1}\,dx$ より,$\int_0^{+\infty} x^{a-1} e^{-bx^c}\,dx = \frac{1}{b^{a/c}\,c} \int_0^{+\infty} y^{\frac{a}{c} - 1} e^{-y}\,dy = \frac{1}{b^{a/c}\,c} \Gamma\big(\frac{a}{c}\big)$.

問題 5.106 $n = 1, 2, \ldots$ に対して,問題 5.103 (1) より
$$\Gamma\big(n + \tfrac{1}{2}\big) = \big(n - \tfrac{1}{2}\big)\Gamma\big(n - \tfrac{1}{2}\big) = \big(n - \tfrac{1}{2}\big)\big(n - \tfrac{3}{2}\big)\Gamma\big(n - \tfrac{3}{2}\big) = \cdots\cdots$$
$$= \big(n - \tfrac{1}{2}\big)\big(n - \tfrac{3}{2}\big) \cdots \tfrac{1}{2}\,\Gamma\big(\tfrac{1}{2}\big) = \frac{(2n-1)(2n-3)\cdots 1}{2^n} \sqrt{\pi} = \frac{(2n-1)!!}{2^n} \sqrt{\pi}.$$

問題 5.108 (1) 変数変換 $x = 1-y$ を行えば直ちに導ける.
(2) $B(s+1, t) = \int_0^1 x^s (1-x)^{t-1} dx = -\frac{1}{t}\left[(1-x)^t x^s\right]_0^1 + \frac{s}{t}\int_0^1 x^{s-1}(1-x)^t dx$. 最後の積分の被積分関数を $x^{s-1}(1-x)^t = x^{s-1}(1-x)^{t-1} - x^s(1-x)^{t-1}$ と見ることにより, $B(s+1, t) = \frac{s}{t}\{B(s,t) - B(s+1,t)\}$. 整理すれば所要の等式を得る.
(3) $\sin^2\theta = x$ とおくと, $2\sin\theta\cos\theta\, d\theta = dx$. ゆえに,
$$\int_0^{\frac{\pi}{2}} \sin^{2s-1}\theta \cos^{2t-1}\theta\, d\theta = \frac{1}{2}\int_0^1 x^{s-1}(1-x)^{t-1} dx = \frac{1}{2}B(s,t).$$

問題 5.109 問題 5.108 (2) より,
$$I_{2k} = \frac{1}{2}B\left(k+\frac{1}{2}, \frac{1}{2}\right) = \frac{1}{2}\frac{k-\frac{1}{2}}{k}B\left(k-\frac{1}{2}, \frac{1}{2}\right) = \cdots$$
$$= \frac{1}{2}\frac{(k-\frac{1}{2})(k-\frac{3}{2})\cdots\frac{1}{2}}{k(k-1)\cdots 1}B\left(\frac{1}{2}, \frac{1}{2}\right) = \frac{(2k-1)!!}{2^k k!}\frac{\pi}{2} = \frac{(2k-1)!!}{(2k)!!}\frac{\pi}{2}.$$
同様にして,
$$I_{2k+1} = \frac{1}{2}B\left(k+1, \frac{1}{2}\right) = \frac{1}{2}\frac{k}{k+\frac{1}{2}}B\left(k, \frac{1}{2}\right) = \cdots = \frac{1}{2}\frac{k(k-1)\cdots 1}{(k+\frac{1}{2})(k-\frac{1}{2})\cdots\frac{3}{2}}B\left(1, \frac{1}{2}\right) = \frac{(2k)!!}{(2k+1)!!}.$$
後半の漸化式については,
$$I_{n+2} = \int_0^{\frac{\pi}{2}} \sin\theta \sin^{n+1}\theta\, d\theta = \left[-\cos\theta \sin^{n+1}\theta\right]_0^{\frac{\pi}{2}} + (n+1)\int_0^{\frac{\pi}{2}} \cos^2\theta \sin^n\theta\, d\theta$$
において, $\cos^2\theta = 1 - \sin^2\theta$ を用いると, $I_{n+2} = (n+1)(I_n - I_{n+2})$ を得て, これを整理するとよい. したがって,
$$I_{2k} = \frac{2k-1}{2k}I_{2k-2} = \cdots = \frac{(2k-1)!!}{(2k)!!}I_0 = \frac{(2k-1)!!}{(2k)!!}\frac{\pi}{2},$$
$$I_{2k+1} = \frac{2k}{2k+1}I_{2k-1} = \cdots = \frac{(2k)!!}{(2k+1)!!}I_1 = \frac{(2k)!!}{(2k+1)!!}.$$

問題 5.110 いずれも問題の積分を I とする.
(1) $x^\beta = t$ とおくと, $\beta x^{\beta-1} dx = dt$ より $dx = \frac{1}{\beta}t^{\frac{1}{\beta}-1} dt$. ゆえに
$$I = \frac{1}{\beta}\int_0^1 t^{\frac{\alpha+1}{\beta}-1}(1-t)^{-\frac{1}{2}} dt = \frac{1}{\beta}B\left(\frac{\alpha+1}{\beta}, \frac{1}{2}\right) = \frac{\sqrt{\pi}}{\beta}\frac{\Gamma(\frac{\alpha+1}{\beta})}{\Gamma(\frac{\alpha+1}{\beta}+\frac{1}{2})}.$$
(2) $x = \tan\theta$ とおくと, $I = \int_0^{\frac{\pi}{2}} \cos^{2\beta-2}\theta\, d\theta$. 問題 5.108 (3) より, $I = \frac{1}{2}B\left(\frac{1}{2}, \beta-\frac{1}{2}\right) = \frac{\sqrt{\pi}}{2}\frac{\Gamma(\beta-\frac{1}{2})}{\Gamma(\beta)}.$
(3) $x = \frac{y}{1-y}$ とおくと, $y = \frac{x}{x+1}$ より, $x: 0 \nearrow +\infty$ のとき, $y: 0 \nearrow 1$ である. ゆえに
$$I = \int_0^1 \left(\frac{y}{1-y}\right)^{p-1}\left(\frac{1}{1-y}\right)^{-p-q}\frac{dy}{(1-y)^2} = \int_0^1 y^{p-1}(1-y)^{q-1} dy = B(p,q) = \frac{\Gamma(p)\Gamma(q)}{\Gamma(p+q)}.$$
(4) $y = x^\alpha$ として, $I = \frac{1}{\alpha}\int_0^{+\infty} \frac{y^{\frac{1}{\alpha}-1}}{1+y} dy$. (3) の結果を用いると, $I = \frac{1}{\alpha}B\left(\frac{1}{\alpha}, 1-\frac{1}{\alpha}\right) = \frac{1}{\alpha}\Gamma\left(\frac{1}{\alpha}\right)\Gamma\left(1-\frac{1}{\alpha}\right)$. 相補公式 (公式集 [4, III, p.1] 参照) $\Gamma(s)\Gamma(1-s) = \frac{\pi}{\sin(\pi s)}$ $(0 < s < 1)$ を使うと, $I = \frac{\pi}{\alpha}\frac{1}{\sin\frac{\pi}{\alpha}}$ と書き直せる.

【注意】 なお, (1) と (3) は問題 5.98 (1) と (3) の, (2) は問題 5.80 (1) の別証明と見ることができる.

問題の解答・解説　　227

問題 5.118　$f(x) := \frac{1}{\sqrt{x}}$ は $x > 0$ で狭義単調減少ゆえ，
$$\frac{1}{\sqrt{n+1}} < \int_n^{n+1} \frac{dx}{\sqrt{x}} < \frac{1}{\sqrt{n}} \quad (n = 1, 2, \ldots). \quad \cdots\cdots \text{①}$$
ゆえに，$a_{n+1} - a_n = 2\sqrt{n+1} - 2\sqrt{n} - \frac{1}{\sqrt{n+1}} = \int_n^{n+1} \frac{dx}{\sqrt{x}} - \frac{1}{\sqrt{n+1}} > 0$　（①の左側の不等式を最後に使った）．よって $\{a_n\}$ は単調増加数列である．さらに①の右側の不等式より，
$$\sum_{k=1}^{n} \frac{1}{\sqrt{k}} > \int_1^{n+1} \frac{dx}{\sqrt{x}} = \left[2\sqrt{x}\right]_1^{n+1} = 2\sqrt{n+1} - 2 > 2\sqrt{n} - 2.$$
ゆえに $a_n < 2$ となって，$\{a_n\}$ は上に有界である．以上から $\{a_n\}$ は上に有界な単調増加数列であるから収束する．なお $\{a_n\}$ が単調増加であることは，次のようにしてもわかる．
$$a_{n+1} - a_n = 2\sqrt{n+1} - 2\sqrt{n} - \frac{1}{\sqrt{n+1}} = \frac{2}{\sqrt{n+1}+\sqrt{n}} - \frac{2}{2\sqrt{n+1}} > 0.$$

第 6 章

問題 6.6　(1) $\left|\frac{x^2 y - 4y^3}{x^2 + 6y^2}\right| \leq \frac{x^2}{x^2+6y^2}|y| + \frac{4y^2}{x^2+6y^2}|y| \leq |y| + |y| \leq 2\sqrt{x^2+y^2}$ となるので，求める極限値は 0．
(2) 分子 $= (x-1)(y-2)$ であり，分母 $= (x-1)^2 + (y-2)^2$ である．$f(x, y) = \frac{(x-1)(y-2)}{(x-1)^2+(y-2)^2}$ とおくと，$f(1+t, 2) = 0\ (\forall t \neq 0)$，$f(1+t, 2+t) = \frac{1}{2}\ (\forall t \neq 0)$ となるので，問題の極限は存在しない．

問題 6.9　$y \neq \frac{1}{m\pi}\ (m \in \mathbb{Z})$ かつ $y \neq 0$ のとき，
$$f\left(\tfrac{1}{n\pi}, y\right) = 0\ (\forall n \in \mathbb{Z}), \quad \lim_{n \to \infty} f\left(\tfrac{1}{(2n+\frac{1}{2})\pi}, y\right) = y\sin\tfrac{1}{y} \neq 0$$
より，$\lim_{x \to 0} f(x, y)$ は存在しない．ゆえに $\lim_{y \to 0}\left(\lim_{x \to 0} f(x, y)\right)$ も存在しない．しかし，$|f(x, y)| \leq |x + y| \leq \sqrt{2}\sqrt{x^2+y^2}$ より，$(x, y) \to (0, 0)$ のとき，$f(x, y) \to 0 = f(0, 0)$ である．

問題 6.20　(1) $\frac{f(h,0) - f(0,0)}{h} = h\sin\frac{1}{h^2}$ より，$\exists f_x(0, 0) = 0$．同様に $\exists f_y(0, 0) = 0$．
(2) $f(\boldsymbol{x}) = \|\boldsymbol{x}\|^2 \sin\frac{1}{\|\boldsymbol{x}\|^2}\ (\boldsymbol{x} \neq \boldsymbol{0})$ であることに注意すると，
$$\frac{1}{\|\boldsymbol{h}\|}|f(\boldsymbol{h}) - f(\boldsymbol{0}) - \nabla f(\boldsymbol{0}) \cdot \boldsymbol{h}| = \|\boldsymbol{h}\|\sin\tfrac{1}{\|\boldsymbol{h}\|^2} \to 0 \quad (\boldsymbol{h} \to \boldsymbol{0}).$$
ゆえに f は原点で全微分可能．一方，原点以外では
$$f_x = 2x\sin\tfrac{1}{x^2+y^2} - \tfrac{2x}{x^2+y^2}\cos\tfrac{1}{x^2+y^2}$$
であるから，$f_x\left(\tfrac{1}{\sqrt{2n\pi}}, 0\right) = -2\sqrt{2n\pi} \to -\infty\ (n \to \infty)$ となって，f_x は原点において連続ではない．f_y についても同様．

問題 6.23　$f_x = -\frac{y}{x^2+y^2}$，$f_y = \frac{x}{x^2+y^2}$ より，$f_x(-1, 1) = -\frac{1}{2}$，$f_y(-1, 1) = -\frac{1}{2}$ である．そして $f(-1, 1) = \operatorname{Arctan}(-1) = -\frac{\pi}{4}$ ゆえ，求める接平面の方程式は，
$$z = -\tfrac{\pi}{4} - \tfrac{1}{2}(x+1) - \tfrac{1}{2}(y-1).$$
すなわち $2x + 2y + 4z + \pi = 0$．

問題 6.27　(1) $f(x,x^3) = \frac{1}{2}$ ($\forall x \neq 0$) であるから，$\lim_{\boldsymbol{x}\to\boldsymbol{0}} f(\boldsymbol{x}) = 0 = f(\boldsymbol{0})$ とはならない．
(2) $\frac{1}{t}(f(tv_1, tv_2) - f(0,0)) = \frac{tv_1^3 v_2}{t^4 v_1^6 + v_2^2}$ となるので，$v_2 \neq 0$ なら $t \to 0$ のときの極限は 0 であり，$v_2 = 0$ なら（$v_1 \neq 0$ ゆえ）値は 0．どちらにしても $\exists D_{\boldsymbol{v}} f(\boldsymbol{0}) = 0$．

問題 6.28　$f_x = -\frac{y}{x^2+y^2}$ より $f_{xx} = \frac{2xy}{(x^2+y^2)^2}$ を得る．同様に $f_{yy} = -\frac{2xy}{(x^2+y^2)^2}$ となるから，$f_{xx} + f_{yy} = 0$ である．

問題 6.37　$t = \frac{y}{x}$ とおく．$F_x = f(t) - \frac{y}{x}f'(t) - \frac{y}{x^2}g'(t)$ であるから，
$$F_{xx} = \frac{y^2}{x^3}f''(t) + 2\frac{y}{x^3}g'(t) + \frac{y^2}{x^4}g''(t).$$
同様に F_x を y で偏微分して，$F_{xy} = -\frac{y}{x^2}f''(t) - \frac{1}{x^2}g'(t) - \frac{y}{x^3}g''(t)$．そして $F_y = f'(t) + \frac{1}{x}g'(t)$ より，$F_{yy} = \frac{1}{x}f''(t) + \frac{1}{x^2}g''(t)$ を得る．ゆえに $x^2 F_{xx} + 2xy F_{xy} + y^2 F_{yy} = 0$．

問題 6.38　定理 6.33 の公式をもう一度 t で微分すると，
$$g'' = (f_{xx}x' + f_{xy}y')x' + f_x x'' + (f_{yx}x' + f_{yy}y')y' + f_y y''.$$
$f_{xy} = f_{yx}$ を使うと所要の公式を得る．

問題 6.39　式 (6.6) の $g_u = f_x x_u + f_y y_u$ を v で偏微分すると
$$g_{uv} = (f_x)_v x_u + f_x x_{uv} + (f_y)_v y_u + f_y y_{uv}$$
$$= (f_{xx}x_v + f_{xy}y_v)x_u + f_x x_{uv} + (f_{yx}x_v + f_{yy}y_v)y_u + f_y y_{uv}$$
$f_{xy} = f_{yx}$ を使うと所要の公式①を得る．

問題 6.41　$z = g(r,t) = f(x,y)$ とおく．
(1) $r^2 = x^2 - y^2$ より $r_x = \cosh t$，$r_y = -\sinh t$ を得る．また $\tanh t = \frac{y}{x}$ を x で偏微分して，$\frac{t_x}{\cosh^2 t} = -\frac{y}{x^2}$．これより $t_x = -\frac{1}{r}\sinh t$．同様に計算して $t_y = \frac{1}{r}\cosh t$ となる．よって
$$z_x = z_r r_x + z_t t_x = (\cosh t) z_r - \frac{1}{r}(\sinh t) z_t.$$
同様に $z_y = -(\sinh t) z_r + \frac{1}{r}(\cosh t) z_t$．ゆえに $(z_x)^2 - (z_y)^2 = (z_r)^2 - \frac{1}{r^2}(z_t)^2$．
(2) $r_x = \cosh t$ より $r_{xx} = (\sinh t) t_x = -\frac{1}{r}\sinh^2 t$．同様な計算で，$r_{yy} = -\frac{1}{r}\cosh^2 t$．次に $t_x = -\frac{1}{r}\sinh t$ より，$t_{xx} = \frac{1}{r^2}(\sinh t) r_x - \frac{1}{r}(\cosh t) t_x = \frac{2}{r^2}\cosh t \sinh t$．同様に $t_{yy} = \frac{2}{r^2}\cosh t \sinh t$ を得る．以上のものを
$$z_{xx} = (r_x)^2 z_{rr} + 2 r_x t_x z_{rt} + (t_x)^2 z_{tt} + r_{xx} z_r + t_{xx} z_t$$
に代入して，$z_{xx} = (\cosh^2 t) z_{rr} - \frac{2}{r}(\cosh t \sinh t) z_{rt} + \frac{1}{r^2}(\sinh^2 t) z_{tt}$
$$- \frac{1}{r}(\sinh^2 t) z_r + \frac{2}{r^2}(\cosh t \sinh t) z_t.$$
同様にして，$z_{yy} = (r_y)^2 z_{rr} + 2 r_y t_y z_{rt} + (t_y)^2 z_{tt} + r_{yy} z_r + t_{yy} z_t$ から
$$z_{yy} = (\sinh^2 t) z_{rr} - \frac{2}{r}(\cosh t \sinh t) z_{rt} + \frac{1}{r^2}(\cosh^2 t) z_{tt}$$
$$- \frac{1}{r}(\cosh^2 t) z_r + \frac{2}{r^2}(\cosh t \sinh t) z_t$$
を得る．よって，$z_{xx} - z_{yy} = z_{rr} - \frac{1}{r^2} z_{tt} + \frac{1}{r} z_r$ となる．

問題 6.55　一般に 1 変数関数 g が $g(x) = o(x^k)$ $(x \to 0)$ であるとする．$\boldsymbol{x} = (x, y)$ とおくと，$\boldsymbol{x} \to \boldsymbol{0}$ のとき，$\left|\frac{yg(x)}{\|\boldsymbol{x}\|^{k+1}}\right| = \left|\frac{g(x)}{x^k}\right|\left|\frac{y}{\|\boldsymbol{x}\|}\right|\left|\frac{x^k}{\|\boldsymbol{x}\|^k}\right| \leq \left|\frac{g(x)}{x^k}\right| \to 0$ より，$yg(x) = o(\|\boldsymbol{x}\|^{k+1})$．ゆえに，$y\log(1+x) = yx - \frac{1}{2}yx^2 + \frac{1}{3}yx^3 + o(\|\boldsymbol{x}\|^4)$ となる．したがって

$$e^{y\log(1+x)} = 1 + y\log(1+x) + \frac{1}{2}\bigl(y\log(1+x)\bigr)^2 + o(\|\boldsymbol{x}\|^4)$$
$$= 1 + xy - \tfrac{1}{2}x^2y + \tfrac{1}{3}x^3y + \tfrac{1}{2}x^2y^2 + o(\|\boldsymbol{x}\|^4).$$

ヒントより，$x^p y^q$ の係数が $\frac{1}{p!\,q!}D_x^p D_y^q f(0,0)$ に等しいので，$f(0,0) = 1$ であるとともに，

$$D_x D_y f(0,0) = 1, \quad D_x^2 D_y f(0,0) = -1, \quad D_x^3 D_y f(0,0) = 2, \quad D_x^2 D_y^2 f(0,0) = 2.$$

これら以外の，$(0,0)$ における 1 階から 4 階までの f の偏微分係数は 0．

問題 6.65　$a \neq 0$ のとき，平方完成して，$Q_T(\boldsymbol{X}) = a\bigl(X + \frac{b}{a}Y\bigr)^2 + \frac{ac-b^2}{a}Y^2$．……①
（あ）$\det T = ac - b^2 > 0$ のとき．$a \neq 0$ に注意すると，①より，$a > 0$ なら $Q_T(\boldsymbol{X})$ は正定値であり，$a < 0$ なら $Q_T(\boldsymbol{X})$ は負定値である．
（い）$\det T = ac - b^2 < 0$ … ② のとき．$a \neq 0$ ならば，$Q_T(1,0) = a$ と①からわかる $Q_T\bigl(-\frac{b}{a}, 1\bigr) = \frac{ac-b^2}{a}$ は異符号である．$a = 0$ ならば②より $b \neq 0$ に注意すると，$Q_T(bX, 1) = 2b^2 X + c$ は X を動かせば正にも負にもなる．
（う）$\det T = ac - b^2 = 0$ … ③ のとき．$a \neq 0$ ならば①より $Q_T(\boldsymbol{X}) = a\bigl(X + \frac{b}{a}Y\bigr)^2$ であり，$a = 0$ ならば③より $b = 0$ となることに注意すると $Q_T(\boldsymbol{X}) = cY^2$．どちらの場合でも，正定値，負定値，不定符号のどれでもない．

問題 6.71　いずれも問題の関数を f とする．
(1) $f_x = 3x^2 - 3 + y^2$, $f_y = 2xy$ より，

$$f_x = f_y = 0 \iff 3x^2 + y^2 = 3,\ xy = 0 \iff (x,y) = \bigl(0, \pm\sqrt{3}\bigr),\ (\pm 1, 0).$$

そして，$f_{xx} = 6x$, $f_{xy} = 2y$, $f_{yy} = 2x$ より，$H_f = \begin{pmatrix} 6x & 2y \\ 2y & 2x \end{pmatrix}$ となる．ゆえに，$\det H_f = 4(3x^2 - y^2)$ である．
(i) $(x,y) = \bigl(0, \pm\sqrt{3}\bigr)$ のとき．$\det H_f\bigl(0, \pm\sqrt{3}\bigr) = -12 < 0$ であるから，$f\bigl(0, \pm\sqrt{3}\bigr)$ は極値ではない．
(ii) $(x,y) = (\pm 1, 0)$ のとき．$\det H_f(\pm 1, 0) = 12 > 0$ であり，$H_f(\pm 1, 0)$ の $(1,1)$ 成分は ± 6（複号同順）であるので，$f(1,0) = -2$ は極小値であり，$f(-1,0) = 2$ は極大値である．
(2) $f_x = 2x + 3(1+x)^2 y^2$, $f_y = 2(1+x)^3 y$ より，

$$f_x = f_y = 0 \iff 2x + 3(1+x)^2 y^2 = 0,\ (1+x)^3 y = 0 \iff (x,y) = (0,0).$$

そして，$f_{xx} = 2 + 6(1+x)y^2$, $f_{xy} = 6(1+x)^2 y$, $f_{yy} = 2(1+x)^3$ より，$H_f(0,0) = \begin{pmatrix} 2 & 0 \\ 0 & 2 \end{pmatrix}$ となり，これは正定値．ゆえに $f(0,0) = 0$ は極小値である．

【コメント】　文献 [21] による例で，ただ一つの停留点を持ち，そこでは極小になるが大域的には最小値でない 2 変数多項式関数の例．この多項式は 5 次であるが，4 次以下だとこのような例がないことも文献 [21] で示されている．なお 1 変数のときの問題 4.33 と対比させること．

(3) $f_x = 3e^y - 3x^2$, $f_y = 3xe^y - 3e^{3y}$ より，
$$f_x = f_y = 0 \iff e^y = x^2,\ xe^y = e^{3y} \iff (x,y) = (1,0).$$
$f_{xx} = -6x$, $f_{xy} = 3e^y$, $f_{yy} = 3xe^y - 9e^{3y}$ より，$H_f(1,0) = \begin{pmatrix} -6 & 3 \\ 3 & -6 \end{pmatrix}$．ゆえに $\det H_f(1,0) = 27 > 0$ であり，$(1,1)$ 成分 $= -6 < 0$ より，$f(1,0) = 1$ は極大値．

【コメント】 文献 [28] による例で，(2) と同様にただ一つの停留点を持ち，そこでは極大値をとるが大域的には最大値でない関数の例．例題 6.70 の関数を g とすると，本問の f は $f(x,y) = -g(x, e^y)$ である．関数 g の鞍点を無限遠方に押しやっている．

(4) $f_x = 2(x^2y - x - 1)(2xy - 1) + 4x(x^2 - 1)$, $f_y = 2(x^2y - x - 1)x^2$ より，
$$f_x = f_y = 0 \iff \begin{cases} (x^2y - x - 1)(2xy - 1) + 2x(x^2 - 1) = 0 & \cdots\cdots \text{①} \\ (x^2y - x - 1)x^2 = 0 & \cdots\cdots \text{②} \end{cases}$$
② より $x = 0$ または $x^2y - x - 1 = 0$．まず $x = 0$ は①をみたさないので，$x \neq 0$．よって $x^2y - x - 1 = 0$．このとき①より $x(x^2 - 1) = 0$ となり，$x \neq 0$ より $x = \pm 1$．そうすると $y = x + 1 = 2, 0$ となるので，$(x,y) = (1,2), (-1,0)$．そして，
$$f_{xx} = 2(2xy - 1)^2 + 4y(x^2y - x - 1) + 12x^2 - 4, \quad f_{xy} = 2x^2(2xy - 1) + 4x(x^2y - x - 1),$$
$f_{yy} = 2x^4$ であるから，$H_f(1,2) = \begin{pmatrix} 26 & 6 \\ 6 & 2 \end{pmatrix}$, $H_f(-1,0) = \begin{pmatrix} 10 & -2 \\ -2 & 2 \end{pmatrix}$ を得る．ゆえに
$$\det H_f(1,2) = 16 > 0, \quad \det H_f(-1,0) = 16 > 0.$$
そして $H_f(1,2)$ も $H_f(-1,0)$ も $(1,1)$ 成分は正であるから，$f(1,2) = 0$ と $f(-1,0) = 0$ はともに極小値（最小値でもある）．

【コメント】 文献 [22] による．極小値を 2 個持つが，それ以外には停留点さえない多項式関数の例．

(5) $f_x = (1 - 2x)e^{-2x} - e^{-x}\cos y$, $f_y = -e^{-x}\sin y$．まず $f_y = 0$ より $y = n\pi$ $(n \in \mathbb{Z})$．このとき，$f_x = 0$ を書き直すと $1 - 2x = (-1)^n e^x$ となる．n が偶数のときは方程式は $1 - 2x = e^x$ となるから，解は $x = 0$ のみ．n が奇数なら方程式は $e^x - 2x + 1 = 0$ であるが，これは解を持たない（たとえば $g(x) := e^x - 2x + 1$ の増減を調べよ）．ゆえに停留点は $(0, 2m\pi)$ $(m \in \mathbb{Z})$．
$$f_{xx} = 4(x-1)e^{-2x} + e^{-x}\cos y, \quad f_{xy} = e^{-x}\sin y, \quad f_{yy} = -e^{-x}\cos y$$
より，$H_f(0, 2m\pi) = \begin{pmatrix} -3 & 0 \\ 0 & -1 \end{pmatrix}$ となって，これは負定値．ゆえに $f(0, 2m\pi) = 1$ $(m \in \mathbb{Z})$ はすべて極大値である．

【コメント】 (4) の状況を無限個にした例．極大点のみ無数に持ち，それ以外に停留点はなく，とくに極小点や鞍点は一つもない．文献 [14, 3.4 節] から採った．

(6) $f_x = 4x^3 - 4x$, $f_y = 4y^3$ より，$f_x = f_y = 0 \iff (x,y) = (0,0), (\pm 1, 0)$．また $H_f = \begin{pmatrix} 12x^2 - 4 & 0 \\ 0 & 12y^2 \end{pmatrix}$ ゆえ，$H_f(0,0) = \begin{pmatrix} -4 & 0 \\ 0 & 0 \end{pmatrix}$, $H_f(\pm 1, 0) = \begin{pmatrix} 8 & 0 \\ 0 & 0 \end{pmatrix}$．この 2 個の対称行列は正定値でも負定値でも不定符号でもない．

(i) $(x,y) = (0,0)$ のとき. $f(0,y) = y^4$, $f(x,0) = x^2(x^2-2)$ であるので, $y \neq 0$ なら $f(0,y) > 0 = f(0,0)$ であり, $0 < |x| < \sqrt{2}$ ならば $f(x,0) < 0 = f(0,0)$ である. ゆえに $f(0,0) = 0$ は極値ではない.

(ii) $(x,y) = (\pm 1, 0)$ のとき. $f(x,y) = (x^2-1)^2 + y^4 - 1 \geqq -1 = f(\pm 1, 0)$ で等号成立は $(x,y) = (\pm 1, 0)$ に限るから, $f(\pm 1, 0) = -1$ は f の極小値(最小値でもある).

問題 6.72 $f_x = -2x(3y - 4x^2)$, $f_y = 2y - 3x^2$. したがって $f_x = f_y = 0$ を解いて, $(x,y) = (0,0)$ のみが停留点. さらに, $f_{xx} = -6y + 24x^2$, $f_{xy} = -6x$, $f_{yy} = 2$ より, $H_f(0,0) = \begin{pmatrix} 0 & 0 \\ 0 & 2 \end{pmatrix}$ となって, $\det H_f(0,0) = 0$. ゆえに Hesse 行列では極値の判定はできない. しかし $x \neq 0$ のとき, $f(x, 3x^2) = 2x^4 > 0$, $f(x, \frac{3}{2}x^2) = -\frac{1}{4}x^4 < 0$ となるから, $f(0,0) = 0$ は極大値でも極小値でもない. さらに $t \in \mathbb{R}$ のとき, $F_t(x) := f(x, tx) = x^2(t-x)(t-2x)$ は $|x| \neq 0$ が十分小さければ正であるから, $F_t(x)$ は $x = 0$ で極小値 0 をとる. なお, この問題の関数についてのエピソードは文献 [13, 第 IV 章問題 4.10] を参照.

問題 6.76 命題 6.74 の $k=2$ での証明とみなすなら, $\varphi'(x) = -\frac{f_x(x, \varphi(x))}{f_y(x, \varphi(x))}$ の両辺を x で微分するしかない. 一方で具体例などで定理 6.73 を踏まえるなら, むしろ次のように計算する方がよいだろう. $f_x(x, \varphi(x)) + f_y(x, \varphi(x))\varphi'(x) = 0$ の両辺を x で微分して,

$$f_{xx} + 2f_{xy}\varphi' + f_{yy}(\varphi')^2 + f_y\varphi'' = 0.$$

ゆえに, $\varphi'' = -\frac{1}{f_y}(f_{xx} + 2f_{xy}\varphi' + f_{yy}(\varphi')^2)$. これに $\varphi' = -\frac{f_x}{f_y}$ を代入して整理する.

問題 6.78 (1) $f(x,y) := \sin(xy) + \cos(xy) - y$ とおく. $f(0,1) = 0$ である. そして $f_y(x,y) = x\cos(xy) - x\sin(xy) - 1$ より, $f_y(0,1) = -1 \neq 0$. ゆえに $(x,y) = (0,1)$ の近くで, $f(x,y) = 0$ から $y = \varphi(x)$ と解ける.

(2) $\sin(x\varphi(x)) + \cos(x\varphi(x)) = \varphi(x)$ より

$$(x\varphi(x)) - \tfrac{1}{6}(x\varphi(x))^3 + 1 - \tfrac{1}{2}(x\varphi(x))^2 = 1 + a_1 x + a_2 x^2 + a_3 x^3 + o(x^3).$$

左辺は $1 + x + (a_1 - \frac{1}{2})x^2 + (a_2 - \frac{1}{6} - \frac{1}{2}\cdot 2a_1)x^3 + o(x^3)$ であるから, 係数を比較して, $a_1 = 1$, $a_2 = \frac{1}{2}$, $a_3 = -\frac{2}{3}$ を得る.

(3) $\varphi'(0) = a_1 = 1$, $\varphi''(0) = 2a_2 = 1$, $\varphi'''(0) = 3!a_3 = -4$.

問題 6.81 $x_n = n\pi + u_n$ とおくと, $0 < u_n < \frac{\pi}{2}$ であり, グラフより, $n \to \infty$ のとき $u_n \to 0$ である. $\tan x_n = e^{-x_n}$ より, $e^{u_n}\tan u_n = e^{-n\pi}$ である. ここで $f(x,y) := x - e^y \tan y$ とおくと, $f(e^{-n\pi}, u_n) = 0$ となる. さて, $f_y = -e^y\tan y - \frac{e^y}{\cos^2 y}$ より $f_y(0,0) = -1 \neq 0$. これと $f(0,0) = 0$ より, $(0,0)$ の近傍で, $f(x,y) = 0$ からなめらかな φ により $y = \varphi(x)$ と解ける. $\varphi(x) = a_1 x + a_2 x^2 + a_3 x^3 + o(x^3)$ $(x \to 0)$ を $x = e^{\varphi(x)}\tan\varphi(x)$ に代入すると,

$$\begin{aligned} x &= \left(1 + \varphi(x) + \tfrac{1}{2}\varphi(x)^2 + \tfrac{1}{6}\varphi(x)^3\right)\left(\varphi(x) + \tfrac{1}{3}\varphi(x)^3\right) + o(x^3) \\ &= a_1 x + (a_2 + a_1^2)x^2 + (a_3 + 2a_1 a_2 + \tfrac{5}{6}a_1^3)x^3 + o(x^3). \end{aligned}$$

係数を比較して, $a_1 = 1$, $a_2 = -1$, $a_3 = \frac{7}{6}$ を得るので, $n \to \infty$ のとき, $u_n = \varphi(e^{-n\pi}) = e^{-n\pi} - e^{-2n\pi} + \frac{7}{6}e^{-3n\pi} + o(e^{-3n\pi})$ となる.

問題 6.90 交点の座標は $x = g(t) := \frac{3t}{1+t^3}$, $y = h(t) := \frac{3t^2}{1+t^3}$ である．さて $g'(t) = \frac{3(1-2t^3)}{(1+t^3)^2}$ より，$g'(t) = 0 \iff t = \frac{1}{\sqrt[3]{2}}$ であり，増減表を書くことで，$g\left(\frac{1}{\sqrt[3]{2}}\right) = \sqrt[3]{4}$ が g の最大値であることがわかる．ゆえに第 1 象限での N_f の x 座標の最大値は $\sqrt[3]{4}$ である．N_f は $y = x$ に関して対称であるから，y 座標についても $\leqq \sqrt[3]{4}$ をみたす．あるいは $h(t) = g\left(\frac{1}{t}\right)$ に注意するのもよい．

問題 6.92 (1) $f_x = 4x^3 - 4y$, $f_y = 4y^3 - 4x$ より，
$$f = f_x = f_y = 0 \iff x^4 + y^4 - 4xy = 0 \cdots ① \quad y = x^3 \cdots ② \quad x = y^3. \cdots ③$$
これを解いて N_f の特異点は $(0,0)$ のみ．さらに $f_{xx} = 12x^2$, $f_{xy} = -4$, $f_{yy} = 12y^2$ より，$H_f(0,0) = \begin{pmatrix} 0 & -4 \\ -4 & 0 \end{pmatrix}$. ゆえに $H_f(0,0)$ は不定符号であるから $(0,0)$ は結節点．

(2) $f = f_x = 0 \iff ①$ かつ② $\iff x^4(x^8 - 3) = 0$. ここで $x = 0$ は②より $y = 0$ を導くので $x \neq 0$. ゆえに $x = \pm\sqrt[8]{3}$. このとき $y = \pm\sqrt[8]{27}$（複号同順であり，以下同じ）．よって $(\pm\sqrt[8]{3}, \pm\sqrt[8]{27})$ で x 軸に平行な接線を持つ．対称性から $(\pm\sqrt[8]{27}, \pm\sqrt[8]{3})$ で y 軸に平行な接線を持つ．

(3) $y = tx$ を N_f の定義方程式に代入して原点以外の交点を求めると，$t > 0$ のときにその交点があって，$\left(\pm 2\sqrt{\frac{t}{1+t^4}}, \pm 2\sqrt{\frac{t^3}{1+t^4}}\right)$（複号同順）．ここで $t > 0$ のとき，$g(t) = \frac{t}{1+t^4}$, $h(t) = \frac{t^3}{1+t^4}$ とおく．$g'(t) = \frac{1-3t^4}{(1+t^4)^2}$ であるから，$g'(t) = 0 \iff t = \frac{1}{\sqrt[4]{3}}$ であり，増減表を書くことで，$t > 0$ での $g(t)$ の最大値は $g\left(\frac{1}{\sqrt[4]{3}}\right) = \frac{\sqrt[4]{27}}{4}$. ゆえに第 1 象限での N_f の x 座標の最大値は $\sqrt[8]{27}$. N_f の $y = x$ に関する対称性，あるいは $h(t) = g\left(\frac{1}{t}\right)$ より，第 1 象限での N_f の y 座標の最大値も $\sqrt[8]{27}$. 第 3 象限での振る舞いは N_f の原点に関する対称性からわかり，第 3 象限における x 座標，y 座標の最小値は $-\sqrt[8]{27}$ であることがわかる．とくに N_f が有界であることもわかる．

問題 6.93 y 軸に平行な漸近線はないので，$y = mx + k$ が漸近線であるとする．曲線上で $x \to \pm\infty$ とするとき，$\frac{y}{x} \to m$ である．次に $x^5 + y^5 - 5x^2y^2 = 0$ を x^5 で割ると，$1 + \left(\frac{y}{x}\right)^5 - \frac{5}{x}\left(\frac{y}{x}\right)^2 = 0$. ここで $x \to \pm\infty$ として $m^5 + 1 = 0$, すなわち $m = -1$ を得る．このとき曲線上の点 (x, y) に対して，
$$x + y = \frac{x^5 + y^5}{x^4 - x^3y + x^2y^2 - xy^3 + y^4} = \frac{5x^2y^2}{x^4 - x^3y + x^2y^2 - xy^3 + y^4}$$
$$= \frac{5}{\left(\frac{x}{y}\right)^2 - \frac{x}{y} + 1 - \frac{y}{x} + \left(\frac{y}{x}\right)^2} \to \frac{5}{5} = 1 \quad (x \to \pm\infty).$$
ゆえに $k = 1$ となり，漸近線は $y = -x + 1$ である．

問題 6.97 $g_y(a, b) \neq 0$ のとき，ヒントでの記号をそのまま使おう．以下 f の偏導関数の変数部分 $(x, \varphi(x))$ を省略する．$H' = f_x + f_y \varphi'$ であるから，
$$H'' = f_{xx} + 2f_{xy}\varphi' + f_{yy}(\varphi')^2 + f_y\varphi''. \quad \cdots\cdots ①$$
一方，陰関数定理と $g_x + g_y\varphi' = 0$ を微分することにより
$$\varphi' = -\frac{g_x}{g_y}, \quad \cdots\cdots ② \quad \alpha = \frac{f_y(a,b)}{g_y(a,b)}, \quad \cdots\cdots ③$$
$$\varphi'' = -\frac{1}{g_y}\{g_{xx} + 2g_{xy}\varphi' + g_{yy}(\varphi')^2\}. \quad \cdots\cdots ④$$

④を①に代入すると（以下 f, g やその偏導関数の変数部分には (a,b), φ やその導関数の変数部分には a が入る）

$$H''(a) = f_{xx} + 2f_{xy}\varphi' + f_{yy}(\varphi')^2 - \frac{f_y}{g_y}\{g_{xx} + 2g_{xy}\varphi' + g_{yy}(\varphi')^2\}.$$

ここで③を使い，さらに②を代入すると

$$\begin{aligned}H''(a) &= \{f_{xx} - \alpha g_{xx}\} + 2\{f_{xy} - \alpha g_{xy}\}\varphi' + \{f_{yy} - \alpha g_{yy}\}(\varphi')^2 \\ &= \{f_{xx} - \alpha g_{xx}\} - 2\{f_{xy} - \alpha g_{xy}\}\frac{g_x}{g_y} + \{f_{yy} - \alpha g_{yy}\}\left(\frac{g_x}{g_y}\right)^2 \\ &= F_{xx} - 2F_{xy}\frac{g_x}{g_y} + F_{yy}\left(\frac{g_x}{g_y}\right)^2 = -\frac{1}{g_y^2}\det\begin{pmatrix}0 & g_x & g_y \\ g_x & F_{xx} & F_{xy} \\ g_y & F_{xy} & F_{yy}\end{pmatrix}.\end{aligned}$$

ただし，F の偏導関数の変数部分には (a,b,α) が入る．ゆえに $H''(a)$ の符号と $-D$ の符号が一致する．同様に $g_x(a,b) \neq 0$ として計算を行うと，点 A の近くで $g(x,y) = 0$ から解ける $x = \psi(y)$ と $K(y) = f(\psi(y), y)$ について，$K''(b) = -\frac{1}{g_x^2}\det\begin{pmatrix}0 & g_x & g_y \\ g_x & F_{xx} & F_{xy} \\ g_y & F_{xy} & F_{yy}\end{pmatrix}$．
ゆえに $K''(b)$ の符号と $-D$ の符号が一致する．以上と命題 4.50 より，$D < 0$ ならば $f(a,b)$ は極小値であり，$D > 0$ ならば $f(a,b)$ は極大値である．

問題 6.100 $f_z(\boldsymbol{a}) \neq 0$ のとき．陰関数定理より，$\varphi(a,b) = c$ をみたすなめらかな φ によって，$\boldsymbol{a}$ の近くで N_f は $z = \varphi(x,y)$ と書けている．したがって $\boldsymbol{a}$ において N_f は接平面を持ち，その方程式は $z = c + \varphi_x(a,b)(x - a) + \varphi_y(a,b)(y - b)$ となる．これに $f(x, y, \varphi(x,y)) = 0$ を x と y で偏微分して得られる $\varphi_x = -\frac{f_x}{f_z}$, $\varphi_y = -\frac{f_y}{f_z}$ を代入して分母を払って整理すると，$\nabla f(\boldsymbol{a}) \cdot (\boldsymbol{x} - \boldsymbol{a}) = 0$ を得る．$f_y(\boldsymbol{a}) \neq 0$ としても，$f_x(\boldsymbol{a}) \neq 0$ としても同様である．

問題 6.107 (1) $\boldsymbol{a} \in P := A_1 \cup \cdots \cup A_k$ とすると，$\exists j$ s.t. $\boldsymbol{a} \in A_j$. 仮定より A_j は開集合ゆえ，$\exists \delta > 0$ s.t. $B(\boldsymbol{a}, \delta) \subset A_j$. ここで $A_j \subset P$ であるから，$B(\boldsymbol{a}, \delta) \subset P$. ゆえに P は開集合である．
(2) $\boldsymbol{a} \in Q := A_1 \cap \cdots \cap A_k$ とすると，$\forall j = 1, \ldots, k$ について $\boldsymbol{a} \in A_j$ である．各 A_j は開集合ゆえ，$\exists \delta_j > 0$ s.t. $B(\boldsymbol{a}, \delta_j) \subset A_j$. ここで $\delta := \min_{j=1,\ldots,k} \delta_j > 0$ とおくと，$B(\boldsymbol{a}, \delta) \subset Q$ となるから，Q は開集合である．

問題 6.119 関数 f は有界閉集合 A 上の連続関数とし，f の値域を $R \subset \mathbb{R}$ とする．
(1) R が上に有界でないとすると，$\exists y_n \in R$ $(n = 1, 2, \ldots)$ s.t. $y_n \to +\infty$. 各 $n = 1, 2, \ldots$ に対して $f(\boldsymbol{x}_n) = y_n$ である $\boldsymbol{x}_n \in A$ をとることにより，有界な点列 $\{\boldsymbol{x}_n\}$ を得る．定理 6.117 より，$\{\boldsymbol{x}_n\}$ の部分列 $\{\boldsymbol{x}_{n_k}\}$ で収束するものがある．$\boldsymbol{\alpha} := \lim_{k \to \infty} \boldsymbol{x}_{n_k}$ とすると，命題 6.110 より $\boldsymbol{\alpha} \in A$ であり，f の連続性から $f(\boldsymbol{\alpha}) = \lim_{k \to \infty} f(\boldsymbol{x}_{n_k})$. しかしこれは $f(\boldsymbol{x}_{n_k}) = y_{n_k} \to +\infty$ に矛盾している．ゆえに R は上に有界．
(2) $\beta := \sup R$ とおく．(1) と同様にして，$\exists \boldsymbol{x}_n \in A$ $(n = 1, 2, \ldots)$ s.t. $f(\boldsymbol{x}_n) \to \beta$. 定理 6.117 より，$\{\boldsymbol{x}_n\}$ の部分列 $\{\boldsymbol{x}_{n_k}\}$ で収束するものがある．$\boldsymbol{\alpha} := \lim_{k \to \infty} \boldsymbol{x}_{n_k}$ とおくと，命題 6.110 より $\boldsymbol{\alpha} \in A$ であり，$\{\boldsymbol{x}_n\}$ の定義と f の連続性から，$\beta = \lim_{k \to \infty} f(\boldsymbol{x}_{n_k}) = f(\boldsymbol{\alpha})$ である．以上により，β が A における f の最大値となる．最小値に関しても同様に証明できる．

問題 6.124 $|x| \leqq \pi$, $|y| \leqq \pi$ で考えて十分．$|x| < \pi$, $|y| < \pi$ で停留点を求める．
$$f_x = -\sin x - \sin(x-y) = 0 \quad \cdots\cdots ① \qquad f_y = -\sin y + \sin(x-y) = 0 \quad \cdots\cdots ②$$
①$+$② より $0 = \sin x + \sin y = 2\sin\frac{1}{2}(x+y)\cos\frac{1}{2}(x-y)$．ここで $\frac{1}{2}|x \pm y| < \pi$ であるから，$x - y = \pm\pi$ または $x + y = 0$．

(1) $x - y = \pm\pi$ のとき，① と $|x| < \pi$ より $x = 0$．したがって $y = \mp\pi$（複号同順）となるが，$|y| < \pi$ に反する．

(2) $x + y = 0$ のとき．$y = -x$ を① に代入すると，
$$0 = \sin x + \sin(2x) = 2\sin\left(\tfrac{3}{2}x\right)\cos\left(\tfrac{1}{2}x\right).$$
$\frac{1}{2}|x| < \frac{\pi}{2}$ より $\cos\left(\frac{1}{2}x\right) \neq 0$．ゆえに $\frac{3}{2}x = 0, \pm\pi$ となるから，$x = 0, \pm\frac{2}{3}\pi$．このとき順に $y = 0, \mp\frac{2}{3}\pi$（複号同順）．以上から求める停留点は複号同順で $(0, 0)$，$\left(\pm\frac{2}{3}\pi, \mp\frac{2}{3}\pi\right)$．そして $f(0,0) = 3$，$f\left(\pm\frac{2}{3}\pi, \mp\frac{2}{3}\pi\right) = -\frac{3}{2}$．一方，$f(x, \pm\pi) = f(\pm\pi, y) = -1$ であるから，f の最大値は 3，最小値は $-\frac{3}{2}$．

問題 6.125 $f_x = 6x + 2y - 2$，$f_y = 4y + 2x - 2$ より，
$$f_x = f_y = 0 \iff 3x + y = 1,\ x + 2y = 1 \iff (x, y) = \left(\tfrac{1}{5}, \tfrac{2}{5}\right).$$
そして，$f_{xx} = 6$，$f_{xy} = 2$，$f_{yy} = 4$ より，$H_f = \begin{pmatrix} 6 & 2 \\ 2 & 4 \end{pmatrix}$ となり，これは正定値．ゆえに f は D の内点 $\left(\frac{1}{5}, \frac{2}{5}\right)$ で極小値 $\frac{2}{5}$ をとる．一方，
$$f(0, y) = 2\left(y - \tfrac{1}{2}\right)^2 + \tfrac{1}{2},\qquad f(x, 0) = f(x, 1-x) = 3\left(x - \tfrac{1}{3}\right)^2 + \tfrac{2}{3}.$$
ゆえに，$0 \leqq y \leqq 1$ のとき $\frac{1}{2} \leqq f(0, y) \leqq 1$ であり，また $0 \leqq x \leqq 1$ のときには $\frac{2}{3} \leqq f(x, 0) = f(x, 1-x) \leqq 2$ である．以上により，D での f の最大値は $f(1, 0) = 2$，最小値は $f\left(\frac{1}{5}, \frac{2}{5}\right) = \frac{2}{5}$．

問題 6.128 (1) $g(x, y) := x^4 + y^2 - 1$ とおく．$\nabla g = (4x^3, 2y)$ であり，原点は N_g 上にないので，N_g は特異点を持たない．また N_g は有界閉集合であるから，f は N_g で最大値と最小値をとる．以上から，f の N_g での最大・最小は $\nabla f(x, y) = \lambda \nabla g(x, y)$ の解である (x, y) で起きる．
$$F(x, y, \lambda) := f(x, y) - \lambda g(x, y) = xy - \lambda(x^4 + y^2 - 1) \text{ とおく．}$$
$$F_x = y - 4\lambda x^3,\qquad F_y = x - 2\lambda y,\qquad F_\lambda = -(x^4 + y^2 - 1)$$
であるから，
$$F_x = F_y = F_\lambda = 0 \iff y = 4\lambda x^3 \cdots ① \quad x = 2\lambda y \cdots ② \quad x^4 + y^2 = 1 \cdots ③$$
①を②に代入して，$x(8\lambda^2 x^2 - 1) = 0$ を得る．$x = 0$ だと① より $y = 0$ を得るが，これは③をみたさない．ゆえに $8\lambda^2 x^2 = 1$ となるから $x = \pm\frac{1}{2\sqrt{2}\lambda}$．このとき② より $y = \frac{x}{2\lambda} = \pm\frac{1}{4\sqrt{2}\lambda^2}$（複号同順）．これらを③に代入することで $\lambda^2 = \frac{\sqrt{3}}{8}$ を得るので，$\lambda = \pm\frac{\sqrt[4]{3}}{2\sqrt{2}}$．よって $x = \pm\frac{1}{\sqrt[4]{3}}$，$y = \pm\frac{\sqrt{2}}{\sqrt[4]{3}}$ を得る（$\lambda > 0$ のとき複号同順，$\lambda < 0$ のとき複号逆順）．
$$f\left(\pm\tfrac{1}{\sqrt[4]{3}}, \pm\tfrac{\sqrt{2}}{\sqrt[4]{3}}\right) = \sqrt[4]{\tfrac{4}{27}},\qquad f\left(\pm\tfrac{1}{\sqrt[4]{3}}, \mp\tfrac{\sqrt{2}}{\sqrt[4]{3}}\right) = -\sqrt[4]{\tfrac{4}{27}} \qquad \text{（複号同順）}.$$
ゆえに最大値は $\sqrt[4]{\frac{4}{27}}$，最小値は $-\sqrt[4]{\frac{4}{27}}$．

【注意】 相加平均と相乗平均の不等式を使うとすると，次のような工夫が必要である．

$$1 = x^4 + y^2 = x^4 + \tfrac{1}{2}y^2 + \tfrac{1}{2}y^2 \geqq 3\sqrt[3]{\tfrac{1}{4}x^4y^4} = \tfrac{3}{\sqrt[3]{4}}|xy|^{4/3}.$$

ゆえに，$|xy| \leqq \left(\tfrac{\sqrt[3]{4}}{3}\right)^{3/4} = \sqrt[4]{\tfrac{4}{27}}$ を得る．ここで等号は $x^4 = \tfrac{1}{2}y^2 = \tfrac{1}{3}$ のとき，すなわち，$x = \pm\tfrac{1}{\sqrt[4]{3}}$, $y = \pm\tfrac{\sqrt{2}}{\sqrt{3}}$（複号順自由）のときに成立する．Lagrange の乗数法に依拠すれば，このような技巧を思いつかなくてもよい．

(2) $g(x,y) := x^2 + xy + y^2 - 3$ とおく．$\nabla g = (2x+y, x+2y)$ であるから，$\nabla g = 0 \iff (x,y) = (0,0)$. 原点は N_g 上にないので，N_g は特異点を持たない．さらに 2 次形式 $Q(\boldsymbol{X}) := \tfrac{1}{3}(X^2 + XY + Y^2)$ は正定値であるから，例 6.116 より N_g は有界閉集合である．よって N_g で f は最大値と最小値をとり，それは Lagrange の乗数法で求まる極値の候補点のどれかにおいて起きる．$F(x,y,\lambda) := (x+1)(y+1) - \lambda(x^2 + xy + y^2 - 3)$ とおくと，$F_x = F_y = F_\lambda = 0 \iff$

$$y + 1 = \lambda(2x+y) \cdots ① \quad x + 1 = \lambda(x+2y) \cdots ② \quad x^2 + xy + y^2 = 3 \cdots ③$$

①の両辺に $x + 2y$ をかけて②を用いると，$(y+1)(x+2y) = (x+1)(2x+y)$.
これより $(x-y)(2x+2y+1) = 0$ となるから，$y = x$ または $y = -x - \tfrac{1}{2}$.
(i) $y = x$ を③に代入して $x = y = \pm 1$. そして $f(1,1) = 4$, $f(-1,-1) = 0$.
(ii) $y = -x - \tfrac{1}{2}$ を③に代入して整理すると，$4x^2 + 2x - 11 = 0$. よって $x = \tfrac{1}{4}(-1 \pm 3\sqrt{5})$.
このとき $y = -\tfrac{1}{4}(1 \pm 3\sqrt{5})$（複号同順）であり，

$$f\left(\tfrac{1}{4}(-1 \pm 3\sqrt{5}), -\tfrac{1}{4}(1 \pm 3\sqrt{5})\right) = \tfrac{9}{16}(1 \pm \sqrt{5})(1 \mp \sqrt{5}) = -\tfrac{9}{4}.$$

以上から N_g での f の最大値は 4, 最小値は $-\tfrac{9}{4}$.

問題 6.129 $g(x,y,z) := x^2 + y^2 + z^2 - 1$ とおく．$\nabla g = (2x, 2y, 2z)$ より，N_g では $\nabla g \neq \boldsymbol{0}$ ゆえ，N_g は特異点を持たない．また N_g は有界閉集合であるから，f は N_g で最大値と最小値をとる．それらは $F(x,y,z,\lambda) := f(x,y,z) - \lambda g(x,y,z)$ とおくとき，$F_x = F_y = F_z = F_\lambda = 0$ の解である (x,y,z) で起きる．$F_x = 3x^2 - 2\lambda x$, $F_y = 3y^2 - 2\lambda y$, $F_z = 3z^2 - 2\lambda z$ であるから，

$$F_x = F_y = F_z = F_\lambda = 0 \iff \begin{array}{llll} x(3x - 2\lambda) = 0 & \cdots ① & y(3y - 2\lambda) = 0 & \cdots ② \\ z(3z - 2\lambda) = 0 & \cdots ③ & x^2 + y^2 + z^2 = 1 & \cdots ④ \end{array}$$

x, y, z の内で 0 になるものの個数で場合を分ける．
(1) 2 個が 0 で残りの 1 個が 0 でないとき．まず $x = y = 0$, $z \neq 0$ とする．④より $z = \pm 1$ となり，③より $\lambda = \tfrac{3}{2}z = \pm\tfrac{3}{2}$. 対称性から，$2$ 個が 0 のときは残りの 1 個は ± 1 と結論できる．
(2) 1 個のみ 0 で他の 2 個が 0 でないとき．まず $x = 0$, $y \neq 0$, $z \neq 0$ とする．②と③より $y = z = \tfrac{2}{3}\lambda$. これらを④に代入して $\lambda = \pm\tfrac{3}{2\sqrt{2}}$ を得て，$y = z = \pm\tfrac{1}{\sqrt{2}}$ となる．対称性から，どれか 1 個のみが 0 の場合は，残りの 2 個は $\pm\tfrac{1}{\sqrt{2}}$ となると結論できる．
(3) x, y, z の内で 0 になるものがないとき．①，②，③から，$x = y = z = \tfrac{2}{3}\lambda$ であり，④に代入して $\lambda = \pm\tfrac{\sqrt{3}}{2}$ を得るので，$x = y = z = \pm\tfrac{1}{\sqrt{3}}$ となる．

以上から, f が最大または最小となる点の候補は
(a) $(0,0,\pm 1)$, $(0,\pm 1,0)$, $(\pm 1,0,0)$,
(b) $(0,\pm\frac{1}{\sqrt{2}},\pm\frac{1}{\sqrt{2}})$, $(\pm\frac{1}{\sqrt{2}},0,\pm\frac{1}{\sqrt{2}})$, $(\pm\frac{1}{\sqrt{2}},\pm\frac{1}{\sqrt{2}},0)$ (複号同順)
(c) $(\pm\frac{1}{\sqrt{3}},\pm\frac{1}{\sqrt{3}},\pm\frac{1}{\sqrt{3}})$ (複号同順)

の 14 点である. 複号同順で, (a) の各点では f は ± 1 をとり, (b) の各点では $\pm\frac{1}{\sqrt{2}}$, (c) の各点では $\pm\frac{1}{\sqrt{3}}$ をとる. ゆえに N_g での f の最大値は 1, 最小値は -1 である.

【注意】 最大値と最小値だけなら, たとえば
$$x^3+y^3+z^3-1 = x^3+y^3+z^3-(x^2+y^2+z^2)$$
$$= x^2(x-1)+y^2(y-1)+z^2(z-1) \leqq 0$$
と等号成立条件を吟味して, f の最大値が 1 であることがわかる. 最小値の -1 も同様. □

さて, まず (c) の点では f は極値をとることを見てみよう. $\boldsymbol{a} := (\frac{1}{\sqrt{3}},\frac{1}{\sqrt{3}},\frac{1}{\sqrt{3}})$, $\boldsymbol{h} = (h,k,l)$ とおくと
$$\boldsymbol{a}+\boldsymbol{h} \in N_g \iff \tfrac{2}{\sqrt{3}}(h+k+l) = -(h^2+k^2+l^2). \quad \cdots\cdots \text{⑤}$$

$(\frac{1}{\sqrt{3}}+h)^3$ などを実際に展開して, $\boldsymbol{a}+\boldsymbol{h} \in N_g$ のとき, ⑤を用いると,
$$f(\boldsymbol{a}+\boldsymbol{h}) = \tfrac{1}{\sqrt{3}} + (h+k+l) + \sqrt{3}(h^2+k^2+l^2) + o(\|\boldsymbol{h}\|^2)$$
$$= \tfrac{1}{\sqrt{3}} + \tfrac{\sqrt{3}}{2}(h^2+k^2+l^2) + o(\|\boldsymbol{h}\|^2).$$

ゆえに $f(\boldsymbol{a}) = \frac{1}{\sqrt{3}}$ は極小値である. 同様にして $f(-\boldsymbol{a}) = -\frac{1}{\sqrt{3}}$ は極大値.

次に (b) の点では極値ではないことを示そう. $\boldsymbol{a}:=(0,\frac{1}{\sqrt{2}},\frac{1}{\sqrt{2}})$, $\boldsymbol{h}=(h,k,l)$ とおく.
$$\boldsymbol{a}+\boldsymbol{h} \in N_g \iff \sqrt{2}(k+l) = -(h^2+k^2+l^2) \quad \cdots\cdots \text{⑥}$$

より, $\boldsymbol{a}+\boldsymbol{h} \in N_g$ のとき,
$$f(\boldsymbol{a}+\boldsymbol{h}) = \tfrac{1}{\sqrt{2}} + \tfrac{3}{2}(k+l) + \tfrac{3}{\sqrt{2}}(k^2+l^2) + o(\|\boldsymbol{h}\|^2)$$
$$= \tfrac{1}{\sqrt{2}} - \tfrac{3}{2\sqrt{2}}h^2 + \tfrac{3}{2\sqrt{2}}(k^2+l^2) + o(\|\boldsymbol{h}\|^2). \quad \cdots\cdots \text{⑦}$$

まず $h=0$ のとき, すなわち $\boldsymbol{a}+\boldsymbol{h}$ が yz 平面と N_g の交線 L_1 上を動くとき, ⑥は $(k+\frac{1}{\sqrt{2}})^2 + (l+\frac{1}{\sqrt{2}})^2 = 1$ となり, 点 (k,l) は中心 $(-\frac{1}{\sqrt{2}}, -\frac{1}{\sqrt{2}})$, 半径 1 の円周上にある. ゆえに $\|\boldsymbol{h}\| = \sqrt{k^2+l^2} \to 0$ となることができて (右図参照), ⑦より $f(\boldsymbol{a}+\boldsymbol{h}) = \frac{1}{\sqrt{2}} + \frac{3}{2\sqrt{2}}\|\boldsymbol{h}\|^2 + o(\|\boldsymbol{h}\|^2)$ ゆえ, L_1 上で $f(\boldsymbol{a}) = \frac{1}{\sqrt{2}}$ は極小値.

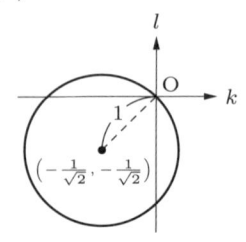

次に $l=0$, すなわち $\boldsymbol{a}+\boldsymbol{h}$ が平面 $z=\frac{1}{\sqrt{2}}$ と $N_{\boldsymbol{g}}$ の交線 L_2 上を動くとする．このとき ⑥は $h^2+(k+\frac{1}{\sqrt{2}})^2 = \frac{1}{2}$ ⋯ ⑧ となり，点 (h,k) は中心 $(0,-\frac{1}{\sqrt{2}})$，半径 $\frac{1}{\sqrt{2}}$ の円周上にある．ゆえに $\|\boldsymbol{h}\|=\sqrt{h^2+k^2}\to 0$ が可能であり，⑦ より

$$f(\boldsymbol{a}+\boldsymbol{h}) = \frac{1}{\sqrt{2}} - \frac{3}{2\sqrt{2}}h^2 + \frac{3}{2\sqrt{2}}k^2 + o(\|\boldsymbol{h}\|^2).$$

今の場合，$-h^2+k^2 = -\|\boldsymbol{h}\|^2+2k^2$ であり，⑧ より $2k^2 = (-\sqrt{2}\,k)^2 = (h^2+k^2)^2 = \|\boldsymbol{h}\|^4$ であるから，$f(\boldsymbol{a}+\boldsymbol{h}) = \frac{1}{\sqrt{2}} - \frac{3}{2\sqrt{2}}\|\boldsymbol{h}\|^2 + o(\|\boldsymbol{h}\|^2)$．ゆえに L_2 上で $f(\boldsymbol{a}) = \frac{1}{\sqrt{2}}$ は極大値である．以上から $f(\boldsymbol{a})$ は極値ではない．他の (b) の点でも同様．

問題 6.131 $\boldsymbol{G} := (x^2+y^2+z^2-4,\ (x-1)^2+y^2-1)$ とおく．$N_{\boldsymbol{G}}$ は有界閉集合であるから，f は $N_{\boldsymbol{G}}$ 上で最大値と最小値をとる．また注意 6.102 より，$N_{\boldsymbol{G}}$ の特異点は $(2,0,0)$ のみ．そこでは $f(2,0,0)=5$ である．非特異点で Lagrange の乗数法を適用する．すなわち $\boldsymbol{\lambda}=(\lambda,\mu)$ とおいて，方程式 $\nabla f(\boldsymbol{x}) = \boldsymbol{\lambda} J_{\boldsymbol{G}}(\boldsymbol{x})$ $(\boldsymbol{x} \in N_{\boldsymbol{G}})$ を解こう．$\nabla f = (2x, 2(y+1), 4z)$ と $J_{\boldsymbol{G}} = \begin{pmatrix} 2x & 2y & 2z \\ 2(x-1) & 2y & 0 \end{pmatrix}$ より

$$x = \lambda x + \mu(x-1) \cdots ① \quad y+1 = \lambda y + \mu y \cdots ② \quad 2z = \lambda z \cdots ③$$
$$x^2 + y^2 + z^2 = 4 \cdots ④ \quad (x-1)^2 + y^2 = 1 \cdots ⑤$$

を得る．まず③より $z=0$ または $\lambda=2$ である．$z=0$ だと④と⑤より $x=2, y=0$ を得るが，これは②をみたさない．ゆえに $\lambda=2$．このとき①と②は $(\mu+1)x = \mu$, $(\mu+1)y = 1$．後者より $\mu \neq -1$ であり，$x = \frac{\mu}{\mu+1}$, $y = \frac{1}{\mu+1}$．したがって $y=1-x$．これを⑤に代入して，$x = 1 \pm \frac{1}{\sqrt{2}}$, $y = \mp \frac{1}{\sqrt{2}}$（複号同順であり，以下同じ）．ゆえに $\mu = \mp\sqrt{2}-1$．また④より $z^2 = 2 \mp \sqrt{2}$．以上から，考慮すべき点は

$$(x,y,z) = \left(1+\frac{1}{\sqrt{2}},\ -\frac{1}{\sqrt{2}},\ \pm\sqrt{2-\sqrt{2}}\right),\quad \left(1-\frac{1}{\sqrt{2}},\ \frac{1}{\sqrt{2}},\ \pm\sqrt{2+\sqrt{2}}\right).$$

前者 2 点での f の値は $7-2\sqrt{2}$，後者 2 点では $7+2\sqrt{2}$．これらとすでに求めた $f(2,0,0)=5$ を比べて，最大値は $7+2\sqrt{2}$，最小値は $7-2\sqrt{2}$．

第 7 章

問題 7.11 いずれも容易．

問題 7.14 $S := \{(x,y)\ ;\ x \in \mathbb{Q},\ y \in \mathbb{Q}\} \cap ([0,1]\times[0,1])$ とおくと，$\mu^*(S)=1$, $\mu_*(S)=0$ であるので，S は面積確定集合ではない．

問題 7.16 $x(t), y(t)$ は一様連続になるので，例題 7.15 の証明と全く同様である．

$$M := \max\Big(\max_{a \leqq t \leqq b}|x'(t)|,\ \max_{a \leqq t \leqq b}|y'(t)|,\ b-a\Big)$$

とおく．平均値の定理と M の定義から，$a \leqq t_1 < t_2 \leqq b$ のとき，

$$|x(t_2)-x(t_1)| \leqq M(t_2-t_1),\quad |y(t_2)-y(t_1)| \leqq M(t_2-t_1).\ \cdots\cdots ①$$

$\forall \varepsilon > 0$ が与えられたとする．$n \in \mathbb{N}$ を大きくとって，$n > \frac{4}{\varepsilon}M^4$ とする．この n を用いて閉区間 $[a, b]$ を n 等分し，分点を $a = t_0 < t_1 < \cdots < t_n = b$ とする．$I_k := [t_{k-1}, t_k]$ $(k = 1, \ldots, n)$ とする．また $x_k := x(t_k)$，$y_k := y(t_k)$ とおく．$t \in I_k$ のとき，① より

$$|x(t) - x_{k-1}| \leqq \frac{M^2}{n}, \quad |y(t) - y_{k-1}| \leqq \frac{M^2}{n}.$$

これは ∂D の $\{(x(t), y(t)) ; t \in I_k\}$ の部分が，一辺が $\frac{2}{n}M^2$ の正方形で覆えることを示している．ゆえに ∂D は一辺が $\frac{2}{n}M^2$ の n 個の正方形達で覆えるので，総面積が $n \cdot \frac{4}{n^2}M^4 < \varepsilon$ の正方形領域達で覆われている．

問題 7.25 いずれも問題の重積分を I とする．

(1) 累次積分で書くと（下左図参照）

$$I = \int_{-2}^{2}\left(\int_{\frac{1}{2}x^2}^{2} \frac{y}{\sqrt{1+x^2+y^2}}\,dy\right)dx = \int_{-2}^{2}\left[\sqrt{1+x^2+y^2}\,\right]_{y=\frac{1}{2}x^2}^{2}dx$$
$$= 2\int_{0}^{2}\sqrt{5+x^2}\,dx - 2\int_{0}^{2}\left(1+\frac{x^2}{2}\right)dx = I_1 - I_2.$$

ここで I_1 については，$x = \sqrt{5}t$ とおくと $I_1 = 10\int_{0}^{\frac{2}{\sqrt{5}}}\sqrt{1+t^2}\,dt$．よって，例 5.65 あるいは問題 5.66 より，$I_1 = 5\left[\log(\sqrt{t^2+1}+t) + t\sqrt{t^2+1}\,\right]_{0}^{\frac{2}{\sqrt{5}}} = \frac{5}{2}\log 5 + 6$．
そして $I_2 = 2\left[x + \frac{x^3}{6}\right]_{0}^{2} = \frac{20}{3}$ より，$I = \frac{5}{2}\log 5 - \frac{2}{3}$.

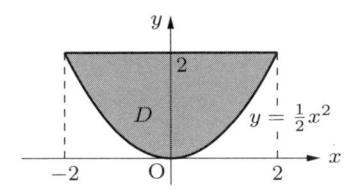

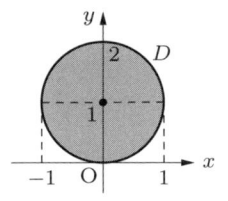

(2) 上右図より $I = 2\int_{0}^{2}\left(\int_{0}^{\sqrt{2y-y^2}}\sqrt{4y-x^2}\,dx\right)dy$．まず括弧内の積分 $J(y)$ について，$x = 2\sqrt{y}\sin\theta$ とおき，$\alpha := \operatorname{Arcsin}\frac{\sqrt{2-y}}{2}$ とおくと，$0 \leqq \alpha \leqq \frac{\pi}{4}$ である．
$dx = 2\sqrt{y}\cos\theta\,d\theta$ より，$J(y) = 4y\int_{0}^{\alpha}\cos^2\theta\,d\theta = 2y\int_{0}^{\alpha}(1+\cos 2\theta)\,d\theta$
$$= 2y\left[\theta + \frac{\sin 2\theta}{2}\right]_{0}^{\alpha} = 2y(\alpha + \sin\alpha\cos\alpha).$$

最後の項において，$\sin\alpha\cos\alpha = \frac{\sqrt{2-y}}{2}\cdot\frac{\sqrt{2+y}}{2} = \frac{\sqrt{4-y^2}}{4}$ より，
$$J(y) = 2y\operatorname{Arcsin}\frac{\sqrt{2-y}}{2} + \frac{1}{2}y\sqrt{4-y^2}.$$

よって，$I = 4\int_{0}^{2}y\operatorname{Arcsin}\frac{\sqrt{2-y}}{2}\,dy + \int_{0}^{2}y\sqrt{4-y^2}\,dy = I_1 + I_2$．まず I_1 で部分積分を行う．$\left(\operatorname{Arcsin}\frac{\sqrt{2-y}}{2}\right)' = -\frac{1}{2\sqrt{4-y^2}}$ より
$$I_1 = 4\left[\frac{y^2}{2}\operatorname{Arcsin}\frac{\sqrt{2-y}}{2}\right]_{0}^{2} + \int_{0}^{2}\frac{y^2}{\sqrt{4-y^2}}\,dy = \int_{0}^{2}\frac{y^2}{\sqrt{4-y^2}}\,dy.$$

最後の積分は変数変換 $y = 2\sin t$ を行うと，$4\int_{0}^{\frac{\pi}{2}}\sin^2 t\,dt = \pi$ となる．そして，$I_2 = \frac{1}{3}\left[-(4-y^2)^{3/2}\right]_{0}^{2} = \frac{8}{3}$．以上より，$I = \pi + \frac{8}{3}$.

問題 7.27　D を $x=1$ より左側と右側で分ける．左側の区域での重積分については

$$\int_{\frac{1}{\sqrt[3]{2}}}^{1}\left\{\int_{1/x}^{2x^2}(x^3+y^3)\,dy\right\}dx$$
$$=\int_{\frac{1}{\sqrt[3]{2}}}^{1}\left\{x^3\left(2x^2-\tfrac{1}{x}\right)+\left[\tfrac{1}{4}y^4\right]_{y=\frac{1}{x}}^{2x^2}\right\}dx$$
$$=\int_{\frac{1}{\sqrt[3]{2}}}^{1}\left(2x^5-x^2+4x^8-\tfrac{1}{4x^4}\right)dx=\tfrac{7}{18}.$$

右側の区域での重積分については

$$\int_{1}^{\sqrt[3]{2}}\left\{\int_{x^2}^{2/x}(x^3+y^3)\,dy\right\}dx$$
$$=\int_{1}^{\sqrt[3]{2}}\left\{x^3\left(\tfrac{2}{x}-x^2\right)+\left[\tfrac{1}{4}y^4\right]_{y=x^2}^{\frac{2}{x}}\right\}dx$$
$$=\int_{1}^{\sqrt[3]{2}}\left(2x^2-x^5+\tfrac{4}{x^4}-\tfrac{1}{4}x^8\right)dx=\tfrac{23}{36}.$$

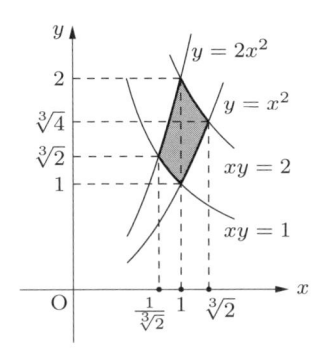

ゆえに求める重積分の値は，$\tfrac{7}{18}+\tfrac{23}{36}=\tfrac{37}{36}$．

問題 7.30　$D:=\{(x,y)\,;\,0\leqq x\leqq 1,\,x^2\leqq y\leqq 1\}$ とすると，与えられた累次積分は，重積分 $I:=\iint_D xy\,e^{y^3}dxdy$ を書き直したものである．積分区域である D は

$$D=\{(x,y)\,;\,0\leqq y\leqq 1,\,0\leqq x\leqq\sqrt{y}\}$$

とも記述されるので

$$I=\int_0^1\left(\int_0^{\sqrt{y}}xy\,e^{y^3}dx\right)dy=\tfrac{1}{2}\int_0^1 y^2 e^{y^3}dy=\tfrac{1}{6}\left[e^{y^3}\right]_0^1=\tfrac{1}{6}(e-1).$$

問題 7.32　$1<a<b$ のとき，$f(x,y)=\dfrac{1}{y-\cos x}$ は長方形領域 $I:=[0,\pi]\times[a,b]$ で連続である．ゆえに

$$\iint_I\tfrac{dxdy}{y-\cos x}=\int_0^\pi\left(\int_a^b\tfrac{dy}{y-\cos x}\right)dx=\int_0^\pi\left[\log(y-\cos x)\right]_{y=a}^b dx=\int_0^\pi\log\tfrac{b-\cos x}{a-\cos x}dx.$$

一方，$\iint_I\tfrac{dxdy}{y-\cos x}=\int_a^b\left(\int_0^\pi\tfrac{dx}{y-\cos x}\right)dy=\pi\int_a^b\tfrac{dy}{\sqrt{y^2-1}}$ であり，注意 5.68 と問題 4.37 より，最後の項 $=\pi\left[\cosh^{-1}y\right]_a^b=\pi\log\dfrac{b+\sqrt{b^2-1}}{a+\sqrt{a^2-1}}$ となる．以上より所要の等式を得る．

問題 7.36　写像 $\Phi:(u,v)\mapsto(x,y)=(u^2v,uv)$ は，逆写像が $\Phi^{-1}:(x,y)\mapsto(u,v)=\left(\tfrac{x}{y},\tfrac{y^2}{x}\right)$ であり，$D':=\{(u,v)\,;\,\tfrac{1}{2}\leqq u\leqq 1,\,1\leqq v\leqq 2\}$ と D の 1 対 1 対応を与える．また，Φ は D' を少しだけ膨らませた長方形領域の内部でなめらかである．

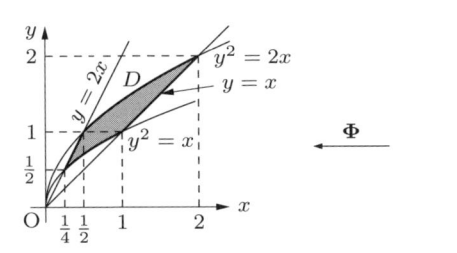

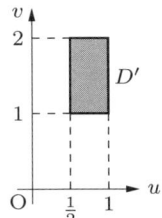

$\frac{\partial(x,y)}{\partial(u,v)} = \det\begin{pmatrix} 2uv & u^2 \\ v & u \end{pmatrix} = u^2 v$ であるから，$dxdy = u^2 v\, dudv$ である．よって求める積分を I とすると，$I = \iint_{D'} \frac{1}{u} u^2 v\, dudv = \left(\int_{\frac{1}{2}}^{1} u\, du\right)\left(\int_{1}^{2} v\, dv\right) = \left[\frac{u^2}{2}\right]_{\frac{1}{2}}^{1} \cdot \left[\frac{v^2}{2}\right]_{1}^{2} = \frac{9}{16}$．

問題 7.38 写像 $D \ni (x,y) \mapsto (u,v) = (xy, \frac{y}{x})$ の逆写像は
$$\Phi: (u,v) \mapsto (x,y) = \left(\sqrt{\tfrac{u}{v}},\, \sqrt{uv}\right)$$
であり，これにより D と $D' := \{(u,v)\,;\, 1 \leqq u \leqq 2,\, 1 \leqq v \leqq 4\}$ が 1 対 1 に対応する．Φ は D' を少しだけ膨らませた長方形領域の内部でなめらか．$\frac{\partial(u,v)}{\partial(x,y)} = \det\begin{pmatrix} y & x \\ -\frac{y}{x^2} & \frac{1}{x} \end{pmatrix} = \frac{2y}{x} = 2v$ と命題 7.37 より $\frac{\partial(x,y)}{\partial(u,v)} = \frac{1}{2v}$．よって $dxdy = \frac{dudv}{2v}$ ゆえ，
$$I = \frac{1}{2}\left(\int_{1}^{2} u^2\, du\right)\left(\int_{1}^{4} \frac{dv}{v}\right) = \frac{1}{6}\left[u^3\right]_{1}^{2} \cdot \left[\log v\right]_{1}^{4} = \frac{7}{3}\log 2.$$

問題 7.39 写像 $D \ni (x,y) \mapsto (u,v) = (xy, \frac{y}{x^2})$ の逆写像は $\Phi: (u,v) \mapsto \left(\sqrt[3]{\tfrac{u}{v}},\, \sqrt[3]{u^2 v}\right)$ で，これにより D と $D' := \{(u,v)\,;\, 1 \leqq u \leqq 2,\, 1 \leqq v \leqq 2\}$ とが 1 対 1 に対応する．Φ は D' を少し膨らませた長方形領域の内部でなめらか．$\frac{\partial(u,v)}{\partial(x,y)} = \det\begin{pmatrix} y & x \\ -\frac{2y}{x^3} & \frac{1}{x^2} \end{pmatrix} = \frac{3y}{x^2} = 3v$ と命題 7.37 より，$\frac{\partial(x,y)}{\partial(u,v)} = \frac{1}{3v}$．ゆえに
$$\iint_{D} x^3\, dxdy = \iint_{D'} \frac{u}{v} \frac{dudv}{3v} = \frac{1}{3}\left(\int_{1}^{2} u\, du\right)\left(\int_{1}^{2} \frac{dv}{v^2}\right) = \frac{1}{3} \cdot \frac{3}{2} \cdot \frac{1}{2} = \frac{1}{4},$$
$$\iint_{D} y^3\, dxdy = \iint_{D'} u^2 v\, \frac{dudv}{3v} = \frac{1}{3}\left(\int_{1}^{2} u^2\, du\right)\left(\int_{1}^{2} dv\right) = \frac{1}{3} \cdot \frac{7}{3} = \frac{7}{9}.$$
よって求める値は $\frac{1}{4} + \frac{7}{9} = \frac{37}{36}$．

問題 7.41 (1) 極座標に変換して
$$\iint_{D_R} e^{-(x^2+y^2)}\, dxdy = \left(\int_{0}^{R} e^{-r^2} r\, dr\right)\left(\int_{0}^{2\pi} d\theta\right) = \pi\left[-e^{-r^2}\right]_{0}^{R} = \pi(1 - e^{-R^2}).$$

(2) 同様に，$\iint_{D_R} \sin(x^2+y^2)\, dxdy = \left(\int_{0}^{R} r\sin(r^2)\, dr\right)\left(\int_{0}^{\frac{\pi}{2}} d\theta\right)$
$$= \frac{\pi}{4}\left[-\cos(r^2)\right]_{0}^{R} = \frac{\pi}{4}(1 - \cos(R^2)).$$

問題 7.42 (1) 積分区域 D を右下の図のように，D_1 と D_2 に分ける．D_2 において，図の点 P の極座標を $(r\cos\theta, r\sin\theta)$ とすると，$r = \sin\theta$ である．D_1, D_2 を極座標で表したものをそれぞれ D_1', D_2' とすると
$$D_1' = \{(r,\theta)\,;\, -\tfrac{\pi}{2} \leqq \theta \leqq 0,\, 0 \leqq r \leqq 1\},$$
$$D_2' = \{(r,\theta)\,;\, 0 \leqq \theta \leqq \tfrac{\pi}{2},\, \sin\theta \leqq r \leqq 1\}.$$
D_1, D_2 上の重積分をそれぞれ I_1, I_2 とする．
$$I_1 = \iint_{D_1'} \frac{r}{(1+r^2)^2}\, drd\theta = \left(\int_{0}^{1} \frac{r}{(1+r^2)^2}\, dr\right)\left(\int_{-\frac{\pi}{2}}^{0} d\theta\right)$$
$$= \frac{\pi}{4}\left[-\frac{1}{1+r^2}\right]_{0}^{1} = \frac{\pi}{8}.$$

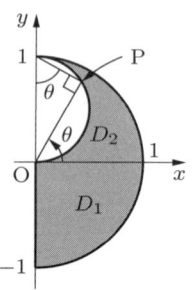

同様に，$I_2 = \int_0^{\frac{\pi}{2}} \left(\int_{\sin\theta}^1 \frac{r}{(1+r^2)^2} \, dr \right) d\theta$

$= \frac{1}{2} \int_0^{\frac{\pi}{2}} \left[-\frac{1}{1+r^2} \right]_{r=\sin\theta}^1 d\theta = -\frac{\pi}{8} + \frac{1}{2} \int_0^{\frac{\pi}{2}} \frac{d\theta}{1+\sin^2\theta}$.

最後の積分は問題 5.101 (2) より $\frac{\sqrt{2}}{4}\pi$ ゆえ，$I = I_1 + I_2 = \frac{\sqrt{2}}{8}\pi$.

(2) 極座標で表した D を D' とすると，

$$D' = \left\{ (r,\theta) \, ; \, 0 \leqq \theta \leqq \frac{\pi}{2}, \, 0 \leqq r \leqq \min\left(\frac{\sqrt{3}}{\cos\theta}, \frac{1}{\sin\theta}\right) \right\}.$$

横軸を θ 軸，縦軸を r 軸として D' を図示すると，右図のようになる．$\frac{\pi}{6}$ より左側を D_1'，右側を D_2' とし，D_1' 上の重積分を I_1，D_2' 上の重積分を I_2 とすると

$I_1 = \iint_{D_1'} \frac{r}{(1+r^2)^{3/2}} \, drd\theta = \int_0^{\frac{\pi}{6}} \left(\int_0^{\frac{\sqrt{3}}{\cos\theta}} \frac{r}{(1+r^2)^{3/2}} \, dr \right) d\theta$

$= \int_0^{\frac{\pi}{6}} \left[-\frac{1}{\sqrt{1+r^2}} \right]_0^{\frac{\sqrt{3}}{\cos\theta}} d\theta = \frac{\pi}{6} - \int_0^{\frac{\pi}{6}} \frac{\cos\theta}{\sqrt{4-\sin^2\theta}} \, d\theta$.

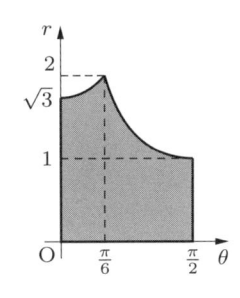

最後の積分は $\sin\theta = t$ とおくと，

$$\int_0^{\frac{\pi}{6}} \frac{\cos\theta}{\sqrt{4-\sin^2\theta}} \, d\theta = \int_0^{\frac{1}{2}} \frac{dt}{\sqrt{4-t^2}} = \left[\text{Arcsin}\, \frac{t}{2} \right]_0^{\frac{1}{2}} = \text{Arcsin}\, \frac{1}{4}$$

となるから，$I_1 = \frac{\pi}{6} - \text{Arcsin}\, \frac{1}{4}$．同様に I_2 も計算できる．実際に

$I_2 = \iint_{D_2'} \frac{r}{(1+r^2)^{3/2}} \, drd\theta = \int_{\frac{\pi}{6}}^{\frac{\pi}{2}} \left(\int_0^{\frac{1}{\sin\theta}} \frac{r}{(1+r^2)^{3/2}} \, dr \right) d\theta$

$= \int_{\frac{\pi}{6}}^{\frac{\pi}{2}} \left[-\frac{1}{\sqrt{1+r^2}} \right]_0^{\frac{1}{\sin\theta}} d\theta = \frac{\pi}{3} - \int_{\frac{\pi}{6}}^{\frac{\pi}{2}} \frac{\sin\theta}{\sqrt{2-\cos^2\theta}} \, d\theta$.

最後の積分は $\cos\theta = t$ とおくと，

$$\int_{\frac{\pi}{6}}^{\frac{\pi}{2}} \frac{\sin\theta}{\sqrt{2-\cos^2\theta}} \, d\theta = \int_0^{\frac{\sqrt{3}}{2}} \frac{dt}{\sqrt{2-t^2}} = \left[\text{Arcsin}\, \frac{t}{\sqrt{2}} \right]_0^{\frac{\sqrt{3}}{2}} = \text{Arcsin}\, \frac{\sqrt{3}}{2\sqrt{2}}.$$

以上より $I = \frac{\pi}{2} - \text{Arcsin}\, \frac{1}{4} - \text{Arcsin}\, \frac{\sqrt{6}}{4}$．問題 4.15 を用いると $I = \text{Arcsin}\, \frac{\sqrt{6}}{4}$．

問題 7.44 いずれも問題文の重積分を I とする．

(1) xy 平面上の原点を中心とし，半径 1 の円の内部または周を B とすると

$I = \iint_B \left(\int_0^{2-x-y} \sqrt{x^2+y^2} \, dz \right) dxdy$

$= \iint_B (2-x-y)\sqrt{x^2+y^2} \, dxdy$.

ここで $x = r\cos\theta$, $y = r\sin\theta$ とおくと

$I = \int_0^{2\pi} \left(\int_0^1 (2 - r\cos\theta - r\sin\theta) r^2 \, dr \right) d\theta$

$= \int_0^{2\pi} \left(\frac{2}{3} - \frac{1}{4}(\cos\theta + \sin\theta) \right) d\theta = \frac{4}{3}\pi$.

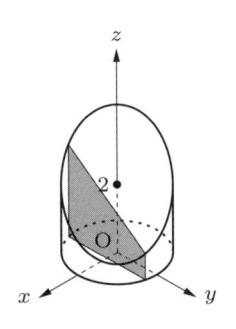

【注意】 円柱座標（定義 6.45 参照）への変換による重積分の計算になっているのは，円柱が関わるのであるから当然の成り行きである．

(2) 各 $x \in [-1, 1]$ に対して，$D_x := \{(y, z)\,;\, y^2 + z^2 \leqq 1 - x^2\}$ とおくと
$$I = \int_{-1}^{1} \left(\iint_{D_x} \frac{dy\,dz}{\sqrt{(x-3)^2 + y^2 + z^2}}\right) dx.$$
内側の重積分を $J(x)$ とし，$J(x)$ において $y = r\cos\theta,\ z = r\sin\theta$ とおくと，
$$J(x) = \left(\int_0^{\sqrt{1-x^2}} \frac{r}{\sqrt{(x-3)^2 + r^2}}\,dr\right)\left(\int_0^{2\pi} d\theta\right) = 2\pi\left[\sqrt{(x-3)^2 + r^2}\right]_{r=0}^{\sqrt{1-x^2}}$$
$$= 2\pi\left(\sqrt{10 - 6x} - |x - 3|\right) = 2\pi\left(\sqrt{10 - 6x} + x - 3\right) \quad (\because -1 \leqq x \leqq 1).$$

ゆえに，$I = 2\pi \int_{-1}^{1} (\sqrt{10 - 6x} - 3)\,dx = \frac{112}{9}\pi - 12\pi = \frac{4}{9}\pi$.

問題 7.47 例題 7.46 の解の D' により与えられた重積分 I は
$$I = \iiint_{D'} r^5 \sin^3\theta \cos\theta \sin\varphi \cos\varphi\,dr\,d\theta\,d\varphi$$
$$= \left(\int_0^1 r^5\,dr\right)\left(\int_0^{\frac{\pi}{2}} \sin^3\theta \cos\theta\,d\theta\right)\left(\int_0^{\frac{\pi}{2}} \sin\varphi \cos\varphi\,d\varphi\right)$$
$$= \left[\tfrac{1}{6} r^6\right]_0^1 \cdot \left[\tfrac{1}{4} \sin^4\theta\right]_0^{\frac{\pi}{2}} \cdot \left[-\tfrac{1}{4} \cos 2\varphi\right]_0^{\frac{\pi}{2}} = \tfrac{1}{48}.$$

問題 7.48 極座標の式 (7.6) を用いる．ただし，φ の範囲は $-\pi < \varphi \leqq \pi$ としておく．$z \geqq 0 \iff 0 \leqq \theta \leqq \frac{\pi}{2}$ であり，
$$y^2 \leqq 2xz \iff \sin\theta \sin^2\varphi \leqq 2\cos\theta \cos\varphi. \quad \cdots\cdots \text{①}$$
①で $(\theta, \varphi) = (\frac{\pi}{2}, \pi)$ を除いて $\cos\varphi \geqq 0$ であるから，D での積分は次の D' での積分に変換されるとしてよい．
$$D' := \left\{(r, \theta, \varphi)\,;\, 0 \leqq r \leqq 1,\ 0 \leqq \theta \leqq \tfrac{\pi}{2},\ -\tfrac{\pi}{2} \leqq \varphi \leqq \tfrac{\pi}{2},\ \tan\theta \leqq \tfrac{2\cos\varphi}{\sin^2\varphi}\right\}.$$
簡単のため，$\alpha := \operatorname{Arctan} \frac{2\cos\varphi}{\sin^2\varphi}$（$\varphi = 0$ のときは $\alpha = \frac{\pi}{2}$ とする）とおくと，$0 \leqq \alpha \leqq \frac{\pi}{2}$ である．このとき与えられた積分 I は
$$I = \iiint_{D'} r^3 \cos\theta \sin\theta\,dr\,d\theta\,d\varphi = \tfrac{1}{2}\left(\int_{-\frac{\pi}{2}}^{\frac{\pi}{2}} \left(\int_0^\alpha \sin 2\theta\,d\theta\right) d\varphi\right)\left(\int_0^1 r^3\,dr\right)$$
$$= \tfrac{1}{8} \int_{-\frac{\pi}{2}}^{\frac{\pi}{2}} \left[-\tfrac{1}{2}\cos 2\theta\right]_0^\alpha d\varphi = \tfrac{1}{16} \int_{-\frac{\pi}{2}}^{\frac{\pi}{2}} (1 - \cos 2\alpha)\,d\varphi = \tfrac{1}{8} \int_{-\frac{\pi}{2}}^{\frac{\pi}{2}} \sin^2\alpha\,d\varphi.$$

ここで，$\sin^2\alpha = \frac{\tan^2\alpha}{1 + \tan^2\alpha} = \frac{4\cos^2\varphi}{\sin^4\varphi + 4\cos^2\varphi} = \frac{4\cos^2\varphi}{(1+\cos^2\varphi)^2}$ であるから
$$I = \tfrac{1}{2} \int_{-\frac{\pi}{2}}^{\frac{\pi}{2}} \frac{\cos^2\varphi}{(1+\cos^2\varphi)^2}\,d\varphi = \int_0^{\frac{\pi}{2}} \frac{\cos^2\varphi}{(1+\cos^2\varphi)^2}\,d\varphi.$$

$\tan\varphi = t$ とおくと，$I = \int_0^{+\infty} \frac{dt}{(2+t^2)^2}$．例 5.73 より $I = \frac{\pi}{8\sqrt{2}}$．

問題 7.61 いずれも求める広義積分を I とおく．

(1) $I = \int_0^1 \left(\int_0^y \frac{dx}{\sqrt{x^2+y^2}}\right) dy$．内側の積分で $x = yt$ とおくと，注意 5.68 より $\int_0^y \frac{dx}{\sqrt{x^2+y^2}} = \int_0^1 \frac{1}{\sqrt{1+t^2}}\,dt = \left[\log(\sqrt{1+t^2} + t)\right]_0^1 = \log(\sqrt{2} + 1)$ であるから，$I = \log(\sqrt{2}+1)$．

(2) $Q(x,y)$ は正定値であるから,$a > 0$,$ac - b^2 > 0$ である.平方完成すると,$Q(x,y) = a\left(x + \frac{by}{a}\right)^2 + \frac{ac-b^2}{a}y^2$.よって,$u = \sqrt{a}\left(x + \frac{by}{a}\right)$, $v = \sqrt{\frac{ac-b^2}{a}}\,y$ とおくと,D と $D' = \{(u,v)\,;\,u^2 + v^2 < 1\}$ とは 1 対 1 に対応する.そして,

$$\frac{\partial(u,v)}{\partial(x,y)} = \det\begin{pmatrix} \sqrt{a} & \frac{b}{\sqrt{a}} \\ 0 & \sqrt{\frac{ac-b^2}{a}} \end{pmatrix} = \sqrt{ac-b^2}$$

と命題 7.37 より $\frac{\partial(x,y)}{\partial(u,v)} = \frac{1}{\sqrt{ac-b^2}}$ となるから,$I = \frac{1}{\sqrt{ac-b^2}}\iint_{D'} \frac{du\,dv}{\sqrt{1-u^2-v^2}}$.さらに $u = r\cos\theta,\ v = r\sin\theta$ として,

$$I = \frac{1}{\sqrt{ac-b^2}}\left(\int_0^1 \frac{r}{\sqrt{1-r^2}}\,dr\right)\left(\int_0^{2\pi} d\theta\right) = \frac{2\pi}{\sqrt{ac-b^2}}\left[-\sqrt{1-r^2}\right]_0^1 = \frac{2\pi}{\sqrt{ac-b^2}}.$$

問題 7.62 いずれも求める広義積分を I とおく.

(1) 極座標に変換すると,$I = \left(\int_0^{+\infty} \frac{\log(1+r^2)}{(1+r^2)^2}\,r\,dr\right)\left(\int_0^{2\pi} d\theta\right) = \pi \int_0^{+\infty} \frac{\log(1+t)}{(1+t)^2}\,dt$.ここで部分積分をすると,$I = \pi\left[-\frac{\log(1+t)}{1+t}\right]_0^{+\infty} + \pi \int_0^{+\infty} \frac{dt}{(1+t)^2} = \pi\left[-\frac{1}{1+t}\right]_0^{+\infty} = \pi$.

(2) $u = x + y$, $v = x - y$ とおくと,$x = \frac{1}{2}(u+v)$, $y = \frac{1}{2}(u-v)$ であるから,$\frac{\partial(x,y)}{\partial(u,v)} = \det\begin{pmatrix} \frac{1}{2} & \frac{1}{2} \\ \frac{1}{2} & -\frac{1}{2} \end{pmatrix} = -\frac{1}{2}$.この写像 $(u,v) \mapsto (x,y)$ は $\mathbb{R}^2$ の可逆な線型写像であるから,$\mathbb{R}^2$ から $\mathbb{R}^2$ の上へのなめらかな 1 対 1 の写像である.$x^2 + y^2 = \frac{1}{2}(u^2+v^2)$ であるから,

$$I = \frac{1}{2}\iint_{\mathbb{R}^2} |v|\,e^{-\frac{1}{2}(u^2+v^2)}\,du\,dv = \left(\int_{-\infty}^{+\infty} e^{-\frac{1}{2}u^2}\,du\right)\left(\int_0^{+\infty} v\,e^{-\frac{1}{2}v^2}\,dv\right).$$

ここで,

$$\int_{-\infty}^{+\infty} e^{-\frac{1}{2}u^2}\,du = \sqrt{2}\int_{-\infty}^{+\infty} e^{-u^2}\,du = \sqrt{2\pi},\quad \int_0^{+\infty} v\,e^{-\frac{1}{2}v^2}\,dv = \left[-e^{-\frac{1}{2}v^2}\right]_0^{+\infty} = 1$$

ゆえ,$I = \sqrt{2\pi}$.

(3) 極座標で

$D'_1 := \left\{(r,\theta)\,;\,\frac{\pi}{4} \leqq \theta < \frac{\pi}{2},\ \sqrt{2} \leqq r \leqq \frac{1}{\cos\theta}\right\}$,

$D'_2 := \left\{(r,\theta)\,;\,\frac{\pi}{2} \leqq \theta \leqq \pi,\ \sqrt{2} \leqq r < +\infty\right\}$

とおくとき,D は D'_1 と D'_2 の和集合である.

$$I = \int_{\frac{\pi}{4}}^{\frac{\pi}{2}}\left(\int_{\sqrt{2}}^{\frac{1}{\cos\theta}} \frac{dr}{r^4}\right)d\theta + \left(\int_{\sqrt{2}}^{+\infty} \frac{dr}{r^4}\right)\left(\int_{\frac{\pi}{2}}^{\pi} d\theta\right)$$
$$= \int_{\frac{\pi}{4}}^{\frac{\pi}{2}}\left[-\frac{1}{3r^3}\right]_{\sqrt{2}}^{\frac{1}{\cos\theta}}\,d\theta + \frac{\pi}{2}\left[-\frac{1}{3r^3}\right]_{\sqrt{2}}^{+\infty}$$
$$= \int_{\frac{\pi}{4}}^{\frac{\pi}{2}}\left(-\frac{1}{3}\cos^3\theta + \frac{1}{6\sqrt{2}}\right)d\theta + \frac{\pi}{12\sqrt{2}}.$$

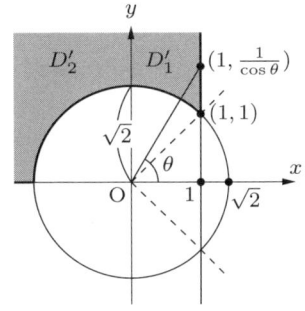

ここで,$\int \cos^3\theta\,d\theta = \int (1-\sin^2\theta)\,d(\sin\theta) = \sin\theta - \frac{1}{3}\sin^3\theta$ であるから,

$$\int_{\frac{\pi}{4}}^{\frac{\pi}{2}} \cos^3\theta\,d\theta = \left[\sin\theta - \frac{1}{3}\sin^3\theta\right]_{\frac{\pi}{4}}^{\frac{\pi}{2}} = \frac{2}{3} - \frac{5}{6\sqrt{2}}.$$

ゆえに $I = -\frac{2}{9} + \frac{5}{18\sqrt{2}} + \frac{\pi}{8\sqrt{2}}$.

問題 7.65 (1) $D_n := \{(x,y) ; x^2+y^2 \leqq n\pi, x \geqq 0, y \geqq 0\}$ $(n \in \mathbb{N})$ とおく．

$$I_n := \iint_{D_n} |\sin(x^2+y^2)|\,dxdy = \left(\int_0^{\sqrt{n\pi}} |\sin(r^2)|\,r\,dr\right)\left(\int_0^{\frac{\pi}{2}} d\theta\right)$$
$$= \frac{\pi}{4}\int_0^{n\pi} |\sin t|\,dt = \frac{\pi}{4}n\int_0^{\pi} \sin t\,dt = \frac{\pi}{2}n.$$

数列 $\{I_n\}$ は有界ではないので，$|\sin(x^2+y^2)|$ は D で広義積分可能ではない．

(2) D を直線 $y=x$ で分割して，$y \leqq x$ の部分を D_1，$y \geqq x$ の部分を D_2 とする．各 $\varepsilon > 0$ に対して，

$$D_1(\varepsilon) := \{(x,y) ; \varepsilon \leqq x \leqq 1, 0 \leqq y \leqq x\}$$

とする．このとき，

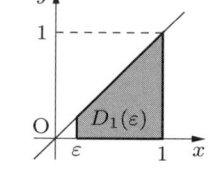

$$I_1(\varepsilon) := \iint_{D_1(\varepsilon)} \frac{|x-y|}{(x+y)^3}\,dxdy = \int_\varepsilon^1 \left(\int_0^x \frac{x-y}{(x+y)^3}\,dy\right)dx$$
$$= \int_\varepsilon^1 \left(\int_0^x \left(-\frac{1}{(x+y)^2} + \frac{2x}{(x+y)^3}\right)dy\right)dx = \int_\varepsilon^1 \left[\frac{1}{x+y} - \frac{x}{(x+y)^2}\right]_{y=0}^x dx$$
$$= \frac{1}{4}\int_\varepsilon^1 \frac{dx}{x} = -\frac{1}{4}\log\varepsilon \to +\infty \quad (\varepsilon \to +0).$$

ゆえに，$\frac{|x-y|}{(x+y)^3}$ は D で広義積分可能ではない．

問題 7.68 (1) $\varepsilon > 0$ に対して，$D_\varepsilon := \{\boldsymbol{x} \in \mathbb{R}^2 ; \varepsilon \leqq \|\boldsymbol{x}-\boldsymbol{a}\| \leqq R\}$ とおく．$\boldsymbol{a} = (a,b)$ を中心とする極座標 $x = a + r\cos\theta$，$y = b + r\sin\theta$ に変換すると，

$$\int_{D_\varepsilon} \frac{d\boldsymbol{x}}{\|\boldsymbol{x}-\boldsymbol{a}\|^\alpha} = \left(\int_\varepsilon^R r^{1-\alpha}\,dr\right)\left(\int_0^{2\pi} d\theta\right) = 2\pi\int_\varepsilon^R r^{1-\alpha}\,dr.$$

ここで，$\alpha \neq 2$ ならば右端の項は $\frac{2\pi}{2-\alpha}(R^{2-\alpha} - \varepsilon^{2-\alpha})$ に等しく，また $\alpha = 2$ のときには $2\pi(\log R - \log\varepsilon)$ に等しいことから結論が出る．

(2) $0 < R < R'$ に対して，$D_{R'} := \{\boldsymbol{x} \in \mathbb{R}^2 ; R \leqq \|\boldsymbol{x}\| \leqq R'\}$ とおくと，(1) と同様に，

$$I_{R'} := \int_{D_{R'}} \frac{d\boldsymbol{x}}{\|\boldsymbol{x}\|^\alpha} = \frac{2\pi}{2-\alpha}((R')^{2-\alpha} - R^{2-\alpha}) \qquad (\alpha \neq 2)$$

であり，$\alpha = 2$ のときは $I_{R'} = 2\pi(\log R' - \log R)$ であることより結論が従う．

(3) $\boldsymbol{a}$ を中心とする空間の極座標を使えば，D_ε を (1) と同様に定義するとき，

$$\int_{D_\varepsilon} \frac{d\boldsymbol{x}}{\|\boldsymbol{x}-\boldsymbol{a}\|^\alpha} = \left(\int_\varepsilon^R r^{2-\alpha}\,dr\right)\left(\int_0^\pi \sin\theta\,d\theta\right)\left(\int_0^{2\pi} d\varphi\right)$$

となることから結論が出る．積分区域が無限にのびる場合も同様．

問題 7.69 $2|xy| \leqq x^2+y^2$ より，$|f(x,y)| \leqq \frac{3x^2+2|xy|+3y^2}{x^2+y^2} \leqq 3+1 = 4$ ゆえ，f は有界である．極座標により積分は

$$\left(\int_0^1 r\,dr\right)\left(\int_0^{2\pi}(\cos^2\theta + 2\cos\theta\sin\theta - 3\sin^2\theta)\,d\theta\right)$$

となるので，計算結果は $\frac{1}{2} \cdot \left(\frac{1}{2} - \frac{3}{2}\right) \cdot 2\pi = -\pi$．

問題 7.75 いずれも求める積分を I とする.
(1) 極座標に変換すると,
$$I = \left(\int_0^1 r^{\alpha+\beta-1}\,dr\right)\left(\int_0^{\frac{\pi}{2}} \cos^{\alpha-1}\theta\,\sin^{\beta-1}\theta\,d\theta\right) = \frac{1}{2(\alpha+\beta)}\frac{\Gamma\left(\frac{\alpha}{2}\right)\Gamma\left(\frac{\beta}{2}\right)}{\Gamma\left(\frac{\alpha+\beta}{2}\right)} = \frac{1}{4}\frac{\Gamma\left(\frac{\alpha}{2}\right)\Gamma\left(\frac{\beta}{2}\right)}{\Gamma\left(\frac{\alpha+\beta}{2}+1\right)}.$$

(2) ヒントで与えられた変換 $\Phi : (u,v) \mapsto (x,y) = (u(1-v), uv)$ によって,uv 平面の開正方形領域 $D' := (0,1)\times(0,1)$ と D とがなめらかに 1 対 1 に対応する.また逆変換は $(x,y) \mapsto (x+y, \frac{y}{x+y})$ で与えられる.各 $\varepsilon > 0$ に対して,$D'_\varepsilon := [\varepsilon, 1-\varepsilon]\times[\varepsilon, 1-\varepsilon]$,$D_\varepsilon := \Phi(D'_\varepsilon)$ とおき,D_ε 上の積分を I_ε とすると,$\frac{\partial(x,y)}{\partial(u,v)} = \det\begin{pmatrix} 1-v & -u \\ v & u \end{pmatrix} = u$ より,

$$\begin{aligned} I_\varepsilon &= \iint_{D_\varepsilon} x^{\alpha-1} y^{\beta-1}(1-x-y)^{\gamma-1}\,dxdy \\ &= \iint_{D'_\varepsilon} u^{\alpha-1}(1-v)^{\alpha-1}(uv)^{\beta-1}(1-u)^{\gamma-1} u\,dudv \\ &= \left(\int_\varepsilon^{1-\varepsilon} u^{\alpha+\beta-1}(1-u)^{\gamma-1}\,du\right)\left(\int_\varepsilon^{1-\varepsilon} v^{\beta-1}(1-v)^{\alpha-1}\,dv\right). \end{aligned}$$

$\varepsilon \to +0$ のとき,最後の項は
$$\to B(\alpha+\beta, \gamma) B(\beta, \alpha) = \frac{\Gamma(\alpha+\beta)\Gamma(\gamma)}{\Gamma(\alpha+\beta+\gamma)}\frac{\Gamma(\beta)\Gamma(\alpha)}{\Gamma(\beta+\alpha)} = \frac{\Gamma(\alpha)\Gamma(\beta)\Gamma(\gamma)}{\Gamma(\alpha+\beta+\gamma)}.$$

参考文献

　本書を著すにあたって，下記の書物や論文を参考にした．本文や問題の解答で引用した文献もあるし，明示的には引用をしていない文献もある．後者の場合，長年にわたる講義や演習の準備などで筆者が参考にしてきた文献であり，その意味で本書の基盤になっている．以下では，和書，洋書，演習書，論文・論説の順に並べてある．

[1] 一松信，解析学序説上巻，裳華房，1962；下巻，1963．
[2] 細井勉，数学とことばの迷い路，日本評論社，1992．
[3] 磯崎洋・筧知之・木下保・籠屋恵嗣・砂川秀明・竹山美宏，微積分学入門，培風館，2008．
[4] 森口繁一・宇田川銈久・一松信，数学公式 I，岩波書店，1956；II，1957；III，1960．
[5] 齋藤正彦，微分積分学，東京図書，2006．
[6] 佐藤文広，数学ビギナーズマニュアル，日本評論社，1994；第 2 版，2014．
[7] 杉浦光夫，解析入門 I，東京大学出版会，1980；II，1985．
[8] 田島一郎，解析入門，岩波書店，1981．
[9] 高木貞治，解析概論改訂第三版，岩波書店，1983．
[10] 戸田盛和，楕円関数入門，日本評論社，2001．
[11] C. Carathéodory, Funktionentheorie, Birkhäuser, Basel, 1950.
[12] J. Havil, Gamma: Exploring Euler's constant, Princeton Univ. Press, Princeton, 2003. 邦訳：オイラーの定数ガンマ，新妻弘（監訳），共立出版，2009．
[13] E. Hairer and G. Wanner, Analysis by its history, Springer, Berlin, 2008 (4th printing). 邦訳：解析教程上下，蟹江幸博訳，シュプリンガー・ジャパン，2006．
[14] S. Wagon, Mathematica in action, W. H. Freeman and Company, New York, 1991. 邦訳：Mathematica で見える現代数学，長岡亮介（監訳），ブレーン出版，1992．
[15] G. Flory, Exercices de topologie et d'analyse, Tome 3, fonctions différentiables et intégrales multiples, Librairie Vuibert, Paris, 1980.

[16] J. Lelong-Ferrand, Exercices résolus d'analyse, Dunod, Paris, 1982.

[17] G. Almkvist and B. Berndt, *Gauss, Landen, Ramanujan, the arithmetic-geometric mean, ellipses, π, and the Ladies diary*, Amer. Math. Monthly, **95** (1988), 585–608.

[18] D. M. Bloom, *A pictorial proof of uniform continuity*, Amer. Math. Monthly, **96** (1989), 250–251

[19] R. P. Boas, *Counterexamples to L'Hôpital's rule*, Amer. Math. Monthly, **93** (1986), 644–645.

[20] R. P. Boas, *Inderterminate forms revisited*, Math. Magazine, **63** (1990), 155–159.

[21] B. Calvert and M. K. Vamanamurthy, *Local and global extrema for functions of several variables*, J. Austral. Math. Soc., **29** (1980), 362–368.

[22] R. Davies, *Solutiuon to Problem 1235*, Math. Magazine, **61** (1988), 59.

[23] H. T. Kaptanoğlu, *In praise of $y = x^\alpha \sin\frac{1}{x}$*, Amer. Math. Monthly, **108** (2001), 144–150.

[24] M. D. Meyerson, *Every power series is a Taylor series*, Amer. Math. Monthly, **88** (1981), 51–52.

[25] R. Michel, *The $(n+1)$th proof of Stirling's formula*, Amer. Math. Monthly, **115** (2008), 844–845.

[26] D. J. Newman and T. D. Parsons, *On monotone subsequences*, Amer. Math. Monthly, **95** (1988), 44–45.

[27] N. W. Rickert, *A calculus counterexample*, Amer. Math. Monthly, **74** (1968), 166.

[28] I. Rosenholtz and L. Smylie, *"The only critical point in town" test*, Math. Magazine, **58** (1985), 149–150.

[29] O. Stolz, *Über die Grenzwerte der Quotienten*, Math. Ann., **15** (1879), 556–559.

[30] L. Zhou and L. Markov, *Recurrent proof of the irrationality of certain trigonometric values*. Amer. Math. Monthly, **117** (2010), 360–362.

[31] Solution E1867, *An inequality for the inverse tangent*, Amer. Math. Monthly, **74** (1967), 726–727.

索　引

【記号】

$\forall$ ················· 6
$\exists$ ················· 6
$\in, \notin$ ················ 2
$\subset, \supset$ ················ 2
$\varnothing$ ················· 2
$\binom{n}{j}$ ················ 10
$\binom{\alpha}{k}$ ················ 59
$(2k-1)!!$ ············· 60
$(2k)!!$ ··············· 60
$\prod$ ················· 18
∇f ················ 129
$[x]$ ················· 82
$\|\boldsymbol{x}\|$ ················ 123
$\boldsymbol{x} \cdot \boldsymbol{y}$ ················ 123
$B(s,t)$ ··············· 115
$\Gamma(s)$ ··············· 114
γ ················· 119
$|\Delta|$ ············· 70, 176
$\mu(I)$ ················ 175
$\mu(D)$ ············ 178, 199
$\mu^*(D)$ ··············· 179
$\mu_*(D)$ ··············· 179
χ_D ················ 178
$[a,b] \times [c,d]$ ············ 175
A^c ················· 3
$A \cap B$ ················ 3

$A \cup B$ ················ 3
$A \setminus B$ ················ 3
$\operatorname{Arccos} x$ ··············· 38
$\operatorname{Arcsin} x$ ··············· 37
$\operatorname{Arctan} x$ ··············· 38
$B(\boldsymbol{a}, r)$ ··············· 166
$\overline{B}(\boldsymbol{a}, r)$ ··············· 166
$\mathbb{C}$ ················· 1
$\cosh x$ ··············· 47
$\cosh^{-1} x$ ·············· 49
det ············· 42, 147
$D_{\boldsymbol{v}} f$ ················ 131
$\exp(X)$ ··············· 64
$f(X)$ （X は集合）··········· 7
f^{-1} ················· 8
$f'_+(a)$ ················ 32
$f'_-(a)$ ················ 32
$\boldsymbol{F_x}$ ················ 156
H_f ················· 146
inf ················· 26
$J_{\boldsymbol{F}}$ ················ 139
$K(k)$ ················ 103
$M(a,b)$ ··············· 104
$\mathbb{N}$ ················· 1
N_f ············· 150, 158
$N_{\boldsymbol{G}}$ ················ 163
$o(g(x))$ ··············· 56
$o(1)$ ················· 56

索　引

$\mathbb{Q}$ ·································· 1
$Q_a(\boldsymbol{X})$ ························· 146
$Q_T(\boldsymbol{X})$ ························· 146
$\mathbb{R}$ ·································· 1
$\mathbb{R}^2$ ································ 122
$\mathbb{R}^3$ ································ 122
$\mathbb{R}^n$ ································ 122
$R(f;\Delta,X)$
　1 変数 ························· 75
　2 変数 ······················· 177
$S(f)$
　1 変数 ························· 72
　2 変数 ······················· 176
$s(f)$
　1 変数 ························· 72
　2 変数 ······················· 176
$S(f;\Delta)$
　1 変数 ························· 71
　2 変数 ······················· 175
$s(f;\Delta)$
　1 変数 ························· 71
　2 変数 ······················· 175
$\sinh x$ ···························· 47
$\sinh^{-1} x$ ························ 49
sup ································ 25
$\tanh x$ ··························· 47
$\tanh^{-1} x$ ···················· 49, 60
$\mathbb{Z}$ ·································· 1

【欧字】

Bolzano–Weierstrass の定理 ····· 30

C^1 級 ···························· 129
C^1 級（閉区間で） ············· 86
C^k 級 ······················ 51, 132
C^∞ 級 ······················ 51, 132
Cauchy 列 ························ 30

Darboux の定理 ············ 73, 176

De Morgan の法則 ············ 167
Dedekind の公理 ················ 24
Descartes の正葉線 ··········· 159

ε–N 論法 ························ 12
ε–δ 論法 ························· 19
Euler の定数 ··················· 119

Fresnel 積分 ···················· 110

Hesse 行列 ····················· 146

Jacobian ················· 190, 196
Jacobi 行列 ····················· 139

Lagrange
　— の乗数 ················· 161
　— の乗数法 ··············· 161
　— の補間多項式 ············· 94
Laplacian
　2 次元の — ················· 137
　3 次元の — ················· 138
L'Hôpital の定理 ················· 67

node ···························· 158
n 次元の球の体積 ············· 197

Pascal の三角形 ············ 10, 59

Riemann 和 ··············· 75, 177
Rolle の定理 ···················· 41

Schwarz の不等式 ············ 124

Taylor 多項式 ············· 52, 56
　基本的な関数の — ··········· 58
　x^k の項から始まる — ······· 53
Taylor の定理
　1 変数関数の — ············· 51
　2 変数関数の — ············ 143

【数字】

1 次分数変換 ･････････････ 212
1 対 1
　　— の関数 ･･････････････ 8
　　— の写像 ･･････････････ 8
2 次形式 ･････････････････ 146

【ア行】

鞍点 ････････････････････ 149
一様連続 ･････････････････ 77
陰関数定理 ･･･････ 151, 155, 156
上に有界 ･････････････････ 24
円柱座標 ････････････････ 138
円板
　　開 — ･･･････････････ 166
　　閉 — ･･･････････････ 166
追い出しの原理 ･･･････････ 17

【カ行】

開集合 ･････････････････ 167
外点 ･･･････････････････ 166
外部 ･･･････････････････ 166
ガウス記号 ･･･････････････ 82
下界 ････････････････････ 26
下限 ････････････････････ 26
下限和 ････････････････ 71, 175
ガンマ関数 ･･･････････ 114, 207
逆関数 ･･････････････････ 35
　　— の不定積分 ･･････････ 89
　　— の微分 ････････････ 36
逆三角関数 ･･･････････････ 37
　　— の Taylor 多項式近似 ････ 60
　　— の不定積分 ･･････････ 89
　　— の微分 ･･･････････ 38

逆写像 ･･････････････････ 8
　　— の微分 ･･･････････ 141
逆写像定理 ･･････････････ 157
球
　　n 次元の — ･････････ 197
　　開 — ･･･････････････ 166
　　閉 — ･･･････････････ 166
境界 ･･･････････････････ 168
　　— 点 ･･･････････････ 168
狭義
　　— 単調減少 ･･･････････ 27
　　— 単調増加 ･･･････････ 26
共通部分 ･････････････････ 3
極限
　　関数の — ････････････ 18
　　数列の — ････････････ 11
極座標
　　空間の — ･･･････ 138, 140, 196
　　平面の — ･･･････ 136, 140, 193
極小 ･･･････････････････ 45, 145
　　広義の — ･･････････ 45, 145
極小値 ････････････････ 45, 145, 149
　　広義の — ･･････････ 45, 145
極大 ･････････････････ 45, 145
　　広義の — ･･････････ 45, 145
極大値 ････････････････ 45, 145, 149
　　広義の — ･･････････ 45, 145
極値 ･･････････････････ 45, 145
近似増加列 ･･････････････ 200
空集合 ･･････････････････ 2
区間 ････････････････････ 4
区間縮小法 ･･･････････････ 30
区分求積法 ･･･････････････ 75
区分連続 ･････････････････ 79
結節点 ･････････････････ 158
原始関数 ･････････････････ 83
高位の

— 無限小 ･････････ 56
　　— 無限大 ･････････ 54
広義積分 ････････････ 104
　　非有界区間 ･･････ 105
　　有界区間 ･･･････ 110
広義積分（重積分） ･･････ 199
　　広義積分可能 ･････ 199
公式
　　Leibniz の — ･･････ 50
　　Stirling の — ････ 18, 119
合成関数 ･･････････ 21
　　— の微分 ･･･ 33, 35, 133
合成写像 ･･･････････ 8
　　— の微分 ･･･ ⟹ 連鎖律
恒等写像 ･･････････ 7
勾配 ･･･････ 129, 140, 162
誤差関数 ･････････ 102
固有値 ･････････ 148
固有方程式 ･･････ 148
孤立点 ･･･････ 158
根 ････････････ 90
　　実根 ･････････ 90
　　虚根 ･････････ 91

【サ行】

最大値・最小値の存在 ･･･ 31, 169
細分 ･････････ 72
差集合 ････････ 3
三角不等式 ･･･････ 9, 124
算術幾何平均 ･････ 28, 103
残余項 ･･････････ 52
　　Cauchy 型表示 ･･･････ 52
　　積分形 ･･･････ 117

下に有界 ･･･････ 26
写像 ･････････････ 7
　　— の微分 ･･･ ⟹ Jacobi 行列
集合 ･･･････････ 1
重積分 ････････ 176, 181

収束
　　ε–N 論法による定義 ･･･ 12
　　ε–δ 論法による定義 ･･･ 18, 125
従属変数 ･････････ 8, 135
十分大きな ････････ 15
十分近い ･･････････ 21
主値 ･･････････ 38
順序交換（積分の） ･････ 188
上界 ･･････････ 25
小区間 ･･･････ 70
上限 ･･････････ 25
上限和 ･･････ 71, 175

数列 ･････････ 9, 11
　　狭義単調 — ･････ 27
　　単調 — ･･････ 27

正弦積分 ･･････ 102
正定値
　　2 次形式が — ････ 147
　　対称行列が — ･････ 147
積分可能 ･･････ 73, 176, 181
　　絶対 — ･････ 204
積分区域 ･･･････ 174
積分定数 ･･････ 87
接線 ･････ 32, 130, 162, 165
切断
　　実数の — ･････ 24
　　有理数の — ･････ 22
接平面 ････････ 130, 165
全射 ･･･････････ 7
全単射 ･･･････ 9
全微分可能 ･･････ 128

双曲線関数 ･･････ 47, 101
　　逆 — ･･････ 49, 102
　　— の不定積分 ･････ 89
　　— の微分 ･･････ 49

【タ行】

対称行列 ・・・・・・・・・・・・・・・ 146
対数微分法 ・・・・・・・・・・・・・・ 34
代表値系 ・・・・・・・・・・・ 75, 177
楕円積分 ・・・・・・・・・・・・・・・ 103
縦線領域 ・・・・・・・・・・・・・・・ 180
単射 ・・・・・・・・・・・・・・・・・・・・ 8
単調減少 ・・・・・・・・・・・・ 27, 35
単調増加 ・・・・・・・・・・・・ 26, 35

値域 ・・・・・・・・・・・・・・・・・・・・ 7
置換積分 ・・・・・・・・・・・・・・・・ 87
中間値の定理 ・・・・・・・・・・・・ 31
長方形領域 ・・・・・・・・・・・・・ 175

定義域 ・・・・・・・・・・・・・・・・・・ 7
定義関数 ・・・・・・・・・・・・・・・ 178
定積分 ・・・・・・・・・・・・・・・・・ 73
停留点 ・・・・・・・・・・・・・・・・・ 145

導関数 ・・・・・・・・・・・・・・・・・ 33
　　高階 — ・・・・・・・・・・・・・ 49
等高線 ・・・・・・・・・・・・・・・・・ 161
同次多項式 ・・・・・・・・・・・・・ 144
特異点 ・・・・・・・・・・・・ 158, 164
独立変数 ・・・・・・・・・・・・ 8, 135

【ナ行】

内積 ・・・・・・・・・・・・・・・・・・ 123
内点 ・・・・・・・・・・・・・・・・・・ 166
内部 ・・・・・・・・・・・・・・・・・・ 166
なめらか ・・・・・・・・・・・・ 51, 132

二項係数 ・・・・・・・・・・・・・・・ 10
　　一般 — ・・・・・・・・・・・・・ 59
二項展開 ・・・・・・・・・・・・・・・・ 9

ノルム ・・・・・・・・・・・・・・・・ 123

【ハ行】

はさみうちの原理 ・・・・・・・・ 16

微積分の基本定理 ・・・・・・・・ 83
左極限 ・・・・・・・・・・・・・・・・・ 19
非特異点 ・・・・・・・・・・ 158, 164
微分可能 ・・・・・・・ 32, 127, 128
　　左 — ・・・・・・・・・・・・・・・ 32
　　右 — ・・・・・・・・・・・・・・・ 32
微分係数 ・・・・・・・・・・・・・・・ 32
　　左 — ・・・・・・・・・・・・・・・ 32
　　右 — ・・・・・・・・・・・・・・・ 32

不定形の極限 ・・・・・・・・・・・・ 64
不定積分 ・・・・・・・・・・・・・・・ 84
負定値
　　2次形式が — ・・・・・・・・ 147
　　対称行列が — ・・・・・・・・ 147
不定符号
　　2次形式が — ・・・・・・・・ 147
　　対称行列が — ・・・・・・・・ 147
部分集合 ・・・・・・・・・・・・・・・・ 2
部分積分 ・・・・・・・・・・・・・・・ 86
部分分数分解 ・・・・・・・・・・・・ 92
部分列 ・・・・・・・・・・・・・・・・・ 18
フルランク行列 ・・・・・・・・・ 164
分割 ・・・・・・・・・・・・・・・・・・・ 70

平均値の定理 ・・・・・・・・・・・・ 41
　　Cauchy の — ・・・・・・・・・ 42
閉集合 ・・・・・・・・・・・・・・・・ 167
平面曲線 ・・・・・・・・・・・・・・・ 158
ベータ関数 ・・・・・・・・・ 115, 207
変数変換公式
　　2変数 ・・・・・・・・・・・・・・ 191
　　n変数 ・・・・・・・・・・・・・・ 196
偏導関数 ・・・・・・・・・・・・・・・ 126
　　高階 — ・・・・・・・・・・・・・ 131
偏微分 ・・・・・・・・・・・・・・・・ 126

偏微分係数 ････････････････ 126

方向微分
 θ 方向の微分 ････････ 131
 v 方向の微分 ･･････････ 131
補集合 ････････････････････ 3

【マ行】

右極限 ･･････････････････ 19

無理数
 $\sqrt{2}$ が — ･･････････ 23, 26
 $\sqrt[3]{2}$ が — ･･････････････ 17
 e が — ････････････････ 54
 π が — ･･････････････ 118

面積 ････････････････････ 178
 外 — ････････････････ 179
 内 — ････････････････ 179
面積確定 ･･････････････ 178, 199

【ヤ行】

有界

— 開区間 ･･････････････ 4
— 閉区間 ･･････････････ 4
関数が — ････････････････ 21
集合が — ････････････ 26, 168
数列が — ･･････････････ 14, 27
点列が — ････････････････ 168
有理関数 ････････････････ 90
有理数
 — の稠密性 ･･･････････ 26

横線領域 ････････････････ 180

【ラ行】

累次積分 ･･････････････ 183

連鎖律
 2 変数 ･･････････････ 134
 n 変数 ･･････････ 135, 140
連続 ･･････････････････ 20, 125

【ワ行】

和集合 ･･････････････････ 3

著者紹介

野村 隆昭（のむら たかあき）

- 1953年　大阪市生まれ
- 1976年　京都大学理学部卒業
- 1980年　京都大学大学院理学研究科博士課程中退
       京都大学理学部助手，講師，助教授を経て
- 現　在　九州大学大学院数理学研究院教授
       理学博士（京都大学 1982 年）
       専門は幾何学的調和解析学

微分積分学講義	著　者	野村隆昭　© 2013
Lectures on Calculus	発行者	南條光章
	発行所	共立出版株式会社
2013 年 10 月 25 日　初版 1 刷発行		〒 112-0006
2024 年 2 月 20 日　初版 8 刷発行		東京都文京区小日向 4-6-19
		電話　03-3947-2511（代表）
		振替口座　00110-2-57035
		URL www.kyoritsu-pub.co.jp
	印　刷	啓文堂
	製　本	協栄製本
検印廃止	NSPA	一般社団法人
NDC 413.3		自然科学書協会
		会員
ISBN 978-4-320-11049-6	Printed in Japan	

JCOPY ＜出版者著作権管理機構委託出版物＞

本書の無断複製は著作権法上での例外を除き禁じられています．複製される場合は，そのつど事前に，出版者著作権管理機構（ＴＥＬ：03-5244-5088，ＦＡＸ：03-5244-5089，e-mail：info@jcopy.or.jp）の許諾を得てください．